电磁测深法原理与应用

陈明生　石显新　著

科学出版社
北　京

内 容 简 介

本书是关于有源频率域电磁测深和时间域电磁测深的专著，阐述了有源电磁法的理论基础、方法技术。全书由六章组成。第 1 章介绍了电磁测深理论基础；第 2 章讨论了频率域电磁测深；第 3 章讨论了时间域电磁测深；第 4 章介绍了电磁测深法资料反演解释，对广义逆矩阵反演方法作了较全面系统的阐述；第 5 章对电磁法有关问题进行了讨论，阐明作者的观点与认识；第 6 章介绍了电磁场二维与三维数值模拟计算。本书除阐述一般电磁法探测理论外，更侧重于对探测理论的思考、探测方法的灵活应用。

本书可作为地球探测与信息技术、环境与工程地球物理、固体地球物理、工程地球物理、资源勘查工程等专业本科生、研究生的教材，也可供从事这方面工作的科研、工程技术人员参考。

图书在版编目(CIP)数据

电磁测深法原理与应用 / 陈明生，石显新著．—北京：科学出版社，2020. 5
ISBN 978-7-03-064808-2

Ⅰ. ①电…　Ⅱ. ①陈…　②石…　Ⅲ. ①电测深法勘探　②磁法勘探　Ⅳ. ①P631

中国版本图书馆 CIP 数据核字(2020)第 058061 号

责任编辑：王　运　姜德君 / 责任校对：张小霞
责任印制：吴兆东 / 封面设计：铭轩堂

科 学 出 版 社 出版
北京东黄城根北街 16 号
邮政编码：100717
http://www.sciencep.com

北京建宏印刷有限公司 印刷
科学出版社发行　各地新华书店经销

*

2020 年 5 月第　一　版　开本：787×1092　1/16
2021 年 1 月第二次印刷　印张：16 1/4
字数：385 000

定价：188. 00 元

（如有印装质量问题，我社负责调换）

前　言

本书涉及的内容主要是有源频率域电磁(FDEM)测深和时间域电磁(TDEM)测深,关于这方面国内外已有不少著作。我们在学习前人的基础上,主要依靠中煤科工集团西安研究院这个平台,进行了40多年(1972年后)不间断研究和探测实践,获得了一些科研成果和探测报告,发表了一些论文,对其做了系统梳理、提炼,升华为本书。本书内容尽量避免与以往著作的重复,即使是基本理论也择其必要,加以浓缩;对应用中有实际指导作用的理论问题适当展开阐述,并提出看法,以供读者进一步探讨。

全书共六章,前五章论述地面人工源电磁法勘探一维问题,是本书的重点,也是电磁法的基础,将其研究透,对空中、地下(包括水中)的电磁法以及天然场电磁法(相当于有源的远区场)就能触类旁通、灵活掌握,进而创造性地应用于实践。第六章是二维、三维问题,是研究的热门,发展潜力大。其内容是早期研究成果,可在场源处理、边界条件选取方面提供思路。

第1章 电磁测深理论基础:由麦克斯韦方程导出波动方程,为方便求解电磁场分量设定辅助位函数,特别突出了单一矢量位及其方程,以呼应第2章场分量的推导。从平面波出发简述电磁场的探测原理,展示了人工源激发电磁场的方式与观测装置,建立起电磁法探测的初步概念。

第2章 频率域电磁测深:强调电性与磁性偶极子源的正演问题,这是探测与解释方法的基础。这一章只详细推导全空间正演公式,视为一次场。分层介质(含均匀半空间)的公式可采用空气中一次场与二次场合成上半空间的总场,和下半空间各层场的表达式联立,根据边界条件推出;由于已有书籍易查,这里仅给出结果。引用的分层介质偶极子公式是曹昌祺教授推导的,包括电偶极子源的六个电磁场分量,磁偶极子源的三个电磁场分量,比较全面,并阐述了物理意义。对FEM视电阻率和视相位的计算和曲线特点作了分析,并说明在远区(注意:对各层都达到远区;理论可推导,但实际工作中难实现,特别是有高阻层存在时)FEM单分量视电阻率和可控源音频大地电磁测深(CSAMT)的阻抗视电阻率(卡尼亚视电阻率)以及大地电磁测深(MT)卡尼亚视电阻率公式是一致的,可将FEM的正交电磁场分量的比值简化为MT的阻抗公式。

第3章 时间域电磁测深:阐述了TEM探测原理,可看成多频变幅测深,并对一次场(这里指供电直流场)和二次场分别作了阐明。TEM偶极子正演公式通过对FEM相应公式的积分变换得到,对全空间、均匀半空间直接由拉普拉斯反变换推得,并看出它们同装置公式的倍数关系;对分层介质列出了频率域和时间域的计算方法,时间域的方法易于计算任意激发波形的瞬变场。其中也简述了电与磁偶极子场分量的转换(也适合频率域),早、晚及全期视电阻率的一般求法。

第4章 电磁测深法资料反演解释:电磁测深反演方法较多,这一章主要阐述广义逆矩阵反演方法,它是最小二乘反演方法的一种,可蜕变为各种最优化法,优点突出。尤其是所应用的奇异值分解求广义逆矩阵,可提供有用的辅助信息,有利于资料解释,并可指导野外探测。奇异值分解有很大潜力等待挖掘,并可用于其他高科技领域,像人工智能(AI)方面,让机器学会抽取重要的特征等。因此,对基于奇异值分解的广义逆矩阵反演阐述较多,并附有陈明生的硕士学位论文的主要内容(附录 B),供加深认识。其次,通过实例说明时-频分析在瞬变电磁法资料解释方面的应用。

第5章 对电磁法有关问题的分析:前几章对电磁测深原理和应用是按通常规律阐述,间或谈了些笔者的见解;本章集中几个问题进行论述,阐明笔者的观点与认识。有的文献涉及这些问题但没有量的概念,像静态效应产生机理是界面积累电荷,但是如何影响场强只是定性的;笔者利用边界条件不连续性,根据界面两侧电阻率比值解释场强升降量。对探测深度,从频域场强公式推导过程可知,有下行与上行波,意味着入射与反射问题,如同地震波,在地面收到的需经双程时。但是频域的场是已建立的稳态场,和时间无关,当介质固定了,除和频率有关外,还和极距有关,即场区不同探测能力也不同,到了近区和频率无关,只取决于极距,转为几何(直流)测深。一般来说,适当极距的一条完整的频测曲线就是全域曲线,高频部分对应远区、中频部分对应中区、低频部分对应近区。要探测大深度,就必须降低频率,同时增加极距,尽量缩小近区;就是说不增加极距仅降低频率达不到进一步增加探测深度的目的,极距成了探测深度的关键(这和 MT 不一样)。随着极距的增加,信号一般随距离的平方或立方反比衰减,要提取信号又成了难题。这样,采用人工源提高信噪比的优势不复存在,就不如利用天然场实现探测更大的深度。时域场是瞬变场,虽可看成多频测深,但已将频域转换为时域,观测的是二次场,只有经一定的时间感应后涡流才能到达一定深度,并在地面接收到相应时间的感应场,书中从几个方面论述探测一定深度需双程时。对 TEM 关断效应提出了普适算法,既可适合不同关断时间初始点的选取,又适应发射波形的变化。至于小回线可探测大深度问题,是因为聚焦能量,不能套用大回线公式,按笔者推导的公式正好比大回线公式计算的结果大得多,符合对大回线公式的实用校正系数。当然,对小回线还应做更多工作,像互感与自感的问题等。最后将 FEM 与 TEM 作一对比,以便读者系统了解其异同。

第6章 电磁场数值模拟计算:本章阐述的二维与三维数值计算方法,由于我们对其研究开始较早,主要反映阶段研究成果,所写内容已不属前沿。现在这方面虽有很大提高,但本章涉及的资料、展现的思路仍可供读者参考。

总之,本书除阐述了一般电磁法探测理论外,更侧重于对探测理论的思考、探测方法的灵活应用。由于我们水平有限,不当与错误在所难免,敬请读者批评指正。

本书的出版得到了中煤科工集团西安研究院有限公司学术著作出版基金的资助,在此表示衷心感谢!

目　　录

第1章 电磁测深理论基础

1.1 麦克斯韦方程

1.1.1 时间域麦克斯韦方程

1864年,英国物理学家麦克斯韦(James Clerk Maxwell)集电磁学研究成果之大成,创立了后来以其命名的描述宏观电磁场运动规律的方程组即Maxwell方程组,从而奠定了宏观电磁场的理论基础。应该指出的是,现在广泛使用的Maxwell方程组实际上是由德国物理学家赫兹(Heinrich Rudolf Hertz)对原方程组简化而来的。一百多年来,无数科学实验和电磁场工程实践没有发现与之相违背的事例,这使人们更加坚定地相信,宏观电磁现象的确是由Maxwell方程组所描述的。这是解决电磁场问题的总的出发点,也是电磁法勘探中利用电磁场的理论基础。

麦克斯韦方程是与时间有关的电磁场量所满足的方程,有积分形式和微分形式(傅君眉和冯恩信,2000)。在国际单位制中,麦克斯韦方程的积分形式为

$$\oint_l \boldsymbol{H}\cdot \mathrm{d}\boldsymbol{l}=\iint_S\left(\boldsymbol{J}+\frac{\partial \boldsymbol{D}}{\partial t}\right)\cdot \mathrm{d}\boldsymbol{S} \tag{1-1}$$

$$\oint_l \boldsymbol{E}\cdot \mathrm{d}\boldsymbol{l}=-\iint_S\left(\frac{\partial \boldsymbol{B}}{\partial t}\right)\cdot \mathrm{d}\boldsymbol{S} \tag{1-2}$$

$$\oiint_S \boldsymbol{D}\cdot \mathrm{d}\boldsymbol{S}=\iiint_V q\mathrm{d}\boldsymbol{V} \tag{1-3}$$

$$\oiint_S \boldsymbol{B}\cdot \mathrm{d}\boldsymbol{S}=0 \tag{1-4}$$

式中,$\boldsymbol{E}$为电场强度(V/m);$\boldsymbol{D}$为电位移矢量或电通密度(C/m^2);$\boldsymbol{H}$为磁场强度(A/m);$\boldsymbol{B}$为磁感应强度或磁通密度(Wb/m^2);$\boldsymbol{J}$为电流密度(A/m^2);q为电荷密度(C/m^3);l、$\boldsymbol{S}$、$\boldsymbol{V}$分别表示场域的闭合线、面积和体积。

式(1-1)为全电流安培环路定律,式(1-2)为法拉第电磁感应定律,式(1-3)为电场的高斯定理,式(1-4)为磁场的高斯定理。这组方程描述了空间区域(体积中或曲面上)的场源与该空间区域边界(封闭曲面或封闭曲线)上场的关系。相应麦克斯韦方程的微分形式如下:

$$\nabla\times\boldsymbol{H}=\boldsymbol{J}+\frac{\partial \boldsymbol{D}}{\partial t} \tag{1-5}$$

$$\nabla\times\boldsymbol{E}=-\frac{\partial \boldsymbol{B}}{\partial t} \tag{1-6}$$

$$\nabla\cdot\boldsymbol{D}=q \tag{1-7}$$

$$\nabla \cdot \boldsymbol{B}=0 \tag{1-8}$$

这是一组偏微分方程,它描述了空间任意点场与场源的时空变化关系,适用于媒质物理性质不发生突变的区域。

1.1.2　频率域麦克斯韦方程

电磁场量 $\boldsymbol{E}$、$\boldsymbol{D}$、$\boldsymbol{H}$、$\boldsymbol{B}$ 是空间和时间的函数,对具有简谐振动性质,即含时谐因子 $e^{\pm i\omega t}$ 的电磁场,称时谐电磁场。本节采用 $e^{-i\omega t}$ 时谐因子,这样,对应方程(1-5)~(1-8)的时谐麦克斯韦方程为

$$\nabla\times\boldsymbol{H}=\boldsymbol{J}-i\omega\boldsymbol{D} \tag{1-9}$$

$$\nabla\times\boldsymbol{E}=i\omega\boldsymbol{B} \tag{1-10}$$

$$\nabla \cdot \boldsymbol{D}=q \tag{1-11}$$

$$\nabla \cdot \boldsymbol{B}=0 \tag{1-12}$$

将含时谐因子的时谐电磁场代入方程(1-5)和方程(1-6),并对其求导,便得方程(1-9)和方程(1-10);也可利用傅里叶变换得到时谐麦克斯韦方程,也称频率域麦克斯韦方程。

1.2　麦克斯韦方程的辅助方程——状态方程

麦克斯韦方程中有 $\boldsymbol{E}$、$\boldsymbol{D}$、$\boldsymbol{H}$、$\boldsymbol{B}$ 和 $\boldsymbol{J}$ 五个矢量,仅两个旋度方程是独立方程,还必须补充方程,以便求解。为此,利用电磁场中媒质特性的关系,并且只考虑各向同性的线性媒质,构成联系电磁场的基本矢量间关系的状态方程,即

$$\boldsymbol{D}=\varepsilon\boldsymbol{E} \tag{1-13}$$

$$\boldsymbol{B}=\mu\boldsymbol{H} \tag{1-14}$$

$$\boldsymbol{J}=\sigma\boldsymbol{E}+\boldsymbol{J}_i \tag{1-15}$$

式中,$\boldsymbol{J}_i$为外加电流;ε、μ、σ 分别为媒质的介电常数、磁导率和电导率。

麦克斯韦方程和状态方程一起构成了一组完整的电磁学方程,它们是宏观电磁现象变化和分布规律的数学描述。对于具体的实际工程问题,建立相应的电磁场方程,采用适当的数学方法进行求解。

1.3　电磁场的边界条件

麦克斯韦方程的微分形式只适用电磁场各分量处处可微的区域,即媒质的物理性质处处连续的区域。但实际媒质总是有界的,在边界面上其物理性质要发生突变。对于物理性质不连续的界面,麦克斯韦方程的微分形式已失去意义,边界面两侧的矢量场的关系要由麦克斯韦方程的积分形式导出的边界条件确定。为使边界条件不受所采用坐标系的限制,可将分界面上的场矢量分解为界面的法向分量和切向分量。

将麦克斯韦方程的积分形式应用于媒质的分界面,使方程中相应积分区域(沿界面法线方向)缩至无限小时,就得到方程的极限形式——边界条件。假设在媒质分界面上存在面电

荷密度 σ_s 和面电流密度 J_s,在界面上应满足如下条件。

(1)电位移矢量的法线分量发生突变,即

$$D_{n2}-D_{n1}=\sigma_s \tag{1-16}$$

(2)磁感应强度的法线分量是连续的,即

$$B_{n2}-B_{n1}=0 \tag{1-17}$$

(3)电场强度的切线分量是连续的,即

$$E_{t2}-E_{t1}=0 \tag{1-18}$$

(4)磁场强度的切线分量发生突变,即

$$H_{t2}-H_{t1}=J_s \tag{1-19}$$

(5)在导电媒质中,电流密度法线分量发生突变,即(赵凯华和陈熙谋,1978)

$$J_{n2}-J_{n1}=-\frac{\partial\sigma_s}{\partial t} \tag{1-20}$$

除这些条件外,在无限空间中,离源无限远处,场强均趋于零。

在求解电磁场问题的过程中,边界条件是非常重要的。这是因为得到麦克斯韦方程的通解后,还必须结合给定区域的相应边界条件,解才是唯一确定的,也才具有实际意义。

1.4　电磁场波动方程

麦克斯韦方程是一组一阶矢量偏微分方程,由这组一阶矢量偏微分方程可导出电磁波的波动方程(傅君眉和冯恩信,2000;冯恩信,2005)。

在均匀线性各向同性媒质中,分别对方程(1-5)和方程(1-6)取旋度,并利用状态方程(1-13)~(1-15),便得

$$\nabla\times\nabla\times\boldsymbol{H}=\sigma\nabla\times\boldsymbol{E}+\nabla\times\boldsymbol{J}_i+\varepsilon\nabla\times\frac{\partial\boldsymbol{E}}{\partial t} \tag{1-21}$$

$$\nabla\times\nabla\times\boldsymbol{E}=-\mu\nabla\times\frac{\partial\boldsymbol{H}}{\partial t} \tag{1-22}$$

由于 $\boldsymbol{E}$ 和 $\boldsymbol{H}$ 的连续可导,可将方程(1-21)和方程(1-22)写为

$$\nabla\times\nabla\times\boldsymbol{H}=\sigma\ \nabla\times\boldsymbol{E}+\nabla\times\boldsymbol{J}_i+\varepsilon\ \frac{\partial}{\partial t}(\nabla\times\boldsymbol{E}) \tag{1-23}$$

$$\nabla\times\nabla\times\boldsymbol{E}=-\mu\ \frac{\partial}{\partial t}(\nabla\times\boldsymbol{H}) \tag{1-24}$$

根据方程(1-5)、方程(1-6)和状态方程,方程(1-23)和方程(1-24)变为

$$\nabla\times\nabla\times\boldsymbol{H}=-\mu\sigma\ \frac{\partial\boldsymbol{H}}{\partial t}-\mu\varepsilon\ \frac{\partial^2\boldsymbol{H}}{\partial t^2}+\nabla\times\boldsymbol{J}_i \tag{1-25}$$

$$\nabla\times\nabla\times\boldsymbol{E}=-\mu\sigma\ \frac{\partial\boldsymbol{E}}{\partial t}-\mu\varepsilon\ \frac{\partial^2\boldsymbol{E}}{\partial t^2}-\mu\ \frac{\partial\boldsymbol{J}_i}{\partial t} \tag{1-26}$$

利用矢量恒等式 $\nabla\times\nabla\times\boldsymbol{A}=\nabla(\nabla\cdot\boldsymbol{A})-\nabla^2\boldsymbol{A}$,并考虑均匀导电区域散度 $\nabla\cdot\boldsymbol{E}=0$,$\nabla\cdot\boldsymbol{B}=0$,这样由方程(1-25)和方程(1-26)得

$$\nabla^2\boldsymbol{H}-\mu\sigma\ \frac{\partial\boldsymbol{H}}{\partial t}-\mu\varepsilon\ \frac{\partial^2\boldsymbol{H}}{\partial t^2}=-\nabla\times\boldsymbol{J}_i \tag{1-27}$$

$$\nabla^2 \boldsymbol{E} - \mu\sigma \frac{\partial \boldsymbol{E}}{\partial t} - \mu\varepsilon \frac{\partial^2 \boldsymbol{E}}{\partial t^2} = \mu \frac{\partial \boldsymbol{J}_i}{\partial t} \tag{1-28}$$

这就是时间域磁场和电场的波动方程,它们揭示了电磁波的传播规律。

对时间求导,以$-\mathrm{i}\omega$、$-\omega^2$ 代替方程(1-27)和方程(1-28)的$\partial/\partial t$、$\partial^2/\partial t^2$,就得到谐变磁场和电场的波动方程:

$$\nabla^2 \boldsymbol{H} + \mathrm{i}\omega\mu\sigma \boldsymbol{H} + \omega^2 \mu\varepsilon \boldsymbol{H} = -\nabla \times \boldsymbol{J}_i \tag{1-29}$$

$$\nabla^2 \boldsymbol{E} + \mathrm{i}\omega\mu\sigma \boldsymbol{E} + \omega^2 \mu\varepsilon \boldsymbol{E} = -\mathrm{i}\omega\mu \boldsymbol{J}_i \tag{1-30}$$

或

$$\nabla^2 \boldsymbol{H} + k^2 \boldsymbol{H} = -\nabla \times \boldsymbol{J}_i \tag{1-31}$$

$$\nabla^2 \boldsymbol{E} + k^2 \boldsymbol{E} = -\mathrm{i}\omega\mu \boldsymbol{J}_i \tag{1-32}$$

式中

$$k^2 = \mathrm{i}\omega\mu\sigma + \omega^2 \mu\varepsilon$$

方程(1-31)和方程(1-32)称为非齐次亥姆霍兹方程。如果方程(1-31)和方程(1-32)不含源(此处为电性源)项,就变为齐次亥姆霍兹方程

$$\nabla^2 \boldsymbol{H} + k^2 \boldsymbol{H} = 0 \tag{1-33}$$

$$\nabla^2 \boldsymbol{E} + k^2 \boldsymbol{E} = 0 \tag{1-34}$$

1.5　辅助位函数及其方程

由于在有源非齐次矢量波动方程或非齐次亥姆霍兹方程直接求解比较困难,可引入辅助位函数求解电磁场。

1.5.1　辅助矢量位与标量位及其方程

为了求解电磁场方便,从麦克斯韦方程(1-5)～(1-8)出发,首先建立位的方程式。对电性源,由于矢量的旋度的散度等于0,根据方程(1-8),可引入一个矢量位 $\boldsymbol{A}$,使

$$\boldsymbol{H} = \nabla \times \boldsymbol{A} \tag{1-35}$$

将其代入式(1-6),有

$$\nabla \times \boldsymbol{E} = -\mu\, \nabla \times \frac{\partial \boldsymbol{A}}{\partial t}$$

或

$$\nabla \times \left(\boldsymbol{E} + \mu \frac{\partial \boldsymbol{A}}{\partial t} \right) = 0$$

又因梯度的旋度等于0,总可引入一标量位 U,使得

$$\boldsymbol{E} = -\mu \frac{\partial \boldsymbol{A}}{\partial t} - \nabla U \tag{1-36}$$

这样由式(1-35)和式(1-36)不难得到电磁场 $\boldsymbol{H}$ 和 $\boldsymbol{E}$。问题应首先求出 $\boldsymbol{A}$ 和 $\boldsymbol{U}$,而它们的选择并不单一,但由于具有规范不变性,可在保持电磁场矢量不变的条件下灵活规定其间的关系,以便简化 $\boldsymbol{A}$ 和 $\boldsymbol{U}$ 的方程(傅君眉和冯恩信,2000)。

将式(1-35)和式(1-36)代入式(1-5)中,便得

$$\nabla\times\nabla\times\boldsymbol{A}+\varepsilon\ \nabla\frac{\partial U}{\partial t}+\mu\varepsilon\ \frac{\partial^2\boldsymbol{A}}{\partial^2 t}+\sigma\ \nabla U+\mu\sigma\ \frac{\partial\boldsymbol{A}}{\partial t}=0$$

利用矢量恒等式

$$\nabla\times\nabla\times\boldsymbol{A}=\nabla\nabla\cdot\boldsymbol{A}-\nabla^2\boldsymbol{A} \tag{1-37}$$

和洛伦兹条件

$$\nabla\cdot\boldsymbol{A}+\varepsilon\ \frac{\partial U}{\partial t}+\sigma U=0 \tag{1-38}$$

得

$$\nabla^2\boldsymbol{A}-\mu\varepsilon\ \frac{\partial^2\boldsymbol{A}}{\partial t^2}-\mu\sigma\ \frac{\partial\boldsymbol{A}}{\partial t}=0 \tag{1-39}$$

将式(1-36)代入式(1-7),得到

$$\nabla\cdot\left[-\left(\nabla U+\mu\ \frac{\partial\boldsymbol{A}}{\partial t}\right)\right]=-\frac{q}{\varepsilon}$$

或

$$\nabla^2 U+\mu\ \frac{\partial}{\partial t}\nabla\cdot\boldsymbol{A}=-\frac{q}{\varepsilon}$$

利用洛伦兹条件代入上式,得

$$\nabla^2 U-\mu\sigma\ \frac{\partial U}{\partial t}-\mu\varepsilon\ \frac{\partial^2 U}{\partial t^2}=-\frac{q}{\varepsilon}$$

由于介质里一般不存在自由电荷 q,这样上式变为

$$\nabla^2 U-\mu\sigma\ \frac{\partial U}{\partial t}-\mu\varepsilon\ \frac{\partial^2 U}{\partial t^2}=0 \tag{1-40}$$

式(1-39)、式(1-40)是电磁场的矢量位和标量位应该满足的时间域波动方程。

对磁性源,由于导电介质中电荷不能保存,即电场的散度为 0,依据矢量的旋度的散度等于 0,可引入一个矢量位 $\boldsymbol{A}^{\mathrm{m}}$,使

$$\boldsymbol{E}=\nabla\times\boldsymbol{A}^{\mathrm{m}} \tag{1-41}$$

将式(1-41)代入式(1-5),有

$$\nabla\times\left(\boldsymbol{H}-\sigma\boldsymbol{A}^{\mathrm{m}}-\varepsilon\ \frac{\partial\boldsymbol{A}^{\mathrm{m}}}{\partial t}\right)=0$$

式(1-41)定义的矢量位 $\boldsymbol{A}^{\mathrm{m}}$ 并不唯一,根据标量梯度的旋度等于 0 的条件,可引入一标量 U^{m},使

$$\boldsymbol{H}=\sigma\boldsymbol{A}^{\mathrm{m}}+\varepsilon\ \frac{\partial\boldsymbol{A}^{\mathrm{m}}}{\partial t}-\nabla U^{\mathrm{m}} \tag{1-42}$$

这样,通过式(1-41)和式(1-42)可由两个位函数 $\boldsymbol{A}^{\mathrm{m}}$ 和 U^{m} 表示电磁场。因此式(1-6)可用 $\boldsymbol{A}^{\mathrm{m}}$ 和 U^{m} 表示为

$$\nabla\times\nabla\times\boldsymbol{A}^{\mathrm{m}}=-\mu\sigma\ \frac{\partial\boldsymbol{A}^{\mathrm{m}}}{\partial t}-\mu\varepsilon\ \frac{\partial^2\boldsymbol{A}^{\mathrm{m}}}{\partial t^2}+\mu\ \nabla\frac{\partial U^{\mathrm{m}}}{\partial t}$$

由矢量恒等式(1-37),得

$$\nabla\nabla\cdot\boldsymbol{A}^{\mathrm{m}}-\nabla^2\boldsymbol{A}^{\mathrm{m}}=-\mu\sigma\frac{\partial\boldsymbol{A}^{\mathrm{m}}}{\partial t}-\mu\varepsilon\frac{\partial^2\boldsymbol{A}^{\mathrm{m}}}{\partial t^2}+\mu\nabla\frac{\partial U^{\mathrm{m}}}{\partial t}$$

为了确定 $\boldsymbol{A}^{\mathrm{m}}$ 和 U^{m} 的规范关系,取

$$\nabla\cdot\boldsymbol{A}^{\mathrm{m}}=\mu\frac{\partial U^{\mathrm{m}}}{\partial t}$$

这样,得矢量位波动方程

$$\nabla^2\boldsymbol{A}^{\mathrm{m}}-\mu\sigma\frac{\partial\boldsymbol{A}^{\mathrm{m}}}{\partial t}-\mu\varepsilon\frac{\partial^2\boldsymbol{A}^{\mathrm{m}}}{\partial t^2}=0\tag{1-43}$$

对标量位 U^{m} 有波动方程

$$\nabla^2U^{\mathrm{m}}-\mu\sigma\frac{\partial U^{\mathrm{m}}}{\partial t}-\mu\varepsilon\frac{\partial^2U^{\mathrm{m}}}{\partial t^2}=0\tag{1-44}$$

对人工电磁场,加上源并按照适当的边界条件去解这些波动方程式。以上是时间域的波动方程式,对频率域,当为负谐时变 $\mathrm{e}^{-\mathrm{i}\omega t}$,只需对时间求导,会得到下列算符:

$$\frac{\partial}{\partial t}=-\mathrm{i}\omega,\quad\frac{\partial^2}{\partial t^2}=-\omega^2$$

易将电性源波动方程(1-39)、方程(1-40)转换为如下形式:

$$\nabla^2\boldsymbol{A}+k^2\boldsymbol{A}=0\tag{1-45}$$

$$\nabla^2U+k^2U=0\tag{1-46}$$

式中,$k^2=\mathrm{i}\omega\mu\sigma+\omega^2\mu\varepsilon$。

式(1-45)、式(1-46)是大家熟知的亥姆霍兹方程。相应的电磁场表达式,即式(1-35)、式(1-36)转换为

$$\boldsymbol{H}=\nabla\times\boldsymbol{A}\tag{1-47}$$

$$\boldsymbol{E}=\mathrm{i}\omega\mu\boldsymbol{A}-\nabla U\tag{1-48}$$

同样,对磁性源的波动方程,即式(1-43)、式(1-44)转换为以下亥姆霍兹方程:

$$\nabla^2\boldsymbol{A}^{\mathrm{m}}+k^2\boldsymbol{A}^{\mathrm{m}}=0\tag{1-49}$$

$$\nabla^2U^{\mathrm{m}}+k^2U^{\mathrm{m}}=0\tag{1-50}$$

相应的电磁场表达式,即式(1-41)、式(1-42)可转换为

$$\boldsymbol{E}=\nabla\times\boldsymbol{A}^{\mathrm{m}}\tag{1-51}$$

$$\boldsymbol{H}=\mathrm{i}\omega\varepsilon'\boldsymbol{A}^{\mathrm{m}}-\nabla U^{\mathrm{m}}\tag{1-52}$$

式中,$\varepsilon'=\left(\frac{\sigma}{\mathrm{i}\omega}-\varepsilon\right)$。

比较式(1-45)~式(1-48)和式(1-49)~式(1-52),可以看出电性源和磁性源的场具有对偶性,即

$$\boldsymbol{A}\rightleftharpoons\boldsymbol{A}^{\mathrm{m}}\quad U\rightleftharpoons U^{\mathrm{m}}\quad\boldsymbol{H}\rightleftharpoons\boldsymbol{E}\quad\boldsymbol{E}\rightleftharpoons\boldsymbol{H}\quad\mu\rightleftharpoons\varepsilon'$$

这样,电偶极子场的解和磁偶极子场的解可相互转换,从而方便了电磁场的求解。

1.5.2 单一矢量位及其方程

对有源电磁场求解一般借助辅助位函数,其中较多引入一个矢量位 $\boldsymbol{A}$ 和一个标量位 U;

又在此基础上引导出单一矢量位,使求解更方便。这里仅采用一个矢量位作辅助位函数。

对于电性源,在均匀媒质中有$\nabla\cdot\boldsymbol{H}=0$,可设一个适当矢量位的旋度表示磁场,对谐时变场,引入赫兹(Hertz)矢量位$\boldsymbol{\Pi}$,其磁场表达式为

$$\boldsymbol{H}=\frac{k^2}{\mathrm{i}\omega\mu}\nabla\times\boldsymbol{\Pi} \tag{1-53}$$

将式(1-53)代入麦克斯韦方程(1-9)有

$$\boldsymbol{E}=\nabla\times\nabla\times\boldsymbol{\Pi}$$

已知矢量恒等式

$$\nabla\times\nabla\times\boldsymbol{\Pi}=\nabla\nabla\cdot\boldsymbol{\Pi}-\nabla^2\boldsymbol{\Pi}$$

则

$$\boldsymbol{E}=\nabla\nabla\cdot\boldsymbol{\Pi}-\nabla^2\boldsymbol{\Pi} \tag{1-54}$$

为使$\boldsymbol{\Pi}$满足齐次亥姆霍兹方程,必须令

$$\boldsymbol{E}=k^2\boldsymbol{\Pi}+\nabla\nabla\cdot\boldsymbol{\Pi} \tag{1-55}$$

由式(1-54)和式(1-55),便得

$$\nabla^2\boldsymbol{\Pi}+k^2\boldsymbol{\Pi}=0 \tag{1-56}$$

同样,对于磁性源,考虑在均匀媒质中有$\nabla\cdot\boldsymbol{E}=0$,电场强度为涡旋无散场,可表示为一矢量的旋度

$$\boldsymbol{E}=\mathrm{i}\omega\mu\,\nabla\times\boldsymbol{F} \tag{1-57}$$

式(1-57)中$\boldsymbol{F}$称Fitzgerald矢量位(陈乐寿和王光锷,1991),用其解磁性源电磁场很方便。根据方程(1-10)有$\nabla\times\boldsymbol{E}=\mathrm{i}\omega\boldsymbol{B}$,因此得

$$\boldsymbol{H}=\nabla\times\nabla\times\boldsymbol{F}$$

而

$$\nabla\times\nabla\times\boldsymbol{F}=\nabla\nabla\cdot\boldsymbol{F}-\nabla^2\boldsymbol{F}$$

便有

$$\boldsymbol{H}=\nabla\nabla\cdot\boldsymbol{F}-\nabla^2\boldsymbol{F} \tag{1-58}$$

又令

$$\boldsymbol{H}=k^2\boldsymbol{F}+\nabla\nabla\cdot\boldsymbol{F} \tag{1-59}$$

以满足齐次亥姆霍兹方程

$$\nabla^2\boldsymbol{F}+k^2\boldsymbol{F}=0 \tag{1-60}$$

比较式(1-53)~式(1-56)和式(1-57)~式(1-60),可以看出电性源和磁性源的场具有对偶性,即

$$\boldsymbol{\Pi}\rightleftharpoons\boldsymbol{F}\quad \boldsymbol{E}\rightleftharpoons\boldsymbol{H}\quad \boldsymbol{H}\rightleftharpoons\boldsymbol{E}\quad \frac{k^2}{\mathrm{i}\omega\mu}\rightleftharpoons\mathrm{i}\omega\mu$$

这样,电偶极子场的解和磁偶极子场的解可以相互转换,从而方便了电磁场的求解。

1.6　电磁测深法

在电磁测深法勘探中,往往研究的是电或磁偶极子在地面上的场,这是因为构造电磁法

勘探一般是在地面上进行观测的,且有限导电大地表面上偶极子场容易求得(考夫曼和凯勒,1987;朴化荣,1990;陈乐寿和王光锷,1991)。在推导地面上公式时进行简化,使得原代表沿不同途径传播的波的各项产生约简和合并。众所周知,偶极天线产生的电磁波实际上是向四面八方辐射的,如图1-1所示。波的传播途径可分为天波、地面波和地层波。电磁波在空气中的波长为c/f(c为光速,f为频率),地中的波长为$[10^7/(f\sigma_1)]^{1/2}$(σ_1为大地电导率)。可见,电磁波在地下的波长远小于空气中的波长,这样一来沿地表传播的地面波(用S_0表示)和直接在地层中传播的地层波(用S_1表示)在某一时刻t,由于波程差,就会在地面附近形成一个近于水平的波阵面,造成一个几乎是垂直向下传播的近似水平极化平面波S_*波。S_0波、S_1波和S_*波在传播过程中均与地下地质体发生作用,并把作用结果反映到地面观测点。通过矢量位用普通的方法即可推导出直角坐标系地下电磁场的全部六个分量。

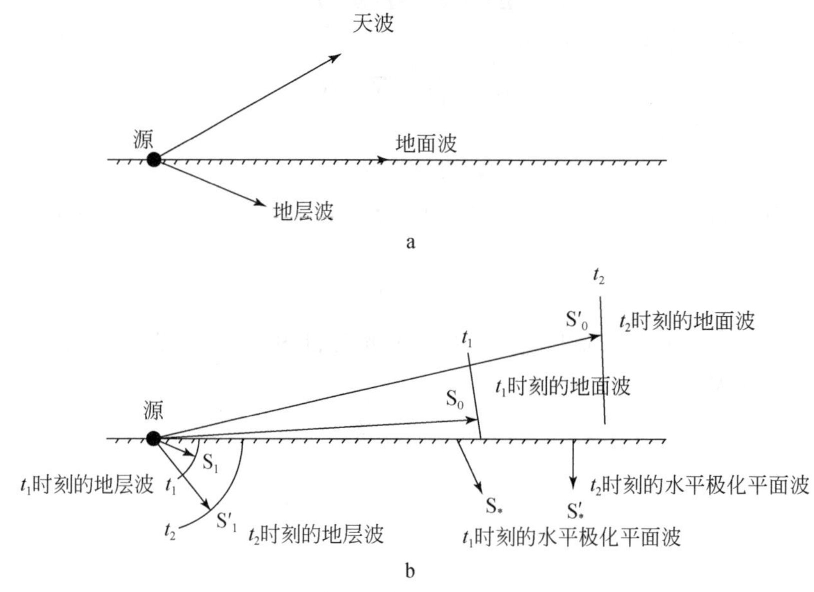

图1-1　电磁波的传播途径

a. 天波、地面波和地层波;b. 波程差和波阵面

1.6.1　电磁测深基本原理

电磁测深是利用激发源产生的电磁场通过地面、地下传播,在地面离场源一定距离r(极距)处观测响应,对此经过处理、分析、解释,获得地下地质信息,达到探测地质构造的目的(万尼安,1979;朴化荣,1990)。所用频率域的方法称为频率域电磁测深(FEM)或可控源音频大地电磁测深(CSAMT);时间域的方法称为瞬变电磁测深(TEM)。其探测原理粗浅地说,就是利用电磁感应原理,所以属于感应电磁法。

1. 频率域电磁测深

频率域电磁测深,是极距r固定,通过改变激发源的频率,改变探测大地的深度,即频率高探测浅,频率低探测深,这就是趋肤效应,本质是电磁感应结果。

下面以均匀平面电磁波来说明电磁(EM)法的探测深度。先从频率域电磁法分析。对谐变EM场,当大地为均匀半空间时,其电导率$\sigma(1/\rho)$、磁导率$\mu=\mu_0$(空气磁导率)和介电常数ε都是常数,在均匀大地表面选择xOy笛卡儿直角坐标系,z轴垂直向下,如图1-2所示。

设EM场正交分量分别记为E_x、H_y,在此首先讨论E_x分量。E_x分量为标量,对一维似稳平面电磁场,对无源场方程(1-32)的具体表达式为

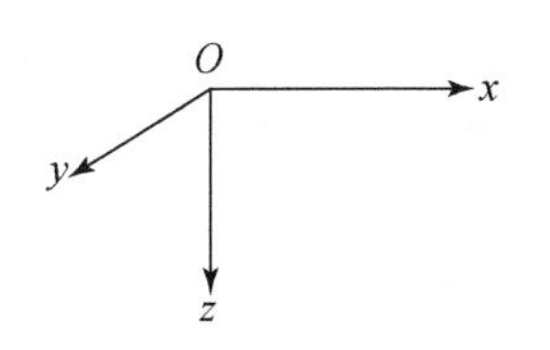

图1-2　笛卡儿直角坐标系

$$\frac{\partial^2 E_x(\omega,z)}{\partial z^2}+k^2E_x(\omega,z)=0 \tag{1-61}$$

其一般解为

$$E_x(\omega,z)=Ae^{ikz}+Be^{-ikz} \tag{1-62}$$

式中,$k=\sqrt{i\omega\mu_0\sigma}$为波数,又称传播常数。

波数k可改写为

$$k=(1+i)\sqrt{\omega\mu_0\sigma/2}=\alpha+i\beta$$

其中,$\alpha=\beta=\sqrt{\omega\mu_0\sigma/2}$,这样式(1-62)可表达为

$$E_x(\omega,z)=Ae^{i\alpha z}e^{-\beta z}+Be^{-i\alpha z}e^{\beta z} \tag{1-63}$$

式(1-63)右端项的$e^{-\beta z}$和$e^{\beta z}$因子表示场强随深度的变化,前者显示振幅随深度衰减,是入射波的特征;后者显示振幅随深度增加,是反射波的特征。由于处于均匀半空间,不可能存在反射界面,无限远处也不可能无限增大,故而$B=0$。当$z=0$时有

$$A=E_x(\omega,0)$$

即地面电场强度,其值由场源决定。这样最终解为

$$E_x(\omega,z)=Ae^{i\alpha z}e^{-\beta z}=E_x(\omega,0)e^{ikz} \tag{1-64}$$

式(1-64)表明,场强随深度呈余弦变化并按指数规律衰减。图1-3是场强随深度变化的示意图。

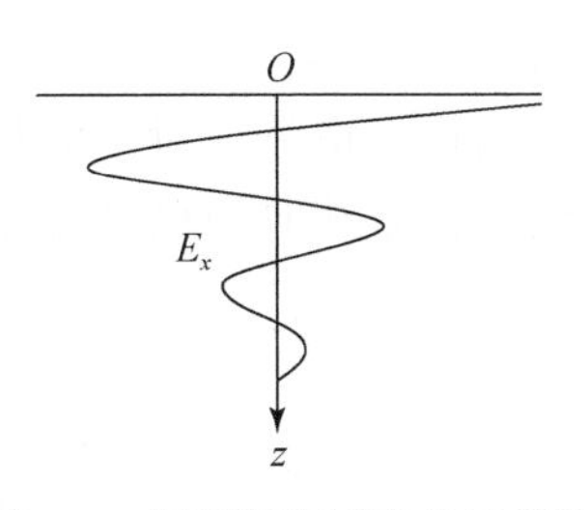

图1-3　场强随深度变化示意图

若在深度$z=\delta$上,电场振幅衰减到地表数值的$1/e$,将深度δ定义为趋肤深度,即

$$\delta=1/\beta=\sqrt{2/\omega\mu_0\sigma}$$

由于是一维均匀半空间平面电磁波,对正交磁场分量H_y,可先由式(1-10)和式(1-14)得

$$H_y(\omega,z)=\frac{1}{i\omega\mu_0}\frac{\partial E_x(\omega,z)}{\partial z} \tag{1-65}$$

最终得

$$H_y(\omega,z)=E_x(\omega,0)\frac{k}{\omega\mu_0}e^{ikz} \tag{1-66}$$

式(1-66)又可写为

$$H_y(\omega,z)=E_x(\omega,0)\sqrt{\frac{\sigma}{\omega\mu_0}}e^{i\pi/4}e^{ikz} \tag{1-67}$$

在导电半空间表面上,一对正交电磁场之比为阻抗Z,这样

$$Z_{xy}=\frac{E_x}{H_y}=\sqrt{\omega\mu\rho}\,\mathrm{e}^{-\mathrm{i}\pi/4} \tag{1-68}$$

显然,正交电场和磁场分量的相位差为$-\pi/4$。

2. 瞬变电磁测深

在瞬变电磁测深中,比较普遍的场源激发方式是阶跃脉冲,由此获得频谱幅度与频率成反比的特性,以满足中深度的探测需要。Spies(1989)在其经典的关于电磁法探测深度的论文中,给出了时间域探测深度公式。该公式从全空间大地模型出发,设定参数ε、σ、$\mu=\mu_0$的大地为非铁磁性的导电媒质(在地球物理勘探所用频率范围内,大地的电参数本身可认为是不变的)。取直角坐标系,设在xOy平面上,于$t=0$时刻突然激发起一薄层x方向的均匀电流。此电流在$\pm z$(正表指向下)方向产生瞬态均匀平面波,此平面波的电场仅有x分量,磁场仅有y分量(彭仲秋,1989)。频率域电场分量满足方程(1-34),现写为

$$\frac{\partial^2 E_x(\omega,z)}{\partial z^2}+k^2E_x(\omega,z)=0 \tag{1-69}$$

在$z>0$区域,式(1-69)的解为

$$E_x(z,\mathrm{i}\omega)=-\frac{I\mu_0}{2}\frac{\exp[-\mathrm{i}\omega\sqrt{\mu_0(\varepsilon+\sigma/\mathrm{i}\omega)}z]}{\mathrm{i}\omega\sqrt{\mu_0(\varepsilon+\sigma/\mathrm{i}\omega)}} \tag{1-70}$$

将复频率解式(1-70),经逆 Laplace(拉普拉斯)变换后,有瞬态平面波解

$$e_x(z,t)=-\frac{I}{2}\sqrt{\frac{\mu_0}{\varepsilon}}\exp[-(\sigma/2\varepsilon)t]I_0\left[\frac{\sigma}{2\varepsilon}\sqrt{t^2-(z/v)^2}\right]u(t-z/v) \tag{1-71}$$

式中,I_0为零阶修正 Bessel(贝塞尔)函数;$v=\dfrac{1}{\sqrt{\mu\varepsilon}}$。

由式(1-71)可以分析出 TEM 场在大地中传播的两个特性:第一,在初始阶段波前以速度v传播,这是高频区的相速。这时传导电流可以忽略,大地可以看作非色散的,波前由阶跃脉冲中的高频分量组成。随着时间的推进,大地的色散作用将逐渐地显示出来。第二,由指数因子$\mathrm{e}^{-\frac{\sigma}{2\varepsilon}t}$决定,场的幅度随时间的延长,即随传播距离的增加而迅速减小。

在式(1-71)的推导中为了全面显示出场的建立过程,没有忽略位移电流。对于实际使用的中深度 TEM 探测仪器(如 V8、GDP-32、PROTEM 等)来说,第一道观测时间场已属于似稳状态,那么忽略了位移电流以后,电场分量的公式变为

$$e_x=-\frac{I}{2}\sqrt{\frac{\mu_0}{\pi\sigma t}}\exp\left(-\frac{\mu_0\sigma}{4t}z^2\right)u(t) \tag{1-72}$$

更详细的公式推导和图示分析将在 5.2.2 节(从不同角度看瞬变电磁场法的探测深度)和 5.2.3 节(小回线探测大深度)论述。式(1-71)、式(1-72)的计算结果表明:在刚离开源时阶跃脉冲的变化(同深不同时)还比较陡峭;在离开源一段距离以后,阶跃脉冲的变化开始变得平缓。距离z越大,变化越平缓,高频分量的衰减越严重。随着场的传播,位移电流逐渐减弱,传导电流的作用将占主导地位,忽略位移电流的结果与精确解开始重合,此时波的传播速度与大地电阻率有关。中深度 TEM 探测就是以式(1-72)为出发点进行探测深度等问题的讨论:保持式(1-72)中的z不变,令其对时间的导数等于零,便得到某一深度处任意时间电

场的最大值,以其作为阶跃脉冲到达的深度,即扩散深度,其表达式为

$$\delta_{TD}=\sqrt{\frac{2t}{\mu_0\sigma_1}} \tag{1-73}$$

相应扩散速度为

$$v_{TD}=\frac{d\delta}{dt}=\sqrt{\frac{1}{2\mu\sigma t}} \tag{1-74}$$

式(1-71)反映了场在最初建立时刻的性质,对它的分析表明,在任意短的时间里,场可以达到任意小的深度。被异常体反射回来的阶跃脉冲如能及时被接收到,则TEM所能探测的最小深度从理论上来说是没有限制的。但实用仪器及其装置的响应时间有限,因此最小探测深度与仪器的最小响应时间有关。不过从其他方面来看,随着时间的推移,当大地的色散作用比较明显以后,携带浅部地质信息的低频分量还会陆续到达观测点,而被仪器检测到。因此用较晚的时段探测埋藏较浅的地质异常体是可能的,这在北京门头沟等地的老窑探测中已有成功的先例(闫述等,1999)。

TEM与FEM(或CSAMT)是人工源电磁测深的一对"孪生兄弟",前者属时间域电磁法,后者属频率域电磁法。根据傅里叶变换,两者可相互转换,因此关系紧密;但是毕竟是两种探测方法,存在异同(陈明生,2015)。

1.6.2　电磁场激发及观测装置

对人工源电磁法,频率域或时间域的激发电磁场的源既可是电偶极发射也可是磁偶极发射。图1-4是水平接地电偶极源,图1-5是不接地垂直磁偶极(水平线圈)源,这是最常用的两种发射方式。每一种发射方式都有其优缺点。

(1)电偶极的长度l与发射电流I的乘积Il称为电偶极矩,其值越大激发能量越强,其他条件一定时,激发的电磁信号也越强。磁偶极线圈面积s与发射电流I的乘积sI称为磁偶极矩,同样在其他条件一定时,其决定激发能量大小和相应电磁信号强度。电偶极激发可通过增加发射导线长度,增加发射电流来提高激发能量;磁偶极激发当然也可通过增加发射线圈面积和加大发射电流增强激发能量。当表层为高阻时,电偶极源电流会受到限制,磁偶源不受接地约束。但是前者易实现大功率仪器发射,并可改善接地条件以提供大电流;后者发射仪器功率有限,增大电流存在技术上的困难。从得到的正演公式可知,电偶极发射的电磁场比磁偶极发射的电磁场衰减得慢。在实际中电偶极源可实现更大深度的探测。

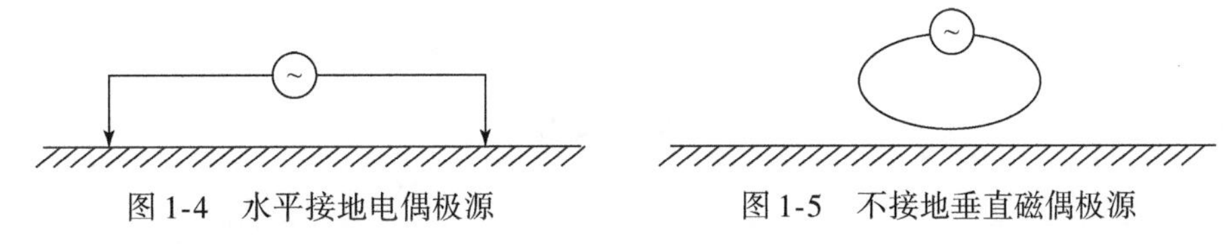

图1-4　水平接地电偶极源　　图1-5　不接地垂直磁偶极源

(2)垂直磁偶极的水平线圈与水平分层大地平行,发出的电力线与线圈共轴,电场只有水平分量E_θ。地层是水平均匀分层,其电性垂向和水平向存在差异,即具有各向异性。这样垂直磁偶极激发的电场不受各向异性影响,只与水平电导率有关。水平电偶极发出的电流

既有水平向的也有垂直向的,其激发的电磁场会受地层各向异性影响。

各种形式的偶极装置都是由其基本单元——偶极子叠加而成;即使天然源也是如此,只不过不知其量。在静电场中,把相距很近的等量异号点电荷组成的系统称为电偶极子,其特征用电偶极矩 $p=ql$ 描述,其中 l 为两点电荷之间的距离,l 和 p 的方向规定由 $-q$ 指向 $+q$。对直流电法,q 改为流动的电荷——电流,以 I 表示,电偶极矩写成 $p=Il$。既然称为偶极子,l 应很小,当然是相对的,判断标准是相对离观察点的距离 r,要满足 $l\ll r$。

对于交变电磁场的电偶极子的电偶极矩 $p=Il$ 和直流电法表示相同,但是除满足条件 $l\ll r$,还要满足 $l\ll\lambda$,λ 为波长,这是为了避免相位影响;对电磁法勘探来说,达到 $l\ll\delta$ 即可,在频率域趋肤深度 δ 等于介质中电磁波的约化波长($\lambda/2\pi$)。磁偶极子是一个载流小闭合圆线圈,磁偶极矩 $m=Is$,$s=\pi a^2$ 是供电线圈面积,a 为供电线圈半径,同样应满足 $a\ll r$ 和 $a\ll\delta$ 两个条件。实际上,前述的两个条件也适用 TEM(实际是多频测深),只要能满足较高要求的一个条件,另一个自然就符合了。

根据观测的电磁场与场源的距离 r(极距)和波数 k(或趋肤深度 δ)的关系,分成三个场区,即 $|kr|\gg1\left(\dfrac{r}{\delta}\gg1\right)$ 为远区,$|kr|\ll1\left(\dfrac{r}{\delta}\ll1\right)$ 为近区,$|kr|\approx1\left(\dfrac{r}{\delta}\approx1\right)$ 为中区(过渡区),与电磁场理论分法一致,这是对频率域而言;对时间域有类似表达,将趋肤深度换成扩散深度即可。对 FEM(CSAMT)适于中远区工作,特别是远区,近区只能作几何测深;对 TEM 则三个区都可以,一般采用近区。关于这方面的问题后文还会作分析。

电偶极子与磁偶极子在理论与实际应用中都有重要意义,在电磁法勘探中是经常面对的(纳比吉安,1992)。我们研究问题总是从简单,也是基础的问题出发,再进一步升华到研究更复杂、更多样的问题;对电磁法勘探也是如此,只要能深入领会偶极子源的探测理论与方法,就能熟练掌握与应用其他复杂的电磁法探测技术,并可能有所创新。

电磁测深探测装置是指发射端 T 与接收端 R 的布设与相对位置,其间距是极距 r,其与 x 轴的夹角为 θ,激发和接收既可是电偶极也可是磁偶极,如图 1-6 所示。

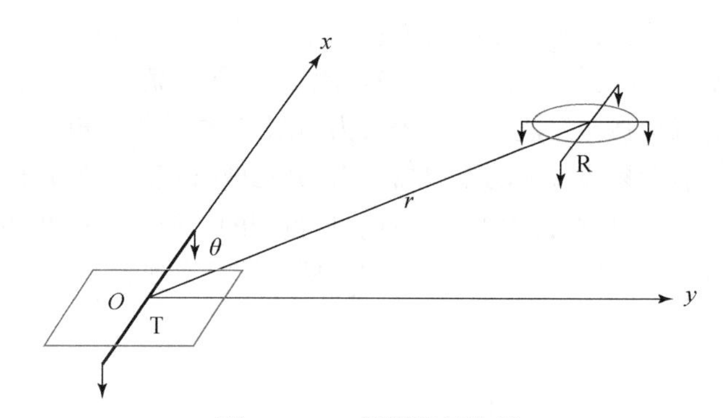

图 1-6　EM 测深通用装置

第 2 章　频率域电磁测深

2.1　谐变电偶极子的电磁场

2.1.1　全空间均匀各向同性介质中谐变电偶极子的电磁场

图 2-1 表示位于球坐标原点的时谐（谐变因子 $e^{-i\omega t}$）电偶极子 AB，其间距 dz 很小。偶极子轴及矢量位 $\boldsymbol{\Pi}$ 和坐标的极轴 z 方向一致并不变，故矢量位可看成标量位，表示成 Π_z。考虑到球对称条件，波动方程(1-56)可简化成（陈乐寿和王光锷，1991）

$$\frac{\partial^2}{\partial r^2}(r\Pi_z)+k^2(r\Pi_z)=0 \tag{2-1}$$

解上式得

$$r\Pi_z=b\mathrm{e}^{ikr}+c\mathrm{e}^{-ikr} \tag{2-2}$$

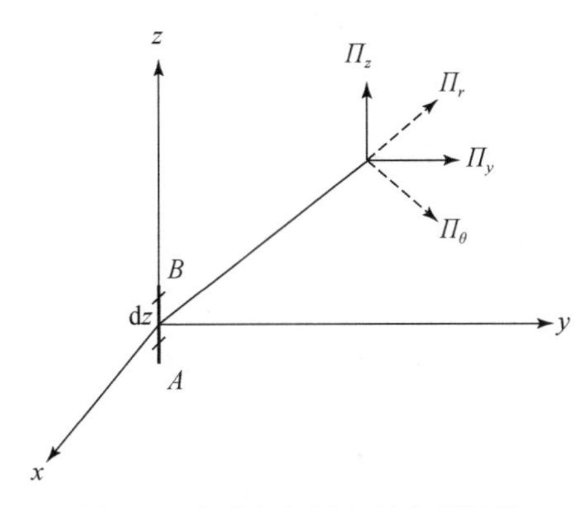

图 2-1　在球坐标原点的电偶极子

由于解的第二项不符合在无穷远处矢量位为零的边界条件，故必须令 $c=0$，这便得

$$\Pi_z=b\frac{\mathrm{e}^{ikr}}{r} \tag{2-3}$$

为了确定常数 b，可考虑稳定电流情况下 $k=0$，由式(2-3)写出

$$\Pi_z=b/r \tag{2-4}$$

根据式(1-55)，可得各电场分量为

$$E_r=\frac{\partial}{\partial r}(\nabla\cdot\boldsymbol{\Pi}) \tag{2-5}$$

$$E_\theta=\frac{1}{r}\frac{\partial}{\partial\theta}(\nabla\cdot\boldsymbol{\Pi}) \tag{2-6}$$

$$E_\phi=\frac{1}{r\sin\theta}\frac{\partial}{\partial\phi}(\nabla\cdot\boldsymbol{\Pi})\tag{2-7}$$

这里 Π_z 仍表示成矢量位 $\boldsymbol{\Pi}$ 形式,其方向指向 z 轴,采用圆柱坐标系求其散度,即

$$\nabla\cdot\boldsymbol{\Pi}=\frac{\partial\Pi_z}{\partial z}\tag{2-8}$$

这样方程(2-5) ~ 方程(2-7)分别写为

$$E_r=\frac{\partial}{\partial r}\left(\frac{\partial\Pi_z}{\partial r}\frac{\partial r}{\partial z}\right)=b\,\frac{2\cos\theta}{r^3}\tag{2-9}$$

$$E_\theta=\frac{1}{r}\frac{\partial}{\partial\theta}\left(\frac{\partial\Pi_z}{\partial r}\frac{\partial r}{\partial z}\right)=b\,\frac{\sin\theta}{r^3}\tag{2-10}$$

$$E_\phi=\frac{1}{r\sin\theta}\frac{\partial}{\partial\phi}\left(\frac{\partial\Pi_z}{\partial r}\frac{\partial r}{\partial z}\right)=0\tag{2-11}$$

已知相应稳定电流情况下,其电场强度分量分别为

$$E_r=\frac{I\mathrm{d}z}{4\pi\sigma}\frac{2\cos\theta}{r^3}\tag{2-12}$$

$$E_\theta=\frac{I\mathrm{d}z}{4\pi\sigma}\frac{\sin\theta}{r^3}\tag{2-13}$$

$$E_\phi=0\tag{2-14}$$

比较上两组等式,可知 $b=\frac{I\mathrm{d}z}{4\pi\sigma}$。这样,在全空间均匀介质中,指向 z 轴(偶极矩方向)的谐时变电偶极子的矢量位(仅有 z 分量)为

$$\Pi_z=b\,\frac{\mathrm{e}^{\mathrm{i}kr}}{r}=\frac{I\mathrm{d}z}{4\pi\sigma}\frac{\mathrm{e}^{\mathrm{i}kr}}{r}\tag{2-15}$$

根据电偶极子的矢量位表达式和相关公式就可求各场强分量。由式(1-55)及式(2-15)可得电场分量

$$E_r=k^2\Pi_r+\frac{\partial}{\partial r}(\nabla\cdot\Pi_z)\tag{2-16}$$

$$E_\theta=k^2\Pi_\theta+\frac{1}{r}\frac{\partial}{\partial\theta}(\nabla\cdot\Pi_z)\tag{2-17}$$

而

$$\Pi_r=\Pi_z\cos\theta=b\cos\theta\,\frac{\mathrm{e}^{\mathrm{i}kr}}{r}\tag{2-18}$$

$$\Pi_\theta=-\Pi_z\sin\theta=-b\sin\theta\,\frac{\mathrm{e}^{\mathrm{i}kr}}{r}\tag{2-19}$$

$$\nabla\cdot\Pi_z=\frac{\partial\Pi_z}{\partial r}\frac{\partial r}{\partial z}=\frac{\partial(b\mathrm{e}^{\mathrm{i}kr}/r)}{\partial r}\cos\theta=b\left(\frac{\mathrm{i}k}{r}-\frac{1}{r^2}\right)\mathrm{e}^{\mathrm{i}kr}\cos\theta\tag{2-20}$$

将式(2-18) ~ 式(2-20)代入式(2-16)、式(2-17)后得

$$E_r=\frac{2b\cos\theta}{r^3}(1-\mathrm{i}kr)\,\mathrm{e}^{\mathrm{i}kr}\tag{2-21}$$

$$E_\theta=\frac{b\sin\theta}{r^3}(1-\mathrm{i}kr-k^2r^2)\,\mathrm{e}^{\mathrm{i}kr}\tag{2-22}$$

磁场强度由式(1-53) 给出,在球坐标情况下

$$H_r=0 \tag{2-23}$$

$$H_\theta=0 \tag{2-24}$$

$$H_\varphi=\frac{k^2}{\mathrm{i}\omega\mu}\left(\frac{\partial\Pi_\theta}{\partial r}+\frac{\Pi_\theta}{r}-\frac{1}{r}\frac{\partial\Pi_r}{\partial\theta}\right)=\frac{b\sin\theta}{r^2}\frac{k^2}{\mathrm{i}\omega\mu}(1-\mathrm{i}kr)\mathrm{e}^{\mathrm{i}kr} \tag{2-25}$$

现在考虑两种极限情况:

(1)当 $|kr|\ll1$ 时,称为电磁场的近区(准静态区),这时式(2-21)、式(2-22)、式(2-25)简化为

$$E_r=\frac{2b\cos\theta}{r^3} \tag{2-26}$$

$$E_\theta=\frac{b\sin\theta}{r^3} \tag{2-27}$$

$$H_\varphi=\frac{b\sin\theta}{r^2}\frac{k^2}{\mathrm{i}\omega\mu} \tag{2-28}$$

(2)当 $|kr|\gg1$ 时,称为远区,这时式(2-21)、式(2-22)、式(2-25)简化为

$$E_r=-\frac{2b\cos\theta}{r^2}\mathrm{i}k\mathrm{e}^{\mathrm{i}kr} \tag{2-29}$$

$$E_\theta=-\frac{b\sin\theta}{r}k^2\mathrm{e}^{\mathrm{i}kr} \tag{2-30}$$

$$H_\varphi=-\frac{b\sin\theta}{r}\frac{k^3}{\omega\mu}\mathrm{e}^{\mathrm{i}kr} \tag{2-31}$$

式(2-29) ~ 式(2-31)说明,在远区分量 E_r 与离源距离 r 的平方成反比,而 E_θ 及 H_φ 则与离源距离 r 的一次方成反比。显然,相对 E_θ 及 H_φ 来说,E_r 可以忽略。

2.1.2　均匀水平分层大地表面上谐变水平电偶极子的电磁场

谐变偶极子电磁场的求解在很多著作中都有详细介绍(考夫曼和凯勒,1987;陈乐寿和王光锷,1991;万尼安,1979;朴化荣,1990),一般都是借助位函数和电磁场的关系,先求解位函数再求电磁场的各分量。本书引用曹昌祺教授的推演结果(曹昌祺,1978,1981,1982),因为其采用电磁场亥姆霍兹方程直接解得电磁场各分量表达式,并显示出所含波型,可帮助理解其探测地质结构与构造信息,以指导实际应用。

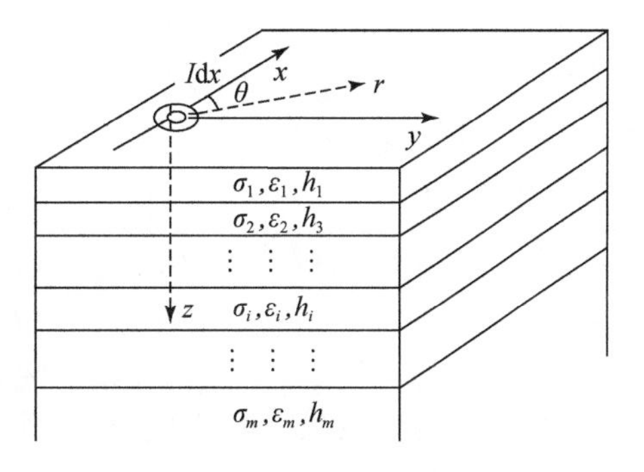

图 2-2　水平分层面上的电偶极子

设均匀水平分层大地中岩层的结构如图 2-2 所示。图中 σ_i、ε_i、h_i 分别表示第 i 层的电导率、介电常数和厚度。各层的磁导率同空气,都为 μ_0,并忽略位移电流。在地面选取有共同原点的一个直角坐标系和一个柱坐标系(图 2-2),设水平谐变(负时谐)电偶极子位于地面坐标原点,取向 x 轴,偶极矩为 Il。解电偶极子在地面激发的电磁场各

分量,可通过矢量位,也可直接求解。直接求出电磁场各分量其主要推演步骤是将电磁场各分量看成标量 F,将亥姆霍兹方程

$$\nabla^2 F+k^2 F=0 \tag{2-32}$$

用柱坐标表示为

$$\frac{\partial F}{\partial r}+\frac{1}{r}\frac{\partial F}{\partial r}+\frac{1}{r^2}\frac{\partial^2 F}{\partial \theta^2}+\frac{\partial^2 F}{\partial z^2}+k^2 F=0 \tag{2-33}$$

式中,$k=\sqrt{\mathrm{i}\omega\mu_0\sigma}$为波数,$\omega$ 为圆频率。用分离变量法求取式(2-33)的特解,进而叠加为一般解,再根据边界条件(供电电流作边界条件考虑)得出定解。由于电磁场分量 E_x、E_y、E_z,以及 H_x、H_y、H_z 相互关联,仅 E_z、H_z 独立,先求出这两个分量,其他分量就确定了。现给出电磁场 6 个分量的一般表达式

$$\begin{aligned}E_x &= \frac{\mathrm{i}\omega\mu_0 Il}{4\pi}\int_0^\infty\left(\frac{1}{K_0+K_1G_k}-\frac{1}{\xi_0+\xi_1G_\xi}\right)\lambda J_0(\lambda r)\mathrm{d}\lambda \\ &\quad+\frac{\mathrm{i}\omega\mu_0 Il}{4\pi}\cos2\theta\int_0^\infty\left(\frac{1}{K_0+K_1G_k}+\frac{1}{\xi_0+\xi_1G_\xi}\right)\lambda J_2(\lambda r)\mathrm{d}\lambda\end{aligned} \tag{2-34}$$

$$E_y = \frac{\mathrm{i}\omega\mu_0 Il}{4\pi}\sin2\theta\int_0^\infty\left(\frac{1}{K_0+K_1G_k}+\frac{1}{\xi_0+\xi_1G_\xi}\right)\lambda J_2(\lambda r)\mathrm{d}\lambda \tag{2-35}$$

$$E_z = -\frac{\mathrm{i}\omega\mu_0 Il}{2\pi}\cos\theta\int_0^\infty\frac{1}{\xi_0+\xi_1G_\xi}\lambda J_1(\lambda r)\mathrm{d}\lambda \tag{2-36}$$

$$H_x = -\frac{Il}{4\pi}\sin2\theta\int_0^\infty\left(\frac{K_0}{K_0+K_1G_k}-\frac{\xi_0}{\xi_0+\xi_1G_\xi}\right)\lambda J_2(\lambda r)\mathrm{d}\lambda \tag{2-37}$$

$$\begin{aligned}H_y &= \frac{Il}{4\pi}\int_0^\infty\left(\frac{K_0}{K_0+K_1G_k}+\frac{\xi_0}{\xi_0+\xi_1G_\xi}\right)\lambda J_0(\lambda r)\mathrm{d}\lambda \\ &\quad+\frac{Il}{4\pi}\cos2\theta\int_0^\infty\left(\frac{K_0}{K_0+K_1G_k}-\frac{\xi_0}{\xi_0+\xi_1G_\xi}\right)\lambda J_2(\lambda r)\mathrm{d}\lambda\end{aligned} \tag{2-38}$$

$$H_z = \frac{Il}{2\pi}\sin\theta\int_0^\infty\frac{1}{K_0+K_1G_k}\lambda^2 J_1(\lambda r)\mathrm{d}\lambda \tag{2-39}$$

式中,$J_0(\lambda r)$、$J_1(\lambda r)$、$J_2(\lambda r)$分别为 0 阶、1 阶和 2 阶第一类柱贝塞尔函数,λ 为积分变量,其物理意义是 r 方向的波矢量;$K_i=\sqrt{\lambda^2-k_i^{\ 2}}$,$\xi_i=\dfrac{k_i^2}{K_i}$;$G_k$、$G_\xi$ 为对应地层因子。对于 m 层大地,有从下向上的递推公式

$$\begin{aligned}&G_{k(m)}=1 \\ &G_{k(m-n)}=\frac{K_{(m-n)}+K_{(m-n+1)}G_{k(m-n+1)}-[K_{(m-n)}-K_{(m-n+1)}G_{k(m-n+1)}]\mathrm{e}^{-2K_{(m-n)}h_{(m-n)}}}{K_{(m-n)}+K_{(m-n+1)}G_{k(m-n+1)}+[K_{(m-n)}-K_{(m-n+1)}G_{k(m-n+1)}]\mathrm{e}^{-2K_{(m-n)}h_{(m-n)}}} \\ &n=1,2,\cdots,m-1\end{aligned} \tag{2-40}$$

G_ξ 有相同的表达式,只是以 ξ_i 代替 K_i,而因子 $\mathrm{e}^{-2K_ih_i}$不变。

当大地被看成均匀半空间时,地层因子 $G_k=G_\xi=1$;忽略位移电流,即 $k_0\to0$。这时可得均匀大地面上水平电偶极子源的各场强分量的解析表达式:

$$E_x=\frac{Il}{4\pi\sigma_1}\frac{1}{r^3}[2e^{ik_1r}(1-ik_1r)+3\cos2\theta-1] \tag{2-41}$$

$$E_y=\frac{3Il}{4\pi\sigma_1}\frac{1}{r^3}\sin2\theta \tag{2-42}$$

$$E_z=\frac{i\omega\mu_0Il}{2\pi}\frac{1}{r}\cos\theta I_1\left(-\frac{ik_1r}{2}\right)K_1\left(-\frac{ik_1r}{2}\right) \tag{2-43}$$

$$H_x=-\frac{iIl}{8\pi}\sin2\theta\frac{k_1}{r}\left[I_2\left(-\frac{ik_1r}{2}\right)K_1\left(-\frac{ik_1r}{2}\right)-I_1\left(-\frac{ik_1r}{2}\right)K_2\left(-\frac{ik_1r}{2}\right)\right] \tag{2-44}$$

$$H_y=\frac{Il}{2\pi}\frac{1}{r^2}I_1\left(-\frac{ik_1r}{2}\right)K_1\left(-\frac{ik_1r}{2}\right)+\frac{iIl}{8\pi}\frac{k_1}{r}(\cos2\theta-1)\left[I_2\left(-\frac{ik_1r}{2}\right)K_1\left(-\frac{ik_1r}{2}\right)-I_1\left(-\frac{ik_1r}{2}\right)K_2\left(-\frac{ik_1r}{2}\right)\right] \tag{2-45}$$

$$H_z=\frac{iIl}{2\pi\omega\mu_0\sigma_1}\sin\theta\frac{1}{r^4}[e^{ik_1r}(-3+3ik_1r+k_1^2r^2)+3] \tag{2-46}$$

式中，I_1、I_2 和 K_1、K_2 分别是宗量为$\left(-\frac{ik_1r}{2}\right)$的第一类和第二类修正的贝塞尔函数。

在远区 $|kr|\gg1\left(\frac{r}{\delta}\gg1\right)$，式(2-41)～式(2-46)可简化为

$$E_x=\frac{Il}{4\pi\sigma_1}\frac{1}{r^3}(3\cos2\theta-1) \tag{2-47}$$

$$E_y=\frac{3Il}{4\pi\sigma_1}\frac{1}{r^3}\sin2\theta \tag{2-48}$$

$$E_z=(i-1)\frac{Il}{2\pi}\sqrt{\frac{\omega\mu_0}{2\sigma_1}}\frac{1}{r^2}\cos\theta \tag{2-49}$$

$$H_x=-(1+i)\frac{3Il}{4\pi}\frac{1}{\sqrt{2\omega\mu_0\sigma_1}}\frac{1}{r^3}\sin2\theta \tag{2-50}$$

$$H_y=(1+i)\frac{Il}{4\pi}\frac{1}{\sqrt{2\omega\mu_0\sigma_1}}\frac{1}{r^3}(3\cos2\theta-1) \tag{2-51}$$

$$H_z=\frac{i3Il}{2\pi}\frac{1}{\omega\mu_0\sigma_1}\frac{1}{r^4}\sin\theta \tag{2-52}$$

从以上公式可以看出水平电偶极子远区场的一些特点：

(1)电磁场的六个分量都与大地电导率有关，E_x、E_y 和 H_z 对电导率依赖性更强。

(2)电场和磁场的水平分量以$\frac{1}{r^3}$衰减，电场垂直分量以$\frac{1}{r^2}$衰减，磁场垂直分量以$\frac{1}{r^4}$衰减。

(3) $\left|\frac{E_x}{E_z}\right|$和$\left|\frac{E_y}{E_z}\right|$具有$\frac{\delta}{r}$的量级，因此比 1 小得多。而$\left|\frac{H_x}{H_z}\right|$和$\left|\frac{H_y}{H_z}\right|$具有$\frac{r}{\delta}$的量级，因此比 1 大得多。这表明电场近似与地面垂直，磁场近似与地面平行。电磁能量流动的方向亦近似与地面平行。尽管电场的垂直分量比水平分量大，但是观测很困难，因此频率测深并不利用它。

以上求出的是紧靠地面上侧的值，按照边界条件，紧靠地面下侧的值，除了 E_z分量外，其

他各分量连续不变。在跨越地面时,E_z有突变,是由于地面上有面电荷,大部分电力线终止在地面上。在地面下侧,E_z就很小,因此电场和磁场一样,基本上与地面平行,其传播方向近似与地面垂直,这和图 1-1 所示意的情形是一致的。对于分层大地情况,在远区的场分量表达式只用 $\sigma_1 G^2$ 代替 σ_1 即可(以后有分析)。这里 G 是 G_k、G_ξ在远区条件下的简化($G=G_k=G_\xi$)。因此,所谈均匀半空间远区场的特点,对分层大地仍然适用。

由特点(1)可知,利用分量 E_x、E_y 和 H_z 作为频率测深的观测量,其对地层的反映灵敏。当 $\theta=90°$,这是最常用的赤道装置。这时 E_x 最强,$E_y=0$(对均匀大地来说)。当 $\theta=0°$,称为轴向装置,E_x 强度缩小一半,E_y 仍为零。

在近区 $|kr|\ll 1\left(\frac{r}{\delta}\ll 1\right)$,式(2-41) ~ 式(2-46)可简化为

$$E_x=\frac{Il}{4\pi\sigma_1}\frac{1}{r^3}(3\cos 2\theta+1) \tag{2-53}$$

$$E_y=\frac{3Il}{4\pi\sigma_1}\frac{1}{r^3}\sin 2\theta \tag{2-54}$$

$$E_z=\frac{\mathrm{i}\omega\mu_0 Il}{4\pi}\frac{1}{r}\cos\theta \tag{2-55}$$

$$H_x=-\frac{Il}{4\pi}\frac{1}{r^2}\sin 2\theta \tag{2-56}$$

$$H_y=\frac{Il}{4\pi}\frac{1}{r^2}\cos 2\theta \tag{2-57}$$

$$H_z=\frac{Il}{4\pi}\frac{1}{r^2}\sin\theta \tag{2-58}$$

由上面各式可知:

(1)六个分量只有 E_x和 E_y与大地电导率有关,而且这两个分量又与频率无关。此近区场不能进行频率测深,可做几何测深。

(2) $\left|\frac{E_x}{E_z}\right|\approx\left(\frac{\delta}{r}\right)^2$, $\left|\frac{E_y}{E_z}\right|\approx\left(\frac{\delta}{r}\right)^2$,两者都比 1 大得多,这说明近区电场基本是水平的。而磁场的水平分量和垂直分量有相同的量级。

2.2 谐变磁偶极子的电磁场

2.2.1 全空间均匀各向同性介质中谐变磁偶极子的电磁场

图 2-3 表示在 xOy 平面中,在坐标原点放置一半径为 a 的小圆线圈,其中通谐变电流为

$$I=I_0\mathrm{e}^{-\mathrm{i}\omega t}$$

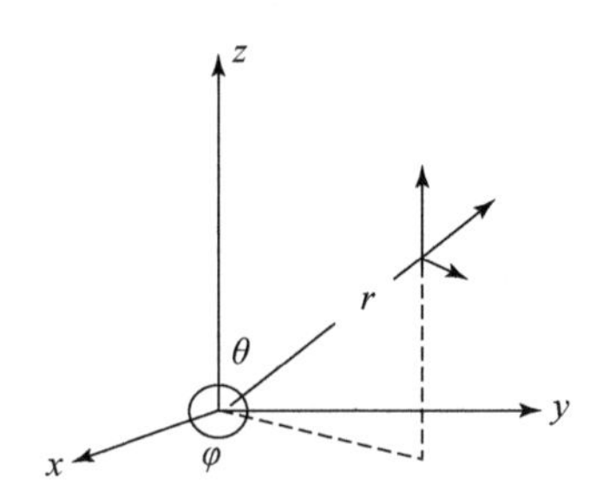

图2-3　表示在球坐标 O 点的磁偶极子

当 $a \ll r$ 时，便在导电率为 σ 的全空间构成磁偶极子。由于磁偶极子轴和坐标 z 轴一致，Fitzgerald 矢量位 $\boldsymbol{F}$ 只有 z 分量 F_z，这就成为解标量位 F_z 的问题。F_z 具有球对称性，故采用球坐标，方程(1-60)可写为

$$\frac{\partial^2 F_z}{\partial r^2}+\frac{2}{r}\frac{\partial F_z}{\partial r}+k^2 F_z=0$$

并进一步简化得

$$\frac{\partial^2}{\partial r^2}(rF_z)+k^2(rF_z)=0 \tag{2-59}$$

解上式得

$$rF_z=m'\mathrm{e}^{ikr}+d\mathrm{e}^{-ikr} \tag{2-60}$$

由于解的第二项不符合在无限远处矢量位为零的边界条件，故必须令 $d=0$，这便得

$$F_z=m'\frac{\mathrm{e}^{ikr}}{r} \tag{2-61}$$

为了确定常数 m'，可由式(2-60)写出稳定电流情况时的相应解

$$F_z=m'/r \tag{2-62}$$

根据式(1-59)，并考虑球对称性及稳定电流情况下 $k=0$，可得各磁场分量为

$$H_r=\frac{\partial}{\partial r}(\nabla\cdot\boldsymbol{F}) \tag{2-63}$$

$$H_\theta=\frac{1}{r}\frac{\partial}{\partial\theta}(\nabla\cdot\boldsymbol{F}) \tag{2-64}$$

$$H_\varphi=\frac{1}{r\sin\theta}\frac{\partial}{\partial\varphi}(\nabla\cdot\boldsymbol{F}) \tag{2-65}$$

这里 F_z 仍表示成矢量位 $\boldsymbol{F}$ 形式，其方向指向 z 轴，可采用圆柱坐标系求其散度，即

$$\nabla\cdot\boldsymbol{F}=\frac{\partial F_z}{\partial z}$$

代入式(2-61)，这样方程(2-63)～方程(2-65)分别写为

$$H_r=\frac{\partial}{\partial r}\left(\frac{\partial F_z}{\partial r}\frac{\partial r}{\partial z}\right)=m'\frac{2\cos\theta}{r^3} \tag{2-66}$$

$$H_\theta=\frac{1}{r}\frac{\partial}{\partial\theta}\left(\frac{\partial F_z}{\partial r}\frac{\partial r}{\partial z}\right)=m'\frac{\sin\theta}{r^3} \tag{2-67}$$

$$H_\varphi=\frac{1}{r\sin\theta}\frac{\partial}{\partial\varphi}\left(\frac{\partial F_z}{\partial r}\frac{\partial r}{\partial z}\right)=0 \tag{2-68}$$

已知相应稳定电流情况下，其磁场强度分量分别为

$$H_r=\frac{IS}{4\pi}\frac{2\cos\theta}{r^3} \tag{2-69}$$

$$H_\theta=\frac{IS}{4\pi}\frac{\sin\theta}{r^3} \tag{2-70}$$

$$H_\varphi=0 \tag{2-71}$$

比较上两组等式，可知 $m'=\frac{IS}{4\pi}$, $S=\pi a^2$。这样，在全空间均匀介质中，指向 z 轴(偶极矩方向)的谐时变磁偶极子的矢量位(仅有 z 分量)为

$$F_z=\frac{IS}{4\pi}\frac{e^{ikr}}{r} \tag{2-72}$$

这样就可根据式(1-57)和式(1-59)求出场强 $\boldsymbol{E}$ 和 $\boldsymbol{H}$ 的各分量。为便捷起见，可依据前面得出的电性源和磁性源的场具有对偶性，由偶极矩方向一致的电偶极子的场的表达式，即式(2-21)、式(2-22)和式(2-25)求得垂直磁偶极子的对应场 H_r、H_θ 和 E_φ 的表达式

$$H_r=\frac{2m'\cos\theta}{r^3}(1-\mathrm{i}kr)e^{ikr} \tag{2-73}$$

$$H_\theta=\frac{m'\sin\theta}{r^3}(1-\mathrm{i}kr-k^2r^2)e^{ikr} \tag{2-74}$$

$$E_\varphi=\mathrm{i}\omega\mu\frac{m'\sin\theta}{r^2}(1-\mathrm{i}kr)e^{ikr} \tag{2-75}$$

(1)当 $|kr|\ll1$ 时，称为电磁场的近区，这时式(2-73)～式(2-75)可简化为

$$H_r=\frac{2m'\cos\theta}{r^3} \tag{2-76}$$

$$H_\theta=\frac{m'\sin\theta}{r^3} \tag{2-77}$$

$$E_\varphi=\mathrm{i}\omega\mu\frac{m'\sin\theta}{r^2} \tag{2-78}$$

(2)当 $|kr|\gg1$ 时，称为远区，这时式(2-73)～式(2-75)可简化为

$$H_r=-\mathrm{i}k\frac{2m'\cos\theta}{r^2}e^{ikr} \tag{2-79}$$

$$H_\theta=-k^2\frac{m'\sin\theta}{r}e^{ikr} \tag{2-80}$$

$$E_\varphi=\omega\mu k\frac{m'\sin\theta}{r}e^{ikr} \tag{2-81}$$

由以上公式可以看出，在远区分量 H_r 与离源距离 r^2 成反比，而 H_θ 及 E_φ 则与离源距离 r 成反比。易知，相对 H_θ 及 E_φ 来说，H_r 可以忽略。

2.2.2 均匀水平分层大地表面上谐变垂直磁偶极子的电磁场

将图 2-2 中的水平电偶极子移去，放置一个中心在坐标原点、磁矩为 $m(Is)$ 的垂直磁偶

极子(面积为 s 的水平电流环)。在此,求电磁场柱坐标分量 E_θ、H_r、H_z。首先根据麦克斯韦方程推演出 E_θ 的柱坐标方程

$$\frac{\partial^2 E_\theta}{\partial z^2}+\frac{\partial^2 E_\theta}{\partial r^2}+\frac{1}{r}\frac{\partial E_\theta}{\partial r}+\left(k^2-\frac{1}{r^2}\right)E_\theta=0 \tag{2-82}$$

将其与方程

$$\nabla\times\boldsymbol{E}=-\frac{\partial \boldsymbol{B}}{\partial t}$$

即

$$\nabla\times\boldsymbol{E}=\mathrm{i}\omega\mu\boldsymbol{H} \tag{2-83}$$

联立,首先按分离变量法求出 E_θ,再按式

$$H_r=\frac{\mathrm{i}}{\omega\mu}\frac{\partial E_\theta}{\partial z} \tag{2-84}$$

和

$$H_z=-\frac{\mathrm{i}}{\omega\mu}\left(\frac{\partial E_\theta}{\partial r}+\frac{1}{r}E_\theta\right) \tag{2-85}$$

求出 H_r、H_z,根据边界条件(电流也作边界条件处理)最终得出垂直磁偶极子源的电磁场分量表达式

$$E_\theta=\frac{\mathrm{i}\omega\mu_0 m}{2\pi}\int_0^\infty \frac{1}{K_0+K_1G_k}\lambda^2 J_1(\lambda r)\,\mathrm{d}\lambda \tag{2-86}$$

$$H_r=-\frac{m}{2\pi}\int_0^\infty \frac{K_0}{K_0+K_1G_k}\lambda^2 J_1(\lambda r)\,\mathrm{d}\lambda \tag{2-87}$$

$$H_z=\frac{m}{2\pi}\int_0^\infty \frac{1}{K_0+K_1G_k}\lambda^3 J_0(\lambda r)\,\mathrm{d}\lambda \tag{2-88}$$

除磁偶极矩 m 外,式中其他符号同电偶极子场分量公式。

下面我们再来看磁矩为 m 的垂直磁偶极子在均匀半空间大地面上的场强表达式

$$E_\theta=\frac{m}{2\pi\sigma_1}\frac{1}{r^4}\left[\mathrm{e}^{\mathrm{i}k_1r}(3-3\mathrm{i}k_1r-k_1^2r^2)-3\right] \tag{2-89}$$

$$H_z=-\frac{\mathrm{i}m}{2\pi\omega\mu_0\sigma_1}\frac{1}{r^5}\left[\mathrm{e}^{\mathrm{i}k_1r}(-9+9\mathrm{i}k_1r+4k_1^2r^2-\mathrm{i}k_1^2r^3)+9\right] \tag{2-90}$$

$$H_r=\frac{\mathrm{i}\omega\mu_0\sigma_1 m}{4\pi r}\left[I_1\left(\frac{\mathrm{i}k_1r}{2}\right)K_1\left(\frac{\mathrm{i}k_1r}{2}\right)-I_2\left(\frac{\mathrm{i}k_1r}{2}\right)K_2\left(\frac{\mathrm{i}k_1r}{2}\right)\right] \tag{2-91}$$

在远区($|kr|\gg1$),三分量的表达式为

$$E_\theta=-\frac{3m}{2\pi\sigma_1}\frac{1}{r^4} \tag{2-92}$$

$$H_r=(1+\mathrm{i})\frac{3m}{2\pi\sqrt{2\omega\mu_0\sigma_1}}\frac{1}{r^4} \tag{2-93}$$

$$H_z=-\mathrm{i}\frac{9m}{2\pi\omega\mu_0\sigma_1}\frac{1}{r^5} \tag{2-94}$$

由上面的式子可分析出垂直磁偶极子远区场有以下特点:

(1)水平分量 E_θ 和 H_r 以$\frac{1}{r^4}$衰减,垂直分量 H_z 以$\frac{1}{r^5}$衰减。这种衰减速度要比电偶极子场衰减快,因此目前探测较深的地质构造均采用电偶极源。

(2) $\left|\frac{H_z}{H_r}\right| \approx \frac{2\delta_1}{r}$,说明在远区 $|H_z| \ll |H_r|$,这样地面电磁波基本垂直下传。由于认为 $\mu_1 = \mu_0$,所以在跨越地面时三个场分量都连续,电磁波仍基本上是垂直下传,与天然场类似。

如果是分层大地,其表达式中的 σ_1 换成 $\sigma_1 G^2$ 即可。三个分量都可用于频率测深,而 E_θ 和 H_z 比 H_r 对地电特性依赖性强。

在近区($|k_1 r| \ll 1$),式(2-89)~式(2-91)简化为

$$E_\theta = \frac{\mathrm{i}\omega\mu_0 m}{4\pi r^2} \tag{2-95}$$

$$H_r = -\frac{\mathrm{i}\omega\mu_0\sigma_1 m}{16\pi r^4} \tag{2-96}$$

$$H_z = -\frac{m}{4\pi}\frac{1}{r^3} \tag{2-97}$$

由上面的式子可知,E_θ、H_z 与地层无关,只有 H_r 与地层有关,就是强度太小。这时 $\left|\frac{H_r}{H_z}\right| = \frac{1}{4}|k_1^2 r^2| \ll 1$,说明近区地面磁场以垂直分量为主。如跨越地面,三个场分量是连续的,紧靠地面下侧,仍以垂直磁场为主,说明电磁波近似径向传播。

以上列出了水平电偶极子和垂直磁偶极子在均匀分层大地面上的各场强分量的表达式。在大地表面上,除了 E_z 分量不连续外,在所给 $\mu_1 = \mu_0$ 的条件下,其他各场强分量都连续。因此,在实际应用时,无论在紧靠地面上侧还是紧靠地面下侧接收场分量,其理论计算公式都是一样的。

人工源的电磁场比较复杂,仅对远区场和近区场两种极端情况作了简化分析,以加深对整个场区的理解。

2.3　视电阻率与视相位

2.3.1　视电阻率

对于电磁法勘探,视电阻率有着重要意义,它可较直观地反映地电断面类型,用于定性和定量解释。在频率测深方法中,无论是通过理论公式计算的场强分量,还是通过各种仪器观测的场强分量,一般要换算成视电阻率。对于频率测深,视电阻率定义可从不同角度(远区场、近区场和全区)定义(曹昌祺,1978;殷长春和朴化荣,1991;陈明生和闫述,1995)。在目前已普及了计算机反演解释,如何定义视电阻率似乎不很重要,关键是尽量减少对原始资料的改造,以减小中间环节的误差。

1. FEM视电阻率

苏联应用频率域电磁测深较早，对人工源FEM，采用远区场各场强分量的振幅定义视电阻率。在均匀大地情况下，对于水平电偶极子源，按均匀大地远区场公式(2-47)~(2-52)反算大地电阻率ρ_1(电导率σ_1的倒数)，其与场强分量有如下的关系式

$$\begin{aligned}\rho_1 &= \frac{4\pi r^3}{Il}\left|\frac{E_x}{3\cos2\theta-1}\right| = \frac{4\pi r^3}{3Il}\left|\frac{E_y}{\sin2\theta}\right| = \frac{4\pi^2 r^4}{\omega\mu_0 I^2 l^2}\left|\frac{E_z}{\cos\theta}\right|^2 \\ &= \frac{16\pi^2\omega\mu_0 r^6}{9I^2 l^2}\left|\frac{H_x}{\sin2\theta}\right|^2 = \frac{16\pi^2\omega\mu_0 r^6}{I^2 l^2}\left|\frac{H_y}{3\cos2\theta-1}\right|^2 \\ &= \frac{2\pi\omega\mu_0 r^4}{3Il}\left|\frac{H_z}{\sin\theta}\right|\end{aligned} \tag{2-98}$$

这样通过任何一个场强分量的振幅都可确定出大地的电阻率ρ_1。

当大地分层时，各层的电阻率不同，并不存在一个笼统的地电阻率。我们仍以均匀大地的电阻率表达式来表示，这种表观的电阻率称为视电阻率，用ρ_ω来表示它。例如，用$|E_x|$定义的视电阻率为

$$\rho_\omega = \frac{4\pi r^3}{Il}\left|\frac{E_x}{3\cos2\theta-1}\right| \tag{2-99}$$

同样可用其他分量来定义。对磁偶极子场按式(2-92)~式(2-94)有相似的视电阻率定义。所得的视电阻率值是点绘在双对数坐标纸上，纵坐标表示ρ_ω(理论量板曲线为$\frac{\rho_\omega}{\rho_1}$)，横坐标为$\sqrt{T}$(理论量板为$\frac{\lambda_1}{h_1}$)。理论量板中各层的参数表示为$(\mu_i,\nu_i)$，$\mu_i=\frac{\rho_i}{\rho_1}$，$\nu_i=\frac{h_i}{h_1}$。频率测深的视电阻率曲线和直流电测深曲线一样按地电断面结构分曲线类型，并且称谓一致；只是曲线形态要复杂些，没有电测深曲线那样直观。图2-4~图2-8表示三层A、K、Q、H断面曲线，图2-8是水平电偶极子的$|H_z|$视电阻率曲线，其他都是水平电偶极子的$|E_x|$视电阻率曲线，地电参数都标在量板上。频率测深视电阻率曲线有以下特点。

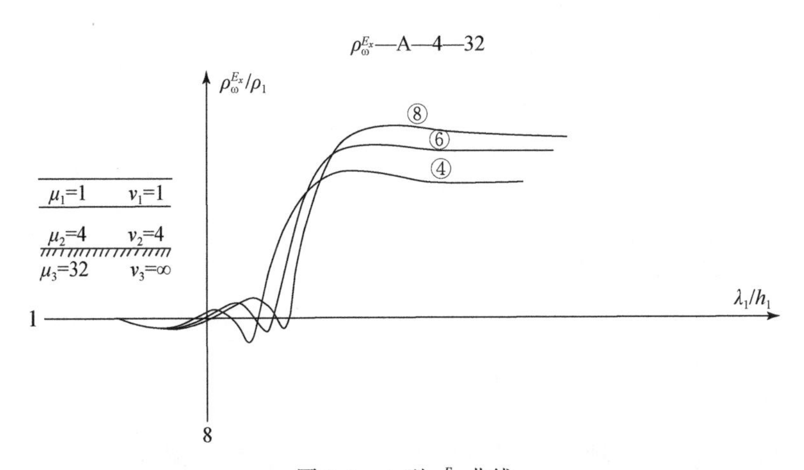

图2-4 A型$\rho_\omega^{E_x}$曲线

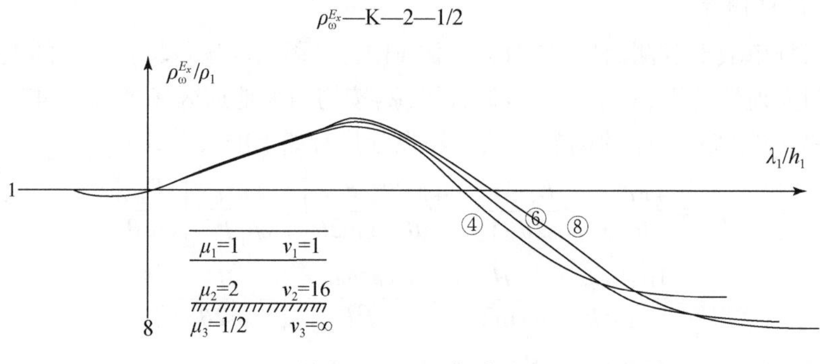

图 2-5　K 型 $\rho_{\omega}^{E_x}$ 曲线

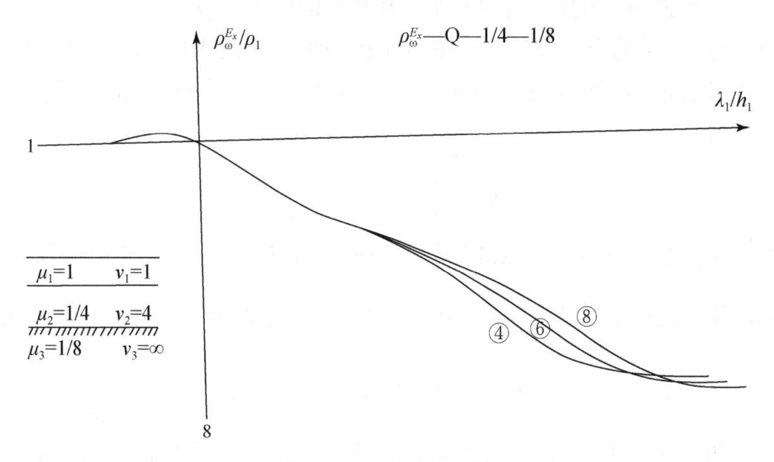

图 2-6　Q 型 $\rho_{\omega}^{E_x}$ 曲线

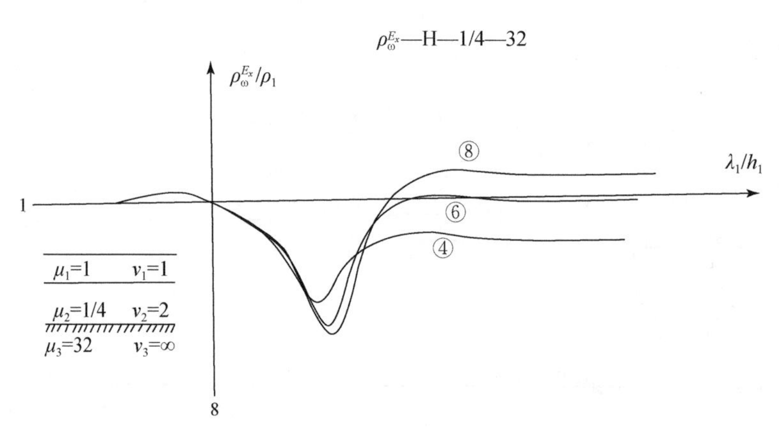

图 2-7　H 型 $\rho_{\omega}^{E_x}$ 曲线

（1）远区场曲线统一。根据视电阻率的远区场定义，在远区场，对同一地电断面的所有频率测深曲线，不管是按单分量还是按比值（包括 CSAMT 法）计算的都一样，并和 MT 法的视电阻率一致（基底为无限大高阻体除外，因最下层达不到远区）。这样就可按 MT 法简化解释,像采用博斯蒂克反演。

(2)曲线主要由频率f和极距r控制。地电断面同频率范围一样,视电阻率曲线因极距变化而有规律改变:极距小,曲线特征模糊,极距大,曲线变化明显。这说明频率测深的研究深度主要由频率f和极距r控制(地电断面确定后)。首先采用频率要足够低,以便电磁波能穿透到预定深度。但这还不够,由于我们是在地面上观测,还得使该深度地电参数对电磁场的影响能够在所选择的观测点上确实反映出来。这样说来,选择适当极距r是必要的。理论上r越大越好,这样能使整条曲线在远区观测,对地层分辨好。但实际做不到,因为信号按$1/r^n(n=2\sim5)$衰减,还必须保证足够的信噪比。一般选$r=(3\sim6)H$(表示探测深度),这是个约数,要结合具体实际进行正演模拟和野外试验确定r,做到既能观测到足够强的信号,又能达到预定探测深度。

(3)特征渐近线。频率测深曲线的首支有共同的平行横轴的渐近线,表示的视电阻率为第一层的真电阻率,这是远区场的标志。其尾支渐近线各自不同。在极距r有限的情况下,一条曲线的不同分段所处场区一般不同,随着频率的降低,经中区到近区而进入尾支。水平电偶极子源的$|E_x|$、$|E_y|$的视电阻率曲线,其尾支出现平行横轴的渐近线,像图2-4～图2-7那样,这时的视电阻率等于同装置直流测深视电阻率的一半,图2-8的$|H_z|$视电阻率曲线尾支将呈63°26′下降,这是因为近区场磁场H_z的感应电动势换算成视电阻率时,其渐近线的斜率$\frac{\mathrm{d}\ln\rho_\omega}{\mathrm{d}\ln\sqrt{T}}=-2$。其他两个磁场$|H_x|$、$|H_y|$的视电阻率曲线的尾支也将呈一定角度下降,这种特征渐近线是进入近区的标志。

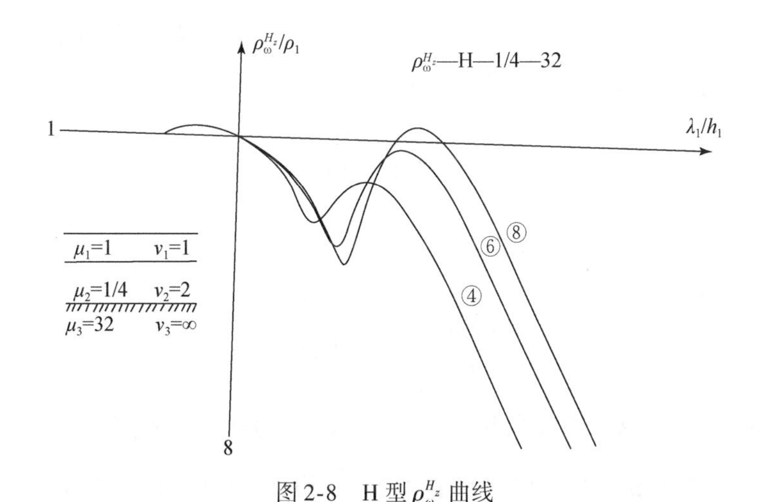

图2-8　H型$\rho_\omega^{H_z}$曲线

频率测深视电阻率曲线的首支(高频时)平行横轴渐近线相应远区,其视电阻率就是第一层的真电阻率,尾部渐近线说明已进入近区,只能反映定极距下直流探测深度的地质信息。

(4)假极值效应。频率测深视电阻率曲线具有假极值,其意思是:对应大地的不同层次,遇低阻层先上升出现一个假极大后再下降;遇到高阻层时先下降出现一个假极小后再上升。这种现象从图2-7、图2-8上都能明显地看出来。造成这种现象的原因,在MT法中已有证明,是电磁波干涉(陈乐寿和王光锷,1991;陈明生和闫述,1995)。

现以二层大地远区场为例进行简化分析。前已提及，在远区场，地层因子 $G_k = G_\xi = G$，又 $K_i \approx -\mathrm{i}k_i$，因此对二层大地有

$$G(\sigma_1,\sigma_2)=\frac{(\sqrt{\sigma_1}+\sqrt{\sigma_2})-(\sqrt{\sigma_1}-\sqrt{\sigma_2})\mathrm{e}^{2\mathrm{i}k_1h_1}}{(\sqrt{\sigma_1}+\sqrt{\sigma_2})+(\sqrt{\sigma_1}-\sqrt{\sigma_2})\mathrm{e}^{2\mathrm{i}k_1h_1}} \tag{2-100}$$

若设

$$\eta_{12}=\frac{\sqrt{\sigma_1}-\sqrt{\sigma_2}}{\sqrt{\sigma_1}+\sqrt{\sigma_2}}$$

则式(2-100)变成

$$G(\sigma_1,\sigma_2)=\frac{1-\eta_{12}\mathrm{e}^{2\mathrm{i}k_1h_1}}{1+\eta_{12}\mathrm{e}^{2\mathrm{i}k_1h_1}} \tag{2-101}$$

进而有

$$\frac{1}{|G(\sigma_1,\sigma_2)|^2}=\frac{1+2\eta_{12}\mathrm{e}^{-2x}\cos 2x+\eta_{12}^2\mathrm{e}^{-4x}}{1-2\eta_{12}\mathrm{e}^{-2x}\cos 2x+\eta_{12}^2\mathrm{e}^{-4x}} \tag{2-102}$$

式中

$$x=\frac{h_1}{\delta_1}=\sqrt{\frac{\mu_0\omega\sigma_1}{2}}h_1 \tag{2-103}$$

当 $x \gg 1$，即 δ_1 比 h_1 小得多时，由式(1-102)得知

$$\frac{1}{|G|^2}\approx 1$$

便有

$$\rho_\omega=\rho_1$$

这时因频率高，电磁波还没穿透第一层，视电阻率等于第一层的真电阻率。当频率不断降低，一旦 $x \ll 1$ 即 $\delta_1 \gg h_1$ 时，由式(2-102)可得

$$\frac{1}{|G|^2}\approx\frac{\rho_2}{\rho_1}$$

即

$$\rho_\omega=\rho_2$$

这样视电阻率就等于第二层的真电阻率。

由式(2-102)得出，当

$$x=\frac{2n+1}{4}\pi\,,\quad n=0,1,2,\cdots \tag{2-104}$$

时，视电阻率都等于 ρ_1，这意味着视电阻率曲线在 ρ_1 值附近有振荡，直到 $x<\frac{\pi}{4}$ 即 $\delta_1>\frac{4}{\pi}h_1$ 以后，才真正离开 ρ_1 趋向 ρ_2。这一序列的振荡都属于假极值效应，只是最后一个最突出。

由于 $\delta_1=\frac{\lambda_1}{2\pi}$，因此式(2-104)相应于

$$2h_1=(2n+1)\frac{\lambda_1}{4} \tag{2-105}$$

可见，电磁波往返第一层的路程正好等于 $\frac{\lambda_1}{4}$ 的奇数倍，揭示出假极值是电磁波在两个分界面上反射所造成的干涉结果。假极值似乎有两重性，一方面干扰对地层的分辨率，一方面增加

视电阻率曲线的变化幅度。具体来说,对 A 型曲线干扰较大,对 K 型曲线突出了中间高阻层。

2. CSAMT 视电阻率

欧美的电磁法工作者为了克服天然场大地电磁测深 MT（更确切地说是音频大地电磁测深 AMT)信号弱的不足,采用人工源激发电磁场,其资料采集与解释仍采用 AMT 法,因此称为可控源音频大地电磁法(简称 CSAMT)。AMT 法的视电阻率照旧采用法国地球物理学家卡尼亚定义的阻抗视电阻率,简单推导如下。

现引用前面提到的平面波大地表面上的波阻抗公式

$$Z_{xy}=\frac{E_x}{H_y}=\sqrt{\omega\mu\rho}\,\mathrm{e}^{-\mathrm{i}\pi/4} \tag{2-106}$$

由此将阻抗取模的平方

$$|Z_{xy}|^2=\left|\frac{E_x}{H_y}\right|^2=\left|\sqrt{\omega\mu\rho}\,\mathrm{e}^{-\mathrm{i}\pi/4}\right|^2=\omega\mu\rho$$

这便得出卡尼亚视电阻率表达式

$$\rho_{xy}=\frac{1}{\omega\mu}|Z_{xy}|^2=\frac{1}{\omega\mu}\left|\frac{E_x}{H_y}\right|^2 \tag{2-107}$$

当然,也可按$\left|\frac{E_y}{H_x}\right|$得到$\rho_{yx}$的同样表达式。

对于前面提过的均匀半空间面上的水平电偶极子远区正交电磁场公式

$$E_x=\frac{Il}{4\pi\sigma_1}\frac{1}{r^3}(3\cos2\theta-1) \tag{2-108}$$

$$H_y=(1+\mathrm{i})\frac{Il}{4\pi}\frac{Il}{\sqrt{2\omega\mu_0\sigma_1}}\frac{1}{r^3}(3\cos2\theta-1) \tag{2-109}$$

其比值的平方

$$\left|\frac{E_x}{H_y}\right|^2=\left|\frac{\frac{Il}{4\pi\sigma_1}\frac{1}{r^3}(3\cos2\theta-1)}{(1+\mathrm{i})\frac{Il}{4\pi}\frac{1}{\sqrt{2\omega\mu_0\sigma_1}}\frac{1}{r^3}(3\cos2\theta-1)}\right|^2=\frac{\omega\mu_0}{\sigma_1}$$

所以有

$$\rho_{xy}=\frac{1}{\omega\mu_0}\left|\frac{E_x}{H_y}\right|^2 \tag{2-110}$$

这是根据电偶源半空间远区场的公式推得的。因处于远区场,两种途径所得视电阻率是一致的;也说明 CSAMT 只是视电阻率的表达式同 AMT,其原理和场的测量与 FEM 相同,因此本书没有专门单列 CSAMT。由于人工源 FEM 的视电阻率是按远区场定义的,CSAMT 的视电阻率是引用天然场的,当然属远区场;但是人工源的电磁场分近、中、远三个场区,在一定极距 r 观测的不同频率范围中电磁场所处场区不同,很难得到一条纯远区曲线资料。这对 FEM 是正常的,如实解释即可,前已分析。对 CSAMT 来说,如沿用 AMT 解释,还需作近场校正;实际上既可单独提出单分量解释,也可不作近场校正,按电场与正交的磁场比值解释。

2.3.2　视相位

与视电阻率 ρ_ω 一样，视相位 φ_ω 也是地质信息的综合反映。谐变电磁场既有振幅的变化，也有相位的移动。对于单分量的相位是指观测点场强的相位对发射电流的相位差值，其表达式为

$$\varphi_\omega^F = \tan^{-1}\frac{\mathrm{Im}F}{\mathrm{Re}F} \tag{2-111}$$

式中，F 表示某一个场强分量。

在频率测深中，既可测量电磁场各分量的振幅，也可测量它们的相位。然而，测量相位较困难，尤其在高频时，测量误差相对较大。我们实际上可利用视电阻率(振幅)转换为视相位，其转换公式为

$$\varphi_{\omega_k} = \frac{1}{\pi}\int_0^\infty \frac{\mathrm{d}\ln|\rho_\omega|}{\mathrm{d}\omega}\ln\left|\frac{\omega+\omega_k}{\omega-\omega_k}\right|\mathrm{d}\omega \tag{2-112}$$

式中，φ_{ω_k} 为频点 k 的转换视相位，ω_k 为频点 k 的圆频率。可以看出，转换相位等于视电阻率幅值的对数梯度在整个频率域的积分，主要取决于所求相位频点附近的视电阻率幅值的变化。由于视相位不取决于视电阻率的幅值本身，而是由视电阻率在双对数坐标上的曲线斜率所决定，所以可用来进行“静态校正”，以消除地表不均匀的影响。

现以图 2-9 为例说明视相位曲线的特点。这是一组 K 型电场振幅与相位曲线对比图，地电参数为 $\rho_2/\rho_1=32$、$\rho_3/\rho_1=2$、h_2/h_1 可变。极距 r 固定，保持 $r/h_1=6$。由图看出，相位曲线比振幅曲线变化幅度大，而且相位曲线的极值点正好对应振幅曲线的拐点。正因为如此，振幅曲线反映 K 型断面并不明显，而相位曲线却有清楚的显示。这说明相位曲线虽不含有新的信息，但分辨地层的能力比振幅曲线强。如将视电阻率曲线与视相位曲线结合起来，从不同的角度进行分析，综合起来解释频率测深资料，将会得到更好的地质效果(陈明生和闫述，1995)。

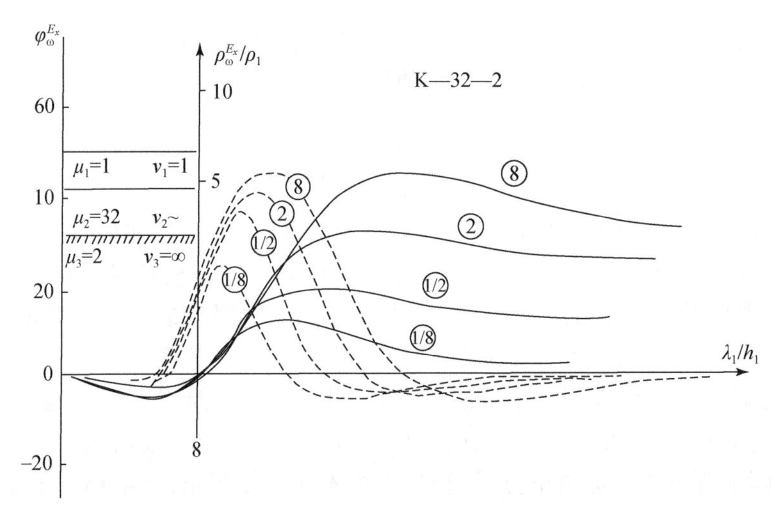

图 2-9　K 型 $\varphi_\omega^{E_x}$ 与 $\rho_\omega^{E_x}$ 曲线

与卡尼亚视电阻率对应的相位,是电场的相位与正交磁场相位的差,故称相对相位。

2.4　频率电磁测深的电磁场分布与观测参数

2.4.1　水平电偶极源与观测的电磁场分量

为了增大水平电偶极源的偶极矩 Il,两端应接地良好,以增加供电电流;设接地电偶极子源置于地面 x 方向,在均匀大地面上可产生六个直角分量,其一般表达式前面已列出。由远区场公式可知,E_z、H_x 和 H_y 与$\sqrt{\sigma_1}$有关,而 E_x、E_y 和 H_z 与 σ_1 有关。

对各场分量在全区分布与变化态势可根据三维模拟结果分析(闫述,2003),模拟是在电导率为 $\sigma_1=0.002\text{S/m}$ 的均匀大地半空间,频率 $f=2\text{kHz}$,电场强度单位 μV/m,磁场强度单位 μA/m。图2-10表示地面电偶极子(沿 x 方向)的 E_x、H_y 和 E_y、H_x 以及 H_z 分量的空间分布。对 E_x 分量在地表与地下分布的主瓣沿$(0,y)$随偏移距和深度衰减(图2-10a、b),E_x 分量的副瓣沿$(0,x)$分布与衰减,强度小一半;对 H_y 分量有类似分布,因两正交分量相关。E_y 分量在地表与地下分布的两等量瓣沿($x=y$;$-x=y$)两个方向随偏移距和深度衰减(图2-10c、d);H_x 分量类同,并与其正交。H_z 的主瓣沿 y 轴随深度和距离衰减快(图2-10e、f)。

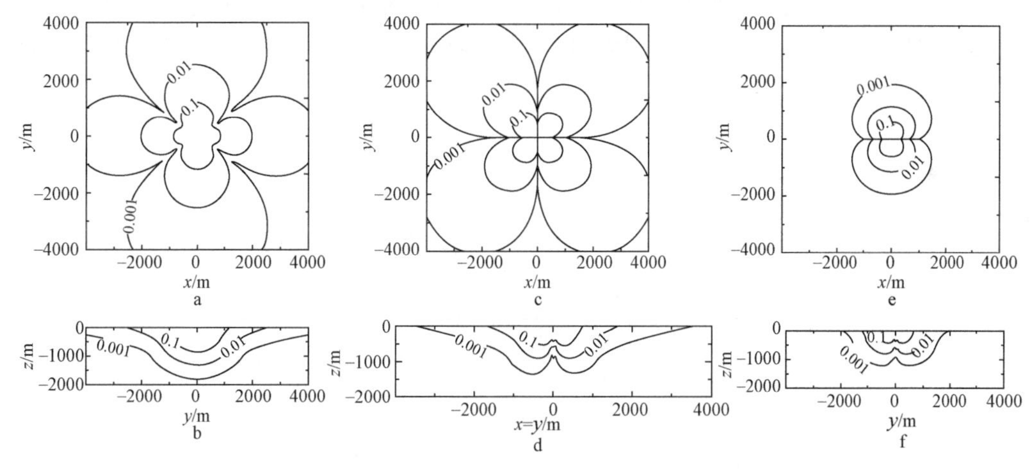

图2-10　地面电偶极的 E_x、E_y、H_z 分量的空间分布

a. E_x 分量地面分布; b. E_x 分量沿$(0,y,z)$剖面分布;

c. E_y 分量地面分布; d. E_y 分量沿$(x=y,z)$剖面分布;

e. H_z 分量地面分布; f. H_z 分量沿$(0,y,z)$剖面分布

图2-11是频率测深FEM和CSAMT施工示意图。由于 E_x、E_y 和 H_z 与 σ_1 有关,因此对地层的反映灵敏。从图2-10可看出,E_x 分量沿 y 轴($\theta=90°$)最强,这是最常用的赤道观测装置,这时 $E_y=0$(均匀大地时)。当 $\theta=0°$,称为轴向装置,E_x 强度缩小一半,E_y 仍为零。对 E_y 沿±45°方向信号最强,可适当利用。标量测量的FEM和CSAMT法,沿主瓣测量 E_x、H_y 是适宜的,如图2-11所示;在 AB 两侧 $r\geqslant 3H$(H 为设计的最大探测深度),张角60°(图2-11)范

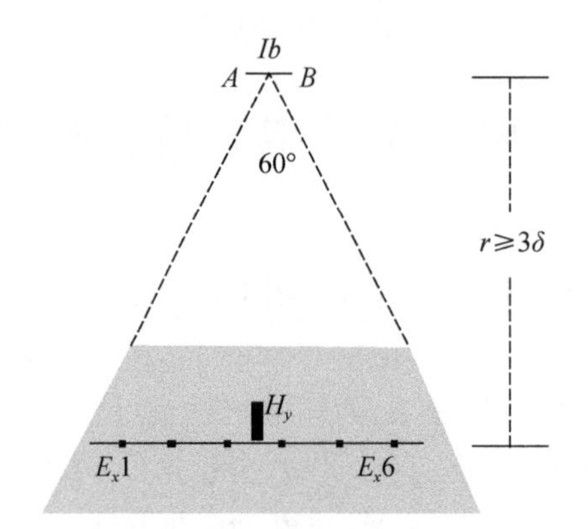

图 2-11　频率测深 FEM 和 CSAMT 施工示意图

围都可施工。对 FEM 法还可更灵活,尤其可沿45°方向观测 E_y、H_x。

频率电磁测深观测的场强一般要转算为视电阻率,以便将电磁信息与地下地电性质关联起来,以利于定性或半定量解释。对计算机自动反演可直接采用场强,可避免转换误差。

前面所得视电阻率表达式已给出,现引用一 KHK 地电断面算例(陈明生等,1998),具体地电参数为:$\rho_1=10\Omega\cdot m$,$\rho_2=80\Omega\cdot m$,$\rho_3=10\Omega\cdot m$,$\rho_4=100\Omega\cdot m$,$\rho_5=20\Omega\cdot m$;$h_1=100m$,$h_2=100m$,$h_3=200m$,$h_4=200m$。采用赤道偶极装置,分别计算偏移距 r 等于 1200m、1800m、2400m 的单分量和比值视电阻率,并示于图 2-12。图中两种视电阻率曲线首支(高频段)是重合的,此时处于远区场。曲线中段因极距 r 不同而分离,说明随着频率降低由中区向近区

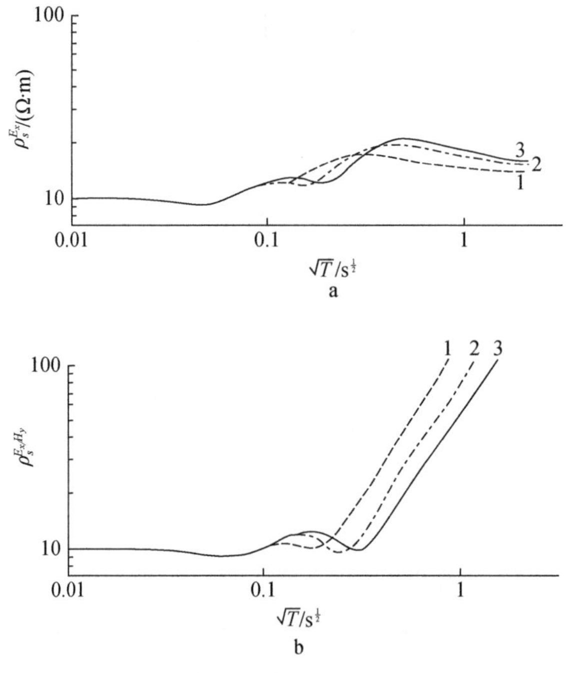

图 2-12　KHK 型 5 层大地水平电偶极子源

a. E_x 分量视电阻率;b. 比值 E_x/H_y 视电阻率

1. $r=1200m$;2. $r=1800m$;3. $r=2400m$

靠近,这时比值视电阻率曲线一直上升,到近区呈 63°26′上升（如采用周期 T 为对数横坐标，则呈 45°上升）,基本反映不出大地下面的 K 型断面层次。而此时单分量 E_x视电阻率曲线仍具有 K 型断面趋势,只是尾支渐近线呈水平状,说明进入了近区场。由此可见,单分量 E_x视电阻率曲线对于地层的分辨能力强于没有近场改正的比值视电阻率曲线。对于其他类型的地电模型也有类似的结果。产生这种情况的原因和视电阻率定义有关,比值视电阻率曲线经近场改正可在一定程度上反映出 5 层地电断面，但是校正误差会给解释带来新的问题。其实,要进行反演,直接用场强数值即可,不必在视电阻率计算上纠结。但是,为了定性分层,对视电阻率的表达还是值得考虑;一些物探工作者,如殷长春和朴化荣(1991)就做了有益的研究,可供参考。

2.4.2　垂直磁偶极源与观测的电磁场分量

前已分析,垂直磁偶极子源的水平分量 E_θ 和 H_r 以 $1/r^4$ 衰减,垂直分量 H_z 以 $1/r^5$ 衰减,到了远区 $|H_z| \ll |H_r|$,电磁波基本上是垂直下传,类似平面波。由于垂直磁偶极子场衰减速度要比电偶极子场快,因此目前探测较深的地质构造一般采用电偶极源。

图 2-13 表示磁偶极子在均匀导电半空间所形成的磁场垂直断面,可以看出,随着偏移距的增加垂直磁场 H_z 相对径向磁场 $H_r(H_x)$ 逐渐减弱,这是在近区;前已说明,到了远区 $|H_z| \ll |H_r|$。

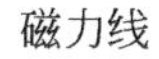

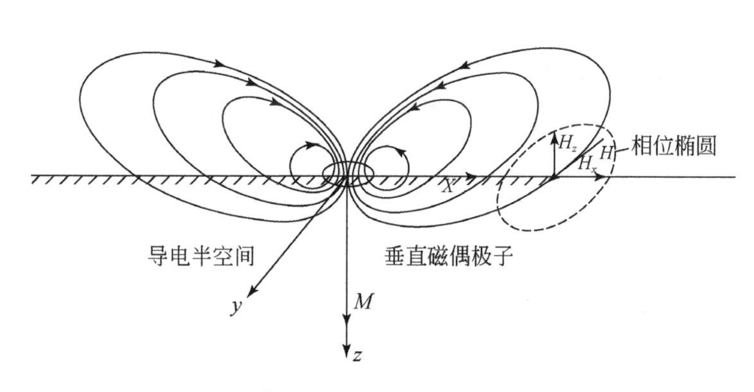

图 2-13　垂直磁偶极子在导电半空间形成的磁场

垂直磁偶极子源的三个场分量都可用于频率测深(陈明生,2014b),只是 E_θ 和 H_z 比 H_r 对地电特性依赖性强。

对一维介质,水平电偶极子形成的场是面对称的,而垂直磁偶极形成的场是轴对称的。这样,在野外观测可选任意角度;如图 2-14 所示,测线可围绕发射线圈转。当然,还要根据地质需要,结合地形情况布设。

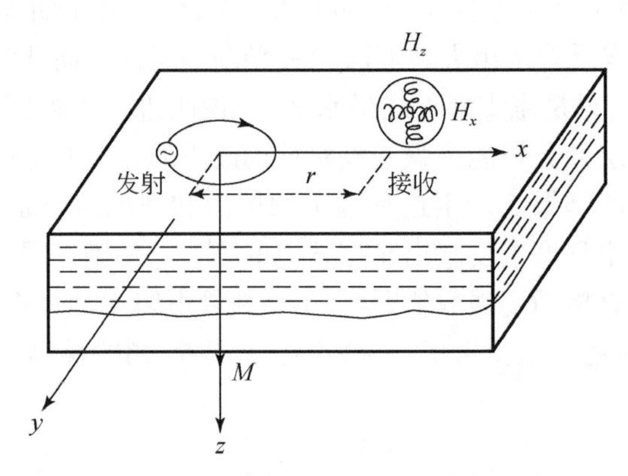

图 2-14　垂直磁偶极子源观测装置图

垂直磁偶极子源发射的为 TE 型波，对地层分辨率高。按图 2-14 观测的场分量为 E_θ、H_r、H_z，一般将其转算为视电阻率曲线，以便进行定性解释。现举一 H 型地电断面，对应的地电参数：$\rho_1=20\Omega\cdot m$，$\rho_2=2\Omega\cdot m$，$\rho_3=20\Omega\cdot m$；$h_1=50m$，$h_2=80m$。采用极距 $r=360m$，对应的远区定义的视电阻率曲线示于图 2-15。图上标示的 E_θ、H_r、H_z 是对应该分量的视电阻率$\left(\rho_\omega=K\left|\dfrac{E}{I}\right|^n, n=1,2\right)$曲线，$\dfrac{E_\theta}{H_r}$表示比值视电阻率$\left(\rho_\omega=\dfrac{1}{\omega\mu}\left|\dfrac{E_\theta}{H_r}\right|^2\right)$曲线。可以看出，四条曲线的首支平行横轴，其视电阻率等于第一层真电阻率，标志着处于远区场。进而受中间低阻层影响导致曲线出现假极大后分离下降。比值视电阻率曲线下降迟缓，但对低阻中间层反映明显，经极小值后一直上升。单分量视电阻率曲线下降速度依 E_θ、H_z、H_r 顺序加快，而对中间低阻层的反映出现的扭折依次变弱。最后都以一定角度自然下倾，已和地层无关。前面提及水平电偶极子的电场视电阻率曲线尾部进入近区与横轴平行，而垂直磁偶极子的电场曲线尾部却一直下降。要知道，水平电偶极子的 H_z 视电阻率曲线尾部

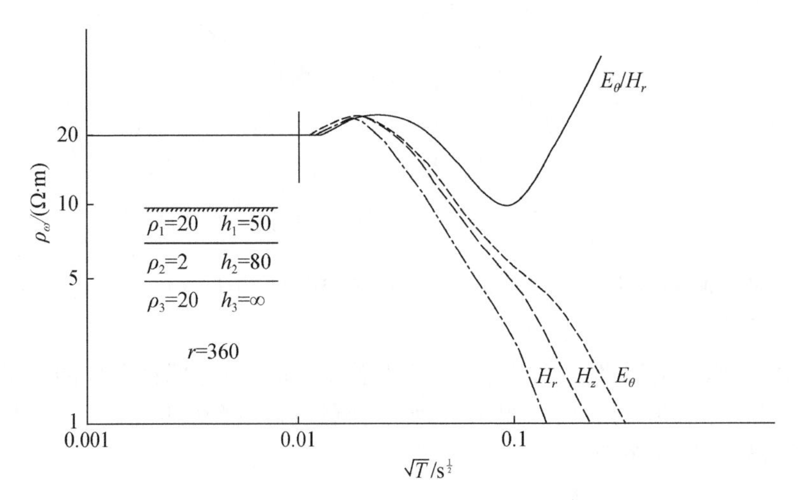

图 2-15　垂直磁偶极源的 H 型视电阻率曲线

进入近区也是一直下降(在ρ_ω-$\sqrt{T}$双对数坐标上呈-63°26′);根据互换原理,对应垂直磁偶极子的E_θ,它们仅相差一个系数,视电阻率曲线尾部进入近区同样以-63°26′下降。这样看来,对垂直磁偶极子,采用比值视电阻率更有利于定性解释,如反演就不用转换,直接用场分量可减小计算误差。

更可取的是仿照匈牙利 MAXI-PROBE 法(李毓茂,2012),按$R(f)=\left|\frac{H_z}{H_r}\right|$转换为如同测井曲线样子的视电阻率$\rho_\omega$-深度$H$曲线,即$\rho_\omega(H)$曲线,如图2-16所示。由图看出,随着深度(纵坐标表示)的加深,视电阻率(横坐标表示)在不断变化,显示锯齿状。曲线的右斜段表示相对高阻层,曲线的左斜段表示相对低阻层,而斜率的突变点对应岩层分界面。其具体意义是:当地层为均匀半空间时,视电阻率随深度不变,是一条平行纵轴的直线;当深部受高阻层影响时,视电阻率逐渐变高,遇到低阻界面后视电阻率又逐渐变低,在界面处发生转折性突变,这就是地质解释的基础。

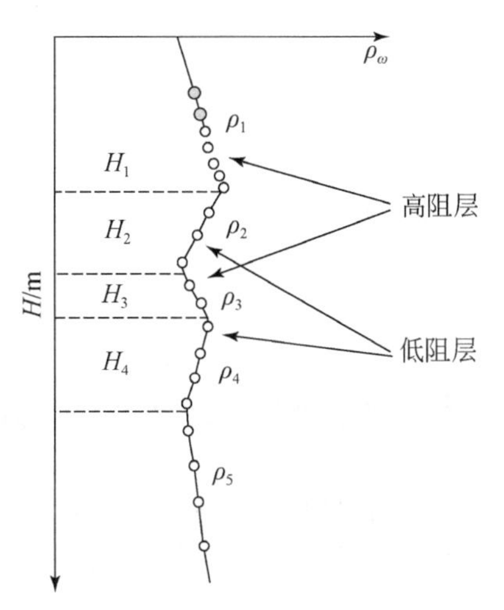

图2-16　转换视电阻率$\rho_\omega(H)$曲线图

通过中煤科工集团西安研究院1989年研制的EM-1型磁偶源仪器(f=1.004Hz～62.5kHz)的实验,最小极距可选50m,最大极距可达1600m。

在河南王封矿探测第四系厚度时,最小极距选r=50m,供电线圈直径用1m,所观测资料转换为图2-17所示的视电阻率折线。经过分析,折线的A点对应第四系与煤系分界线,其深度为20.75m,实际深度为20.50m,相差无几。至于最大探测深度可通过兖州肖家庄矿13号孔的孔旁测深说明。选择的极距r=1600m,用三个直径125m的大线圈发射,以保证有足够强的信号观测。所得$R(f)$曲线转换为视电阻率曲线$\rho_\omega(H)$表示在图2-18上,根据曲线的变化和钻孔柱状,其电性和层位的对比关系明显,尤其是大的层位分界误差很小。层位最深的是奥灰顶界,解释深度780.90m,与地质上符合很好。这说明所研制的磁偶源仪器在这里探测深度>800m。当然,上覆地层电阻率高时,探测深度会更大。

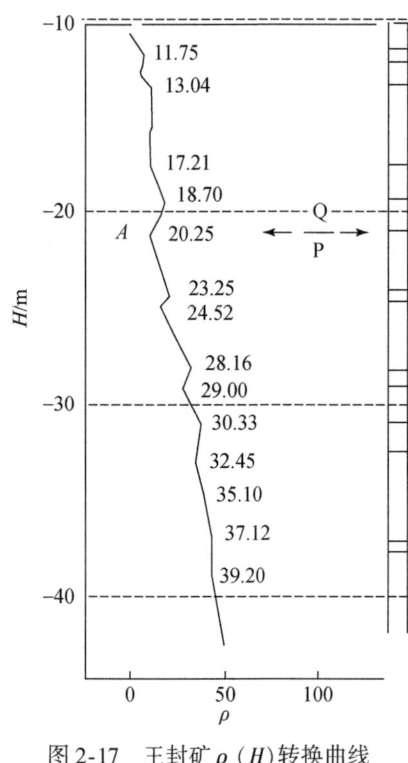

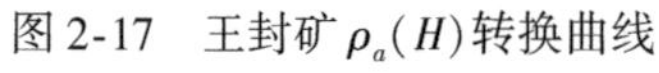
图 2-17　王封矿 $\rho_a(H)$ 转换曲线

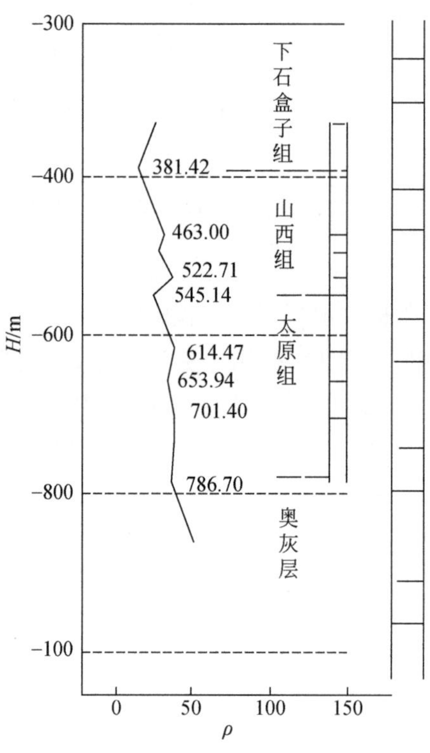

图 2-18　肖家庄矿 $\rho_a(H)$ 转换曲线

2.5　频率测深正演计算

频率测深的核心问题是正反演,它是频率测深理论分析与实际资料解释的依据(陈明生和闫述,1995)。这里主要论述水平分层大地(一维)的正演问题,它是反演的前提,具有重要理论与实际意义。

关于频率测深的正演公式,我们采用曹昌祺(曹昌祺,1981,1982)推演的结果,这已在前面列出,即对水平均匀分层大地表面上的水平电偶极子场强公式采用式(2-34)~式(2-39),对垂直磁偶极子场强公式采用式(2-86)~式(2-88)。

可以看出,频率测深各场强分量的表达式总含有第一类贝塞尔函数 $J_n(n=0,1,2)$ 的积分,根据贝塞尔函数的关系式可转写成仅含 0 阶和 1 阶第一类贝塞尔函数的积分,它们又可统一写成汉克尔变换形式

$$H(r)=\int_0^{\infty} h(\lambda)\lambda J_n(r\lambda)\,\mathrm{d}\lambda \quad (n=0,1) \tag{2-113}$$

除均匀半空间情况外,一般求不出式(2-113)的解析式,只好采用数值计算方法。由于贝塞尔函数具有振荡性,且衰减又慢,用数值积分所需计算时间长。一般采用数字滤波法计算。笔者(1984 年)用同一台计算机(Sienmens-7,760)对同一地电断面的电偶极子源的 E_x 按上述两种算法进行对比计算,尽管对数值积分采用尤拉变换以加快收敛,但在达到五位有效数字相同的情况下,数值积分仍比数字滤波计算时间长 10 倍。

为了实现数字滤波法计算,需做变量替换

$$x=\ln r \quad y=\ln\frac{1}{\lambda}$$

这样式(2-113)变成

$$\begin{aligned}H(x)&=\mathrm{e}^{-x}\int_{-\infty}^{\infty}[\mathrm{e}^{-y}h(\mathrm{e}^{-y})][\mathrm{e}^{x-y}J_n(\mathrm{e}^{x-y})]\mathrm{d}y\\&=\mathrm{e}^{-x}\int_{-\infty}^{\infty}I(y)F(x-y)\mathrm{d}y\end{aligned}\tag{2-114}$$

从数学角度看,式(2-114)为两个函数的褶积,从滤波角度看,积分中第一个函数 $I(y)$ 称为输入函数,第二个函数 $F(x)$ 称为滤波器函数,积分本身为输出函数。在这个问题里输入函数是和地层参数有关的核函数。

进而需要将式(2-114)连续褶积转化为离散褶积。根据采样定理,连续输入函数与其离散采样值之间有如下关系式

$$I(y)=\sum_{k=-\infty}^{\infty}I(y_0+k\Delta y)\frac{\sin[\pi(y-y_0-k\Delta y)/\Delta y]}{\pi(y-y_0-k\Delta y)/\Delta y}\tag{2-115}$$

式中,$\frac{\sin(x)}{x}$称为 sinc 函数;Δy 为采用间隔;y_0 为初始采样点;k 为整数。

将式(2-115)代入式(2-114)得

$$\begin{aligned}H(x)&=\mathrm{e}^{-x}\sum_{k=-\infty}^{\infty}I(y_0+k\Delta y)\int_{-\infty}^{\infty}\frac{\sin[\pi(y-y_0-k\Delta y)/\Delta y]}{\pi(y-y_0-k\Delta y)/\Delta y}F(x-y)\mathrm{d}y\\&=\mathrm{e}^{-x}\sum_{k=-\infty}^{\infty}I(x-\eta_0+k\Delta y)f(\eta_0-k\Delta y)\end{aligned}\tag{2-116}$$

式中

$$f(\eta_0-k\Delta y)=\int_{-\infty}^{\infty}\frac{\sin[\pi(\eta_0-k\Delta y-\eta)/\Delta y]}{\pi(\eta_0-k\Delta y-\eta)/\Delta y}F(\eta)\mathrm{d}\eta\tag{2-117}$$

是滤波器系数,$\eta=x-y$,$\eta_0=x-y_0$。$\eta_0-k\Delta y$ 是连续变量,故滤波器系数可看作变量 $\eta_0-k\Delta y$ 的连续函数,称为滤波器的 sinc 响应。

图 2-19 是 Koefoed 等(1972)所构成的磁偶源正交线圈滤波器的 sinc 响应。滤波器 sinc 响应函数有两个有意义的特点。一个特点是沿着横坐标的两个方向上都趋于零,在求和式(2-116)中只需要取有限项。另一个特点是具有振荡性,振荡周期为 $2\Delta y$。这就可以通过选择初始采样点 y_0 使滤波器系数的位置接近于 sinc 响应函数与横坐标轴的交点。结果使滤波器长度大幅度减小。

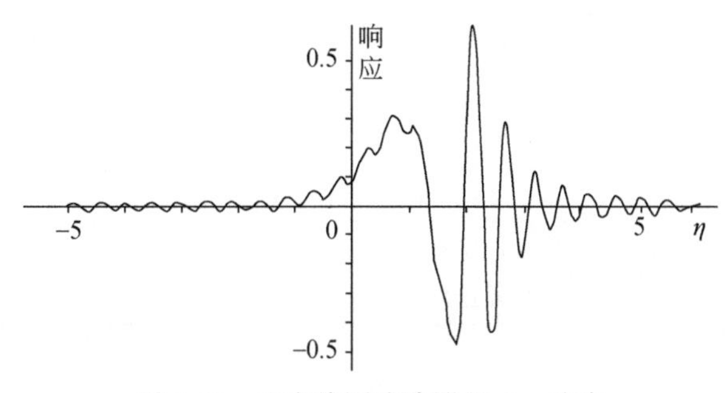

图 2-19　正交线圈滤波器的 sinc 响应

滤波器系数的确定，既可通过对式（2-117）直接积分，也可采用傅里叶变换方法。Koefoed 用后者确定了滤波器系数，其采样间隔选为$\frac{\ln 10}{10}$，并使采样点尽量落在 sinc 响应函数的零点上。这样优化出相应于一阶贝塞尔函数 J_1 的 47 个滤波器系数 C_k（列于表 2-1）。Verma 和 Koefoed（1973）又修改确定了相应于零阶贝塞尔函数 J_0 的 51 个滤波器系数 C_k（列于表 2-2）。我们通过实算与分析结果，选择上述两个滤波器系数序列对式（2-114）中的积分按下式求和

$$\sum_{k=0}^{\infty} C_k I(y_k) \tag{2-118}$$

式中，$I(y_k)$ 为输入函数，而 $y_k = x - \eta_k = \ln r - \eta_0 + k\,\frac{\ln 10}{10}$。

表 2-1　对应 J_1 的滤波系数 C_k 及其横坐标 η_k

k	η_k	C_k	k	η_k	C_k
0	+6. 10127	−0. 000027	24	+0. 57507	+0. 238269
1	+5. 87102	+0. 000076	25	+0. 34481	+0. 176502
2	+5. 64076	−0. 000108	26	+0. 11455	+0. 123415
3	+5. 41050	+0. 000153	27	−0. 11571	+0. 082413
4	+5. 18024	−0. 000217	28	−0. 34596	+0. 054221
5	+4. 94998	+0. 000310	29	−0. 57622	+0. 034864
6	+4. 71972	−0. 000452	30	−0. 80648	+0. 022436
7	+4. 48946	+0. 000675	31	−1. 03674	+0. 014211
8	+4. 25921	−0. 001045	32	−1. 26700	+0. 009069
9	+4. 02895	+0. 001700	33	−1. 49726	+0. 005713
10	+3. 79869	−0. 002963	34	−1. 72752	+0. 003628
11	+3. 56843	+0. 005663	35	−1. 95777	+0. 00289
12	+3. 33817	−0. 012206	36	−2. 18803	+0. 001440
13	+3. 10791	+0. 030064	37	−2. 41829	+0. 000922
14	+2. 87765	−0. 081326	38	−2. 64855	+0. 000563
15	+2. 64740	+0. 212971	39	−2. 87881	+0. 000378
16	+2. 41714	−0. 436805	40	−3. 10907	+0. 000213
17	+2. 18688	+0. 490173	41	−3. 33932	+0. 000163
18	+1. 95662	+0. 042627	42	−3. 56958	+0. 000072
19	+1. 72636	−0. 436636	43	−3. 79984	+0. 000077
20	+1. 49610	−0. 224132	44	−4. 03010	+0. 000016
21	+1. 26585	+0. 094492	45	−4. 26036	+0. 000044
22	+1. 03559	+0. 263266	46	−4. 49062	+0. 000025
23	+0. 80533	+0. 282800			

表 2-2　对应 J_0 的滤波系数 C_k 及其横坐标 η_k

k	η_k	C_k	k	η_k	C_k
0	+8. 75198087	−0. 00001787	26	+2. 76525963	−0. 13070863
1	+8. 52172236	+0. 00000935	27	+2. 52500112	+0. 31328618
2	+8. 29146385	−0. 00000375	28	+2. 30474261	+0. 51302191
3	+8. 06120534	+0. 00001754	29	+2. 07448410	+0. 31003396
4	+7. 83094683	−0. 00001084	30	+1. 84422559	+0. 34216522
5	+7. 60068832	−0. 00000942	31	+1. 61396708	−0. 20142842
6	+7. 37042981	−0. 00000456	32	+1. 38370857	−0. 36288158
7	+7. 14017130	+0. 00000394	33	+1. 15345006	−0. 22914055
8	+6. 90991280	−0. 000001576	34	+0. 92319155	−0. 03202792
9	+6. 67965429	+0. 00003025	35	+0. 69293304	+0. 10252302
10	+6. 44939578	−0. 00004683	36	+0. 46267454	+0. 16941035
11	+6. 21913727	+0. 00006539	37	+0. 23241603	+0. 18559086
12	+5. 98887876	−0. 00008669	38	+0. 00215752	+0. 17656063
13	+5. 75862025	+0. 00011278	39	−0. 22810099	+0. 15523408
14	+5. 52836174	−0. 00014748	40	−0. 45835950	+0. 13149777
15	+5. 29810323	+0. 00019692	41	−0. 68861801	+0. 10841834
16	+5. 06784472	−0. 00027055	42	−0. 91887652	+0. 08826593
17	+4. 83758621	+0. 00038337	43	−1. 14913503	+0. 07109834
18	+4. 60732770	−0. 00056557	44	−1. 37939354	+0. 05708674
19	+4. 37706919	+0. 00085297	45	−1. 60965205	+0. 04555925
20	+4. 14681068	−0. 00134318	46	−1. 83991056	+0. 03635105
21	+3. 91655217	+0. 00224120	47	−2. 07016907	+0. 02892500
22	+3. 68629367	−0. 00404751	48	−2. 30042758	+0. 02289634
23	+3. 45603516	+0. 00812962	49	−2. 53068609	+0. 01843169
24	+3. 22577665	−0. 01859531	50	−2. 76094460	+0. 01454775
25	+2. 99551814	+0. 04821827			

但是，在利用式(2-118)对频率测深场强分量进行数字滤波计算时，一般还需作一定的数学处理，采用层状介质与相应均匀半空间核函数差作为输入函数，最后再加上均匀半空间的解析式计算结果。这是因为由连续褶积转变为离散褶积时，要求两个函数的波形均为有限长，在求滤波器系数时已考虑了使滤波器系数波形有限长，虚拟的输入函数波形也是有限长。而实际计算场分量时，输入函数波形并不一定有限长，因而就造成“终端效应”。对输入函数作上述处理，为的是使输入函数的长度有限，避免“终端效应”带来的计算误差。这样还可进一步压缩滤波器系数的个数，并保证计算精度。这已比有些滤波器系数少很多，但计算

效果确实很好。

现以水平电偶极子赤道装置($\theta=90°$)的 H_z 为例来说明数字滤波法的实际计算。将式(2-39)作变量代换

$$x=\ln r \quad y=\ln\frac{1}{\lambda}$$

后,得到褶积形式

$$H_z=\frac{Il}{2\pi}e^{-x}\int_{-\infty}^{\infty}\left[\left(\frac{1}{K_0+K_1G_k}\right)e^{-2y}\right]\left[e^{x-y}J_1(e^{x-y})\right]dy \tag{2-119}$$

将输入函数

$$I(y)=\left(\frac{1}{K_0+K_1G_k}\right)e^{-2y} \tag{2-120}$$

替换为

$$\tilde{I}(y)=\left(\frac{1}{K_0+K_1G_k}-\frac{1}{K_0+K_1}\right)e^{-2y} \tag{2-121}$$

$I(y)$、$\tilde{I}(y)$在所选的对应 J_1 的滤波器系数范围内的变化特征如图 2-20 所示。可以看出,输入函数不变换前的变化特征是在横坐标的负向上单值上升,必然造成"终端效应",导致计算结果谬误。输入函数替换后的变化特征是沿横轴的双向上很快收敛而趋于零,这就可以保证计算的加速和计算结果的精度。

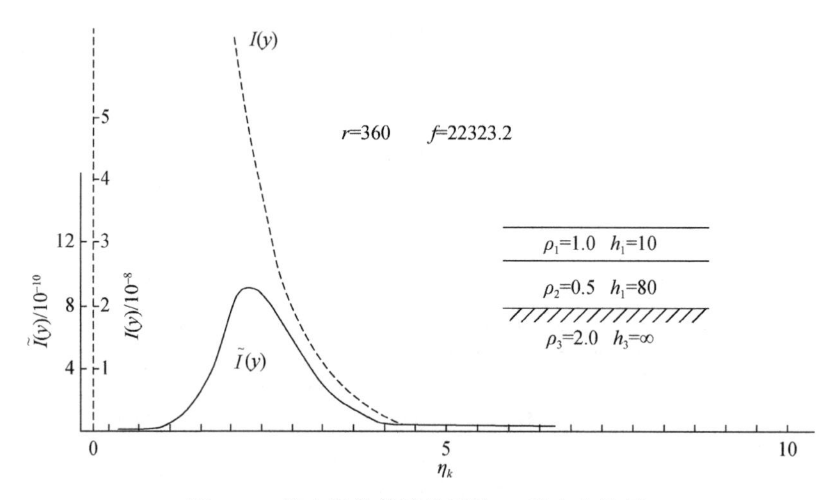

图 2-20　输入函数替换前后随 η_k 的变化特征

这样按下式

$$\tilde{H}_z=\frac{Il}{2\pi}e^{-x}\int_{-\infty}^{\infty}\left[\left(\frac{1}{K_0+K_1G_k}-\frac{1}{K_0+K_1}\right)e^{-2y}\right]\left[e^{x-y}J_1(e^{x-y})\right]dy \tag{2-122}$$

写成滤波形式并加上 H_z 的相应均匀半空间解析表达式,即

$$H_z=\frac{Il}{2\pi}e^{-x}\sum_{k=0}^{46}C_k\ \tilde{I}(y_k)+\frac{iIl}{2\pi\omega\mu_0\sigma_1}\frac{1}{r^4}\left[e^{ik_1r}(-3+3ikr+k_1^2r^2)+3\right] \tag{2-123}$$

就可计算出理想的结果。再将场分量按相应公式换算成视电阻率或视相位即可。

对垂直磁偶源的场分量比值 $\left|\frac{H_z}{H_r}\right|$ 用上述滤波系数与 Aderson(1979)确定的滤波系数作了对比性计算,对同一地电断面,用同一台计算机计算结果达到前 5 位有效数字相同,但计算时间后者为前者的 3 倍。

多年来采用表 2-1、表 2-2 所列滤波器系数并对输入函数作上述替换,无论对水平电偶极子源还是对垂直磁偶极子源的场强单分量或是比值(CSAMT)作数字滤波计算,都取得了良好效果,具有通用性,且选用的滤波系数较少,缩短了计算时间;替换输入函数使双向快速收敛,避免"终端效应",提高了计算精度。这不但对频率测深的正演计算是重要的,对反演解释也提供了良好的前提。

2.6　可控源音频大地电磁测深简介

可控源音频大地电磁测深(CSAMT)是由天然源音频大地电磁测深(AMT)发展起来的一种人工源频率域测深,其频率范围在 $1\sim10^4$Hz,探测深度从几十米到几千米。由于天然场在此频率段弱而不稳定,观测资料重复性差,因此用人工源取代,可获得较强的信号,在一定观测条件下,它和天然场法非常接近,沿用同样的处理和解释方法。这样可加快探测速度,提高探测效果。

2.6.1　可控源音频大地电磁测深与天然场源音频大地电磁测深

天然场源来自远处的电离层或雷电(主要指 AMT),发射到地面呈平面波的状态垂直入射到地下半空间,按式(1-68)其正交电磁场分量之比为阻抗

$$Z_{xy}=\frac{E_x}{H_y}=\sqrt{\omega\mu\rho}\,\mathrm{e}^{-\mathrm{i}\pi/4}$$

显然,正交电场和磁场分量的相位差为$-\pi/4$,在均匀半空间电场滞后磁场$-45°$,与电阻率无关。阻抗的振幅

$$|Z_{xy}|=\left|\frac{E_x}{H_y}\right|=\sqrt{\omega\mu\rho} \tag{2-124}$$

由此可确定介质的电阻率

$$\rho_{xy}=\frac{1}{\omega\mu}|Z_{xy}|^2=\frac{1}{\omega\mu}\left|\frac{E_x}{H_y}\right|^2 \tag{2-125}$$

另一对正交电场和磁场分量应表示为

$$\rho_{yx}=\frac{1}{\omega\mu}|Z_{yx}|^2=\frac{1}{\omega\mu}\left|\frac{E_y}{H_x}\right|^2 \tag{2-126}$$

这就是卡尼亚电阻率,对多层介质称卡尼亚视电阻率。

对于可控源音频大地电磁测深,其源是在地面上,对在地面的接收点来说是来自侧面的波,达到远区场($|k_1r|\gg1$),这时沿地下传播的电磁波(地层波)已被吸收衰减殆尽,只有地面波近于平面波垂直入射到下半均匀空间,大地电阻率可用上述卡尼亚电阻率公式表示。现可写出式(2-47)与式(2-51)的比值

$$\frac{E_x}{H_y}=\frac{\dfrac{Il}{4\pi\sigma_1}\dfrac{1}{r^3}(3\cos2\theta-1)}{(1+\mathrm{i})\dfrac{Il}{4\pi}\dfrac{1}{\sqrt{2\omega\mu_0\sigma_1}}\dfrac{1}{r^3}(3\cos2\theta-1)}=\sqrt{\frac{2\omega\mu_0}{\mathrm{i}2\sigma_1}}=\sqrt{\frac{-\mathrm{i}\omega\mu_0}{\sigma_1}} \tag{2-127}$$

$$\left|\frac{E_x}{H_y}\right|=\left|\sqrt{\frac{-\mathrm{i}\omega\mu_0}{\sigma_1}}\right|=\sqrt{\frac{\omega\mu_0}{\sigma_1}} \tag{2-128}$$

所以有

$$\rho_{xy}=\frac{1}{\omega\mu}\left|\frac{E_x}{H_y}\right|^2=\frac{1}{\omega\mu}\left|Z_{xy}\right|^2 \tag{2-129}$$

同理，得

$$\rho_{yx}=\frac{1}{\omega\mu}\left|Z_{yx}\right|^2=\frac{1}{\omega\mu}\left|\frac{E_y}{H_x}\right|^2 \tag{2-130}$$

但是，CSAMT 接收的场分量并不总是能满足远区条件，这既和频率 f、极距 r 有关，还和电性结构有关，特别是受高阻基地的影响很大，要想实现对探测深度范围内地电断面的远区场观测是不现实的。就是对有限电阻率的均匀大地来说，在低频时也很难达到远区条件，随着供电频率的降低，由远区变过渡区，再进入近区，这体现 CSAMT 和 AMT 的不同是场源导致的。下面看上述两个正交电磁场分量在近区（$|kr|\ll1$）的比值。为简单起见，取赤道装置（$\theta=90°$）分量，这时近区的两个电磁场分量表达式，即式（2-53）、式（2-57）分写如下：

$$E_x=-\frac{Il}{2\pi\sigma_1}\frac{1}{r^3} \tag{2-131}$$

$$H_y=-\frac{Il}{4\pi}\frac{1}{r^2} \tag{2-132}$$

由比值：

$$\frac{E_x}{H_y}=\frac{2}{r\sigma_1} \tag{2-133}$$

得近区视电阻率：

$$\rho_{xy}=\frac{r}{2}\frac{E_x}{H_y} \tag{2-134}$$

这只是举近区场极端情况，因为能用解析式表达，说明上述卡尼亚视电阻率不适用近区，也不适于过渡区，只适于远区。这就是 CSAMT 必须作近场校正，才能按 AMT 法进行解释的原因。

2.6.2　可控源音频大地电磁测深与单分量频率测深

可控源音频大地电磁测深与单分量频率测深是同源的，都是在地面设置电偶极源（也可采用磁偶极源，像法国的梅洛斯法），在离源一定距离 r 和方位处观测电磁场各分量（陈明生，2014b）。只是起初欧美从 AMT 衍生出 CSAMT，以补充天然场信号弱这一短板，观测装置、资料处理和解释方法都按 AMT 法进行。FEM 是苏联采用的方法，比较灵活地观测电磁场分量，基本按单分量处理解释。

对 CSAMT 来说，特别强调远区场，因为只有远区场的资料才适于按 AMT 法处理与解释。像式（2-125）所示 CSAMT 的卡尼亚视电阻率

$$\rho_{xy}=\frac{1}{\omega\mu}\left|\frac{E_x}{H_y}\right|^2=\frac{1}{\omega\mu}|Z_{xy}|^2 \tag{2-135}$$

在远区才和 AMT 等效，对均匀大地视电阻率就等于真电阻率。对式(2-99)单分量视电阻率，在远区，对均匀大地视电阻率也等于真电阻率，对分层介质才是视电阻率；在中、近区都是视电阻率。

在远区，对分层介质就复杂一些。仍以地面电偶极子来说，其分层大地的各电磁场分量表达式，即式(2-34)～式(2-39)中的变量和因子可简化，忽略位移电流的情况(似稳场)：

$$K_0\to\lambda,\xi_0=0$$

$$K_i=\sqrt{-k_i^2}=-\mathrm{i}k_i$$

$$\xi_i=\frac{k_i^2}{K_i}=\mathrm{i}k_i=-K_i$$

因此

$$G_K=G_\xi=G_0$$

作简化

$$\frac{1}{K_0+K_1G_k}=\frac{1}{\lambda-\mathrm{i}k_1G_0}=\frac{\mathrm{i}}{k_1G_0}\left(1-\frac{\mathrm{i}\lambda}{k_1G_0}+\cdots\right)$$

$$\frac{1}{\xi_0+\xi_1G_\xi}=\frac{1}{\mathrm{i}k_1G_0}$$

这样式(2-34)～式(2-39)就便于积分。现分别做两个正交电磁场分量的积分

$$\begin{aligned}
E_x&=\frac{\mathrm{i}\omega\mu_0 Il}{4\pi}\int_0^\infty\left(\frac{1}{K_0+K_1G_k}-\frac{1}{\xi_0+\xi_1G_\xi}\right)\lambda J_0(\lambda r)\mathrm{d}\lambda\\
&\quad+\frac{\mathrm{i}\omega\mu_0 Il}{4\pi}\cos2\theta\int_0^\infty\left(\frac{1}{K_0+K_1G_k}+\frac{1}{\xi_0+\xi_1G_\xi}\right)\lambda J_2(\lambda r)\mathrm{d}\lambda\\
&=\frac{\mathrm{i}\omega\mu_0 Il}{4\pi}\int_0^\infty\left[\frac{\mathrm{i}}{k_1G_0}\left(1-\frac{\mathrm{i}\lambda}{k_1G_0}\right)-\frac{1}{\mathrm{i}k_1G_0}\right]\lambda J_0(\lambda r)\mathrm{d}\lambda\\
&\quad+\frac{\mathrm{i}\omega\mu_0 Il}{4\pi}\cos2\theta\int_0^\infty\left[\frac{\mathrm{i}}{kG_0}\left(1-\frac{\mathrm{i}\lambda}{k_1G_0}\right]+\frac{1}{\mathrm{i}k_1G_0}\right)\lambda J_2(\lambda r)\mathrm{d}\lambda\\
&=\frac{\mathrm{i}\omega\mu_0 Il}{4\pi k_1^2G_0^2}\int_0^\infty\lambda^2J_0(\lambda r)\mathrm{d}\lambda-\frac{2\omega\mu_0 Il}{4\pi k_1G_0}\int_0^\infty\lambda J_0(\lambda r)\mathrm{d}\lambda\\
&\quad+\frac{\mathrm{i}\omega\mu_0 Il}{4\pi k_1^2G_0^2}\cos2\theta\int_0^\infty\lambda^2J_2(\lambda r)\mathrm{d}\lambda\\
&=-\frac{\mathrm{i}\omega\mu_0 Il}{4\pi k_1^2G_0^2}\frac{1}{r^3}+\frac{\mathrm{i}\omega\mu_0 Il}{4\pi k_1^2G_0^2}\frac{3}{r^3}\cos2\theta\\
&=\frac{Il}{4\pi\sigma_1G_0^2}\frac{1}{r^3}(3\cos2\theta-1)
\end{aligned} \tag{2-136}$$

$$
\begin{aligned}
H_y &= \frac{Il}{4\pi}\int_0^{\infty}\left(\frac{K_0}{K_0+K_1G_k}+\frac{\xi_0}{\xi_0+\xi_1G_\xi}\right)\lambda J_0(\lambda r)\mathrm{d}\lambda \\
&\quad+\frac{Il}{4\pi}\cos2\theta\int_0^{\infty}\left(\frac{K_0}{K_0+K_1G_k}-\frac{\xi_0}{\xi_0+\xi_1G_\xi}\right)\lambda J_2(\lambda r)\mathrm{d}\lambda \\
&= \frac{Il}{4\pi}\int_0^{\infty}\left[\frac{\mathrm{i}\lambda}{k_1G_0}\left(1-\frac{\mathrm{i}\lambda}{k_1G_0}\right)\right]\lambda J_0(\lambda r)\mathrm{d}\lambda \\
&\quad+\frac{Il}{4\pi}\cos2\theta\int_0^{\infty}\left[\frac{\mathrm{i}\lambda}{k_1G_0}\left(1-\frac{\mathrm{i}\lambda}{k_1G_0}\right)\right]\lambda J_2(\lambda r)\mathrm{d}\lambda \\
&= \frac{Il}{4\pi}\int_0^{\infty}\frac{\mathrm{i}\lambda^2}{k_1G_0}J_0(\lambda r)\mathrm{d}\lambda+\frac{Il}{4\pi}\cos2\theta\int_0^{\infty}\frac{\mathrm{i}\lambda^2}{k_1G_0}J_2(\lambda r)\mathrm{d}\lambda \\
&= (1+\mathrm{i})\frac{Il}{4\pi\sqrt{2\omega\mu\sigma_1}\,G_0}\frac{1}{r^3}(3\cos2\theta-1)
\end{aligned}
\tag{2-137}
$$

对其他电磁场分量也可如此推演,但要利用如下含贝塞尔函数的积分式:

$$\int_0^{\infty}\lambda J_0(\lambda r)\mathrm{d}\lambda=0$$

$$\int_0^{\infty}\lambda^2 J_0(\lambda r)\mathrm{d}\lambda=-\frac{1}{r^3}$$

$$\int_0^{\infty}\lambda^2 J_2(\lambda r)\mathrm{d}\lambda=\frac{3}{r^3}$$

$$\int_0^{\infty}\lambda^3 J_0(\lambda r)\mathrm{d}\lambda=0$$

$$\int_0^{\infty}\lambda^3 J_2(\lambda r)\mathrm{d}\lambda=0$$

$$\int_0^{\infty}\lambda^3 J_1(\lambda r)\mathrm{d}\lambda=-\frac{3}{r^4}$$

$$\int_0^{\infty}\lambda J_1(\lambda r)\mathrm{d}\lambda=\frac{1}{r^2}$$

$$\int_0^{\infty}J_1(\lambda r)\mathrm{d}\lambda=\frac{1}{r}$$

$$\int_0^{\infty}\lambda J_2(\lambda r)\mathrm{d}\lambda=\frac{2}{r^2}$$

这样,在远区对均匀分层大地的视电阻率理论计算式可构成。先看比值法的:

$$
\begin{aligned}
\rho_{xy} &= \frac{1}{\omega\mu}\left|\frac{E_x}{H_y}\right|^2=\frac{1}{\omega\mu}\left|\frac{\dfrac{Il}{4\pi\sigma_1G_0^2}\dfrac{1}{r^3}(3\cos2\theta-1)}{(1+\mathrm{i})\dfrac{Il}{4\pi\sqrt{2\omega\mu\sigma_1}\,G_0}\dfrac{1}{r^3}(3\cos2\theta-1)}\right|^2 \\
&= \frac{1}{\omega\mu}\left|\frac{\dfrac{1}{\sigma_1G_0}}{(1+\mathrm{i})\dfrac{1}{\sqrt{2\omega\mu\sigma_1}}}\right|^2=\frac{1}{\omega\mu}\left|\frac{\omega\mu}{k_1G_0}\right|^2=\frac{\rho_1}{|G_0|^2}
\end{aligned}
\tag{2-138}
$$

对单分量电磁场

$$\rho_{\omega}^{E_x}=\frac{4\pi r^3}{Il}\left|\frac{E_x}{3\cos2\theta-1}\right|=\frac{4\pi r^3}{Il}\left|\frac{\frac{Il}{4\pi\sigma_1 G_0^2}\frac{1}{r^3}(3\cos2\theta-1)}{3\cos2\theta-1}\right|$$
$$=\frac{4\pi r^3}{Il}\left|\frac{Il}{4\pi\sigma_1 G_0^2}\frac{1}{r^3}\right|=\frac{\rho_1}{|G_0|^2} \tag{2-139}$$

$$\rho_{\omega}^{H_y}=\frac{16\pi^2\omega\mu r^6}{I^2l^2}\left|\frac{H_y}{3\cos2\theta-1}\right|^2$$
$$=\frac{16\pi^2\omega\mu r^6}{I^2l^2}\left|\frac{(1+\mathrm{i})\frac{Il}{4\pi\sqrt{2\omega\mu\sigma_1}G_0}\frac{1}{r^3}(3\cos2\theta-1)}{3\cos2\theta-1}\right|^2 \tag{2-140}$$
$$=\frac{16\pi^2\omega\mu r^6}{I^2l^2}\left|(1+\mathrm{i})\frac{Il}{4\pi\sqrt{2\omega\mu\sigma_1}G_0}\frac{1}{r^3}\right|^2=\frac{\rho_1}{|G_0|^2}$$

已知天然场大地电磁测深的视电阻率计算公式以地表阻抗表示，即

$$\rho_{\mathrm{MT}}=\frac{1}{\omega\mu}|Z_m^0|^2 \tag{2-141}$$

式中，下标 m 代表层数，上标示意地表。在完全远区场情况下，在同一地层断面上，视电阻率是相等的，对比式(2-138)～式(2-141)可得

$$Z_m^0=\frac{\omega\mu}{k_1 G_0} \tag{2-142}$$

这样可以将人工场的核函数 G_0 在远区的表达式换算为大地电磁测深的地表阻抗。

由水平电偶源(磁偶源也类似)远区场可看出以下几个问题：

(1)当 $|kr|\gg1$ 时，是指对探测深度范围内各层都满足这个条件，才能有上述推演结果。这时无论是单分量还是比值法得的视电阻率和天然场的一致，理论表达式同为

$$\rho_{\omega}=\frac{\rho_1}{|G_0|^2}$$

(2) 由于对天然场的源方位、距离和电流强度不知，所以只能采用卡尼亚阻抗视电阻率。人工源远区采用卡尼亚阻抗视电阻率，它们的比值也与极距 r 和方位 θ 无关，与电流 I 也无关，这是其优点。

(3)CSAMT 的源和接收点都在地面，对整个频率范围和地层，在有限的极距条件下实现整条曲线的远区观测几乎不可能，这就带来资料的近场校正后才能按天然场解释的问题；如果基底电阻率特高，有滑行波到达接收点则问题更大，这必然影响解释效果，这是其不足。

(4)利用单分量或转换为视电阻率解释就比较灵活、方便。

第3章　时间域电磁测深

3.1　多角度理解瞬变电磁法的探测机理

3.1.1　由法拉第电磁感应定律看瞬变电磁法

瞬变电磁(TEM)测深,即时间域电磁法,与频率域电磁法同属感应电磁法(朴化荣,1990;陈乐寿和王光锷,1991;方文藻等,1993;牛之琏,2007),其基本原理可以用法拉第电磁感应定律来概括。图3-1为法拉第电磁感应定律示意图。

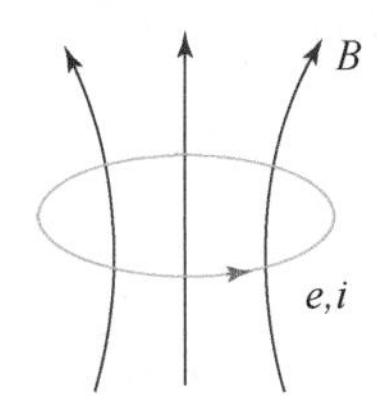

图3-1　法拉第电磁感应定律示意图

如图3-1所示,当与回路交链的磁通发生变化时,回路中会产生感应电动势,这就是法拉第电磁感应定律,其表达式为

$$e=-\frac{\partial\psi}{\partial t}=-\frac{\partial(nqB)}{\partial t}=-nq\frac{\partial B}{\partial t} \tag{3-1}$$

式中,负号表示感应电流产生的磁场总是阻碍原磁场的变化。感应电流产生的条件一是电路是闭合且导通的;二是穿过闭合电路的磁通量发生变化。如果缺少一个条件,就不会有感应电流及相应感应电动势产生。与感应电流相应的感应电动势的种类分为动生电动势和感生电动势,TEM利用的是感生电动势。

利用法拉第电磁感应定律就可解释如下的反应,TEM探测原理见图3-2。假设相对低阻矿体位于相对高阻围岩中,当地面铺设的发射回线通有一定时间(几或几十毫秒)的稳定电流(一次电流)时,在回线周围空间便产生稳定磁场(一次激励磁场),如图3-2a上发散实线实际是闭合的。如将一次电流突然断开,一次磁场也将突然消失;根据法拉第定律,使处于该磁场中的导体内部因磁通量的变化而产生感生电动势。在此感生电动势驱动下,将引起感生涡旋电流(二次涡电流)。伴随着二次涡电流的周围产生二次磁场,如图3-2a中细发散线,其方向与一次磁场同向,以阻止一次磁场衰变。二次磁场是随时间延迟而逐渐衰减的瞬变场。可利用地面回线接收其同步感生电动势,如图3-2b所示的瞬变衰减曲线。随时间延迟的瞬变衰减曲线所表示的感生电动势数据,由浅至深反映地下地质体的电性参数和几何参数:地质体导电性越强、规模越大,瞬变场强度就越大并且热损耗越小,因而衰减就越慢,延续时间就越长。这样,根据瞬变场的变化规律,采用适当的方法就可解释出地下地层和构造、矿体埋深和产状。这就是利用TEM进行地质探测的简单原理。

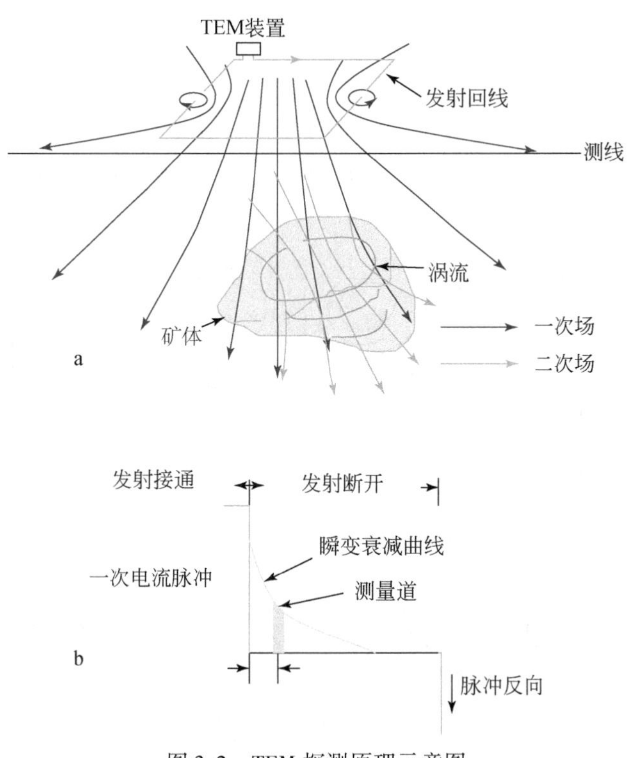

图3-2　TEM探测原理示意图

3.1.2　由烟圈效应看瞬变电磁法

Nabighian描述的烟圈效应能帮助我们理解前述TEM的探测原理(Nabighian,1979;纳比吉安,1992),它表明在均匀大地表面的通电线圈(发射线圈)关断电流后,晚期地下感应的二次等效涡流环沿与地面成47°的锥面向下向外扩展,向下传播速度为

$$V_z = \frac{2}{\sqrt{\pi \mu_0 \sigma t}} \tag{3-2}$$

其具体扩散状态可参见图3-3~图3-5。

图3-3是用时间域有限差分计算的均匀大地中感应电场的等值线图(陈明生等,2001),正源位于0m,负源位于50m处,大地电阻率$\rho=300\Omega \cdot m$。图中水平距离和垂直深度坐标都是以m为单位,电场的单位是μV/m。由图清晰看出三个不同时间二次电场及其等效涡电流环(相当于图中电场等值线的“眼睛”)分布的范围和深度随延时增加而扩大,如同发射线圈喷出的“烟圈”,这就是所谓的烟圈效应,可形象地显示TEM场在地下扩散过程。

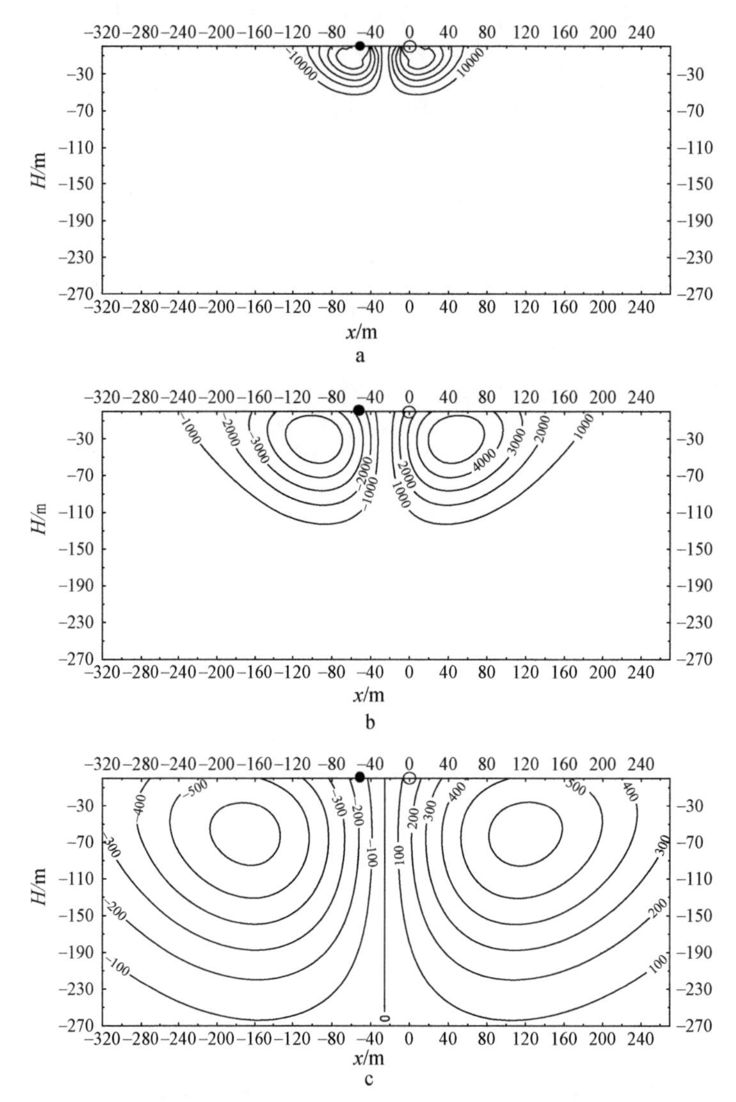

图 3-3　均匀大地($\rho=300\Omega\cdot m$)中不同时刻瞬变电场等值线(单位:μV/m)

a. $t=1.256\mu s$;b. $t=6.492\mu s$;c. $t=0.03ms$

但是,TEM 场在地下的扩散又是如何反映地下地质体的状态的呢?这要由图 3-4、图 3-5 来解释。若在电阻率为 $\rho=300\Omega\cdot m$ 的半空间(图 3-3)覆盖电阻率为 $10\Omega\cdot m$、厚度 40m 的表层,当 TEM 场延时为 0.03ms 时,其电场等值线分布如图 3-4a 所示。由图看出,在低阻表层($\rho=10\Omega\cdot m$)与高阻基底($\rho=300\Omega\cdot m$)分界面处电场等值线发散、变稀,意味着二次涡电流扩散速度变快,涡电流密度变小。若在此模型中置入高 200m、宽 20m、顶部埋深 100m、沿 y 方向无限延伸的电阻率为 $5\Omega\cdot m$ 的低阻二维地质体,其 TEM 场扩散情况见图 3-4b。当 TEM 场延时为 0.1ms 时,电场等值线向低阻体聚拢,意味涡流密度变大,速度减缓,衰减就慢。这就说明 TEM 场对低阻体分辨能力强,利用 TEM 有利于探测金属矿和含水地质体。当然,TEM 也可探测高阻体,图 3-5a 就是在均匀大地中放一高 20m、宽 100m、埋深 100m、沿

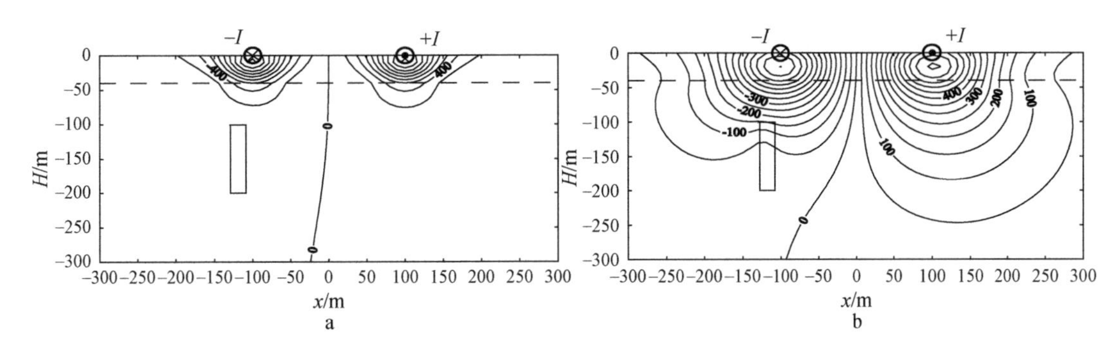

图 3-4　有覆盖层($\rho=10\Omega\cdot m$)时低阻体($\rho=5\Omega\cdot m$)的瞬变电场等值线(单位:μV/m)

a. $t=0.03$ms;b. $t=0.1$ms

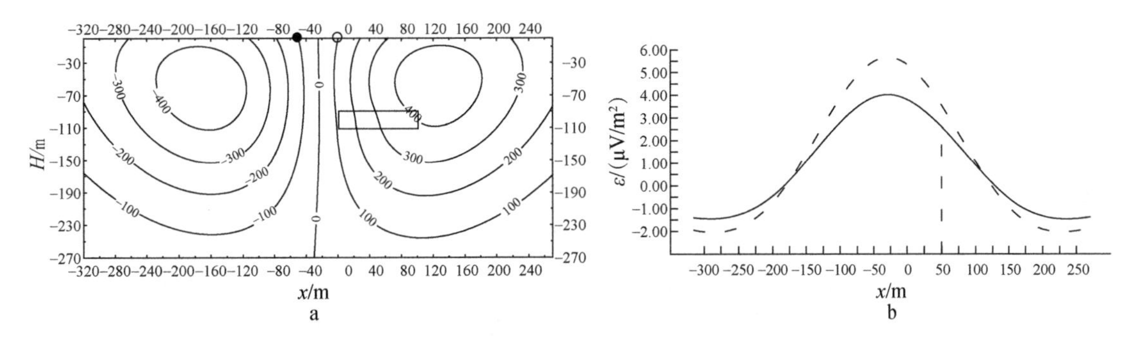

图 3-5　均匀大地中含高阻体($\rho=5000\Omega\cdot m$)时的瞬变电场 $t=0.03$ms 时响应

a. 地下电场等值线(单位:μV/m);b. 地面上垂直感生电动势

y 方向无限延伸的电阻率高达 5000Ω · m 二维地质体。由图上看出,在延时 0. 03ms 时,电场等值线受其影响不够明显;但是,由图 3-5b 所表示的剖面曲线可见,在地表所测感生电动势(实线)相对均匀大地的感生电动势(虚线)的变化易于察觉——高阻体的存在使其正对地表的感生电动势降低了,这是二次涡电流减小所致。

总之,地下介质的电性和构造有变化,TEM 场的二次涡电流在扩散过程中,其速度、密度和范围也对应发生变化,反映在地表观测的感生电动势随之变化,这就提供了地下信息,以便地球物理工作者进行物性和地质解释。

3. 1. 3　由多频测深看瞬变电磁法

TEM 的激励电流波形一般采用周期性脉冲序列,如矩形、梯形、三角形等,也有采用一次大电流负阶跃脉冲的。由傅里叶频谱分析理论可知,任何一种脉冲波都可分解成许多正弦或余弦谐波。这样看来,TEM 测深等价于在这些谐波频率上的频率电磁法(FEM)测深(陈明生,1999a)。

在实际上,TEM 一般利用脉冲下降缘,即负阶跃脉冲激励的二次场作为观测对象。最典型的是负垂直阶跃脉冲,其函数表示为

$$I(t)=I_0u(t)=\begin{cases}I_0 & t<0\\ 0 & t>0\end{cases} \tag{3-3}$$

式中，I_0 为稳态一次电流；$u(t)$ 为单位函数。采用时谐因子为 $e^{-i\omega}$ 的傅里叶变换

$$F(\omega) = \int_{-\infty}^{\infty} f(t) e^{i\omega} dt \tag{3-4}$$

$$f(t) = \frac{1}{2\pi} \int_{-\infty}^{\infty} F(\omega) e^{-i\omega} d\omega \tag{3-5}$$

式(3-3)的傅里叶变换为

$$I(\omega) = I_0 \int_{-\infty}^{\infty} u(t) e^{i\omega t} dt = \frac{1}{i\omega} I_0 \tag{3-6}$$

$\frac{1}{i\omega}$便是负垂直阶跃脉冲的频谱，正垂直阶跃脉冲的频谱为$-\frac{1}{i\omega}$。实际上，它们的频谱的模是一样的，如图 3-6 所示。若以负垂直阶跃脉冲电流作为瞬变场的激发源，就等价于在上述频谱的谐波成分上进行多频测深。

我们还可通过时-频分析看 TEM 场在地下扩散及衰减情况(闫述和陈明生，2005)。图 3-7 为两个三层地断面(H 型，Q 型)TEM 响应的时-频谱密度图，图 3-7a 是 H 型地电剖面的时-频谱密度图，显示时-频谱密度分布范围小；图 3-7b 是 Q 型地电剖面的时-频谱密度图，显示时-频谱密度分布范围大。这是因为前者底层为高阻，二次涡电流主要集中在上两层；而后者由浅入深地层电阻率逐渐降低，有利于二次涡电流的生成和渗透到下层。不同地电剖面的时-频谱密度图的特征，可反映 TEM 场在地下能量的分布，也就是二次涡电流的分布，从而说明 TEM 的探测能力。二次涡电流分布范围越小，探测越浅，二次涡电流分布范围越大，探测越深。这里说的二次涡电流是有一定强度的，可在地面观测到其引起的感生电动势。

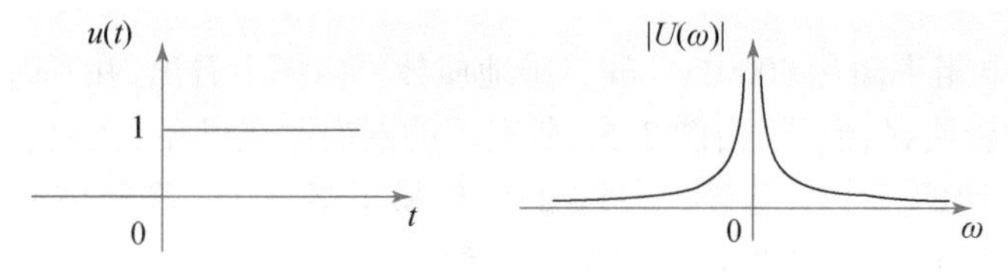

图 3-6　单位阶跃函数及其频谱

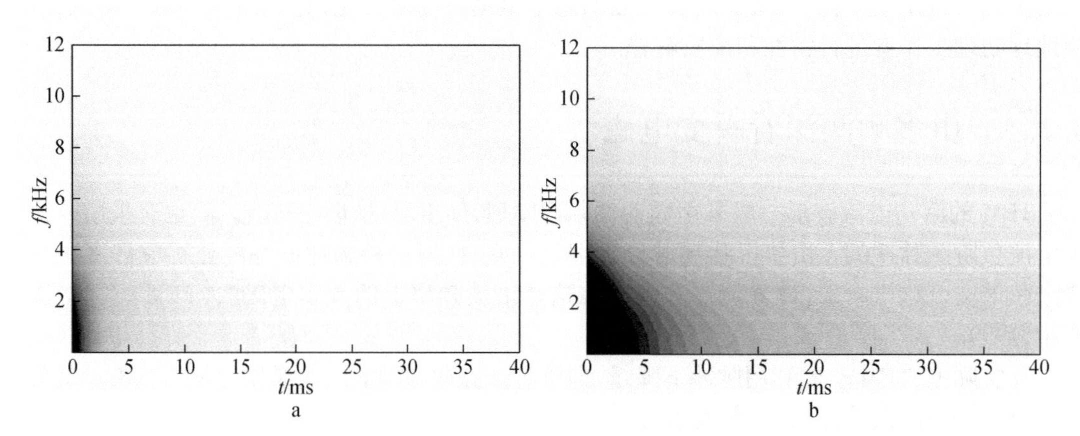

图 3-7　三层地电断面 TEM 响应的时-频表示(Gabor 展开)

a. H 型；b. Q 型

3.2　瞬变偶极子的电磁场

前已提到TEM测深等价于多频测深,根据时频关系既可通过傅里叶逆变换也可采用拉普拉斯逆变换将频率域的电磁场转换为对应的时间域电磁场。我们研究问题总是由浅入深,由简单到复杂;对于电磁测深这门应用科学也是如此,一些教科书也都是先写频率域再写时间域(考夫曼和凯勒,1987;陈乐寿和王光锷,1991;朴华荣,1990;方文藻等,1993)。笔者认为有以下几方面原因。

1. 理论上

电磁场问题的基础是麦克斯韦方程,按时间域可推出亥姆霍兹方程,像在非导电均匀介质 z 方向传播的均匀平面波其标量波动方程为

$$\frac{\partial^2 E_x}{\partial z^2}-\mu\varepsilon\frac{\partial^2 E_x}{\partial t^2}=0 \tag{3-7}$$

相应的谐频等效方程为

$$\frac{\mathrm{d}^2 E_x}{\mathrm{d}z^2}+\omega^2\mu\varepsilon E_x=0 \tag{3-8}$$

显然式(3-8)比式(3-7)简单易解,前者既考虑对坐标 z 的微分,又考虑对时间 t 的微分;后者只有对坐标 z 的微分。这样解谐时变场就简单了。

由于大多数源是正弦变化,像电工领域,起初把注意力集中到时谐函数也是自然的,这样,在电磁测深中频率域的谐变场都早已解出并应用,后兴起的时间域(瞬变)测深的装置和频率域基本一一对应(除中心回线外),其场的求出利用现成的频率域公式转换即可。

对二维、三维数值计算既可在频率域进行,再转换为时间域结果(殷长春和刘斌,1994);也可在时间域直接求解(闫述等,2002),甚至更为方便。

2. 实践上

前面说的人工源电磁测深理论公式时-频转换是可逆的,但实际上又很少拿实测资料相互转换,因为存在无穷积分 $\int_0^\infty f(x)\,\mathrm{d}x$,实测数据的密度和长度很难满足要求,易出现“混频效应”和“截断效应”而大大降低可信度。

当然,对时间域较光滑、完整曲线可进行时-频分析;对天然场实际上是由时间域资料转换为频率域资料,要结合具体实际情况。

3.2.1　全空间均匀各向同性介质中瞬变电偶极子的电磁场

一般电磁法都是在地面上探测,这属于半空间;由于隧道和井下巷道探测的需要,需扩展到全空间。

前已推出球坐标系中电偶极子源在导电全空间的频率域场强公式[式(2-22)、式(2-21)、式(2-25)]

$$E_\theta=\frac{b\sin\theta}{r^3}(1-\mathrm{i}kr-k^2r^2)\mathrm{e}^{\mathrm{i}kr}$$

$$E_r=\frac{2b\cos\theta}{r^3}(1-\mathrm{i}kr)\mathrm{e}^{\mathrm{i}kr}$$

$$H_\varphi=\frac{b\sin\theta}{r^2}\frac{k^2}{\mathrm{i}\omega\mu}(1-\mathrm{i}kr)\mathrm{e}^{\mathrm{i}kr}$$

式中，$b=\frac{I\mathrm{d}z}{4\pi\sigma}$。

现通过拉普拉斯逆变换转换为相应时间域的表达式；要注意的是，首先将频率域场强乘以激发源频谱，然后进行变换。

正阶跃脉冲激发的频谱为$\frac{1}{-\mathrm{i}\omega}$（陈明生，1999a），设$-\mathrm{i}\omega=s$，对

$$E_\theta=\frac{b\sin\theta}{r^3}(1-\mathrm{i}kr-k^2r^2)\mathrm{e}^{\mathrm{i}kr}$$

有如下拉普拉斯逆变换：

$$\begin{aligned}e_\theta(t)&=L^{-1}\left(\frac{E_\theta\omega}{-\mathrm{i}\omega}\right)=L^{-1}\left[\frac{b\sin\theta}{r^3}(1-\mathrm{i}kr-k^2r^2)\mathrm{e}^{\mathrm{i}kr}/-\mathrm{i}\omega\right]\\&=L^{-1}\left[\frac{b\sin\theta}{r^3}(1+\beta s^{1/2}+\beta^2s)\mathrm{e}^{-\beta s^{1/2}}/s\right]\\&=\frac{b\sin\theta}{r^3}\left[1-\mathrm{erf}\left(\frac{\beta}{2t^{1/2}}\right)+\frac{\beta}{(\pi t)^{1/2}}\mathrm{e}^{-\beta^2/4t}+\frac{\beta^3}{2\pi^{1/2}t^{3/2}}\mathrm{e}^{-\beta^2/4t}\right]\\&=\frac{b\sin\theta}{r^3}\left[1-\mathrm{erf}\left(\frac{u}{2}\right)+\sqrt{\frac{2}{\pi}}u\mathrm{e}^{-u^2/2}+\sqrt{\frac{2}{\pi}}u^3\mathrm{e}^{-u^2/2}\right]\end{aligned}\tag{3-9}$$

如是负阶跃脉冲激发时，可变换为

$$\begin{aligned}e_\theta(t)&=L^{-1}\left(\frac{E_\theta\omega}{\mathrm{i}\omega}\right)=L^{-1}\left[\frac{b\sin\theta}{r^3}(1-\mathrm{i}kr-k^2r^2)\mathrm{e}^{\mathrm{i}kr}/\mathrm{i}\omega\right]\\&=L^{-1}\left[\frac{b\sin\theta}{r^3}(-1-\beta s^{1/2}-\beta^2s)\mathrm{e}^{-\beta s^{1/2}}/s\right]\\&=\frac{b\sin\theta}{r^3}\left[\mathrm{erf}\left(\frac{\beta}{2t^{1/2}}\right)-1-\frac{\beta}{(\pi t)^{1/2}}\mathrm{e}^{-\beta^2/4t}-\frac{\beta^3}{2\pi^{1/2}t^{3/2}}\mathrm{e}^{-\beta^2/4t}\right]\\&=\frac{b\sin\theta}{r^3}\left[\mathrm{erf}\left(\frac{u}{2}\right)-\sqrt{\frac{2}{\pi}}u\mathrm{e}^{-u^2/2}-\sqrt{\frac{2}{\pi}}u^3\mathrm{e}^{-u^2/2}-1\right]\end{aligned}$$

两式反号，1 代表直流一次场$\frac{b\sin\theta}{r^3}$，可去掉，最终表示为

$$e_\theta(t)=\frac{b\sin\theta}{r^3}\left[\mathrm{erf}\left(\frac{u}{2}\right)-\sqrt{\frac{2}{\pi}}u(1+u^2)\mathrm{e}^{-u^2/2}\right]\tag{3-10}$$

对

$$E_r=\frac{2b\cos\theta}{r^3}(1-\mathrm{i}kr)\mathrm{e}^{\mathrm{i}kr}$$

有

$$e_r(t)=L^{-1}\left\{\frac{E_r(\omega)}{-\mathrm{i}\omega}\right\}=L^{-1}\left\{\frac{2b\cos\theta}{r^3}(1-\mathrm{i}kr)\mathrm{e}^{\mathrm{i}kr}/s\right\}=L^{-1}\left\{\frac{2b\cos\theta}{r^3}(1+\beta s^{1/2})\mathrm{e}^{-\beta^2 s}/s\right\}$$

$$=\frac{2b\cos\theta}{r^3}\left[1-\mathrm{erf}\left(\frac{u}{2}\right)+\sqrt{\frac{2}{\pi}}u\mathrm{e}^{-u^2/2}\right] \tag{3-11}$$

如是负阶跃脉冲激发时,变到时域后,去掉一次电流场。

$$e_r(t)=L^{-1}\left\{\frac{E_r(\omega)}{\mathrm{i}\omega}\right\}=L^{-1}\left\{-\frac{2b\cos\theta}{r^3}(1-\mathrm{i}kr)\mathrm{e}^{\mathrm{i}kr}/s\right\}$$

$$=\frac{2b\cos\theta}{r^3}\left[\mathrm{erf}\left(\frac{u}{2}\right)-\sqrt{\frac{2}{\pi}}u\mathrm{e}^{-u^2/2}\right]$$

即

$$e_r(t)=\frac{2b\cos\theta}{r^3}\left[\mathrm{erf}\left(\frac{u}{2}\right)-\sqrt{\frac{2}{\pi}}u\mathrm{e}^{-u^2/2}\right] \tag{3-12}$$

对

$$H_\varphi=\frac{b\sin\theta}{r^2}\frac{k^2}{\mathrm{i}\omega\mu}(1-\mathrm{i}kr)\mathrm{e}^{\mathrm{i}kr}$$

有

$$h_\varphi(t)=L^{-1}\left\{\frac{H_\varphi(\omega)}{-\mathrm{i}\omega}\right\}=L^{-1}\left\{\frac{b\sin\theta}{r^2}\frac{k^2}{\mathrm{i}\omega\mu}(1-\mathrm{i}kr)\mathrm{e}^{\mathrm{i}kr}/-\mathrm{i}\omega\right\}$$

$$=L^{-1}\left\{\frac{\sigma b\sin\theta}{r^2}(1-\mathrm{i}kr)\mathrm{e}^{\mathrm{i}kr}/-\mathrm{i}\omega\right\}=L^{-1}\left\{\frac{\sigma b\sin\theta}{r^2}(1+\beta s^{1/2})\mathrm{e}^{-\beta s^{1/2}}/s\right\}$$

$$=\frac{\sigma b\sin\theta}{r^2}\left[1-\mathrm{erf}\left(\frac{\beta}{2t^{1/2}}\right)+\frac{\beta}{(\pi t)^{1/2}}\mathrm{e}^{-\beta^2/4t}\right]$$

$$=\frac{\sigma b\sin\theta}{r^2}\left[1-\mathrm{erf}\left(\frac{u}{\sqrt{2}}\right)+\sqrt{\frac{2}{\pi}}u\mathrm{e}^{-u^2/2}\right]$$

即

$$h_\varphi(t)=\frac{\sigma b\sin\theta}{r^2}\left[1-\mathrm{erf}\left(\frac{u}{\sqrt{2}}\right)+\sqrt{\frac{2}{\pi}}u\mathrm{e}^{-u^2/2}\right] \tag{3-13}$$

同样,如是负阶跃脉冲激发时,将变换为

$$h_\varphi(t)=L^{-1}\left\{\frac{H_\varphi(\omega)}{\mathrm{i}\omega}\right\}=L^{-1}\left\{\frac{b\sin\theta}{r^2}\frac{k^2}{\mathrm{i}\omega\mu}(-1+\mathrm{i}kr)\mathrm{e}^{\mathrm{i}kr}/-\mathrm{i}\omega\right\}$$

$$=L^{-1}\left\{\frac{\sigma b\sin\theta}{r^2}(-1+\mathrm{i}kr)\mathrm{e}^{\mathrm{i}kr}/-\mathrm{i}\omega\right\}=L^{-1}\left\{\frac{\sigma b\sin\theta}{r^2}(-1-\beta s^{1/2})\mathrm{e}^{-\beta s^{1/2}}/s\right\}$$

$$=\frac{\sigma b\sin\theta}{r^2}\left[-1+\mathrm{erf}\left(\frac{\beta}{2t^{1/2}}\right)-\frac{\beta}{(\pi t)^{1/2}}\mathrm{e}^{-\beta^2/4t}\right]$$

$$=\frac{\sigma b\sin\theta}{r^2}\left[\mathrm{erf}\left(\frac{u}{\sqrt{2}}\right)-\sqrt{\frac{2}{\pi}}u\mathrm{e}^{-u^2/2}-1\right]$$

去掉一次场,即得

$$h_\varphi(t)=\frac{\sigma b\sin\theta}{r^2}\left[\mathrm{erf}\left(\frac{u}{\sqrt{2}}\right)-\sqrt{\frac{2}{\pi}}u\mathrm{e}^{-u^2/2}\right] \tag{3-14}$$

上式转换中,使用以下变量代换

$$\beta=(\mu\sigma)^{1/2}r$$
$$\mathrm{i}kr=-\beta s^{1/2}$$
$$k^2r^2=-\beta^2 s$$

利用的拉普拉斯逆变换式有

$$L^{-1}\left\{\frac{1}{S}\mathrm{e}^{-\beta s^{1/2}}\right\}=1-\mathrm{erf}\left(\frac{\beta}{2t^{1/2}}\right)$$
$$L^{-1}\left\{\frac{1}{S^{1/2}}\mathrm{e}^{-\beta s^{1/2}}\right\}=\frac{1}{(\pi t)^{1/2}}\mathrm{e}^{-\frac{\beta^2}{4t}}$$

其变换结果作如下替换

$$u=\frac{\beta}{(2t)^{1/2}}=\frac{\sqrt{\mu\sigma}\,r}{\sqrt{2t}}=\frac{2\pi r}{\tau}\qquad \tau=2\pi\sqrt{2\rho t/\mu}=\sqrt{2\pi\rho t\times10^7}$$

其中

$$\mathrm{erf}\left(\frac{u}{\sqrt{2}}\right)=\frac{2}{\sqrt{\pi}}\int_0^{\frac{u}{\sqrt{2}}}\mathrm{e}^{-t^2}\mathrm{d}t$$

为误差函数。

3.2.2　均匀大地表面上瞬变水平电偶极子的电磁场

对均匀大地面上水平电偶极子源时间域响应仅列出常用的 e_x、h_z 分量。频率域响应 E_x 的一般表达式[式(2-41)]

$$E_x=\frac{Il}{4\pi\sigma_1}\frac{1}{r^3}[2\mathrm{e}^{\mathrm{i}k_1r}(1-\mathrm{i}k_1r)+3\cos2\theta-1]$$

可作如下拉普拉斯逆变换

$$\begin{aligned}L^{-1}\left\{\frac{E_x(s)}{s}\right\}&=L^{-1}\left\{\frac{Il}{4\pi\sigma_1}\frac{1}{r^3}\left[2\mathrm{e}^{-\beta s^{1/2}}\left(\frac{1}{s}+\frac{\beta}{s^{1/2}}\right)+\frac{3\cos2\theta}{s}-\frac{1}{s}\right]\right\}\\&=\frac{Il}{4\pi\sigma_1}\frac{1}{r^3}\left[2\mathrm{erfc}\left(\frac{\beta}{2t^{1/2}}\right)+\frac{2\beta}{(\pi t)^{1/2}}\mathrm{e}^{-\beta^2/4t}+3\cos2\theta-1\right]\\&=\frac{Il}{4\pi\sigma_1}\frac{1}{r^3}\left[2\left(1-\mathrm{erf}\left(\frac{u}{\sqrt{2}}\right)\right)+2\sqrt{\frac{2}{\pi}}u\mathrm{e}^{-u^2/2}+3\cos2\theta-1\right]\end{aligned}$$

这样

$$e_x(t)=\frac{Il}{4\pi\sigma_1}\frac{1}{r^3}\left[1-2\mathrm{erf}\left(\frac{u}{\sqrt{2}}\right)+2\sqrt{\frac{2}{\pi}}u\mathrm{e}^{-u^2/2}+3\cos2\theta\right]\tag{3-15}$$

当 $\theta=90°$ 时

$$e_x(t)=\frac{Il}{2\pi\sigma_1}\frac{1}{r^3}\left[\sqrt{\frac{2}{\pi}}u\mathrm{e}^{-u^2/2}-\mathrm{erf}\left(\frac{u}{\sqrt{2}}\right)-1\right]\tag{3-16}$$

如处于远区,对式(2-47)

$$E_x=\frac{Il}{4\pi\sigma_1}\frac{1}{r^3}(3\cos2\theta-1)$$

作如下变换

$$e_x(t)=L^{-1}\left[\frac{E_x(s)}{s}\right]=\frac{Il}{4\pi\sigma_1}\frac{1}{r^3}(3\cos2\theta-1)\cdot L^{-1}\left(\frac{1}{s}\right)=\frac{Il}{4\pi\sigma_1}\frac{1}{r^3}(3\cos2\theta-1)$$

即得

$$e_x(t)=\frac{Il}{4\pi\sigma_1}\frac{1}{r^3}(3\cos2\theta-1) \tag{3-17}$$

有趣的是,对远区的电偶极子源的电场分量 E_x,频率域和时间域的表达式相同(因和 ω 无关,也就和 t 无关)。

同样,通过拉普拉斯逆变换可将频域的式(2-46)

$$H_z=\frac{\mathrm{i}Il}{2\pi\omega\mu_0\sigma_1}\sin\theta\,\frac{1}{r^4}[\mathrm{e}^{\mathrm{i}k_1r}(-3+3\mathrm{i}k_1r+k_1^2r^2)+3]$$

转换为时间域的表达式

$$h_z(t)=\frac{Il}{4\pi}\sin\theta\,\frac{1}{r^2}\left[\left(\frac{3}{u^2}-1\right)\mathrm{erf}\left(\frac{u}{\sqrt{2}}\right)+1-\sqrt{\frac{2}{\pi}}\frac{3}{u}\mathrm{e}^{-u^2/2}\right] \tag{3-18}$$

当 $\theta=90°$ 时

$$h_z(t)=\frac{Il}{4\pi}\frac{1}{r^2}\left[\left(\frac{3}{u^2}-1\right)\mathrm{erf}\left(\frac{u}{\sqrt{2}}\right)+1-\sqrt{\frac{2}{\pi}}\frac{3}{u}\mathrm{e}^{-u^2/2}\right] \tag{3-19}$$

实际上,野外采用负阶跃脉冲激发,如为垂直负阶跃脉冲,$e_x(t)$、$h_z(t)$ 的表达式分别为

$$e_x(t)=\frac{Il}{4\pi\sigma_1}\frac{1}{r^3}\left[2\mathrm{erf}\left(\frac{u}{\sqrt{2}}\right)-2\sqrt{\frac{2}{\pi}}ue^{-u^2/2}\right] \tag{3-20}$$

$$h_z(t)=\frac{Il}{4\pi}\sin\theta\,\frac{1}{r^2}\left[\left(1-\frac{3}{u^2}\right)\mathrm{erf}\left(\frac{u}{\sqrt{2}}\right)+\sqrt{\frac{2}{\pi}}\frac{3}{u}\mathrm{e}^{-u^2/2}\right] \tag{3-21}$$

注意:式(3-20)已将一次电流场 $\frac{Il}{4\pi}\sin\theta\,\frac{1}{r^3}(3\cos2\theta+1)$ 去掉,式(3-21)将一次电流场 $\frac{Il}{4\pi}\sin\theta\,\frac{1}{r^2}$ 去掉。

当 $\theta=90°$ 时,上两式简化为

$$e_x(t)=\frac{Il}{4\pi\sigma_1}\frac{1}{r^3}\left[2\mathrm{erf}\left(\frac{u}{\sqrt{2}}\right)-2\sqrt{\frac{2}{\pi}}u\mathrm{e}^{-u^2/2}\right] \tag{3-22}$$

$$h_z(t)=\frac{Il}{4\pi}\frac{1}{r^2}\left[\left(1-\frac{3}{u^2}\right)\mathrm{erf}\left(\frac{u}{\sqrt{2}}\right)+\sqrt{\frac{2}{\pi}}\frac{3}{u}\mathrm{e}^{-u^2/2}\right] \tag{3-23}$$

对磁场来说,我们目前在野外观测的是感生电动势,即磁感应强度对时间的负导数

$$\frac{\partial b_z(t)}{\partial t}=-\frac{3Il}{2\pi\sigma_1}\sin\theta\,\frac{1}{r^4}\left[\mathrm{erf}\left(\frac{u}{\sqrt{2}}\right)-\sqrt{\frac{2}{\pi}}u\left(1+\frac{u^2}{3}\right)\mathrm{e}^{-u^2/2}\right] \tag{3-24}$$

当 $\theta=90°$ 时,有

$$\frac{\partial b_z(t)}{\partial t}=-\frac{3Il}{2\pi\sigma_1}\frac{1}{r^4}\left[\mathrm{erf}\left(\frac{u}{\sqrt{2}}\right)-\sqrt{\frac{2}{\pi}}u\left(1+\frac{u^2}{3}\right)\mathrm{e}^{-u^2/2}\right] \tag{3-25}$$

上列各式中有关表达式前面已有介绍,为便于对照列于下面

$$u=\frac{\beta}{\sqrt{2t}}=\frac{2\pi r}{\tau}$$

$$\tau=2\pi\sqrt{2t/\mu\sigma}$$

$$\mathrm{erf}\left(\frac{u}{\sqrt{2}}\right)=\frac{2}{\sqrt{\pi}}\int_0^{\frac{u}{\sqrt{2}}}\mathrm{e}^{-t^2}\mathrm{d}t \quad (\text{高斯误差函数})$$

3.2.3 全空间均匀各向同性介质中瞬变磁偶极子的电磁场

前已推出球坐标系中变频磁偶极子(沿 z 轴方向)在导电全空间的场强公式[式(2-73)、式(2-74)、式(2-75)]

$$H_r=\frac{2m'\cos\theta}{r^3}(1-\mathrm{i}kr)\mathrm{e}^{\mathrm{i}kr}$$

$$H_\theta=\frac{m'\sin\theta}{r^3}(1-\mathrm{i}kr-k^2r^2)\mathrm{e}^{\mathrm{i}kr}$$

$$E_\varphi=\mathrm{i}\omega\mu\,\frac{m'\sin\theta}{r^2}(1-\mathrm{i}kr)\mathrm{e}^{\mathrm{i}kr}$$

式中,$m'=\frac{IS}{4\pi}$,S 为发射线圈面积。

如用负阶跃脉冲激发,将式(2-73)~式(2-75)变换为球坐标下相应瞬变场的各分量

$$h_r(t)=\frac{2IS\cos\theta}{4\pi r^3}\left[\mathrm{erf}\left(\frac{u}{\sqrt{2}}\right)-\sqrt{\frac{2}{\pi}}u\mathrm{e}^{-u^2/2}\right] \tag{3-26}$$

$$h_\theta(t)=\frac{IS\sin\theta}{4\pi r^3}\left[\mathrm{erf}\left(\frac{u}{\sqrt{2}}\right)-\sqrt{\frac{2}{\pi}}u(1+u^2)\mathrm{e}^{-u^2/2}\right] \tag{3-27}$$

$$e_\varphi(t)=\frac{IS\rho}{4\pi r^4}\sqrt{\frac{2}{\pi}}u^5\mathrm{e}^{-u^2/2}\sin\theta \tag{3-28}$$

对于式(3-27),当 $\theta=90°$时,离回线中心平距 r 处的垂直磁场强度

$$h_z(t)=\frac{IS}{4\pi r^3}\left[\mathrm{erf}\left(\frac{u}{\sqrt{2}}\right)-\sqrt{\frac{2}{\pi}}u(1+u^2)\mathrm{e}^{-u^2/2}\right] \tag{3-29}$$

对 TEM 晚期,即 $u=\frac{\beta}{\sqrt{2t}}=\frac{2\pi r}{\tau}=\frac{2\pi r}{2\pi\sqrt{2t/\mu\sigma}}=\frac{r}{\delta}\ll 1$ 时

$$\mathrm{erf}\left(\frac{u}{\sqrt{2}}\right)=\frac{2}{\sqrt{\pi}}\sum_0^n(-1)^n\frac{\left(\frac{u}{\sqrt{2}}\right)^{(2n+1)}}{n!\,(2n+1)}\approx\sqrt{\frac{2}{\pi}}\left(u-\frac{u^3}{3!}+\frac{3u^5}{5!}\right) \tag{3-30}$$

而

$$\mathrm{e}^{-u^2/2}=1+\left(-\frac{u^2}{2}\right)+\frac{\left(\frac{-u^2}{2}\right)^2}{2!}+\frac{\left(\frac{-u^2}{2}\right)^3}{3!}+\cdots+\frac{\left(\frac{-u^2}{2}\right)^n}{n!}\approx 1-\frac{u^2}{2}+\frac{u^4}{8} \tag{3-31}$$

这样由式(3-29)得

$$h_z(t)=-\frac{IS}{6\pi r^3}\sqrt{\frac{2}{\pi}}u^3=-\frac{IS}{12\pi\sqrt{\pi}}\frac{\mu^{3/2}\sigma^{3/2}}{t^{3/2}} \tag{3-32}$$

其感生电动势为

$$V_q=\frac{q\mathrm{d}(\mu h_z)}{\mathrm{d}t}=\frac{qIS}{8\pi\sqrt{\pi}}\frac{\mu^{5/2}}{\rho^{3/2}t^{5/2}} \tag{3-33}$$

式中，q 为接收线圈的等效面积。

3.2.4　均匀大地表面上瞬变垂直磁偶极子的电磁场

如上法同样处理，可将式(2-89)，即

$$E_\theta=\frac{m}{2\pi\sigma_1}\frac{1}{r^4}[\mathrm{e}^{\mathrm{i}k_1r}(3-3\mathrm{i}k_1r-k_1^2r^2)-3]$$

按负垂直阶跃脉冲变换为瞬变电场

$$e_\theta(t)=\frac{3m}{2\pi\sigma_1}\frac{1}{r^4}\left[\mathrm{erf}\left(\frac{u}{\sqrt{2}}\right)-\sqrt{\frac{2}{\pi}}u\left(1+\frac{u^2}{3}\right)\mathrm{e}^{-u^2/2}\right] \tag{3-34}$$

对式(2-90)

$$H_z=-\frac{\mathrm{i}m}{2\pi\omega\mu_0\sigma_1}\frac{1}{r^5}[\mathrm{e}^{\mathrm{i}k_1r}(-9+9\mathrm{i}k_1r+4k_1^2r^2-\mathrm{i}k_1^3r^3)+9]$$

变换为负垂直阶跃脉激发的瞬变磁场，有

$$h_z(t)=\frac{m}{4\pi r^3}\left[\left(\frac{9}{u^2}-1\right)\mathrm{erf}\left(\frac{u}{\sqrt{2}}\right)-\sqrt{\frac{2}{\pi}}\left(\frac{9}{u}+2u\right)\mathrm{e}^{-u^2/2}\right] \tag{3-35}$$

相应式(2-35)的感生电动势为

$$\frac{\partial b_z(t)}{\partial t}=\frac{9m\rho_1}{2\pi r^5}\left[\mathrm{erf}\left(\frac{u}{\sqrt{2}}\right)-\sqrt{\frac{2}{\pi}}u\left(1+\frac{u^2}{3}+\frac{u^4}{9}\right)\mathrm{e}^{-u^2/2}\right] \tag{3-36}$$

对 TEM 晚期，即 $u\ll 1$，这时按式(3-30)和式(3-31)，即

$$\mathrm{erf}\left(\frac{u}{\sqrt{2}}\right)\approx\sqrt{\frac{2}{\pi}}\left(u-\frac{u^3}{3!}+\frac{3u^5}{5!}\right)$$

和

$$\mathrm{e}^{-\frac{u^2}{2}}\approx 1-\frac{u^2}{2}+\frac{u^4}{8}$$

于是式(3-36)简化为

$$\frac{\mathrm{d}b_z(t)}{\mathrm{d}t}=\frac{\mathrm{d}(\mu h_z)}{\mathrm{d}t}=\frac{IS}{20\pi\sqrt{\pi}}\frac{\mu^{5/2}}{\rho^{3/2}t^{5/2}} \tag{3-37}$$

式中，$IS=m$，S 为发射线圈的面积；如果考虑接收线圈的面积 q，就可写出半空间实用的感生电动势表达式

$$V_q=\frac{q\mathrm{d}(\mu h_z)}{\mathrm{d}t}=\frac{qIS}{20\pi\sqrt{\pi}}\frac{\mu^{5/2}}{\rho^{3/2}t^{5/2}} \tag{3-38}$$

和全空间 TEM 相应感生电动势表达式[式(3-33)]

$$V_q=\frac{q\mathrm{d}(\mu h_z)}{\mathrm{d}t}=\frac{qIS}{8\pi\sqrt{\pi}}\frac{\mu^{5/2}}{\rho^{3/2}t^{5/2}}$$

相比,易知全空间响应是半空间的$\frac{1/8}{1/20}=2.5$倍,这就解释了用同装置、同功率的仪器在地下空间(硐室、巷道等)观测的信号较地面强。

3.2.5　均匀大地表面上大回线源瞬变电磁场

为了施工方便并减少横向不均匀的影响,常常只测量发射回线(大回线)中心的磁场(实际测的是感生电动势)(李貅,2002)。当$\theta=90°$时,对式(3-23)和式(3-24)沿半径为r的圆作积分,就分别得到负阶跃脉冲激发的瞬变磁场和相应的感生电动势,对大回线具体表达式为

$$h_z(t)=\frac{I}{2r}\left[\left(1-\frac{3}{u^2}\right)\mathrm{erf}\left(\frac{u}{\sqrt{2}}\right)+\sqrt{\frac{2}{\pi}}\frac{3}{u}\mathrm{e}^{-u^2/2}\right]\tag{3-39}$$

$$\frac{\partial b_z(t)}{\partial t}=-\frac{I}{\sigma_1}\frac{1}{r^3}\left[3\mathrm{erf}\left(\frac{u}{\sqrt{2}}\right)-\sqrt{\frac{2}{\pi}}u(3+u^2)\mathrm{e}^{-u^2/2}\right]\tag{3-40}$$

由于大线圈TEM应用广泛,下面给出早期与晚期的简化表达式。

对于早期(远区),$u\gg1$,这时$\mathrm{erf}\left(\frac{u}{\sqrt{2}}\right)\to1$,$\mathrm{e}^{-u^2/2}\to0$,所以式(3-39)简化为

$$h_z(t)=\frac{3I}{\mu\sigma r^3}t\tag{3-41}$$

对晚期(近区),$u\ll1$,按前面已知

$$\mathrm{erf}\left(\frac{u}{\sqrt{2}}\right)\approx\sqrt{\frac{2}{\pi}}\left(u-\frac{u^3}{3!}+\frac{3u^5}{5!}\right)$$

$$\mathrm{e}^{-u^2/2}\approx1-\frac{u^2}{2}+\frac{u^4}{8}$$

这时式(3-39)可简化为

$$h_z(t)=\frac{Ir^2\mu^{3/2}\sigma^{3/2}}{30\pi^{1/2}t^{3/2}}\tag{3-42}$$

式(3-40)简化为

$$\frac{\partial b_z(t)}{\partial t}=\frac{Ir^2\mu^{5/2}\sigma^{3/2}}{20\pi^{1/2}t^{5/2}}\tag{3-43}$$

将其发射线圈的面积S、接收线圈的面积q考虑进去,实用的TEM大回线感生电动势表达式为

$$V_q=\frac{q\partial b_z(t)}{\partial t}=\frac{ISq\mu^{5/2}\sigma^{3/2}}{20\pi^{3/2}t^{5/2}}=\frac{qIS\mu^{5/2}}{20\pi\sqrt{\pi}\rho^{3/2}t^{5/2}}\tag{3-44}$$

这里要说明的是,我们仅对常用的瞬变电磁场分量推演并列出它们的表达式,以便通过均匀半空间的解析式分析,理解瞬变电磁场的性态。对比式(3-38)和式(3-44)得知,在晚期,垂直磁偶极子和大回线的感生电动势表达式相同。

3.2.6　均匀水平分层大地表面上谐变偶极子的电磁场转化为瞬变电磁场

前已提到TEM测深等价于多频测深,现进一步从场分量的傅里叶变换上理解其定量关系(牛之琏,2007)。如将式(3-3)的$I(t)$换写为一次磁场,便有

$$h_1(t)=h_0u(t)=\begin{cases}h_0 & t<0\\ 0 & t>0\end{cases} \tag{3-45}$$

和

$$H_1(\omega)=h_0\int_{-\infty}^{\infty}u(t)\mathrm{e}^{\mathrm{i}\omega t}\mathrm{d}t=\frac{1}{\mathrm{i}\omega}h_0 \tag{3-46}$$

对式(3-46)作傅里叶逆变换有

$$h_1(t)=\frac{h_0}{2\pi}\int_{-\infty}^{\infty}\frac{1}{\mathrm{i}\omega}\mathrm{e}^{-\mathrm{i}\omega}\mathrm{d}\omega \tag{3-47}$$

式(3-46)和式(3-47)是一次磁场在时间与频率两域的傅里叶变换关系,并说明时间域一次场所包含的简谐振荡的复振幅$H(\omega)$反比于$\mathrm{i}\omega$。

前面已说过,TEM测深等价于在这些谐波频率上的FEM测深。现在进一步知道,在进行TEM测深时,各种地电断面的频率域响应等价于相应地电断面的FEM测深响应[$H(\omega)$]乘以一次激发场的频谱。

已知一次激发为负阶跃脉冲波形[式(3-3)、式(3-45)]时,其频谱为$\frac{1}{\mathrm{i}\omega}$,相应时间域响应为

$$h(t)=\frac{1}{2\pi}\int_{-\infty}^{\infty}\frac{H(\omega)}{\mathrm{i}\omega}\mathrm{e}^{-\mathrm{i}\omega t}\mathrm{d}\omega \tag{3-48}$$

该积分路径不包括$\omega=0$的点。式中$H(\omega)$可分解为实部和虚部,即$H(\omega)=\mathrm{Re}H(\omega)+\mathrm{iIm}(\omega)$,这样式(3-48)就写成

$$\begin{aligned}h(t)=&\frac{1}{2\pi\mathrm{i}}\int_{-\infty}^{\infty}\frac{\mathrm{Re}H(\omega)\cos\omega t+\mathrm{Im}H(\omega)\sin\omega t}{\omega}\mathrm{d}\omega\\&-\frac{1}{2\pi}\int_{-\infty}^{\infty}\frac{\mathrm{Re}H(\omega)\sin\omega t-\mathrm{Im}H(\omega)\cos\omega t}{\omega}\mathrm{d}\omega\end{aligned} \tag{3-49}$$

由于频率与电磁场的实偶、虚奇函数特性,即$\mathrm{Re}H(\omega)=\mathrm{Re}H(-\omega)$,$\mathrm{Im}H(\omega)=-\mathrm{Im}H(-\omega)$,使得上式第一项积分为零,因此

$$h(t)=\frac{1}{2\pi}\int_{-\infty}^{\infty}\frac{\mathrm{Im}H(\omega)\cos\omega t-\mathrm{Re}H(\omega)\sin\omega t}{\omega}\mathrm{d}\omega \tag{3-50}$$

当取$\omega>0$时得

$$h(t)=\frac{1}{\pi}\int_{0}^{\infty}\frac{\mathrm{Im}H(\omega)\cos\omega t-\mathrm{Re}H(\omega)\sin\omega t}{\omega}\mathrm{d}\omega \tag{3-51}$$

又当$t<0$时,$h(t)=h_0$,所以

$$h_0=\frac{1}{\pi}\int_{0}^{\infty}\frac{\mathrm{Im}H(\omega)\cos\omega t+\mathrm{Re}H(\omega)\sin\omega t}{\omega}\mathrm{d}\omega \tag{3-52}$$

将式(3-51)加式(3-52)便得

$$h(t)=-h_0+\frac{2}{\pi}\int_0^{\infty}\frac{\mathrm{Im}H(\omega)\cos\omega t}{\omega}\mathrm{d}\omega \tag{3-53}$$

而式(3-51)减式(3-52)得

$$h(t)=h_0-\frac{2}{\pi}\int_0^{\infty}\frac{\mathrm{Re}H(\omega)\sin\omega t}{\omega}\mathrm{d}\omega \tag{3-54}$$

由于 TEM 观测 $t>0$ 时的二次场,这时一次场消失,即 $h_0=0$,便有

$$h(t)=\frac{2}{\pi}\int_0^{\infty}\frac{\mathrm{Im}H(\omega)}{\omega}\cos\omega t\mathrm{d}\omega \tag{3-55}$$

$$h(t)=-\frac{2}{\pi}\int_0^{\infty}\frac{\mathrm{Re}H(\omega)}{\omega}\sin\omega t\mathrm{d}\omega \tag{3-56}$$

由上两式易得实用的磁感应强度对时间导数(感应电动势)的表达式

$$\dot{b}(t)=\frac{\mathrm{d}b(t)}{\mathrm{d}t}=-\frac{2}{\pi}\int_0^{\infty}\mathrm{Im}B(\omega)\sin\omega t\mathrm{d}\omega \tag{3-57}$$

$$\dot{b}(t)=\frac{\mathrm{d}b(t)}{\mathrm{d}t}=-\frac{2}{\pi}\int_0^{\infty}\mathrm{Re}B(\omega)\cos\omega t\mathrm{d}\omega \tag{3-58}$$

类似地可得电场表达式

$$e(t)=\frac{2}{\pi}\int_0^{\infty}\frac{\mathrm{Im}E(\omega)}{\omega}\cos\omega t\mathrm{d}\omega \tag{3-59}$$

$$e(t)=-\frac{2}{\pi}\int_0^{\infty}\frac{\mathrm{Re}E(\omega)}{\omega}\sin\omega t\mathrm{d}\omega \tag{3-60}$$

由式(3-55)~式(3-60)看出,频率域的电磁场可按正弦或余弦变换为时间域的电磁场,实际上属傅里叶变换。

3.2.7　电偶极源与磁偶极源瞬变场的转换计算

1. *互易定理的直接应用*

互易定理是电磁场两组不同场源之间响应与影响关系,是重要电磁理论的定理之一(傅君眉和冯恩信,2000)。若域 V_1 中有电流源 J_1 和磁流源 J_1^m,其在源外产生的场为 E_1 和 H_1;域 V_2 中有电流源 J_2 和磁流源 J_2^m,其在源外产生的场为 E_2 和 H_2,这样互易定理在域 V 的线性介质中的表达式为

$$\int_V(E_1\cdot J_2-H_1\cdot J_2^m)\mathrm{d}V=\int_V(E_2\cdot J_1-H_2\cdot J_1^m)\mathrm{d}V \tag{3-61}$$

如果域中不含磁流源,这时式(3-61)简化为

$$\int_V E_1\cdot J_2\mathrm{d}V=\int_V E_2\cdot J_1\mathrm{d}V \tag{3-62}$$

进一步推演,可将式(3-62)写成更简单、直观的形式

$$I_1\cdot v_2=I_2\cdot v_1 \tag{3-63}$$

式中,$I=J\mathrm{d}s$;$v=E\mathrm{d}l$。

可将互易定理表达式[式(3-63)]用于电偶极源与磁偶极源瞬变场的互换计算。如果通以脉冲电流 $I(t)$ 的水平电偶极源 T,在水平接收线圈 R 上测得感生电动势 $v_z^{AB}(t)$;现将发射与接收换位,即 T 与 R 互换,相等的 $I(t)$ 输进 R 中,在 T 上接收电压 v_φ^Z。结果两次所测电压相等,具体表达式为

$$v_z^{AB}(t)=v_\varphi^Z(t) \tag{3-64}$$

而

$$v_z^{AB}(t)=\pi a^2\cdot\frac{\partial b_z^{AB}(t)}{\partial t} \tag{3-65}$$

$$v_\varphi^Z(t)=AB\cdot e_\varphi^Z(t) \tag{3-66}$$

因此

$$\pi a^2\cdot\frac{\partial b_z^{AB}(t)}{\partial t}=ABe_\varphi^Z(t) \tag{3-67}$$

式中,a 为线圈半径;字母上标表示激发源的类型;AB 表示电偶极源;Z 表示垂直磁偶极源;下标表示观测场分量;z 表示垂直磁感应强度和相应感生电动势;φ 表示切向电场。

为简单直观,以均匀半空间的瞬变场为例,说明电偶极源与磁偶极源瞬变场的互换计算。由式(3-25)可知,以负垂直阶跃脉冲电流激发的水平电偶极子在其垂直平分线上接收点的瞬变垂直磁感应强度对时间的导数表达式应为

$$\frac{\partial b_z^{AB}(t)}{\partial t}=-\frac{3I\cdot AB\cdot\rho}{2\pi r^4}\left[\mathrm{erf}\left(\frac{u}{\sqrt{2}}\right)-\sqrt{\frac{2}{\pi}}u\left(1+\frac{u^2}{3}\right)\mathrm{e}^{-u^2/2}\right] \tag{3-68}$$

现根据式(3-67),就可得到极距为 r 磁偶极矩为 $m=IS(S=\pi a^2)$ 垂直磁偶极子源的切向电场分量表达式为

$$e_\varphi^Z(t)=-\frac{3m\rho}{2\pi r^4}\left[\mathrm{erf}\left(\frac{u}{\sqrt{2}}\right)-\sqrt{\frac{2}{\pi}}u\left(1+\frac{u^2}{3}\right)\mathrm{e}^{-u^2/2}\right] \tag{3-69}$$

这和前面推演的式(3-34)同。

利用电磁学的互易定理和电性源与磁性源的装置特点,可减少对电性源或磁性源的场分量表达式推演;上面只举了在均匀半空间介质的例子,对线性分层介质也适用。

2. 叠加原理的应用

电磁场的可叠加性,对求大回线为激发装置的瞬变电磁场提供了有力依据。最简单的是求圆形大回线源中心垂直磁感应强度对时间的导数,前面已有推演,只需对水平电偶极子赤道装置垂直磁场表达式[式(3-24)]沿大回线圆周积分就得到均匀半空间的表达式[式(3-40)]

$$\frac{\partial b_z(t)}{\partial t}=-\frac{I}{\sigma_1}\frac{1}{r^3}\left[3\mathrm{erf}\left(\frac{u}{\sqrt{2}}\right)-\sqrt{\frac{2}{\pi}}u(3+u^2)\mathrm{e}^{-u^2/2}\right]$$

对分层介质可同样处理。

对大回线任意点(线圈上及附近的不连续点除外)瞬变电磁的垂直磁场 $h_z(t)$ 或 $\frac{\mathrm{d}b_z(t)}{\mathrm{d}t}$ 的计算就不那么简单了,主要是遇到含双贝塞尔函数 $J_1(\lambda a)J_0(\lambda r)$ 的积分。在这方面西安

交通大学的汪文秉等做了一定的工作(华军等,2001),取得了一定效果。还可采用已知只含单贝塞尔函数 $J_0(\lambda r)$ 或 $J_1(\lambda r)$ 偶极子场叠加,求大线圈任一点的 $h_z(t)$ 或 $\frac{\mathrm{d}b_z(t)}{\mathrm{d}t}$,且不受线圈形状的限制。具体既可按磁偶极子源,也可按电偶极子源叠加求解。翁爱华、卢建、李建平、薛国强、刘树才等学者都有关于这方面的论文发表。

1)磁偶极源的叠加

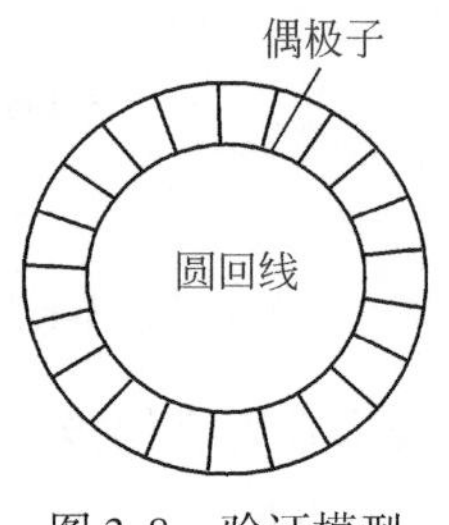

图 3-8　验证模型

磁偶极源的叠加的思路是将大线圈看成小线圈组合,它们的等效面积相等,磁偶极矩等效,在某一点形成的电磁场也应相等。现可参考吉林大学李建平等的论文(李建平等,2005)。李建平以图 3-8 为例验证了外面大圆在中心激发的垂直磁场 h_1 与同心小圆激发的垂直磁场 h_2 加上两圆之间部分所划成的 n 个等面积小块代表的垂直磁偶极子激发的垂直磁场 nh_3 相等,即 $h_1=h_2+nh_3$,以证明此方法正确。

前已提出,对于均匀半空间大地垂直磁偶极子激发的垂直磁场和感生电动势的解析式[式(3-35)、式(3-36)]分别为

$$h_z(t)=\frac{m}{4\pi r^3}\left[\left(\frac{9}{u^2}-1\right)\mathrm{erf}\left(\frac{u}{\sqrt{2}}\right)-\sqrt{\frac{2}{\pi}}\mathrm{e}^{-u^2/2}\left(\frac{9}{u}+2u\right)\right]$$

$$\frac{\partial b_z(t)}{\partial t}=\frac{9m}{2\pi r^5}\left[\mathrm{erf}\left(\frac{u}{\sqrt{2}}\right)-\sqrt{\frac{2}{\pi}}\mathrm{e}^{-u^2/2}u\left(1+\frac{u^2}{3}+\frac{u^4}{9}\right)\right]$$

对大回线源垂直磁场和感生电动势的解析式[式(3-39)、式(3-40)]分别为

$$h_z(t)=\frac{I}{2r}\left[\left(1-\frac{3}{u^2}\right)\mathrm{erf}\left(\frac{u}{\sqrt{2}}\right)+\sqrt{\frac{2}{\pi}}\frac{3}{u}\mathrm{e}^{-u^2/2}\right]$$

$$\frac{\partial b_z(t)}{\partial t}=-\frac{3I\rho_1}{r^3}\left[\mathrm{erf}\left(\frac{u}{\sqrt{2}}\right)-\sqrt{\frac{2}{\pi}}u\left(1+\frac{u^2}{3}\right)\mathrm{e}^{-u^2/2}\right]$$

这样就易证明回线内划分磁偶极子和圆形回线方法的正确性。图 3-9 是半空间大回线源激发的垂直磁场 h_z 解析解与回线内划分磁偶极子和小圆形回线源叠加的等效垂直磁场 $\hat{h}_z$ 曲线图。可以看出,中前部曲线基本重合,尾部有所分离,这可能是对应晚时段偶极子条件不满足所致。

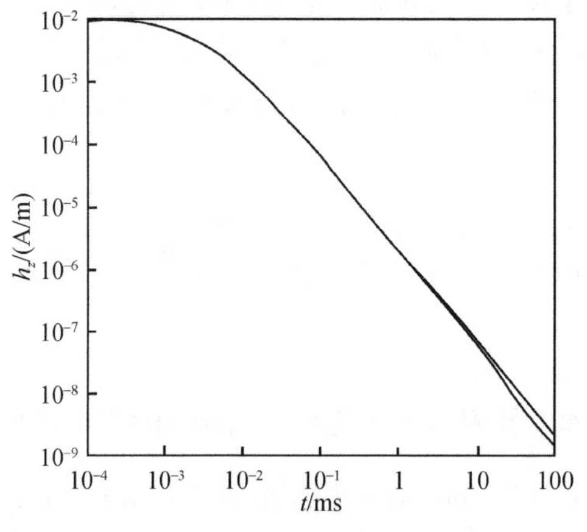

图 3-9　h_z 解析解与叠加等效解 $\hat{h}_z$

对分层介质,可仍按此法求解垂直磁场。而且对任意形状的回线源在任意位置的测点都适用上述方法。在这里注意两点,一是划分的小线圈对测点要满足偶极子条件;二是测点要适当远离导线,以避开间断点。

2)电偶极源的叠加

电偶极源的叠加是把大线圈看成由许多线段连接而成,它们的等效长度一样,电偶极矩等效,在某一点形成的电磁场理应相等。现仍以李建平等的论文(李建平等, 2007)为主加以阐述。

其首先设计了梯形线框源(图3-10),在框内某点 o 产生的垂直磁场 $h_z\left(\frac{\mathrm{d}h_z}{\mathrm{d}t}\text{也如此}\right)$应等于各边划分为若干电偶极子源产生的垂直磁场总和 $\hat{h}_z$。为证明此点,选用有解析式的圆形回线中心的垂直磁场等于周边划分的密度足够大的电偶极子垂直磁场的和,即

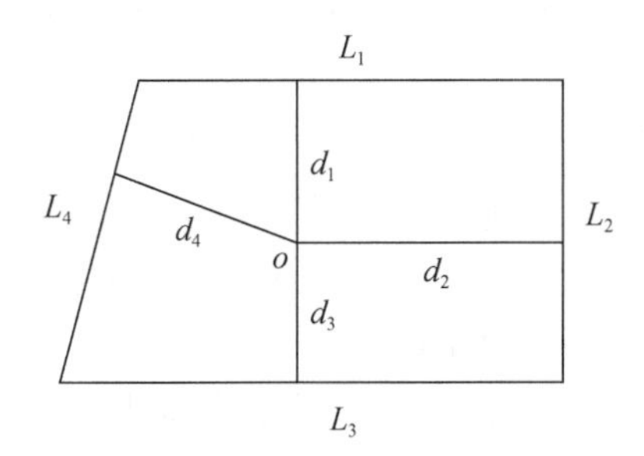

图3-10　梯形回线示意图

$$
\begin{aligned}
h_z(t) &= \frac{I}{2r}\left[\left(1-\frac{3}{u^2}\right)\mathrm{erf}\left(\frac{u}{\sqrt{2}}\right)+\sqrt{\frac{2}{\pi}}\,\frac{3}{u}\mathrm{e}^{-u^2/2}\right] \\
&= \sum_{n=1}^{N}\frac{Il}{4\pi}\frac{1}{r_n^2}\left[\left(1-\frac{3}{u^2}\right)\mathrm{erf}\left(\frac{u}{\sqrt{2}}\right)+\sqrt{\frac{2}{\pi}}\,\frac{3}{u}\mathrm{e}^{-u^2/2}\right]
\end{aligned}
\tag{3-70}
$$

当 $N\to\infty$ 时,式(3-70)中的和式趋于积分,等于其子项的 l 被 $2\pi r$ 替换的结果,这证明大回线的场强等效于其回线分成足够多电偶极子场的叠加。

同磁偶极源叠加一样,在分层介质情况下,对任意形状的回线源在任意位置测点的 $h_z(t)$ 或 $\frac{\mathrm{d}b_z(t)}{\mathrm{d}t}$ 都适用上述方法计算。具体计算注意划分的小线段对测点要满足偶极子条件,并且测点要适当远离导线,避开间断点。

3.2.8　一次场和二次场浅析

在没有异常体的均匀各向同性介质中,各种场源产生的电磁场称为一次场,像前面所述全空间偶极子场即为一次场。虽然在实际的电磁探测中所遇到的全空间或半空间都存在异常体,但研究均匀各向同性介质中的场仍很重要。一方面以矢量位推导半空间分层介质的电磁场时,需要将一次场的矢量位分写再叠加,这样理解和求解均方便;另一方面对全空间的电磁场的性态的分析,可帮助理解地下电磁法突出特性。

如对垂直谐变磁偶极子源在均匀分层大地面上的电磁场利用矢量位 F 求解(陈乐寿和王光锷,1991),可将波动方程(1-60)写成标量 F_z 圆柱坐标的表达式

$$\frac{\partial^2 F_z}{\partial r^2}+\frac{1}{r}\frac{\partial F_z}{\partial r}+\frac{\partial F_z}{\partial z}+k^2F_z=0 \tag{3-71}$$

用分离变量法解该偏微分方程,可得一般解

$$F=\int_0^\infty[A(\lambda)\mathrm{e}^{-Kz}+B(\lambda)\mathrm{e}^{Kz}]J_0(\lambda r)\mathrm{d}\lambda \tag{3-72}$$

式中以 F 替代 F_z,$K=\sqrt{\lambda^2-k^2}$。考虑到无穷远的位趋于零,空中单独表示场源的一次场比较方便。已知全空间矢量位公式 $m'\frac{\mathrm{e}^{\mathrm{i}k_0r}}{r}$[式(2-61)],对均匀导电半空间,矢量位 F 在空中和地下的表达式分别为

$$F_0=m'\frac{\mathrm{e}^{\mathrm{i}k_0r}}{r}+\int_0^\infty B(\lambda)\mathrm{e}^{K_0z}J_0(\lambda r)\mathrm{d}\lambda \tag{3-73}$$

$$F_1=\int_0^\infty A(\lambda)\mathrm{e}^{-K_1z}J_0(\lambda r)\mathrm{d}\lambda \tag{3-74}$$

式(3-73)中 F_0 为地面总场,第一项为一次场,第二项为二次场;式(3-74)中 F_1 为地下总场,这里是指半空间(没考虑分层介质)。根据边界条件求出积分中系数 $A(\lambda)$ 和 $B(\lambda)$,进而根据矢量位 F 和场强的关系式求各分量电磁场。

再看 TEM 的一次场和二次场的体现。前已推得水平均匀半空间垂直正阶跃脉冲激发的电偶极子源的 TEM 场表达式[式(3-15)]

$$e_x(t)=\frac{Il}{4\pi\sigma_1}\frac{1}{r^3}\left[1-2\mathrm{erf}\left(\frac{u}{\sqrt{2}}\right)+2\sqrt{\frac{2}{\pi}}u\mathrm{e}^{-u^2/2}+3\cos2\theta\right]$$

相应垂直负阶跃脉冲激发的电偶极子源的 TEM 场表达式[式(3-20)]

$$e_x(t)=\frac{Il}{4\pi\sigma_1}\frac{1}{r^3}\left[2\mathrm{erf}\left(\frac{u}{\sqrt{2}}\right)-2\sqrt{\frac{2}{\pi}}u\mathrm{e}^{-u^2/2}\right]$$

分析两式的差别,前式多一项$\frac{Il}{4\pi\sigma_1}\frac{1}{r^3}(3\cos2\theta+1)$,这是半空间电偶源直流电场表达式[式(2-53)]。这说明用正阶跃脉冲激发,在一次电流存在时,理论公式、实际观测都会有一次场存在。用负阶跃脉冲激发理论上就不存在一次场,观测的是二次场。

再看垂直磁偶极子源的 TEM 场,前面已推出负垂直阶跃脉冲激发的垂直磁偶极子源 TEM 的垂直磁场的表达式[式(3-35)]

$$h_z(t)=\frac{m}{4\pi r^3}\left[\left(\frac{9}{u^2}-1\right)\mathrm{erf}\left(\frac{u}{\sqrt{2}}\right)-\sqrt{\frac{2}{\pi}}\left(\frac{9}{u}+2u\right)\mathrm{e}^{-u^2/2}\right]$$

对相应垂直正阶跃脉冲激发的垂直磁偶极子源的 TEM 垂直磁场推得

$$h_z(t)=-\frac{m}{4\pi r^3}\left[1-\left(1-\frac{9}{u^2}\right)\mathrm{erf}\left(\frac{u}{\sqrt{2}}\right)-\sqrt{\frac{2}{\pi}}\left(\frac{9}{u}+2u\right)\mathrm{e}^{-u^2/2}\right] \tag{3-75}$$

可看出,下式与上式反号,并多出一项$\frac{m}{4\pi}\frac{1}{r^3}$稳定电流磁场,这又说明正阶跃脉冲激发的垂直磁偶极子的 TEM 垂直磁场比负脉冲激发的场多出一项一次场。为了简单,负阶跃脉冲激发

的二次场可由正阶跃脉冲激发的场表达式删除一次电流场,再改变符号得到。

以上说明 TEM 场生成,如采用正阶跃脉冲激发就会有一次场和二次场叠加的总场,采用负阶跃脉冲激发法理论上得纯二次场,这和实际应用出现的情况吻合。频率域发射与接收同步进行,观测的是总场;时间域是断电间隙时观测,获得的是二次场。只有二次场才反映地质异常,所以 TEM 场对地质体反映更直接。

3.3　瞬变电磁场分量计算

瞬变电磁场的求解可采用多种方法:根据麦克斯韦方程,通过解微分方程直接求特定时间函数的响应,一般用在二维、三维问题的解算;对一维问题可选用频率域的方法,将频率域电磁场的解乘以一次激发场的频谱后,借助傅里叶变换或拉普拉斯变换,逆变换为时间域的解;也可采用时间域的方法,通过叠加阶跃响应或脉冲采样响应求得瞬态解。由于频率域的解已有各家(考夫曼和凯勒,1987;曹昌祺,1978,1981,1982)的结果,计算精度也高,一般由频率域电磁场的解转变为时间域相应电磁场的解(陈明生,1999b)。

3.3.1　频率域方法

任意地质体某一时刻的瞬态响应,是激发波形频谱各个谐波分量在那一时刻产生的响应之和。用 TEM 测深装置进行二次瞬态场观测时,是在一次场消失后所测各感应分量之和。在场的计算上,可通过傅里叶变换将频率域响应转换为时间域响应。

1. 傅里叶变换法

前已述明,对阶跃电流激发的瞬变电磁响应,通过傅里叶逆变换将时间域电磁场具体表示为频率域电磁场的实部和虚部的正弦或余弦变换式。例如,对垂直磁场

$$h_z(t)=\frac{2}{\pi}\int_0^{\infty}\frac{\mathrm{Im}H_Z(\omega)}{\omega}\cos\omega t\,\mathrm{d}\omega \tag{3-76}$$

计算可采用数字滤波法或折线逼近法。

1)数字滤波法

计算式(3-76)要进行双重积分,一个是汉克尔变换计算 $H(\omega)$,一个是傅里叶余弦变换计算 $h(t)$,这都可按数字滤波法计算(陈乐寿和王光锷,1991)。首先作变量替换,将汉克尔积分写成褶积形式,褶积就是滤波。

对频率域电磁场公式,我们采用曹昌祺推演的公式(曹昌祺,1978)。现取水平电偶极子赤道装置垂直磁场 H_z

$$H_z(\omega)=\frac{Il}{2\pi}\sin\theta\int_0^{\infty}\frac{1}{K_0+K_1G_K}\lambda^2J_1(\lambda r)\,\mathrm{d}\lambda \tag{3-77}$$

式中,Il 为电偶极矩;$J_1(\lambda r)$ 为 1 阶第一类贝尔函数,λ 为积分变量,其物理意义是极距 r 方向的波矢量;$K_i=\sqrt{\lambda^2-k_i^2}$,$k_i$ 为波数;G_K 为地层因子。

为了实现数字滤波法计算,需要作变量替换,使 $r=\mathrm{e}^x$,$\lambda=\mathrm{e}^{-y}$,这样式(3-77)可变成褶积式

$$H_z(\omega)=\frac{Il\sin\theta}{2\pi}\mathrm{e}^{-x}\int_{-\infty}^{\infty}\left[\left(\frac{1}{K_0+K_1G_K}\right)\mathrm{e}^{-2y}\right]\left[\mathrm{e}^{x-y}J_1(\mathrm{e}^{x-y})\right]\mathrm{d}y \tag{3-78}$$

褶积就是滤波，从滤波的角度看，积分中第一个中括号内称为输入函数，第二个中括号内称为滤波器函数。为了保证积分收敛，还应做一定的数学处理，即采用层状介质与相应均匀半空间核函数差作为输入函数，最后加上均匀半空间解析式计算结果。对式(3-78)写成数字滤波形式加上 $H_z(\omega)$ 相应均匀半空间解析表达式便是

$$H_z(\omega)=\frac{Il\sin\theta}{2\pi}\mathrm{e}^{-x}\sum_{0}^{m}C_nI(y_n)+\frac{\mathrm{i}Il\sin\theta}{2\pi\omega\mu_0\sigma_1}\left[\mathrm{e}^{\mathrm{i}kr}(-3+3\mathrm{i}k_1r+k_1^2r)+3\right] \tag{3-79}$$

式中，$I(y_n)$为输入函数；C_n 为滤波系数，在计算时可适当选用。

在计算 $h_z(t)$时，同样作变量替换，写成褶积形式，再选取滤波系数作数字滤波计算。首先虚拟出余弦变换并写成褶积式，以便求出滤波系数。例如，对利普希茨积分

$$\int_0^{\infty}\mathrm{e}^{-a\omega}\cos\omega t\mathrm{d}\omega=\frac{a}{a^2+t^2}\qquad a>t \tag{3-80}$$

作变量替换，使

$$t=\mathrm{e}^{x}\qquad \omega=\mathrm{e}^{-y}$$

并将式(3-80)两边同乘以 e^x，得

$$\int_{-\infty}^{\infty}\mathrm{e}^{-a\mathrm{e}^{-y}}\left[\mathrm{e}^{x-y}\cos(\mathrm{e}^{x-y})\right]\mathrm{d}y=\frac{a\mathrm{e}^{x}}{a^2+\mathrm{e}^{2x}} \tag{3-81}$$

上式中括号内的部分为滤波器函数。当横坐标值很大和很小时，式中输入和输出函数都趋于0，无法满足变换要求；为此，取式中具有不同 a 值(如 $a=1$ 和 $a=2$)的两个函数之差作为输入函数和输出函数。即

输入函数$=\mathrm{e}^{-\mathrm{e}^{-y}}-\mathrm{e}^{-2\mathrm{e}^{-y}}$

输出函数$=\frac{\mathrm{e}^{x}}{1+\mathrm{e}^{2x}}-\frac{2\mathrm{e}^{x}}{4+\mathrm{e}^{2x}}$

一般采样间隔取$\frac{\ln 10}{10}$，这样求得的余弦变换滤波系数及相应的横坐标，可用于同类型的余弦变换数字滤波计算。于是 $h_z(t)$的余弦变换式(3-76)应写成

$$h_z(t)=\frac{2}{\pi t}\int_{-\infty}^{\infty}\frac{\mathrm{Im}H_z(\mathrm{e}^{-y})}{\mathrm{e}^{-y}}\mathrm{e}^{x-y}\cos(\mathrm{e}^{x-y})\mathrm{d}y \tag{3-82}$$

进而写成数字滤波式

$$h_z(t)=\frac{2}{\pi t}\sum_{1}^{n}C_mI(\eta_m)\quad(\eta_m=x-y_m) \tag{3-83}$$

这样就可采用相应滤波系数及横坐标(y_m)进行数字滤波计算。

2)折线逼近法

折线逼近法是对被积连续函数用梯形函数近似，借助狄拉克 δ 函数序列实现多项式求和(考夫曼和凯勒，1987)。由傅里叶变换的象函数微分性质

$$F^{-1}\left[F^{n}(\omega)\right]=(\mathrm{i}t)^{n}f(t) \tag{3-84}$$

可得

$$f(t)=-\frac{2}{\pi t^2}\int_0^{\infty}F''(\omega)\cos\omega t\mathrm{d}\omega \tag{3-85}$$

当 $F(\omega)$ 是足够光滑函数，可将式(3-85)的积分区间分段，并在每一段内用直线逼近 $F(\omega)$（图3-11a），这时二阶导数 $F''(\omega)$ 可写成

$$F''(\omega)=\sum_{k=0}^{n}\frac{F(\omega_{k+1})-F(\omega_k)}{\omega_{k+1}-\omega_k}[\delta(\omega-\omega_k)-\delta(\omega-\omega_{k+1})] \tag{3-86}$$

其连续函数处理过程见图3-11。

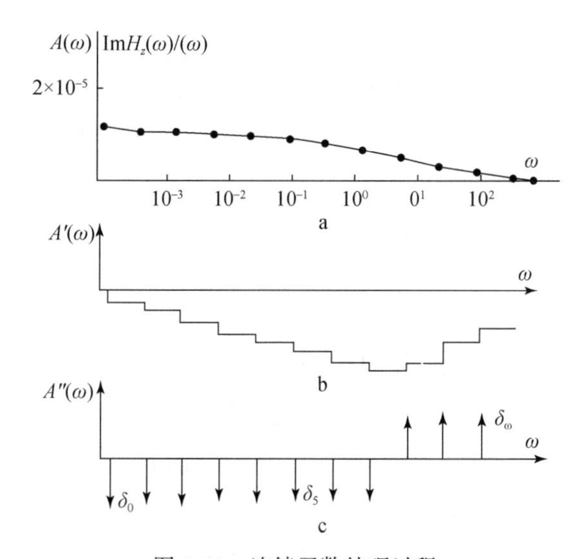

图3-11　连续函数处理过程

a. 用折线逼近连续函数；b. 求函数一阶导数；c. 求函数二阶导数

将式(3-86)代入式(3-85)得

$$f(t)=-\frac{1}{\pi t^2}\int_0^{\infty}\sum_{k=0}^{n}\frac{F(\omega_{k+1})-F(\omega_k)}{\omega_{k+1}-\omega_k}[\delta(\omega-\omega_k)-\delta(\omega-\omega_{k+1})]\cos\omega t\mathrm{d}\omega \tag{3-87}$$

根据

$$\int_0^{\infty}\delta(\omega-\omega_k)\varphi(\omega)\mathrm{d}\omega=\varphi(\omega_k) \tag{3-88}$$

式(3-87)积分为

$$f(t)=-\frac{2}{\pi t^2}\sum_{k=0}^{n}\frac{F(\omega_{k+1})-F(\omega_k)}{\omega_{k+1}-\omega_k}(\cos\omega_k t-\cos\omega_{k+1}t)$$

即

$$f(t)=\frac{2}{\pi t^2}\sum_{k=0}^{n}\frac{F(\omega_{k+1})-F(\omega_k)}{\omega_{k+1}-\omega_k}(\cos\omega_{k+1}t-\cos\omega_k t) \tag{3-89}$$

按照式(3-89)就可将频率域电偶源垂直磁场 $H_z(\omega)$ 虚部与圆频率之比 $\mathrm{Im}H_z(\omega)/\omega$ 代替 $F(\omega)$，这时时间域电偶源垂直磁场 $h_z(t)$ 的表达式为

$$h_z(t)=\frac{2}{\pi t^2}\sum_{k=0}^{n}\frac{\mathrm{Im}H_z(\omega_{k+1})/\omega_{k+1}-\mathrm{Im}H_Z(\omega_k)/\omega_k}{\omega_{k+1}-\omega_k}(\cos\omega_{k+1}t-\cos\omega_k t) \tag{3-90}$$

按式(3-90)求时间域电磁场的过程可由图3-11说明:图a是频率域场分量虚部,用折线逼近;图b是场分量虚部的一阶导数,为矩形函数;图c是场分量虚部的二阶导数,以一组带权的狄拉克δ函数表示。这样就比较容易由频率域的响应转变为时间域的响应(陈明生和谢海军,1999)。

2. 拉普拉斯变换法

由于瞬变电磁法的瞬态时间是在$t \geqslant 0$,用拉普拉斯变换显得更方便,一方面可将微分方程转换为代数方程求解;另一方面可将频率域的解转变到时间域的解。

1)拉普拉斯变换法

前有多个均匀半空间频率域场强分量通过拉普拉斯逆变换得到时间域的解,例如,在正阶跃电流激发下,电偶源时域早期水平电场分量的响应可转换得到。为和负谐时变$e^{-i\omega}$对应,这里采用的拉普拉斯变换对为

$$L(p)=\int_0^{\infty} f(t)\mathrm{e}^{-pt}\mathrm{d}t \tag{3-91}$$

$$f(t)=\frac{1}{2\pi\mathrm{i}}\int_{\alpha-\mathrm{i}\omega}^{\alpha+\mathrm{i}\omega} L(p)\mathrm{e}^{pt}\mathrm{d}p \tag{3-92}$$

式中,$p=\alpha-\mathrm{i}\omega$,$\mathrm{d}p=-\mathrm{i}\mathrm{d}\omega$。根据我们的问题,$\alpha=0$。

均匀大地面上水平电偶极子源远区水平电场频率域响应为

$$E_x(\omega)=\frac{Il}{4\pi\sigma_1}\frac{1}{r^3}(3\cos2\theta-1) \tag{3-93}$$

在同样情况下,利用频谱为$\frac{1}{-\mathrm{i}\omega}$的正阶跃电流激发其瞬态响应可由式(3-92)经拉普拉斯逆变换得到。首先设$s=-\mathrm{i}\omega$,这样式(3-93)可写为

$$E_x(s)=\frac{Il}{4\pi\sigma_1}\frac{1}{r^3}(3\cos2\theta-1) \tag{3-94}$$

其拉普拉斯逆变换应对$\frac{E_x(s)}{s}$进行,这样便有

$$e_x(t)=L^{-1}\left[\frac{E_x(s)}{s}\right]=\frac{Il}{4\pi\sigma_1}\frac{1}{r^3}(3\cos2\theta-1)\cdot L^{-1}\left(\frac{1}{s}\right)=\frac{Il}{4\pi\sigma_1}\frac{1}{r^3}(3\cos2\theta-1)$$

即

$$e_x(t)=\frac{Il}{4\pi\sigma_1}\frac{1}{r^3}(3\cos2\theta-1) \tag{3-95}$$

前已解释,对远区的电偶极子源的电场分量E_x,频率域和时间域的表达式相同。由于前面例子较多,这里从简。

2)Gaver-Stehfest拉普拉斯逆变换法

前面已经指出,时间域电磁场可由频率域电磁场转换而来,这中间要进行两次积分,一个是汉克尔变换,一个是傅里叶余弦(或正弦)变换,其一般表达式为

$$f(t)=F^{-1}\left[\int_0^{\infty} K(\mathrm{i}\omega,\lambda)J_n(\lambda r)\mathrm{d}\lambda\right] \tag{3-96}$$

也可以将式(3-96)改写为

$$f(t) = [\int_0^{\infty} L^{-1}[K(\mathrm{i}\omega,\lambda)]J_n(\lambda r)\mathrm{d}\lambda] \tag{3-97}$$

对式(3-96)先进行汉克尔变换时要做一定的数学处理,以保证积分收敛,这既增加计算量,也降低了计算精度。式(3-97)先做拉普拉斯逆变换,就可避免上述弊端,这就是Gaver-Stehfest拉普拉斯逆变换方法(简称G-S方法)的基本思路和优点(Knight and Baiche,1982)。

按照G-S方法,如有拉普拉斯逆变换式

$$\bar{f}(t) = L^{-1}[K(s,\lambda)] = \frac{1}{2\pi \mathrm{i}}\int_{\alpha-\mathrm{i}\infty}^{\alpha+\mathrm{i}\infty} K(s,\lambda)\mathrm{e}^{st}\mathrm{d}s \tag{3-98}$$

式中,$s=-\mathrm{i}\omega$,相应的离散数字变换式为

$$\bar{f}(t) \approx (\ln 2/t)\sum_{n=1}^{N} D_n K(n\ln 2/t) \tag{3-99}$$

其中

$$D_n = (-1)^{(n+N/2)}\sum_{k=(n+1)/2}^{\min(n,N/2)} \frac{k^{N/2}(2k)!}{(N/2-k)!\ k!\ (k-1)!\ (n-k)!\ (2k-n)!} \tag{3-100}$$

如求频率域水平电偶极子源垂直磁场[式(2-39)]负垂直阶跃电流激发的瞬态响应,首先对式(3-97)做变量替换为式(3-98),再做G-S方法变换为

$$\begin{aligned} h_z(t) &= \frac{Il}{2\pi}\sin\theta\cdot \mathrm{e}^{-x}\int_{-\infty}^{\infty} L^{-1}\left[\frac{K(s,y)}{s}\right][\mathrm{e}^{x-y}\cdot J_1(\mathrm{e}^{x-y})]\mathrm{d}y \\ &= \frac{Il}{2\pi}\sin\theta\cdot \mathrm{e}^{-x}\int_{-\infty}^{\infty} \bar{f}(t)[\mathrm{e}^{x-y}\cdot J_1(\mathrm{e}^{x-y})]\mathrm{d}y \end{aligned} \tag{3-101}$$

写成数值计算式

$$h_z(t) = \frac{Il}{2\pi}\sin\theta\cdot \mathrm{e}^{-x}\sum_{m=0}^{M} C_m \bar{f}(t) \tag{3-102}$$

这样得到水平电偶极子源负垂直阶跃电流的垂直磁场的瞬态响应的G-S方法计算表达式为

$$h_z(t) = \frac{Il\sin\theta}{2\pi r}\frac{\ln 2}{t}\sum_{m=0}^{N} C_m \sum_{n=1}^{N} D_n\left(\frac{\mathrm{e}^{-2y_m}}{K_0+K_1G_K}\frac{1}{S_n}\right) \tag{3-103}$$

式中,$S_n=-\mathrm{i}\omega$,$y_m=-\ln\lambda$,在计算时要对应离散值。

3.3.2　时间域方法

在频率域方法中,可把每一个脉冲激发波形看成是分布在一定频带上的正弦波形的叠加;在时间域方法中,是把每一个脉冲激发看成是许多阶跃函数或单位脉冲函数的叠加。通过叠加这些阶跃函数或单位脉冲函数响应来求任意脉冲激发的瞬态响应。

前已阐述了有关阶跃函数波形的瞬态响应计算方法,就可计算任意脉冲的瞬态响应,如图3-12所示。图中任意脉冲被近似成许多阶梯状函数(陈乐寿和王光锷,1991),也就是不同幅值的阶跃函数。第一个阶高为$F(0^+)$,相继的阶差为$\delta F_j(j=1,2,\cdots,n)$。这样,一次激发脉冲$F(t)$的近似解析表达式可写成

$$F(t) = F(0^+)u(t) + \sum_{j=1}^{n}\delta F_j u(t-j\delta t) \tag{3-104}$$

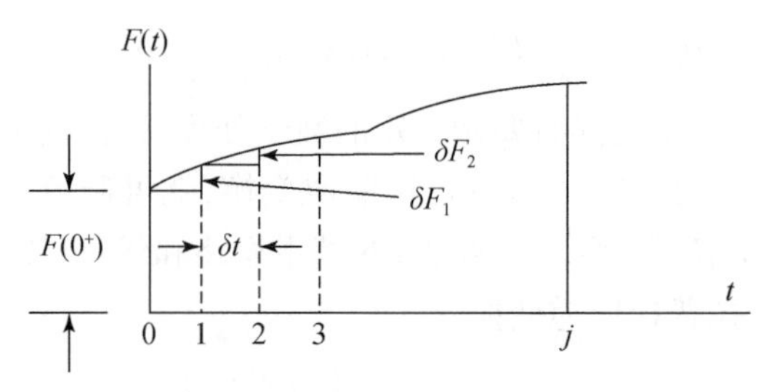

图 3-12　用阶跃函数逼近任意脉冲

如果 $h(t)$ 是某一地电断面的阶跃脉冲响应,那么式(3-104)中阶梯状逼近的响应为

$$H(t) = F(0^+)h(t)u(t) + \sum_{j=1}^{n} \delta F_j h(t - j\delta t)u(t - j\delta t) \tag{3-105}$$

假如 δt 很小,上面求和式将过渡为下面的积分

$$H(t) = F(0^+)h(t)u(t) + \int_0^t h(t - \tau)\frac{\mathrm{d}F(\tau)}{\mathrm{d}\tau}\mathrm{d}\tau \tag{3-106}$$

这样,利用式(3-106)就可计算任意类型脉冲的瞬态响应。

3.4　瞬变电磁测深视电阻率

对瞬变电磁测深,一般采集的资料是磁场的感生电动势和电场的强度。无论电性源还是磁性源,其垂直磁场属 TE 波,对地下介质分辨率较高,所以常观测垂直磁场的感生电动势,并绘制衰减曲线如图 3-13 所示,以作为解释的原始资料。但是,直接从衰减曲线上很难看出所反映的地电断面结构,一般要根据均匀半空间的电磁场正演公式推算出视电阻率的表达式直接计算,或者采用数值方法求取(陈明生和田小波,1999a)。所求的电阻率对均匀大地,或者对应曲线的首支、尾支才可能是真电阻率,一般反映为视电阻率。视电阻率与真电阻率关系密切,它的变化规律基本反映地电结构,对解释特别是定性解释很有意义。

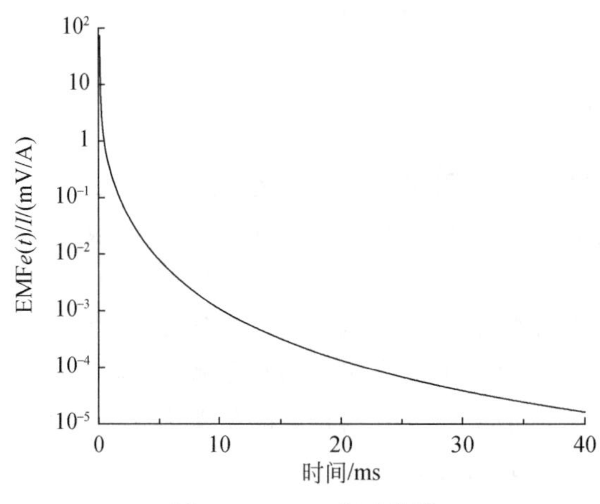

图 3-13　TEM 衰减曲线

3.4.1　瞬变电磁测深早、晚期视电阻率

对瞬变电磁测深的垂直磁场，野外观测的是感生电动势，在单位有效面积情况下就是垂直磁感应强度对时间的变化率$\frac{\mathrm{d}b_z(t)}{\mathrm{d}t}$，其在均匀半空间的远区（早期）与近区（晚期）都有渐近的简化表达式，可按传统方法定义视电阻率。

现利用均匀半空间面上水平电偶极子源激发的垂直磁感应强度对时间的变化率$\frac{\mathrm{d}b_z(t)}{\mathrm{d}t}$全区（全期）公式(3-107)讨论视电阻率。

$$\frac{\partial b_z(t)}{\partial t}=\frac{3I\cdot AB\cdot\sin\theta}{2\pi r^4}\rho\left[\mathrm{erf}\left(\frac{u}{\sqrt{2}}\right)-\sqrt{\frac{2}{\pi}}u\left(1+\frac{u^2}{3}\right)\mathrm{e}^{-u^2/2}\right]\tag{3-107}$$

1. 早期视电阻率

对瞬变电磁场，当感应数$u=\frac{2\pi r}{\tau}\gg1$时，称为早期，式(3-107)右端括号里式子趋近1，这时式(3-107)的渐近式为

$$\frac{\partial b_z(t)}{\partial t}=\frac{3I\cdot AB\cdot\sin\theta}{2\pi r^4}\rho\tag{3-108}$$

早期视电阻率表示为

$$\rho_\tau^{\partial b_z/\partial t}=\frac{2\pi r^4}{3I\cdot AB\cdot\sin\theta}\cdot\frac{\partial b_z(t)}{\partial t}\tag{3-109}$$

2. 晚期视电阻率

当感应数$u=\frac{2\pi r}{\tau}\ll1$时，$\mathrm{erf}\left(\frac{u}{\sqrt{2}}\right)$和$\mathrm{e}^{-u^2/2}$展开为泰勒级数并取前三项近似，使式(3-107)右端括号里式子等于$\sqrt{\frac{2}{\pi}}\frac{u^5}{15}$，这样便有

$$\frac{\partial b_z(t)}{\partial t}=\frac{3I\cdot AB\cdot\sin\theta}{2\pi r^4}\rho\cdot\sqrt{\frac{2}{\pi}}\frac{u^5}{15}\tag{3-110}$$

经演算整理得晚期视电阻率表示为

$$\rho_\tau^{\partial b_z/\partial t}=\left(\frac{I\cdot ABr\mu_0^{5/2}\sin\theta}{40\pi^{3/2}t^{5/2}\cdot\partial b_z/\partial t}\right)^{2/3}\tag{3-111}$$

图3-14所示为由电偶极子源的垂直感生电动势或垂直磁场求算的视电阻率曲线，反映HK型四层地电断面。图中标有①的为按式(3-109)定义的早期视电阻率计算的响应曲线，首支渐近线可反映真电阻率，相当于浅部地层；向右，随着时间增长，反映较深部地层（二层、三层）的电阻率变化，是视电阻率；尾部曲线一直下降，发生失真，已和地层电阻率无关。

图中标有②的曲线是按式(3-111)定义的晚期视电阻率计算的响应曲线，尾支渐近线反映第四层地层的真电阻率；向左，随着时间前移，反映出相对高阻的第三层；再向前进入过渡期，曲线一直上升，不是地层电性的真正反映。

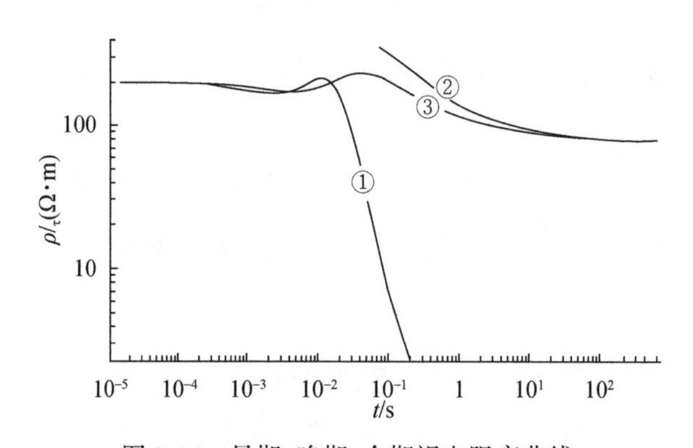

图 3-14 早期、晚期、全期视电阻率曲线

①早期视电阻率曲线；②晚期视电阻率曲线；③全期视电阻率曲线

由上看出，在早期、晚期特定条件下定义的视电阻率都有局限性，当条件满足时，能很好反映地下电性变化；一旦条件得不到满足，就不能很好地反映，或根本不反映地下电性特征。在实际上很难判断是否满足早晚期条件，即使将两者结合，其衔接部分也难处理与解释；这就有必要提出计算全期视电阻率。

3.4.2 瞬变电磁测深全期视电阻率

前面定义的视电阻率都是在符合早期或晚期的特定条件下才能反映地下地质情况，应用很有局限性。这就需要找出适合全期的视电阻率计算方法。

1. 由磁场强度 $h_z(t)$ 计算全期视电阻率

对水平电偶极子源垂直磁场 $h_z(t)$ 计算全期视电阻率，可采用下述的长谷川健(1985)提出的数值计算方法。已知水平均匀半空间上水平电偶极子源垂直磁场 $h_z(t)$ 的表达式

$$h_z(t)=\frac{Il}{4\pi r^2}\sin\theta\left[\left(1-\frac{3}{u^2}\right)\mathrm{erf}\left(\frac{u}{\sqrt{2}}\right)+\sqrt{\frac{2}{\pi}}u\left(1+\frac{u^2}{3}\right)\mathrm{e}^{-u^2/2}\right] \tag{3-112}$$

如用相应均匀半空间稳定磁场 $h^0=\frac{Il}{4\pi r^2}\sin\theta$ 对式(3-112)归一化得核函数

$$h(t)=\left(1-\frac{3}{2}x\right)\mathrm{erf}\left(\frac{1}{\sqrt{x}}\right)+3\sqrt{\frac{x}{\pi}}\mathrm{e}^{-1/x} \tag{3-113}$$

式中

$$x=\frac{4t\rho}{\mu r^2} \tag{3-114}$$

令方程(3-112)的解为反函数 $f[h(t)]$，这时式(3-114)可确定均匀大地电阻率为

$$\rho=\frac{\mu r^2}{4t}f[h(t)] \tag{3-115}$$

因为用解析法求式(3-113)中的 $x(f[h(t)])$ 是不可能的，现用如下多项式

$$f(y)=\sum_{i=1}^{5}a_i y^{\alpha_i} \tag{3-116}$$

逼近,式中 $y=h(t)$。利用一个近似式保证在全区范围内精确逼近是相当困难的,于是根据 y 值的大小将全区间划分为五段,并在每一段找出逼近式。按照 $h(t)$ 的衰减曲线的规律确定最优的指数 α_i,利用最小二乘法求出系数 a_i。表 3-1 给出了由时间域水平电偶极子源垂直磁场计算全期视电阻率的系数。

表 3-1　计算全期视电阻率的系数

	i	1	2	3	4	5
$y\leqslant10^{-5}$	a_i	0.449037	0.0	0.0	0.0	0.0
	α_i	-2/3	—	—	—	—
$10^{-5}<y\leqslant0.05$	a_i	0447673	0.227530	-2.56717	6.66952	-4.62450
	α_i	-2/3	-2/5	-2/7	-2/9	-2/11
$0.05<y\leqslant0.2$	a_i	0.264751	8.17744	-50.0017	89.4178	-47.7681
	α_i	-2/3	-2/5	-2/7	-2/9	-2/11
$0.2<y\leqslant0.45$	a_i	0.430426	-0.503995	0.469312	-0.603661	0.259355
	α_i	-2/3	1/3	4/3	7/3	10/3
$0.45<y\leqslant1$	a_i	0.666667	-0.014646	-0.273327	1.03901	0.245262
	α_i	1	2	3	4	5

这样,根据 t 对应的 $h(t)$ 值大小,选择表 3-1 中合适的 a_i 和 $\alpha_i(i=1,2,\cdots,5)$,将其代入式(3-116)计算 $f[h(t)]$,进而由式(3-115)计算均匀半空间电阻率。

此计算方法可扩展到求分层介质的全期视电阻率,记为

$$\rho_\tau=\frac{\mu r^2}{4t}f[h(t)] \tag{3-117}$$

图 3-14 中标有③的曲线就是按上法计算的四层 HK 型全期视电阻率曲线,它克服了早期和晚期视电阻率曲线的局限性,可定性地反映地电断面各层电性特征,而且对顶层和底层逼近以至等于真电阻率。

2. 由磁感应强度$\dfrac{\partial b_z(t)}{\partial t}$计算全期视电阻率

在实际勘探工作中,采用瞬变电磁测深时,一般观测二次磁感应强度变化在水平线圈中产生的感应电压 $V_z(t)$。这是因为垂直磁场为 TE 波,对地层分辨率高;另外,受天电产生的电磁噪声影响是水平磁场的 1/8 ~ 1/5。采用实测的感应电压 $V_z(t)$ 计算全期视电阻率,既可直接利用其核函数求解,也可将其转算为磁场强度 $h_z(t)$ 求解。

1)直接由磁感应强度$\dfrac{\partial b_z(t)}{\partial t}$计算全期视电阻率

前已阐述,水平电偶极子源的垂直磁感应电压的表达式[式(3-25)]和磁性大回线源中心线圈感应电压表达式[式(3-40)],通过变量替换可分别表示为

$$\frac{\partial b_z^{AB}(t)}{\partial t}=-\frac{\mu I\cdot AB}{8\pi r^2 t}\frac{1}{z^2}\left[3\mathrm{erf}(z)-\frac{2}{\sqrt{\pi}}z(3+2z^2)\mathrm{e}^{-z^2}\right] \tag{3-118}$$

$$\frac{\partial b_z(t)}{\partial t}=-\frac{\mu I}{4rt}\frac{1}{z^2}\left[3\mathrm{erf}(z)-\frac{2}{\sqrt{\pi}}z(3+2z^2)\mathrm{e}^{-z^2}\right] \tag{3-119}$$

式中

$$z=\frac{u}{\sqrt{2}}=\frac{r}{2}\sqrt{\frac{\mu}{\rho t}} \tag{3-120}$$

可以看出,式(3-118)和式(3-119)有同样的核函数

$$y(z)=\frac{1}{z^2}\left[3\mathrm{erf}(z)=-\frac{2}{\sqrt{\pi}}z(3+2z^2)\mathrm{e}^{-z^2}\right] \tag{3-121}$$

这样将上述两种不同场源不同装置的垂直感应电压分别归一化成同一核函数并解非线性方程求 z,就可求不同时刻 t_i 对应的全期视电阻率

$$\rho_\tau=\frac{\mu r^2}{4t}\frac{1}{z^2}$$

当然,感生电压及其核函数是复杂的非线性的,其解具双值性,既可按牛之琏推荐的编程方法直接解非线性方程(3-121),也可效仿白登海的数值计算法。

2)由感应电压 $V_z(t)$ 转算为垂直磁场强度 $h_z(t)$ 计算全期视电阻

为了避免双值函数带来的麻烦,可将垂直感应电压 $V_z(t)$ 转算为垂直磁场强度 $h_z(t)$,然后计算全期视电阻率(陈明生和田小波,1999b)。根据法拉第电磁感应定律,有

$$V_z(t)=-sn\cdot\mu\frac{\partial h_z(t)}{\partial t} \tag{3-122}$$

式中,s 为接收线圈面积;n 为线圈匝数;μ 为磁导率。式(3-122)可变换为

$$\frac{\partial h_z(t)}{\partial t}=-\frac{1}{sn\mu}V_z(t) \tag{3-123}$$

对上式两边在区间$[a,b]$积分,有

$$\int_a^b\frac{\partial h_z(t)}{\partial t}\mathrm{d}t=h_z(b)-h_z(a)=-\frac{1}{sn\mu}\int_a^b V_z(t)\mathrm{d}t \tag{3-124}$$

当积分上限取时间变量 t,可写为

$$h_z(t)=\int_a^t\frac{\partial h_z(t)}{\partial t}\mathrm{d}t+h_z(a)=-\frac{1}{sn\mu}\int_a^t V_z(t)\mathrm{d}t+h_z(a) \tag{3-125}$$

当积分上下限交换,可写为

$$h_z(t)=\frac{1}{sn\mu}\int_t^b V_z(t)\mathrm{d}t+h_z(b) \tag{3-126}$$

理论上,上两式都可由感应电压求垂直磁场;但是,式(3-125)的起始磁场 $h_z(a)$ 难定;式(3-126)的磁场 $h_z(b)$ 比较好定,具有实用性。

从图 3-13 可以看出,感应电压随时间衰减快,这样就可在晚期的某一时间,当 $h_z(b)\to 0$ 时,将有

$$h_z(t)=\frac{1}{sn\mu}\int_t^b V_z(t)\mathrm{d}t \tag{3-127}$$

上式改为数字计算形式

$$h_z(t) = \frac{1}{sn\mu}\sum_{i=j}^{n} V_z(t) \cdot \Delta t_i \tag{3-128}$$

其中 $V_z(t_n)\to 0$。由上式求出磁场，就可按前述方法计算全区视电阻率。

现设有一 HK 地电断面，其电阻率和厚度分别为

$$\rho_1 = 200\Omega \cdot \text{m}, \rho_2 = 150\Omega \cdot \text{m}, \rho_3 = 400\Omega \cdot \text{m}, \rho_4 = 80\Omega \cdot \text{m}$$

$$h_1 = 200\text{m}, h_2 = 700\text{m}, h_3 = 3000\text{m}, h_4 = \infty$$

采用赤道电偶极源装置，其偏移距 $r=6000\text{m}$，所模拟的$\frac{\partial h_z(t)}{\partial t}$的观测曲线示于图 3-15，纵向为算术坐标表示$\frac{\partial h_z(t)}{\partial t}$，横向为对数坐标表示时间 t。由图看出，当时间延续相当长的 t_n 时，取其后的积分趋于零，即 $h_z(t_n)\to 0$。将$\frac{\partial h_z(t)}{\partial t}$转算为 $h_z(t)$，进而计算出全期视电阻率，并以曲线形式表示在图 3-16 上，可明显反映地电断面特征，这也显示出计算全期视电阻率的意义。如果将资料直接反演出地电层的电阻率和厚度，计算全期视电阻率的意义就不大了，即便它能提供反演的初始参数。

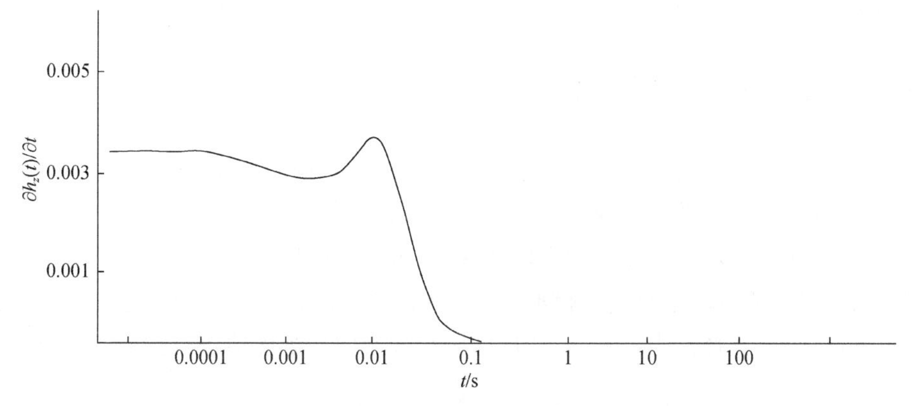

图 3-15　垂直磁场强度变化率曲线

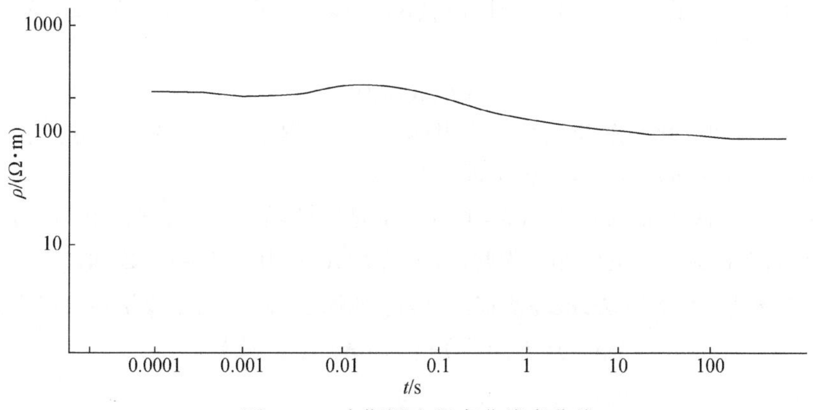

图 3-16　全期视电阻率曲线率曲线

第 4 章　电磁测深法资料反演解释

4.1　电磁测深法资料反演解释

正反演问题是电磁测深法的理论与应用基础。正演具有针对性,在已知地电断面参数(电性和几何尺度)情况下求其电磁响应,解是唯一的(计算误差除外);反演是已知电磁响应数据求对应的地电断面参数,反演方法一般具有通用性,计算结果受各种因素影响并不唯一,这在实际解释时应特别注意。反演解释,是找出最优解,可选用最优化方法实现。

在最优化方法中,有现代优化算法的模拟退火、遗传算法和人工神经网络等(王家映,2002),但是以平方和形式为目标函数的最小二乘法,像阻尼最小二乘反演法和广义逆矩阵反演法仍是电磁法常用的有效反演方法。

4.1.1　阻尼最小二乘反演法

在一维电磁测深中,研究对象一般是水平层状地电断面,设有 K 层,就有 $n=2K-1$ 个参数(电阻率和厚度),记为列向量 $\boldsymbol{\lambda}=[\lambda_1,\lambda_2,\lambda_3,\cdots,\lambda_n]^{\mathrm{T}}$。若实测数据为 m 个,依次对应不同频率或时间(道)的场强或转换的视电阻率值,也记为列向量 $\boldsymbol{\rho}_s=[\rho_{s1},\rho_{s2},\rho_{s3},\cdots,\rho_{sm}]^{\mathrm{T}}$。各频率或时间道理论响应值是地电模型参数 $\boldsymbol{\lambda}$ 的函数,记为 $\boldsymbol{\rho}_c(\boldsymbol{\lambda})=[\rho_{c1},\rho_{c2},\rho_{c3},\cdots,\rho_{cm}]^{\mathrm{T}}$。在电磁资料反演中,选择最小二乘法,让层状模型理论值与观测值进行拟合,使目标函数

$$F(\boldsymbol{\lambda})=\sum_{i=1}^{m}(\rho_{si}-\rho_{ci})^2=\sum_{i=1}^{m}f_i^2(\boldsymbol{\lambda})=\|f(\boldsymbol{\lambda})\|^2=\min \tag{4-1}$$

显然,这是一个非线性最小二乘问题,因为 $\boldsymbol{\rho}_c(\boldsymbol{\lambda})$ 是多元非线性函数,当然,$\boldsymbol{f}(\boldsymbol{\lambda})$ 和 $F(\boldsymbol{\lambda})$ 都是非线性函数。求解

$$\nabla F(\boldsymbol{\lambda})=0 \tag{4-2}$$

将非线性最小二乘问题化为解非线性方程组(4-2)。方程组(4-2)的解是驻点,不一定是极小点,使问题变得复杂难解,甚至无法实现。

倘若 $F(\boldsymbol{\lambda})$ 是二次函数,那么 $\nabla F(\boldsymbol{\lambda})$ 的分量都是线性函数,因而方程组(4-2)是线性的,这样便化为求解线性方程组的问题。为此,将函数 $f_i(\boldsymbol{\lambda})$ 展开为泰勒级数,取其一阶近似使其线性化,并采用迭代的计算方法,最终使式(4-1)得到满足。现将初始模型参数选为 $\boldsymbol{\lambda}^{(0)}$,便有

$$f_i(\boldsymbol{\lambda})=f_i(\boldsymbol{\lambda}^{(0)})+[\nabla f_i(\boldsymbol{\lambda})]^{\mathrm{T}}_{\boldsymbol{\lambda}=\boldsymbol{\lambda}^{(0)}}\Delta\boldsymbol{\lambda} \tag{4-3}$$

式中

$$\Delta\boldsymbol{\lambda}=\boldsymbol{\lambda}-\boldsymbol{\lambda}^{(0)}$$

$$\nabla f_i(\boldsymbol{\lambda})=\left[\frac{\partial f_i(\boldsymbol{\lambda})}{\partial\lambda_1},\frac{\partial f_i(\boldsymbol{\lambda})}{\partial\lambda_2},\cdots,\frac{\partial f_i(\boldsymbol{\lambda})}{\partial\lambda_n}\right]^{\mathrm{T}}_{\boldsymbol{\lambda}=\boldsymbol{\lambda}^{(0)}}\quad i=1,2,\cdots,m$$

这样

$$\boldsymbol{f}(\boldsymbol{\lambda})=\boldsymbol{f}^{(0)}-\boldsymbol{A}^{(0)}\Delta\boldsymbol{\lambda} \tag{4-4}$$

式中

$$\boldsymbol{f}^{(0)}=\boldsymbol{\rho}_s-\boldsymbol{\rho}_c(\boldsymbol{\lambda}^{(0)})=\Delta\boldsymbol{\rho}^{(0)}$$

$$A^{(0)}=[a_{ij}]=\left[\frac{\partial\rho_{ci}(\boldsymbol{\lambda})}{\partial\lambda_j}\right]_{\boldsymbol{\lambda}=\boldsymbol{\lambda}^{(0)}}\quad i=1,2,\cdots,m;\ j=1,2,\cdots,n \tag{4-5}$$

从而,问题近似化求 $\Delta\boldsymbol{\lambda}$,使

$$\|\Delta\boldsymbol{\rho}^{(0)}-\boldsymbol{A}^{(0)}\Delta\boldsymbol{\lambda}\|^2=\min \tag{4-6}$$

而

$$\|\Delta\boldsymbol{\rho}^{(0)}-\boldsymbol{A}^{(0)}\Delta\boldsymbol{\lambda}\|^2=\|\Delta\boldsymbol{\rho}^{(0)}\|^2-2[\Delta\boldsymbol{\rho}^{(0)}]^{\mathrm{T}}\boldsymbol{A}^{(0)}\Delta\boldsymbol{\lambda}+\Delta\boldsymbol{\lambda}^{\mathrm{T}}[\boldsymbol{A}^{(0)}]^{\mathrm{T}}\boldsymbol{A}^{(0)}\Delta\boldsymbol{\lambda} \tag{4-7}$$

将上式对 $\Delta\boldsymbol{\lambda}$ 求导使等于零,这样方程组(4-6)去掉上角标(0)化为

$$\boldsymbol{A}^{\mathrm{T}}\boldsymbol{A}\Delta\boldsymbol{\lambda}-\boldsymbol{A}^{\mathrm{T}}\Delta\boldsymbol{\rho}=0 \tag{4-8}$$

方程组(4-8)称为法方程,它是线性方程组。

直接解法方程(4-8)的算法称为高斯-牛顿法。由于该方程组的条件往往很坏,这是由系数矩阵 $\boldsymbol{A}^{\mathrm{T}}\boldsymbol{A}$ 的条件决定的,当 $\boldsymbol{A}^{\mathrm{T}}\boldsymbol{A}$ 含有小特征值(σ^2)时,方程组呈病态,导致解不稳定;甚至 $\boldsymbol{A}^{\mathrm{T}}\boldsymbol{A}$ 含零特征值,致使无法求解。这样方程组就是不适定的,必须采用改进办法使其具有适定性(吴广跃和王天生,1981)。可以适当加大系数矩阵 $\boldsymbol{A}^{\mathrm{T}}\boldsymbol{A}$ 主对角元素,以改善条件,并克服 $\boldsymbol{A}^{\mathrm{T}}\boldsymbol{A}$ 的奇异性。矩阵 $\boldsymbol{A}^{\mathrm{T}}\boldsymbol{A}$ 的条件好坏可用条件数 $K(\boldsymbol{A}^{\mathrm{T}}\boldsymbol{A})$ 来衡量,其具体表达式为

$$K(\boldsymbol{A}^{\mathrm{T}}\boldsymbol{A})=\frac{\boldsymbol{\sigma}^2_{\max}}{\boldsymbol{\sigma}^2_{\min}} \tag{4-9}$$

式中,$\sigma^2_{\max}$ 和 $\boldsymbol{\sigma}^2_{\min}$ 分别为 $\boldsymbol{A}^{\mathrm{T}}\boldsymbol{A}$ 的最大和最小特征值。显然,K 是大于或等于1的数,它越大,$\boldsymbol{A}^{\mathrm{T}}\boldsymbol{A}$ 的条件越坏,求解方程组就越不稳定。当 $\boldsymbol{A}^{\mathrm{T}}\boldsymbol{A}$ 的主对角线元素加一个正数,相当特征值都加同样大的正数,K 就会变小,$\boldsymbol{A}^{\mathrm{T}}\boldsymbol{A}$ 的条件得到改善。现在用

$$\boldsymbol{A}^{\mathrm{T}}\boldsymbol{A}+\mu^2\boldsymbol{I}$$

代替 $\boldsymbol{A}^{\mathrm{T}}\boldsymbol{A}$,这样方程组(4-8)就转化为

$$(\boldsymbol{A}^{\mathrm{T}}\boldsymbol{A}+\mu^2\boldsymbol{I})\Delta\boldsymbol{\lambda}-\boldsymbol{A}^{\mathrm{T}}\Delta\boldsymbol{\rho}=0 \tag{4-10}$$

式中,μ 为适当小的正数,称为阻尼因子;$\boldsymbol{I}$ 为 $m\times m$ 阶单位阵。现在选择适当的 μ 值,迭代解方程(4-10),以代替解法方程(4-8)的高斯-牛顿法,将这种方法称为阻尼最小二乘反演法,即马夸特法(Marquardt,1963),其解的表达式为

$$\Delta\boldsymbol{\lambda}=(\boldsymbol{A}^{\mathrm{T}}\boldsymbol{A}+\mu^2\boldsymbol{I})^{-1}\boldsymbol{A}^{\mathrm{T}}\Delta\boldsymbol{\rho} \tag{4-11}$$

在最小二乘法中,每次迭代解出 $\Delta\boldsymbol{\lambda}$,并得出相应迭次参数

$$\boldsymbol{\lambda}_{i+1}=\boldsymbol{\lambda}_i+\Delta\boldsymbol{\lambda} \tag{4-12}$$

直到解出符合要求的结果就可终止迭代计算。对电磁法来说,和直流方法一样,在迭代反演中,数据和参数取对数计算,以反映体积探测规律,并取得满意效果。

4.1.2　广义逆矩阵反演法

在最小二乘法中,如果不解法方程(4-8),而直接解超定方程组

$$\boldsymbol{A}\Delta\boldsymbol{\lambda}-\Delta\boldsymbol{\rho}=0 \tag{4-13}$$

其稳定性会有所提高。法方程(4-8)的$\boldsymbol{A}^{\mathrm{T}}\boldsymbol{A}$为$m\times m$阶方阵,逆矩阵好求;$\boldsymbol{A}$为$m\times n$阶矩阵,要用奇异值分解法(Golub and Reinsch,1970)来求$\boldsymbol{A}$的逆矩阵,称为广义逆矩阵。通过广义逆矩阵直接解超定方程组(4-13)的方法被称为广义逆矩阵反演法。

根据Lanczos(1958)的理论,任意的$m\times n$阶矩阵$\boldsymbol{A}$可表达为

$$\boldsymbol{A}=\boldsymbol{U}_r\sum{}_r\boldsymbol{V}_r^{\mathrm{T}} \tag{4-14}$$

式中,$\boldsymbol{U}_r$为$m\times r$阶矩阵,其各列$\boldsymbol{u}_i$称为观测数据特征向量,$\boldsymbol{v}_r$称为$n\times r$参数特征向量;$\sum_r$为$r\times r$阶对角阵,其元素是$\boldsymbol{A}^{\mathrm{T}}\boldsymbol{A}$或$\boldsymbol{A}\boldsymbol{A}^{\mathrm{T}}$的$r$个非零特征值的正平方根,称为奇异值。Lanczos根据矩阵奇异值分解表达式,定义了如下的广义逆矩阵

$$\boldsymbol{H}_L=\boldsymbol{V}_r\sum{}_r^{-1}\boldsymbol{U}_r^{\mathrm{T}} \tag{4-15}$$

这样,很容易得出超定方程(4-13)解的表达式

$$\Delta\boldsymbol{\lambda}=\boldsymbol{H}_L\Delta\boldsymbol{\rho} \tag{4-16}$$

从理论上,在含有零奇异值的情况下采用广义逆矩阵方法解超定方程(4-13)可得到唯一解$\Delta\boldsymbol{\lambda}$;但是在计算机上进行计算时,所遇矩阵$\boldsymbol{A}$的奇异值往往很小,导致迭代运算不能稳定收敛。为此,在反演过程中必须设法压制小奇异值的不利影响。将小奇异值截除是一个办法,但对应的参数得不到修改,反演效果不好。可以预见,如效法阻尼最小二乘反演法,加阻尼以进一步改善条件数是会有好效果的(陈明生等,1983)。这时将式(4-16)写为

$$\Delta\boldsymbol{\lambda}=\boldsymbol{B}^{+}\Delta\boldsymbol{\rho} \tag{4-17}$$

$\boldsymbol{B}^{+}$称为改进广义逆矩阵(Jupp and Vozoff,1975),其表达式为

$$\boldsymbol{B}^{+}=\boldsymbol{V}_r\boldsymbol{T}_r\sum{}_r^{-1}\boldsymbol{U}_r^{\mathrm{T}} \tag{4-18}$$

式中

$$\boldsymbol{T}_r=\left(\sum{}_r^2+\mu^2\boldsymbol{I}\right)^{-1}\sum{}_r^2$$

是$r\times r$阶对角矩阵,对角元素为

$$t_i=\frac{\sigma_i^2}{\sigma_i^2+\mu^2}\quad i=1,2,\cdots,r \tag{4-19}$$

根据笔者对改进广义逆矩阵反演法的研究,在反演中应处理好以下几个具体问题。

1. 阻尼的选择

只要阻尼μ选得适当,都可因阻尼因子t_i的作用使迭代过程稳定。反演时,初始阻尼μ不宜大,在迭代过程中,不断减小以缩短反演时间。

2. 用对数比例尺

从最小二乘意义上讲,目标函数$F(\boldsymbol{\lambda})=\|\Delta\boldsymbol{\rho}-\boldsymbol{A}\Delta\boldsymbol{\lambda}\|^2$与加阻尼的目标函数

$$F(\lambda)=\|\Delta\boldsymbol{\rho}-\boldsymbol{A}\Delta\boldsymbol{\lambda}\|^2+\mu^2\|\Delta\boldsymbol{\lambda}\|^2 \tag{4-20}$$

是等价的。现将上式按电磁场法要求展开

$$F(\boldsymbol{\lambda})=\sum_{i=1}^{m}\left[(\rho_{si}-\rho_{ci})-\sum_{j=1}^{n}\left(\frac{\partial\rho_{ci}}{\partial\boldsymbol{\lambda}_j}\right)\Delta\lambda_j\right]^2+\mu^2\sum_{j=1}^{n}(\Delta\lambda_j)^2 \tag{4-21}$$

由于体积效应,对式(4-21)的数据和场参数取对数表示为

$$F(\boldsymbol{\lambda})=\sum_{i=1}^{m}\left[(\ln\rho_{si}-\ln\rho_{ci})-\sum_{j=1}^{n}\frac{1}{\rho_{si}}\left(\frac{\partial\rho_{ci}}{\partial\boldsymbol{\lambda}_j}\lambda_j\right)\Delta\ln\lambda_j\right]^2+\mu^2\sum_{j=1}^{n}(\Delta\ln\boldsymbol{\lambda})^2 \tag{4-22}$$

或

$$F(\ln\boldsymbol{\lambda})=\|\Delta\ln\boldsymbol{\rho}-\boldsymbol{A}\Delta\ln\boldsymbol{\lambda}\|^2+\mu^2\|\Delta\ln\boldsymbol{\lambda}\|^2 \tag{4-23}$$

由此可将超定方程(4-13)改写为

$$\boldsymbol{A}\Delta\ln\boldsymbol{\lambda}-\Delta\ln\boldsymbol{\rho}=0 \tag{4-24}$$

式中

$$A_{ij}=\left[\frac{1}{\rho_{ci}}\frac{\partial\rho_{ci}}{\partial\lambda_j}\lambda_j\right]$$

于是,将 $\boldsymbol{A}$ 进行奇异值分解后,构成 $\boldsymbol{B}^+$,可得

$$\Delta\ln\boldsymbol{\lambda}=\boldsymbol{B}^+\Delta\ln\boldsymbol{\rho}=\boldsymbol{V}_r\boldsymbol{T}_r\sum\nolimits_r^{-1}\boldsymbol{U}_r^{\mathrm{T}}\Delta\ln\boldsymbol{\rho} \tag{4-25}$$

按上式进行迭代反演,得 $\Delta\ln\boldsymbol{\lambda}$,并变换成

$$\Delta\boldsymbol{\lambda}=\boldsymbol{\Lambda}^k\Delta\ln\boldsymbol{\lambda}\quad(\boldsymbol{\Lambda}=\mathrm{diag}(\lambda_1,\lambda_2,\cdots,\lambda_n)) \tag{4-26}$$

迭代后的所求参数

$$\boldsymbol{\lambda}^{(k+1)}=\boldsymbol{\lambda}^{(k)}+\Delta\boldsymbol{\lambda} \tag{4-27}$$

3. 控制迭代终止的判据

在研究改进广义逆矩阵反演过程中,为了寻求迭代是否达到要求并终止计算的信息,笔者曾试用过以下判据。

1)拟合差 $\mathrm{PN}=\sqrt{\dfrac{1}{m}\sum_{i=1}^{m}\dfrac{(\rho_{si}-\rho_{ci})^2}{\rho_{si}^2}}$

在迭代过程中,目标函数是逐渐下降的,拟合差也越来越小,其数值下降到一定程度就不下降了,表明到达限度,可以停机。但是,PN数值究竟取多大可停机,对不同类型曲线,尤其观测误差不同,其数值不同,很难取同一标准。

2)参数相对改正量 $\mathrm{PE}=\sqrt{\dfrac{1}{n}\sum_{j=1}^{n}\dfrac{(\Delta\lambda_j)^2}{\lambda_j^2}}$

相对参数改正量在迭代过程中是波动的,随迭代次第不同而异,仍不好取某一定值控制迭代终止。

3)目标函数的梯度 $\nabla F(\lambda)=\dfrac{\mathrm{d}F(\boldsymbol{\lambda})}{\mathrm{d}\ln\boldsymbol{\lambda}}$

从理论上说,迭代终了目标函数的梯度应为零或接近零,而实际上很难达到,我们求不出真正的极小点数值(相应参数真值),只能求近似值;但是,对不同曲线,其目标函数在接近真值时的梯度就会不同,因为相应于目标函数在接近极小点时图形的曲率不同。这样看来,以目标函数的梯度判断停机与否也不好掌握,甚至会误判。

4)利用阻尼系数 μ 控制迭代终止

通过试验,可确认如下判据是有效的,即当迭代一定次数阻尼系数 μ 变得很小而后突然增大这一标志来控制迭代终止。经分析可知,在迭代过程中,阻尼系数 μ 是自动调节的,一般是逐次减小,使目标函数下降;如果继续减小阻尼而目标函数不再下降,只好增加阻尼,

这样参数改正量甚微，拟合差基本不变，或稍有摆动，这是达到最佳拟合的象征。从另一角度来看，迭代过程阻尼由大到小，意味由梯度法向高斯-牛顿法过渡，收敛加速，很快使目标函数趋于极小；如果继续迭代，就要增加阻尼（增得很大）而转向梯度法，在极小附近见效甚微。通过对各种类型曲线拟合，选择阻尼系数由小变大的突变点作为迭代停机标志是很奏效的。

根据上述理论及一些具体问题的论述，笔者编制了计算机上实现的程序，其框图见附录 B 中图 B-5。图中 β_1，β_2 分别表示每迭代一次阻尼缩小、扩大的倍数。在迭代过程中，μ^2 取极小时可满足精度，控制停机。

4.1.3　算例

对已知地电断面的理论曲线作反演，以便检查反演程序和计算效果（陈明生等，1987）。下面给出一个初始参数和实际参数偏离很大时 K 型地电断面的电场视电阻率曲线拟合情况，如表 4-1、图 4-1 所示。

表 4-1　K 型地电断面参数

性质	参数					拟合差 PN
	$\rho_1/(\Omega\cdot m)$	$\rho_2/(\Omega\cdot m)$	$\rho_3/(\Omega\cdot m)$	h_1/m	h_2/m	
实际参数	1	4	0.5	10	80	0.9%
初始参数	1.5	1	2	5	200	
拟合参数	1.007	4.08	0.482	9.89	79.89	

可以看出，即使当初始参数与实际参数相差 50% ~300% 时，拟合度也很好，电阻率最大相对误差为 3.6%，厚度相对误差为 1.1%。可见反演算法的适应性强，收敛快，效果好。

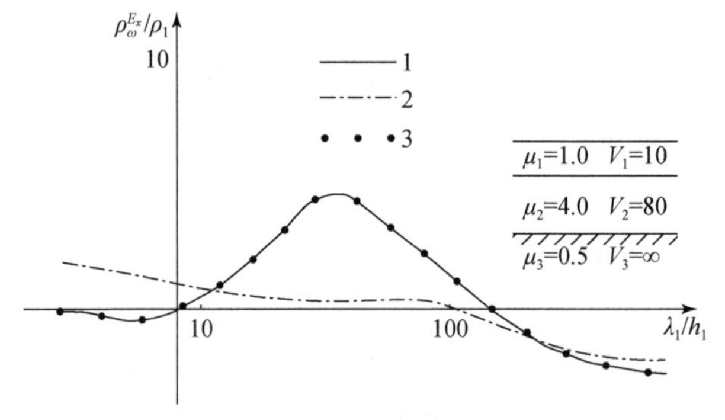

图 4-1　K 型曲线初始参数偏离很大时拟合图

1. 理论模型曲线；2. 初始模型曲线；3. 拟合数据点

4.2 解析广义逆矩阵反演法

改进广义逆矩阵反演,现在看来虽是传统反演方法,但是仍然是有效的反演方法,它和阻尼最小二乘反演法都是应用较普遍的最优化方法。在此针对广义逆矩阵反演进行讨论,以进一步加深对反演方法的理解,从而提高应用效果(陈明生,2014c)。

4.2.1 反演的目标函数和非线性最小二乘法

反演是相对正演说的,正演是根据不同问题模型求理论数据或响应,解是唯一的,并且是反演的前提;反演是根据观测数据求对应的模型参数,解不一定唯一,这是因为已知信息有限,观测数据存在误差。同时,反演方法具有宽泛性,可适用不同领域和不同问题,这就是数学问题的魅力。这里谈广义逆矩阵反演是对整个电磁法(当然也适用其他方法)而言,电磁法只是具体应用这种方法,如应用于其他方法只需将反演中的正演和相应参数修改即可。广义逆矩阵反演属最优化法,而且是非线性最优化问题。对最优化问题要首先设目标函数,其形式为平方和,即

$$F(\boldsymbol{x}) = \sum_{i=1}^{M} f^2(\boldsymbol{x}) \tag{4-28}$$

对一维电磁测深,设水平层状地电断面有 k 层,其地电参数有 $n=2k-1$ 个(第 k 层为半无限空间),即各层的电阻率 ρ_j 有 k 个和厚度 h_j 有 $k-1$ 个,其参数列向量 $\boldsymbol{\lambda}=[\lambda_1,\lambda_2,\cdots,\lambda_n]^{\mathrm{T}}$。实际观测数据为 m 个,对应各频率的视电阻率值 $\rho_{si}(i=1,2,\cdots,m)$,记为列向量 $\boldsymbol{\rho}_s=[\rho_{s_1},\rho_{s_2},\cdots,\rho_{s_m}]^{\mathrm{T}}$;相应各频率的理论视电阻率值 ρ_{ci} 是模型参数 $\boldsymbol{\lambda}$ 的函数(是非线性的),记为列向量 $\boldsymbol{\rho}_c=[\rho_{c_1}(\boldsymbol{\lambda}),\rho_{c_2}(\boldsymbol{\lambda}),\cdots,\rho_{c_m}(\boldsymbol{\lambda})]^{\mathrm{T}}$。在反演过程中,是层状模型理论值与观测值进行拟合,使目标函数

$$F(\boldsymbol{\lambda}) = \sum_{i=1}^{m} (\rho_{s_i} - \rho_{c_i})^2 = \sum_{i=1}^{m} f_i^2(\boldsymbol{\lambda}) = \|\boldsymbol{f}(\boldsymbol{\lambda})\|^2 = \min \tag{4-29}$$

其中

$$\boldsymbol{f}(\boldsymbol{\lambda})=[f_1(\boldsymbol{\lambda}),f_2(\boldsymbol{\lambda}),\cdots,f_m(\boldsymbol{\lambda})]^{\mathrm{T}}$$

函数 $\boldsymbol{f}(\boldsymbol{\lambda})$ 是非线性的,式(4-29)就是一个非线性最小二乘问题,取函数为平方和的意义是保证其值为正,极小值≥0 存在。对式(4-29)求极小的必要条件是使其梯度为零,即

$$\nabla F(\boldsymbol{\lambda})=0 \quad \nabla \boldsymbol{F}(\boldsymbol{\lambda})=\left[\frac{\partial F}{\partial \lambda_1},\frac{\partial F}{\partial \lambda_2},\cdots,\frac{\partial F}{\partial \lambda_n}\right]^{\mathrm{T}} \tag{4-30}$$

式(4-30)是非线性方程组,其解是驻点,不一定是极小点,更不一定是全局极小点,这使问题变得复杂难解。非线性问题的求解(王德人,1979)有两种途径,一种是直接求解,一种是通过函数 $\boldsymbol{f}(\boldsymbol{\lambda})$ 的线性化,用迭代的算法逐次逼近全局极小点。现在采用后一种方法,通过函数 $\boldsymbol{f}(\boldsymbol{\lambda})$ 线性化,即将其展开为泰勒级数,取一阶近似,使目标函数 $F(\boldsymbol{\lambda})$ 具有下凸性的二次函数,这又体现出目标函数取平方的另一层意义。这时式(4-29)可写成

$$F(\boldsymbol{\lambda}) = \sum_{i=1}^{m} (\rho_{s_i} - \rho_{c_i})^2 = \|\Delta\boldsymbol{\rho} - \boldsymbol{A}\Delta\boldsymbol{\lambda}\|^2 = \text{极小} \tag{4-31}$$

于是方程组(4-30)转变为线性方程

$$\boldsymbol{A}^{\mathrm{T}}\boldsymbol{A}\Delta\boldsymbol{\lambda}-\boldsymbol{A}^{\mathrm{T}}\Delta\boldsymbol{\rho}=0 \tag{4-32}$$

式中,$\boldsymbol{A}$ 为 $m\times n$ 阶系数矩阵;$\Delta\boldsymbol{\lambda}$ 为参数增向量,$\Delta\boldsymbol{\lambda}=\boldsymbol{\lambda}-\boldsymbol{\lambda}_0$;$\Delta\boldsymbol{\rho}$ 为视电阻率增向量,$\Delta\boldsymbol{\rho}=\boldsymbol{\rho}_s-\boldsymbol{\rho}_c(\boldsymbol{\lambda}_0)$;矩阵 $\boldsymbol{A}$ 具体表示为

$$\boldsymbol{A}=[\boldsymbol{a}_{ij}]=\left[-\frac{\partial f_i(\boldsymbol{\lambda})}{\partial\boldsymbol{\lambda}_j}\right]_{\lambda=\lambda_0}=\left[\frac{\partial\rho_{ci}(\boldsymbol{\lambda})}{\partial\boldsymbol{\lambda}_j}\right]_{\lambda=\lambda_0} \tag{4-33}$$

式中,$i=1,2,\cdots,m$; $j=1,2,\cdots,n$。

可以用迭代计算的方法解方程(4-32),最终使式(4-31)得到满足,这种方法称为高斯-牛顿法。现在用迭代计算的方法直接解超定方程

$$\boldsymbol{A}\Delta\boldsymbol{\lambda}=\Delta\boldsymbol{\rho} \tag{4-34}$$

便是本节重点讨论的广义逆矩阵反演法。

4.2.2　广义逆矩阵反演法及其优点

方程组(4-32)的解可表示为

$$\Delta\boldsymbol{\lambda}=(\boldsymbol{A}^{\mathrm{T}}\boldsymbol{A})^{-1}\boldsymbol{A}^{\mathrm{T}}\Delta\boldsymbol{\rho} \tag{4-35}$$

式中,$\boldsymbol{A}^{\mathrm{T}}\boldsymbol{A}$ 为 $m\times m$ 阶对称正定矩阵,矩阵的一般逆 $(\boldsymbol{A}^{\mathrm{T}}\boldsymbol{A})^{-1}$ 存在,才有唯一解;而 $\boldsymbol{A}$ 是 $m\times n$ 阶矩阵,其逆矩阵不能表示为 $\boldsymbol{A}^{-1}$,应求其广义逆矩阵。根据 Lanczos 理论,任意 $m\times n$ 阶矩阵 $\boldsymbol{A}$ 可表示为

$$\boldsymbol{A}=\boldsymbol{U}_r\sum\nolimits_r\boldsymbol{V}_r^{\mathrm{T}} \tag{4-36}$$

式中,$\boldsymbol{U}_r$ 为 $m\times r$ 阶矩阵,其各列 $\boldsymbol{u}_i$ 为观测数据特征向量;$\boldsymbol{V}_r$ 为 $n\times r$ 阶矩阵,各列 $\boldsymbol{v}_i$ 为参数特征向量;$\sum_r$ 为 $r\times r$ 阶对角阵,其元素分别是 $\boldsymbol{A}^{\mathrm{T}}\boldsymbol{A}$ 或 $\boldsymbol{A}\boldsymbol{A}^{\mathrm{T}}$ 的 r 个非零特征值的正平方根,称为奇异值,这种分解又称奇异值分解。由此得到广义逆矩阵

$$\boldsymbol{H}_L=\boldsymbol{V}_r\sum\nolimits_r^{-1}\boldsymbol{U}_r^{\mathrm{T}} \tag{4-37}$$

这时式(4-34)的解可表示为

$$\Delta\boldsymbol{\lambda}=\boldsymbol{H}_L\Delta\boldsymbol{\rho} \tag{4-38}$$

广义逆矩阵反演法的优点明显,主要表现如下。

1. 提取有用信息

广义逆矩阵方法的一个重要优点是能提供一些有用的辅助信息,由式(4-38)和式(4-13)得

$$\Delta\hat{\boldsymbol{\lambda}}=\boldsymbol{H}_L\boldsymbol{A}\Delta\boldsymbol{\lambda}=\boldsymbol{V}_r\boldsymbol{V}_r^{\mathrm{T}}\Delta\boldsymbol{\lambda}=\boldsymbol{R}\Delta\boldsymbol{\lambda} \tag{4-39}$$

式中,$\boldsymbol{R}=\boldsymbol{H}_L\boldsymbol{A}=\boldsymbol{V}_r\boldsymbol{V}_r^{\mathrm{T}}$,为参数分辨矩阵。如果 $r=n$,则 $\boldsymbol{R}=\boldsymbol{I}$,$\Delta\hat{\boldsymbol{\lambda}}=\Delta\boldsymbol{\lambda}$,即解为真值。否则,$\boldsymbol{R}\neq\boldsymbol{I}$,解 $\Delta\hat{\boldsymbol{\lambda}}$ 的每个元素都是真值 $\Delta\boldsymbol{\lambda}$ 各元素的加权和,分辨能力下降;但可以证明,$\boldsymbol{R}=\boldsymbol{V}_r\boldsymbol{V}_r^{\mathrm{T}}$ 是在最小二乘意义上的最佳分辨矩阵。

由式(4-34)和式(4-38)还可写出

$$\Delta\hat{\boldsymbol{\rho}}=\boldsymbol{A}\Delta\boldsymbol{\lambda}=\boldsymbol{A}\boldsymbol{H}_L\Delta\boldsymbol{\rho}=\boldsymbol{U}_r\boldsymbol{U}_r^{\mathrm{T}}\Delta\boldsymbol{\rho}=\boldsymbol{F}\Delta\boldsymbol{\rho} \tag{4-40}$$

式中，$\boldsymbol{F}=\boldsymbol{A}\boldsymbol{H}_L=\boldsymbol{U}_r\boldsymbol{U}_r^{\mathrm{T}}$，为信息密度矩阵。当 $r=m$ 时，$\boldsymbol{F}=\boldsymbol{I}$，$\boldsymbol{\Delta}\hat{\boldsymbol{\rho}}=\boldsymbol{\Delta\rho}$，数据相互独立，模型完全与观测数据拟合。否则，对应模型的理论观测值 $\boldsymbol{\Delta}\hat{\boldsymbol{\rho}}$ 是观测值的加权和，这时实测数据之间存在相关性，说明有多余信息存在，同时模型一般不会与观测数据完全拟合。因此信息密度矩阵趋近于单位矩阵的程度，可作为度量模型与观测数据拟合程度的标志；还可以根据其对角线元素的大小衡量对应数据的重要性，以确定观测频点（或时间道）数据的地位。同样可以证明，$\boldsymbol{F}=\boldsymbol{U}_r\boldsymbol{U}_r^{\mathrm{T}}$ 是在最小二乘意义上逼近单位矩阵的最佳信息密度矩阵。

假设观测数据是统计独立的，且具有相同的方差 σ^2，观测误差的数学期望为零；且各参数独立，则协方差为零，而解的方差为参数估计误差

$$\operatorname{var}(\Delta\hat{\lambda}_l)=\sigma^2\sum_{k=1}^{r}\frac{V_{lk}^2}{\sigma_k^2} \tag{4-41}$$

可用于估计参数误差。其中 σ^2 可用如下估算量代替

$$\hat{\sigma}^2=\frac{\|\boldsymbol{\Delta\rho}-\boldsymbol{A}\boldsymbol{\Delta}\hat{\boldsymbol{\lambda}}\|^2}{(m-n)} \tag{4-42}$$

式（4-41）中 V_{lk} 为参数分辨矩阵元素；σ_k 为非零奇异值。

2. 迭代计算稳定性好

无论在解方程（4-32）或方程（4-34）的迭代过程中都存在稳定性问题，这是因为奇异值小，甚至为零，使方程处于病态或奇异，导致解不稳定或无解。这样方程就是不适定的，必须采取适当方法恢复其适定性，最有效的办法就是加大系数矩阵 $\boldsymbol{A}^{\mathrm{T}}\boldsymbol{A}$ 的主对角元素，以改善条件，克服奇异性。矩阵 $\boldsymbol{A}^{\mathrm{T}}\boldsymbol{A}$ 的条件好坏用条件数 $K(\boldsymbol{A}^{\mathrm{T}}\boldsymbol{A})$ 来衡量，其表达式为

$$K(\boldsymbol{A}^{\mathrm{T}}\boldsymbol{A})=\frac{\sigma_{\max}^2}{\sigma_{\min}^2} \tag{4-43}$$

式中，$\sigma_{\max}^2$、$\sigma_{\min}^2$ 分别为 $\boldsymbol{A}^{\mathrm{T}}\boldsymbol{A}$ 的最大、最小特征值。显然，$K(\boldsymbol{A}^{\mathrm{T}}\boldsymbol{A})\geqslant 1$，它越大，$\boldsymbol{A}^{\mathrm{T}}\boldsymbol{A}$ 的条件越坏。当 $\boldsymbol{A}^{\mathrm{T}}\boldsymbol{A}$ 的主对角线元素都加同一个正数，相当特征值都加同一个正数，即阻尼，这时 $K(\boldsymbol{A}^{\mathrm{T}}\boldsymbol{A})$ 变小了，矩阵 $\boldsymbol{A}^{\mathrm{T}}\boldsymbol{A}$ 的条件得到改善，使方程（4-35）的解稳定，这就是阻尼最小二乘反演法，即马夸特法。

方程（4-34）的条件数表示为

$$K(\boldsymbol{A})=\left|\frac{\sigma_{\max}}{\sigma_{\min}}\right| \tag{4-44}$$

显然，$K(\boldsymbol{A})$ 相对 $K(\boldsymbol{A}^{\mathrm{T}}\boldsymbol{A})$ 缩小了 $\left|\frac{\sigma_{\min}}{\sigma_{\max}}\right|$，所以直接解超定方程（4-34）比解方程（4-32）要稳定。

实际上，虽然含零奇异值式（4-34）也能得到唯一解；但是多是遇到很小的奇异值，使方程处于病态，导致迭代发散。现举一 HK 型四层地电断面，各层电阻率和厚度分别为：$\rho_1=1.00\Omega\cdot\mathrm{m}$，$\rho_2=0.20\Omega\cdot\mathrm{m}$，$\rho_3=10.00\Omega\cdot\mathrm{m}$，$\rho_4=100.00\Omega\cdot\mathrm{m}$；$h_1=1000.00\mathrm{m}$，$h_2=2000.00\mathrm{m}$，$h_3=1000.00\mathrm{m}$。计算出 MT 法的理论值作为观测数据，将初始参数与实际参数改变 10%，利用式（4-38）进行广义逆反演，迭代一次就发散，具体情况见表 4-2。

表 4-2　HK 型理论曲线不加阻尼广义逆矩阵反演发散数据

拟合次数	$F(\lambda)$	PN	μ^2	ρ_1 /(Ω·m)	ρ_2 /(Ω·m)	ρ_3 /(Ω·m)	ρ_4 /(Ω·m)	h_1/m	h_2/m	h_3/m	备注
0	2.19	18.4%		0.9	0.22	9.00	90.00	900	1800	900	
1	118	57.7%	0	1.00	0.20	>10000	98.90	1000	8660	41290	

表 4-2 中 $F(\lambda)$ 表示目标函数，PN 为拟合差，μ^2 为阻尼系数。由表可看出，迭代一次多数参数变大得离谱，目标函数不是下降，而是大大增加，拟合度变差，说明迭代沿着错误方向进行导致发散；其原因是系数矩阵 $\boldsymbol{A}$ 含有小奇异值，最小者为 1.72×10^{-5}，其条件数

$$K(\boldsymbol{A})=\left|\frac{\sigma_{\max}}{\sigma_{\min}}\right|=\frac{1.06\times10^{1}}{1.72\times10^{-5}}=0.616\times10^{6}$$

太大，致使解不稳定。其实，这个算例较简单，正演是 MT，数据是理论的，初始参数接近已知，反演是采用稳定性较好的广义逆矩阵反演法。这就提出了一个问题，为了克服广义逆矩阵反演的不稳定性，应压制小奇异值的作用，降低系数矩阵 $\boldsymbol{A}$ 的条件数，这就是参照马夸特法加阻尼的广义逆矩阵反演法。

马夸特法对式(4-35)加阻尼 μ^2 后可写成

$$\boldsymbol{\Delta\lambda}=(\boldsymbol{A}^{\mathrm{T}}\boldsymbol{A}+\mu^2\boldsymbol{I})^{-1}\boldsymbol{A}^{\mathrm{T}}\boldsymbol{\Delta\rho} \tag{4-45}$$

由式(4-36)

$$\boldsymbol{\Delta\lambda}=[\boldsymbol{V}_r,\boldsymbol{V}_0]\begin{bmatrix}(\sum_r^2+\mu^2\boldsymbol{I})^{-1} & 0\\ 0 & \mu^{-2}\boldsymbol{I}\end{bmatrix}\begin{bmatrix}\boldsymbol{V}_r^{\mathrm{T}}\\ \boldsymbol{V}_0^{\mathrm{T}}\end{bmatrix}\cdot\boldsymbol{V}_r\sum_r U_r^{\mathrm{T}}\boldsymbol{\Delta\rho} \tag{4-46}$$

因为 $\boldsymbol{V}_r^{\mathrm{T}}\boldsymbol{V}_r=\boldsymbol{I},\boldsymbol{V}_0^{\mathrm{T}}\boldsymbol{V}_r=0$，所以

$$\begin{aligned}\boldsymbol{\Delta\lambda}&=\boldsymbol{V}_r(\sum_r^2+\mu^2\boldsymbol{I})^{-1}\sum_r U_r^{\mathrm{T}}\boldsymbol{\Delta\rho}\\&=\boldsymbol{V}_r\boldsymbol{T}_r\sum_r^{-1}\boldsymbol{U}_r^{\mathrm{T}}\boldsymbol{\Delta\rho}=\boldsymbol{B}^{+}\boldsymbol{\Delta\rho}\end{aligned} \tag{4-47}$$

式中

$$\boldsymbol{B}^{+}=\boldsymbol{V}_r\boldsymbol{T}_r\sum_r^{-1}\boldsymbol{U}_r^{\mathrm{T}}$$

便是和马夸特法结合的广义逆矩阵，其中

$$\boldsymbol{T}_r=(\sum_r^2+\mu^2\boldsymbol{I})^{-1}\sum_r^2$$

是 $r\times r$ 阶对角矩阵，对角元素为

$$t_i=\frac{\sigma_i^2}{\sigma_i^2+\mu^2}\quad i=1,2,\cdots,r \tag{4-48}$$

按式(4-47)再对上述 HK 型四层地电断面作广义逆矩阵反演，其结果列于表 4-3。

表 4-3　HK 型理论曲线加阻尼广义逆矩阵反演拟合数据

拟合次数	$F(\lambda)$	PN	μ^2	ρ_1 /(Ω·m)	ρ_2 /(Ω·m)	ρ_3 /(Ω·m)	ρ_4 /(Ω·m)	h_1/m	h_2/m	h_3/m	备注
0	2.19	18.4%		0.9	0.22	9.00	90.00	900	1800	900	
1	7.86×10^{-1}	10.2%	1.0×10^{2}	0.91	0.21	8.99	90.05	910	1890	900	

续表

拟合次数	$F(\lambda)$	PN	μ^2	ρ_1 /(Ω·m)	ρ_2 /(Ω·m)	ρ_3 /(Ω·m)	ρ_4 /(Ω·m)	h_1/m	h_2/m	h_3/m	备注
2	7.8×10^{-2}	3.1%	1.0×10^{1}	0.97	0.20	8.99	94.35	950	1990	900	
3	8.64×10^{-4}	0.31%	1.0×10^{0}	1.00	0.20	8.99	99.31	999	2020	900	
4	1.32×10^{-5}	0.04%	1.0×10^{-1}	1.00	0.20	8.99	99.99	1000	2010	900	$S_3=\frac{900}{8.99}\doteq100$
真实参数				1.00	0.20	10.00	100.00	1000	2000	1000	$S_3=\frac{1000}{10.00}=100$

从表 4-3 看出,加了阻尼系数 μ^2,保证了目标函数 F 逐步下降,经过四次迭代曲线拟合很好,拟合差为 0.04%,除第三层因具有纵向电导 S_3 等值性外,其他层参数都达到或接近真值,说明加阻尼的必要性。加同样阻尼,广义逆矩阵的稳定性要比马夸特法好,这从条件数表达式[式(4-43)、式(4-44)]可以看出;还由于广义逆矩阵只利用矩阵 $\boldsymbol{A}$,不用 $\boldsymbol{A}\boldsymbol{A}^{\mathrm{T}}$,避免了改造信息带来的误差,并提高了迭代的稳定性。

对电磁法资料的反演要对信息数据和地电参数取对数,这是因为反演过程实际是不断修改初始参数进行曲线拟合的过程,取对数既可减小参数的差,又能使反映地电结构的曲线圆滑,从而迭代更稳定,拟合度更好,使反演效果大大提高。

3. 包括了多种最小二乘反演方法

从式(4-45)~式(4-47)的推导过程中可知,当 $\mu^2=0$ 时,按式(4-47)反演就是高斯-牛顿法($\boldsymbol{A}$ 满秩时)或一般广义逆矩阵法($\boldsymbol{A}$ 可为降秩的)。如果 $\mu^2\to\infty$,$\boldsymbol{\Delta\lambda}=(\mu^2\boldsymbol{I})^{-1}\boldsymbol{A}^{\mathrm{T}}\boldsymbol{\Delta\rho}$,这就趋于梯度法。

进一步设想,如果将式(4-48)改写为

$$t_i^N=\frac{\sigma_i^{2N}}{\sigma_i^{2N}+\mu^{2N}},i=1,2,\cdots,r;N\text{为正整数} \tag{4-49}$$

同样起到阻尼的作用,称为改进广义逆矩阵反演法(Jupp and Vozoff,1975)。这样,具体计算方法可算空间大。当 $N\to\infty$ 时,就相当于奇异值截除法,因为

$$t_i^N=\begin{cases}1 & \mu<\sigma_i\\ 1/2 & \mu=\sigma_i\\ 0 & \mu>\sigma_i\end{cases}$$

显然,选定一个 μ 值后,当 $\mu<\sigma_i$ 时,基本不改变相对应的奇异值;$\mu=\sigma_i$ 时,对应奇异值放大 2 倍,小奇异值作用减小一半;$\mu>\sigma_i$ 时,小奇异值被截除,作用化为乌有。

当 N 选用其他正整数时,只要 μ 值选得合适,都可因阻尼因子 $\boldsymbol{T}_r^N$ 的作用而使迭代稳定。例如,选择 $N=5$,$\mu^2=1000$ 仍对上述算例的模型数据按同样改变 10% 的初始模型数据进行反演,迭代 5 次后得 $\rho_1=1.00\Omega\cdot\mathrm{m}$,$\rho_2=0.20\Omega\cdot\mathrm{m}$,$\rho_3=8.99\Omega\cdot\mathrm{m}$,$\rho_4=100.00\Omega\cdot\mathrm{m}$;$h_1=1000\mathrm{m}$,$h_2=2000\mathrm{m}$,$h_3=900\mathrm{m}$,这和 $N=1$ 或 $N\to\infty$(相当奇异值截除法)时的效果几乎一样。本例比较简单,对更复杂的曲线作了反演试验,结果 $N>2$ 时,随着 N 的增加,效果变差。如果采用奇异值截除法,和 $N=1$ 时效果相差甚远,有较多参数远离真值。笔者认为,效果变差

的原因是对奇异值分解的对角阵改变太大，不是增加奇异值的量大，就是降低矩阵 $\boldsymbol{A}$ 的秩，使信息密度矩阵 $\boldsymbol{F}$ 和分辨矩阵 $\boldsymbol{R}$ 偏离单位矩阵 $\boldsymbol{I}$ 太远，致使拟合度和解的分辨性变差。反复试算结果表明，选用 $N=1$ 加阻尼的广义逆矩阵反演适应性强，效果好。

4.2.3 广义逆矩阵反演算例

为节省篇幅，对算例能用数字表示的就不用图表示。

1. 理论模型反演

现利用频率电磁测深正演得一 H 型地电断面响应数据，其理论模型地电参数和反演初始参数及反演结果列于表 4-4 中。

表 4-4 H 型理论曲线拟合数据

参数	$\rho_1/(\Omega\cdot m)$	$\rho_2/(\Omega\cdot m)$	$\rho_3/(\Omega\cdot m)$	h_1/m	h_2/m	μ^2	PN
模型参数	100	25	300	200	400		
初始参数	50	50	50	300	600		
1 次迭代结果	77.87	50.91	98.79	300	600	10	37.205%
6 次迭代结果	100	25	300	200	400	0.0001	0.000797%

由表中数据看出，即使初始参数选为与模型参数相差很大的均匀半空间数据，经 6 次迭代反演效果非常理想，恢复了模型真实参数。从判断反演效果的各项指标看，阻尼系数最后缩小为 $\mu^2=0.0001$，拟合差 PN 仅为 0.000797%，基本是重合拟合。下面是参数分辨矩阵

参数分辨矩阵

$$\begin{pmatrix} \mathbf{0.10E+01} & -0.40E-05 & -0.94E-06 & -0.57E-05 & 0.62E-05 \\ -0.40E-05 & \mathbf{0.10E+01} & -0.50E-04 & -0.82E-04 & 0.18E-03 \\ -0.94E-06 & -0.50E-04 & \mathbf{0.10E+01} & -0.23E-04 & 0.11E-03 \\ -0.57E-05 & -0.82E-04 & -0.23E-04 & \mathbf{0.10E+01} & 0.11E-03 \\ 0.62E-05 & 0.18E-03 & 0.11E-03 & 0.11E-03 & \mathbf{0.10E-01} \end{pmatrix}$$

参数分辨矩阵的对角元素近 1，非对角元素→0，可认为是单位矩阵，说明参数可信。

当然，所举模型参数是已知的，又是理论的；如果是实测数据就要复杂得多，效果也不会这么好，这就更需要根据上述指标判定反演效果。

2. 实测数据反演

图 4-2 是对一条实测 MT 资料反演情况的表示，图中“ · ”表示记录的离散值，“◦”表示各记录段对应频点视电阻率值的对数平均（记录段多时相当数学期望）。从平均曲线看，数据点是跳动的，说明观测误差大，但曲线变化总趋势定位 HKHKH 型 7 层。图 4-2 的层厚或层深单位是 km。

通过理论量板或其他办法（利用曲线特征点或已知资料）选取合适参数，经过 7 次迭代

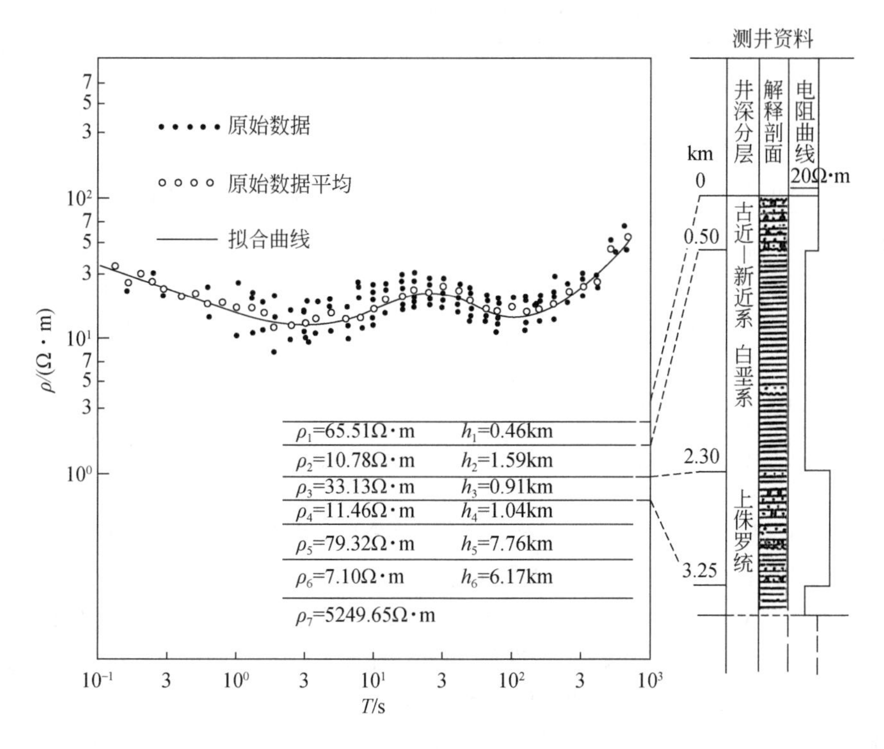

图4-2　HKHKH型实测曲线拟合

反演结果见表4-5；最优拟合曲线为图4-2中实线，拟合差6.51%，其1、2、3层厚度(h_1、h_2、h_3)和已知图上钻孔资料对比尚可。由于反演最后阻尼系数(0.01)较大，表明观测数据较大误差时相应的超定方程条件数$K(\boldsymbol{A})$大，参数分辨矩阵偏离单位阵，降低了对参数的分辨力。但是解的方差并不大，见表4-5。

表4-5　HKHKH型实测曲线回合数据

迭代次数	各层电阻率和厚度													μ^2	PN	备注
	ρ_1/(Ω·m)	ρ_2/(Ω·m)	ρ_3/(Ω·m)	ρ_4/(Ω·m)	ρ_5/(Ω·m)	ρ_6/(Ω·m)	ρ_7/(Ω·m)	h_1/km	h_2/km	h_3/km	h_4/km	h_5/km	h_6/km			
0	40.0	15.0	45.0	10.0	65.0	7.4	1000	0.7	1.5	2	1.5	6.5	5	10	23%	初参
7	65.5	10.8	33.1	11.5	79.3	7.1	5249.6	0.46	1.59	0.91	1.04	7.76	6.17	0.01	6.5%	结果
参数方差	0.045	0.004	0.02	0.04	0.04	0.03	0.11	0.007	0.04	0.06	0.02	0.006	0.03			

为了全面衡量反演结果的优劣，可以拟合所得最优光滑曲线为准，再用原来初始参数进行迭代反演，直至符合停机准则为止，就会得到近于理论模型的反演结果。经过6次迭代结束，拟合很好，拟合差仅为0.027%。所得各数据列于表4-6中。

表 4-6　HKHKH 型曲线再次拟回合数据

迭代次数	各层电阻率和厚度													阻尼	拟差	备注
	ρ_1 /(Ω·m)	ρ_2 /(Ω·m)	ρ_3 /(Ω·m)	ρ_4 /(Ω·m)	ρ_5 /(Ω·m)	ρ_6 /(Ω·m)	ρ_7 /(Ω·m)	h_1 /km	h_2 /km	h_3 /km	h_4 /km	h_5 /km	h_6 /km	μ^2	PN	
0	40.0	15.0	45.0	10.0	65.0	7.4	1000.0	0.70	1.50	2.00	1.50	6.50	5.00	10	23%	初参
6	66.3	10.8	45.0	11.0	78.1	7.1	5163.9	0.45	1.64	0.81	1.04	7.83	6.14	0.1×10^{-4}	0.3×10^{-3}	结果
参数分辨阵对角元素	0.994	1.000	0.451	0.756	0.989	0.999	1.000	0.999	0.986	0.695	0.465	0.996	0.998			
参数方差	0.15×10^{-5}	0.17×10^{-7}	0.67×10^{-6}	0.47×10^{-6}	0.29×10^{-5}	0.63×10^{-6}	0.27×10^{-6}	0.19×10^{-6}	0.28×10^{-6}	0.82×10^{-6}	0.71×10^{-6}	0.30×10^{-6}	0.90×10^{-6}			

可以看出,曲线拟合差小,参数方差微小,参数分辨矩阵接近单位阵,这个结果只作为评价反演效果的辅助信息,反演的实际结果还是采用表 4-5 中列出的。

现以辅助信息对反演结果具体加以分析。参数分辨矩阵的第 1、2、5、6、7、8、9、12、13 对角元素近于 1,显示对应的层参数分辨性好、可靠;而第 3、10,以及 4、11 对角元素偏离 1 较大,对应第 3、4 层参数具连带相关性,数值不确切。

这条曲线是在我国内蒙古地区观测的井旁 MT 测深,钻井深度为 3.50km。根据接地电阻率梯度测井曲线,从上到下可分三大层,它们的厚度分别为 $h_1=0.5$km,$h_2=1.8$km,$h_3=1.15$km;其电阻率的相对值呈高-低-高变化(见图 4-2 岩层柱状图)。反演浅部的相应这三层厚度分别为 $h_1=0.46$km,$h_2=1.59$km,$h_3=0.91$km。从这个不完整资料对比来看,前三层的厚度相对误差分别为 8%,11%,15%。前两层误差相对小,对应的分辨矩阵对角线元素近于 1,第三层厚度误差大,对应的分辨矩阵对角线元素也小(可能存在 H 等值性),反演效果可以接受;如观测资料质量再提高一些,反演效果必然更好。

4.3　瞬变电磁场资料的联合时-频分析解释

我们周围的信号,从时间域的意义上可分为稳态信号和瞬态信号,从频率域意义上可分为窄带信号和宽带信号。按照傅里叶分析,从时间域或频率域描述的都是信号的总体特征(布莱姆,1979)。根据频谱,只知道哪些频率存在于信号中,但并不知道这些频率在什么时候存在。

近年来在信号分析领域广泛应用的联合时-频分析理论与技术(科恩,1998),基本思想是同时描述信号的时间域和频率域性质,这就突破了传统傅里叶分析只单一地从时间域或频率域观察信号特征的局限性。将联合时-频分析技术引用到 TEM 信号的分析与解释中,无疑可以拓宽资料解释的途径。

由于 TEM 信号是一种频谱特征随时间变化而衰减的瞬态信号,它是由一次脉冲电流激发大地所得的二次场响应,这种瞬态信号含有地下地层结构的丰富信息。对 TEM 资料,传统的方法一般是在时间域将瞬态响应转换为视电阻率或视纵向电导进行解释;近年来提出的拟地震解释同样是在时间域变换，将扩散媒质中信号数据按非扩散媒质处理（Gershenson，1997）。实际上对TEM资料解释仅利用时间域信号还不够充分，采用联合时-频分析技术可对TEM观测曲线同时从时间和频率两方面分析信号特征，为定性与定量解释提供新的途径和方法。

4.3.1　联合时-频分析对TEM资料的定性解释

信号 $V(t)$ 是TEM在有耗媒质（大地）表面上的二次涡流场的响应，利用联合时-频分析方法（科恩，1998）可将此一维时域信号拓展成以时间和频率为变量的二维函数，即联合时-频分布函数 $P(t,\omega)$。可以构造各种时-频分布或表示，本书分别用Wigner-Ville分布（简称WVD）和Gabor展开对TEM信号进行分析。

1. Wigner-Ville分布及其改进

Wigner-Ville分布是基于信号内积的傅里叶变换，WVD定义（Qian and Chen，1996）为

$$\mathrm{WVD}_V(t,\omega)=\int_{-\infty}^{\infty}V\left(t+\frac{\tau}{2}\right)V^*\left(t-\frac{\tau}{2}\right)\mathrm{e}^{-\mathrm{j}\omega\tau}\mathrm{d}\tau \tag{4-50}$$

式中，t 为时间；ω 为角频率；上标 $*$ 表示取共轭；τ 为积分变量。

WVD总是实值的，保持时间平移不变性和频率调制不变性，而且满足边缘性。WVD可以看作信号在时间-频率平面上的二维能量分布，其分辨率和能量集中性较高，跟踪瞬时频率的能力强，能有效地对非平稳信号（张贤达和保铮，1998）进行分析。但是，在时-频平面中信号能量本应为零的位置，却由于WVD的双线性有交叉项出现，即当 $V(t)=V_1(t)+V_2(t)$ 时有

$$\mathrm{WVD}_V(t,\omega)=\mathrm{WVD}_{V_1}(t,\omega)+\mathrm{WVD}_{V_2}(t,\omega)+2\mathrm{Re}[\mathrm{WVD}_{V_1,V_2}(t,\omega)] \tag{4-51}$$

式中，右边第三项为交叉干扰项（Re表示取实部），可以利用该交叉项的振荡特性通过对WVD的平滑将其消除。在时间域加一个平滑的窗函数 $h(\tau)$，便得到了伪Wigner-Ville分布（PWVD）

$$\mathrm{PW}_V(t,\omega)=\int_{-\infty}^{\infty}h(\tau)V\left(t+\frac{\tau}{2}\right)V^*\left(t-\frac{\tau}{2}\right)\mathrm{e}^{-\mathrm{j}\omega\tau}\mathrm{d}\tau \tag{4-52}$$

它在时间域中等价于

$$\mathrm{PW}_V(t,\omega)=\int_{-\infty}^{\infty}H(\omega-\zeta)\mathrm{WVD}_V(t,\zeta)\mathrm{d}\zeta \tag{4-53}$$

在频率域中的操作。式中 $H(\omega)$ 是 $h(t)$ 的傅里叶变换，所加窗函数在时间域中越短，在频率域上的平滑效果就越明显，消除交叉项的效果也越好。但WVD的有用性质如满足边缘条件等被破坏得也越严重。交叉项的消除是以分辨率的降低为代价的。

PWVD实际上只在频率方向进行了平滑，如果同时能在时间方向上也进行平滑，效果更好，这就是平滑的伪WVD（SPWVD），其定义为

$$\mathrm{SPW}_V(t,\omega)=\int_{-\infty}^{\infty}h(\tau)\int_{-\infty}^{\infty}g(\mu-t)V\left(\mu+\frac{\tau}{2}\right)V^*\left(\mu-\frac{\tau}{2}\right)\mathrm{d}\mu\cdot\mathrm{e}^{-\mathrm{j}\omega\tau}\mathrm{d}\tau \tag{4-54}$$

式中当 $g(t)=\delta(t)$ 时，就成了PWVD。由于SPWVD在时间域也加了平滑窗，因此交叉项的

影响要小得多,但是这是牺牲了时间域分辨率换来的。在时间域中或在频率域中越是平滑,在时间域中或频率域中的分辨率就越低。

2. Gabor 展开

在有耗分层媒质表面上的 TEM 响应 $V(t)$ 如同单边指数衰减曲线,对于这种非振荡的衰减信号,采用 Gabor 展开进行时-频表示是恰当的。

对于信号 $V(t)$ 的 Gabor 展开定义(Qian and Chen,1996)为

$$
\begin{aligned}
V(t) &= \sum_{m=-\infty}^{\infty}\sum_{n=-\infty}^{\infty} C_{m,n}h_{m,n}(t) \\
&= \sum_{m=-\infty}^{\infty}\sum_{n=-\infty}^{\infty} C_{m,n}h_{m,n}(t-mT)\mathrm{e}^{\mathrm{j}n\Omega t}
\end{aligned} \tag{4-55}
$$

式中,T,Ω 分别为时间和频率的采样步长;$C_{m,n}$ 为 Gabor 系数;$h_{m,n}(t)$ 为基函数。当基函数集 $\{h(t)\}$ 完备时,则必然存在一个对偶函数 $\gamma(t)$,这时 Gabor 系数可由通常的内积运算求得

$$
\begin{aligned}
C_{m,n} &= \int V(t)\gamma_{m,n}^{*}(t)\,\mathrm{d}t \\
&= \int V(t)\gamma^{*}(t-mT)\mathrm{e}^{-\mathrm{j}n\Omega t}\,\mathrm{d}t
\end{aligned} \tag{4-56}
$$

利用式(4-55)对 TEM 信号 $V(t)$ 作 Gabor 展开时,需要构造合适的基函数 $h_{m,n}(t)$ 和相应的辅助函数 $\gamma_{m,n}(t)$。

3. TEM 响应的联合时-频分析

TEM 接收线圈测得的感应电动势是一条衰减曲线,其衰减快慢和地电结构有关,但是直观性不强。如用中心回线装置、阶跃函数负沿激发、延时时间 40ms,对于表 4-7 所示二层地电断面(闫述和陈明生,2005),可用 Gaver-Stenhfest 算法得其响应信号(图 4-3a),这是两条形态相似的衰减曲线。传统的分析方法是将其转换为视电阻率曲线,图 4-4b 就是利用数值方法计算的全程视电阻率。由图可见,全程视电阻率表示了 D、G 型地电断面电阻率分别由高到低和由低到高的变化趋势。而联合时-频分布则直接表示了在不同时刻,瞬变涡流场各频率分量在地下的激发和衰减过程。首先采用 SPWVD 分布将一维 TEM 曲线拓展为二维时-频谱(简称 TF 谱,见图 4-3c、d),在图中,D、G 断面的 TF 谱共同表现为早期能量密度大、晚期能量密度减小,反映了二次涡流场随渗透深度逐渐减弱(且高频成分减弱得快),其减弱的速率和岩层电阻率有关。正如图 4-3c 所示,由于 D 型断面基底为低阻层,其 TF 谱中能量分布强且持续时间长;图 4-3d 中,G 型断面大部分能量集中在与低阻上层相应的 TF 谱早期时间段(这时的能量密度比 D 型断面大),而在与晚期时间段对应的高阻层中激发的涡流就很小了,这表示 TEM 确实是易于分辨低阻层的。

表 4-7 二层地电断面的地层参数

地电类型	第一层电阻率 $\rho_1/(\Omega\cdot\mathrm{m})$	第二层电阻率 $\rho_2/(\Omega\cdot\mathrm{m})$	第一层厚度 h_1/m
D 型	500	5	100
G 型	5	500	100

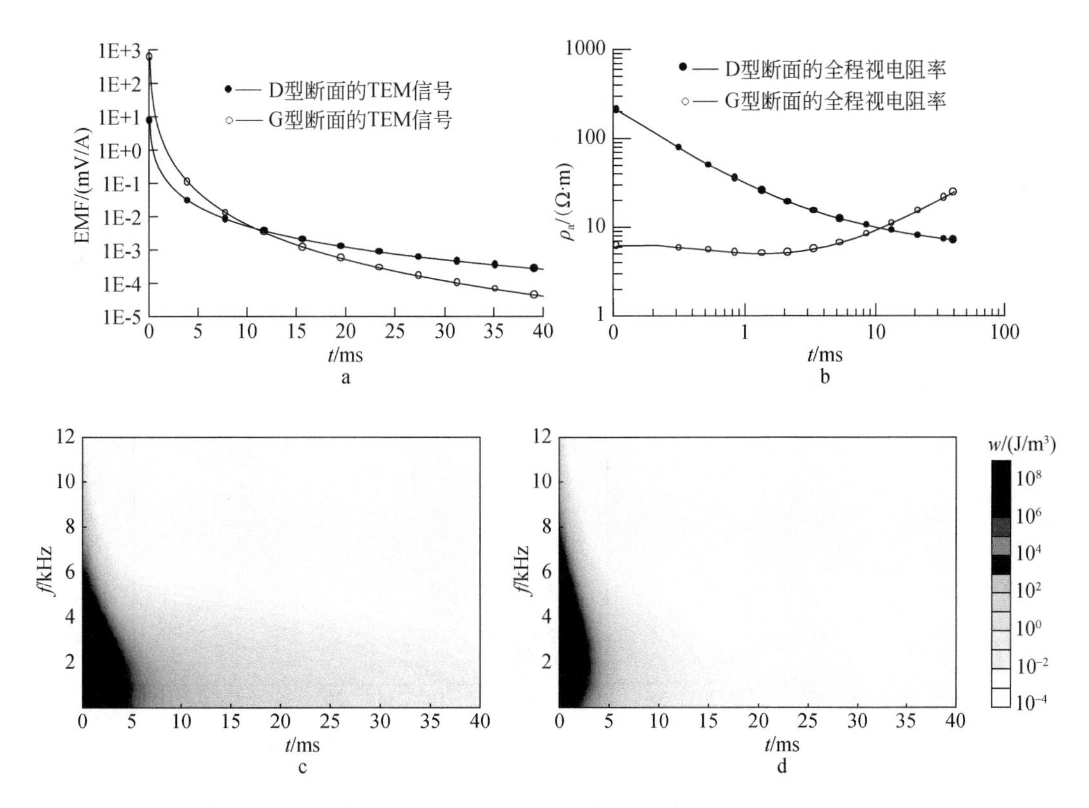

图 4-3　二层地电断面 TEM 响应信号、全程视电阻率曲线及其 SPWVD 图(闫述和陈明生,2005)

a. D、G 型地电断面的 TEM 响应曲线;b. D、G 型地电断面的全程视电阻率曲线;

c. D 型地电断面的 SPWVD 图;d. G 型地电断面的 SPWVD 图

下面再以三层地电断面为例(闫述和陈明生,2005),分析 Gabor 展开对 TEM 响应曲线的时-频表示。表 4-8 中列出了 H、A、K、Q 型地电断面的地层参数,它们 TEM 响应曲线的 Gabor 展开示于图 4-4 中。

表 4-8　三层地电断面的地层参数

地电类型	第一层电阻率 $\rho_1/(\Omega\cdot m)$	第二层电阻率 $\rho_2/(\Omega\cdot m)$	第三层电阻率 $\rho_3/(\Omega\cdot m)$	第一层厚度 h_1/m	第二层厚度 h_2/m
H 型	100	10	100	100	100
A 型	10	100	1000	100	100
K 型	10	100	10	100	100
Q 型	100	10	1	100	100

由图 4-4 可见,在总能量随时间递减的背景下,按能量集中于低阻层的规律,时-频分析的 TF 谱将 H、A、K、Q 四种断面显著地区分开来。如 H 型断面,电阻率从上至下为高、底、高排布,它的能量比电阻率低、高、更高排布的 A 型断面持续时间长,但比低、高、低排布的 K 型断面持续时间短,因为 K 型断面的基底是低阻层。在 TF 谱中,Q 型断面能量最强,持续时

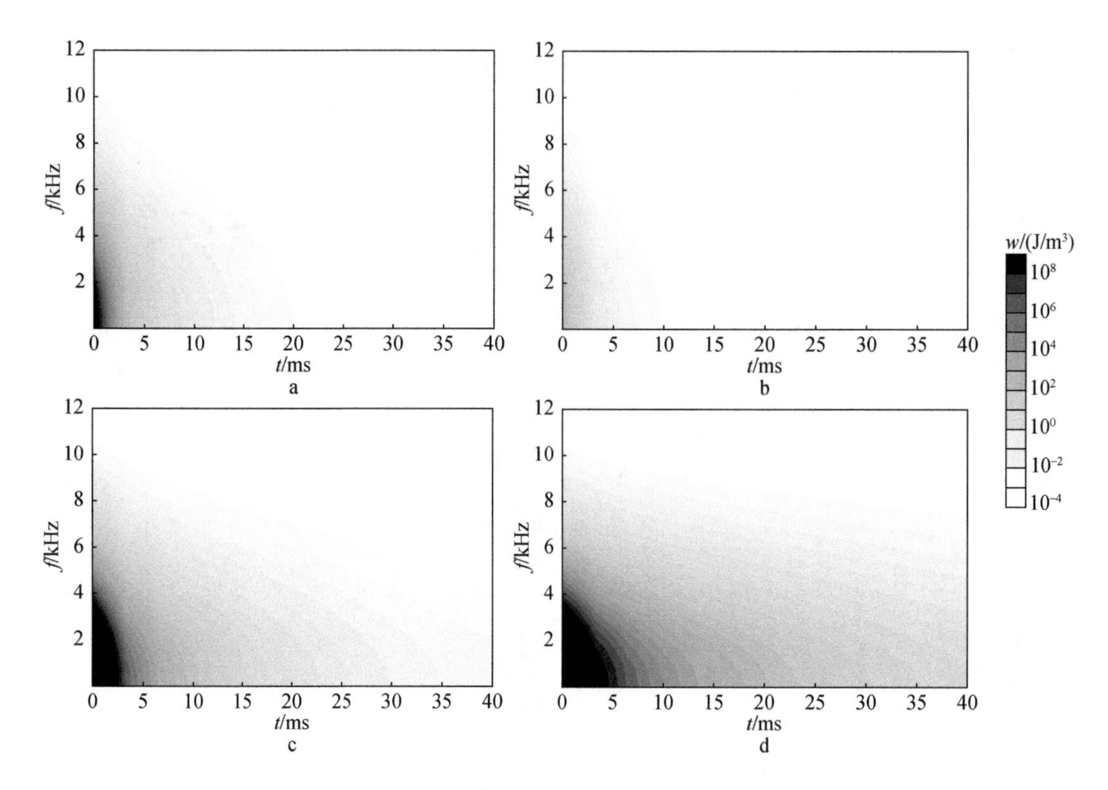

图 4-4　三层地电断面 TEM 响应 Gabor 的展开表示(闫述和陈明生,2005)

a. H 型断面;b. A 型断面;c. K 型断面;d. Q 型断面

间最长,这是因为电阻率自上而下为高、低、更低,有利于形成深部二次涡流,甚至在基底中涡流仍然比较强。由此还可以推测 TEM 对深部低阻层较一般方法更为敏感。

现在将 H 型断面的第二层厚度由 100m 增加到 200m,其 TF 谱示于图 4-5,与图 4-4a 相比,中间层加厚,TF 谱中对应中间层的能量分布范围扩大,延时加长。可见 TF 谱还具有分辨地层相对厚度的能力。

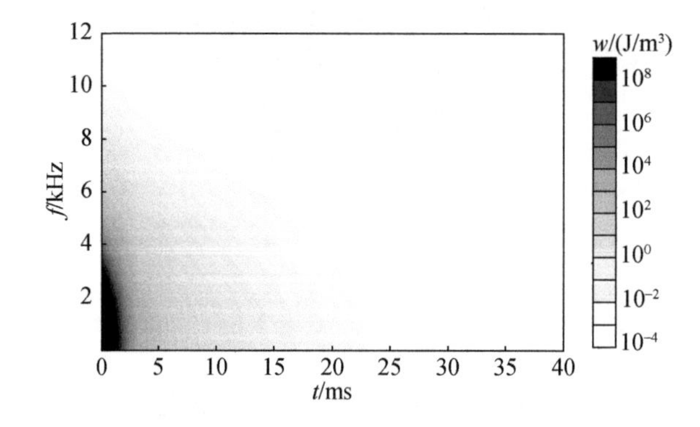

图 4-5　增加第二层厚度的 H 型断面的 Gabor 展开表示

由上可知,虽然 TEM 时间域曲线含有地电断面特征的大量信息,但其形状通常对断面上的电阻率随深度的变化欠敏感,而 TF 谱就能将不同地电断面上彼此相似的 TEM 衰减曲线明显地区分开来,并且描述了瞬变场在地层中传播的物理过程。

4.3.2　利用联合时-频分析进行联合反演

TEM 资料的曲线拟合反演,较之频率域(如 CSAMT)的效果要差。其原因主要是对不同的地层,TEM 响应曲线均为彼此相似的衰减曲线,缺乏与地层有关的明显特征;后者数据质量一般也不如前者。尽管 TEM 视电阻率曲线可以反映地下电阻率的变化趋势(比较图 4-3a、b),但在实际计算中,直接用感应电动势 $V(t)$ 或是用转换的视电阻率 $\rho_a(t)$,所得到的反演结果无论是地层参数、拟合差还是迭代收敛时的计算机耗时,都没有显著的不同。这是因为视电阻率曲线由 TEM 响应转换而来,仍然局限在时间域中未能提供更多的信息,如果将 TEM 信号的频谱考虑进来,即将所得时间窗曲线与频率窗信号的频谱进行联合反演,就有可能改善 TEM 的反演结果。

设实测曲线 $V(t)$ 和转换的频谱曲线 $V(\omega)$ 为已知,从初始估计参数值 λ_j 开始,用步长 $\Delta\boldsymbol{\lambda}$ 修改向量 $\boldsymbol{\lambda}$,使平方和

$$F = \sum_{i=1}^{m}\left[v_i(t) - v_i(t,\boldsymbol{\lambda}) - \sum_{j=1}^{n}\frac{\partial v_i(t,\boldsymbol{\lambda})}{\partial\lambda_j}\Delta\lambda_j\right]^2 + \sum_{i=m+1}^{2m}\left[v_i(\omega) - v_i(\omega,\boldsymbol{\lambda}) - \sum_{j=1}^{n}\frac{\partial v_i(\omega,\boldsymbol{\lambda})}{\partial\boldsymbol{\lambda}_j}\Delta\lambda_j\right]^2 = \min \tag{4-57}$$

式中,$v_i(t)$、$v_i(\omega)$ 分别为实测 TEM 感生电动势和相应的频谱值;$v_i(t,\boldsymbol{\lambda})$、$v_i(\omega,\boldsymbol{\lambda})$ 分别为模型的计算值;$\boldsymbol{\lambda}$ 为地电参数向量。

令

$$d_i(t,\boldsymbol{\lambda}) = v_i(t) - v_i(t,\boldsymbol{\lambda}) \qquad i=1,2,\cdots,m$$
$$d_i(\omega,\boldsymbol{\lambda}) = v_i(\omega) - v_i(\omega,\boldsymbol{\lambda}) \qquad i=m+1,m+2,\cdots,2m$$

和

$$\boldsymbol{A} = \begin{bmatrix}\boldsymbol{A}_t \\ \boldsymbol{A}_\omega\end{bmatrix} = \begin{bmatrix}\partial V(t,\boldsymbol{\lambda})/\partial\boldsymbol{\lambda} \\ \partial V(\omega,\boldsymbol{\lambda})/\partial\boldsymbol{\lambda}\end{bmatrix}$$

这样方程(4-57)变为

$$F = \| \boldsymbol{d} - \boldsymbol{A}\Delta\boldsymbol{\lambda} \|^2 \tag{4-58}$$

本节直接采用广义逆矩阵迭代解超定方程

$$\boldsymbol{d} - \boldsymbol{A}\Delta\boldsymbol{\lambda} = 0 \tag{4-59}$$

当然,在实际计算中要做一些改进(陈明生等,1983)。由于联合时-频反演所要拟合的曲线增加了一倍,因此反演耗时也将比单一反演增加一倍。仍然选取典型的 H、A、K、Q 四种地电断面 TEM 曲线作单一的时间域反演和联合时-频反演(TEM 信号的频谱由快速傅里叶变换 FFT 得到),在初始模型一样,设定迭代次数相同(10 次)的情况下,反演结果列于表 4-9 中。

总的反演结果显示,联合时-频反演好于单一时间域反演,除 H 型模型外,联合时-频反演的拟合程度均高于单一时间域反演,更重要的是联合反演结果更接近理论模型。如 Q 型

断面,经单一反演后第二、三层电阻率的差别大大缩小,几乎失掉 Q 型断面的特征,而联合时-频反演结果仍然保持了电阻率高、低、更低的这种变化,正如表 4-9 所示,H、A、K、Q 四种模型的联合反演电阻率值都比单一反演更接近真值。和地层电阻率相比,地层厚度是电磁法勘探资料解释的更重要的参数。联合时-频反演得出的地层厚度,其精度明显高于单一反演,如 A 型断面的第二层厚度、Q 型断面的第一层厚度,单一反演结果与真值相差较大,而联合反演的厚度要精确得多。除此之外,表 4-9 中的 H、K 断面的原始理论数据中分别加入了 10% 和 5% 的随机误差,对此联合反演仍然表现出了良好的性能。如 H 型断面,虽然联合反演的拟合差较大,为 9.13%,接近 10%,但这是加了随机误差后必有的现象,考察其反演结果,联合时-频反演的电阻率、厚度均优于单一反演。K 型断面也是如此,此时单一反演的厚度已与真值相差甚远,而联合反演仍能得到较高精度的地层厚度值。

表 4-9　H、A、K、Q 地电结构的反演方法及其结果对比

名目	参数	地电结构			
		H 型	A 型	K 型	Q 型
理论模型	$\rho_1/(\Omega\cdot m)$	100	1	10	100
初始模型		100	5	10	100
单一时间域反演		101	1.01	10.7	119
联合时-频反演		70.0	1.10	10.9	83.4
理论模型	$\rho_2/(\Omega\cdot m)$	0.25	10	100	10
初始模型		1	5	50	5
单一时间域反演		0.48	4.79	31.2	1.39
联合时-频反演		0.18	13.1	63.1	10.0
理论模型	$\rho_3/(\Omega\cdot m)$	1000	100	1	1
初始模型		500	50	5	2
单一时间域反演		505	51.7	0.96	0.93
联合时-频反演		554	74.3	1.00	0.98
理论模型	h_1/m	30	50	50	50
初始模型		50	100	100	100
单一时间域反演		30.0	43.6	76.0	71.6
联合时-频反演		31.1	50.1	48.0	49.9
理论模型	h_2/m	10	30	30	30
初始模型		50	100	100	100
单一时间域反演		21.8	67.3	8.02	29.2
联合时-频反演		7.80	27.2	32.3	30.1
单一时间域反演	拟合差/%	6.63	2.14	5.01	1.43
联合时-频反演		9.13	0.23	4.37	1.00

注:H 型和 K 型理论模型分别加有 10% 和 5% 的高斯随机误差

4.4 电磁法探测应用实例

4.4.1 电偶源电磁测深应用实例

1. 东北某地含煤地层探测

中煤科工集团西安研究院曾在东北绥滨农场用电偶源频率测深进行了含煤地层探测,取得了明显地质效果。根据寇绳武所写电法成果报告,该区在新生代地层下掩盖着中生代煤系,所测频测曲线如图4-6所示。

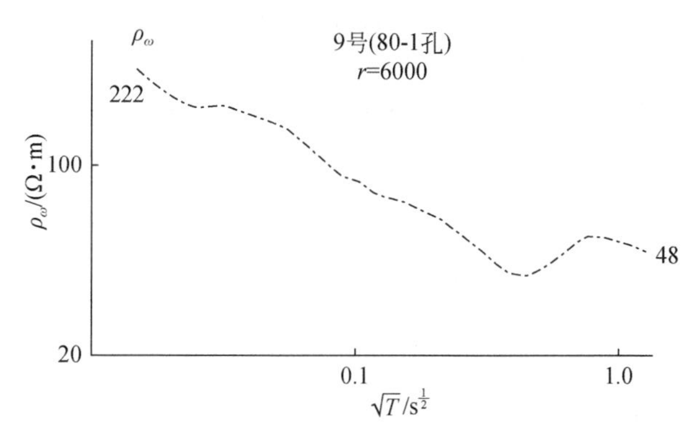

图4-6 实测频率测深视电阻率曲线

可看出,这是典型的HQHK七层曲线。对区内资料采用广义逆矩阵反演解释,选择一条通过3个钻孔的完整的实测剖面线(图4-7),首先对孔旁测深资料做自动拟合,以取得合适

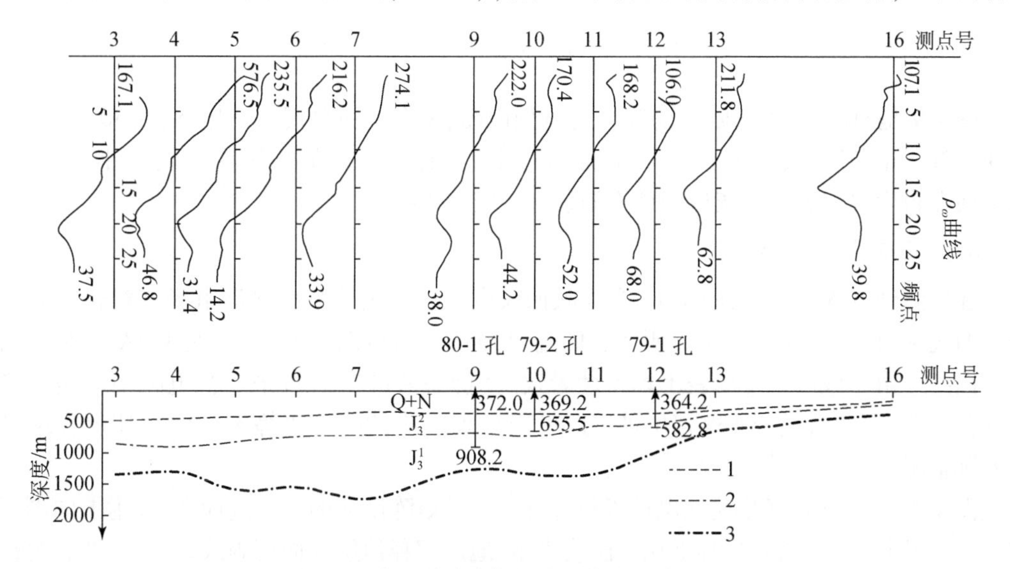

图4-7 东北绥滨农场频率测深解释成果图

1. 新生界底界线;2. 煤系地层底界线;3. 基底

的初始参数进行全区反演解释。根据已知三个钻孔频测资料反演结果,拟合差在 1.5% 左右,非常理想。在此基础上进行了全区反演解释,选出一条完整剖面示于图 4-7。图的上方为实测频测曲线,下方为解释地质剖面。由图可看出,该区为一含侏罗纪煤系缓倾斜构造,基底有些起伏。

2. 山西省太原阳曲煤田探测

根据赵育秀、薛国强、牛良生提供资料(中国煤田地质局,2000),山西煤田地质综合普查队在山西省太原阳曲进行了煤田探测,测区普遍为第四系覆盖,地层自下而上有中奥陶统(O_2)、石炭系和二叠系(C+P),以及新生界新近系和第四系(N+Q)。主要煤层在太原组和山西组内。

采用电偶极频率测深赤道偶极装置,测网布置为 250m×1000m,观测电场振幅参数。完成物理点 841 个,测线长度 172.75km,控制面积 173km^2。根据孔旁测深及已知钻孔测井资料(图 4-8),该区实测曲线可分为两大类型:一类为 HA 型曲线(图 4-8a),它反映新生界下赋存含煤地层;另一类为 H 型曲线(图 4-8b),反映较厚的新生界下直接与奥陶系石灰岩接触。

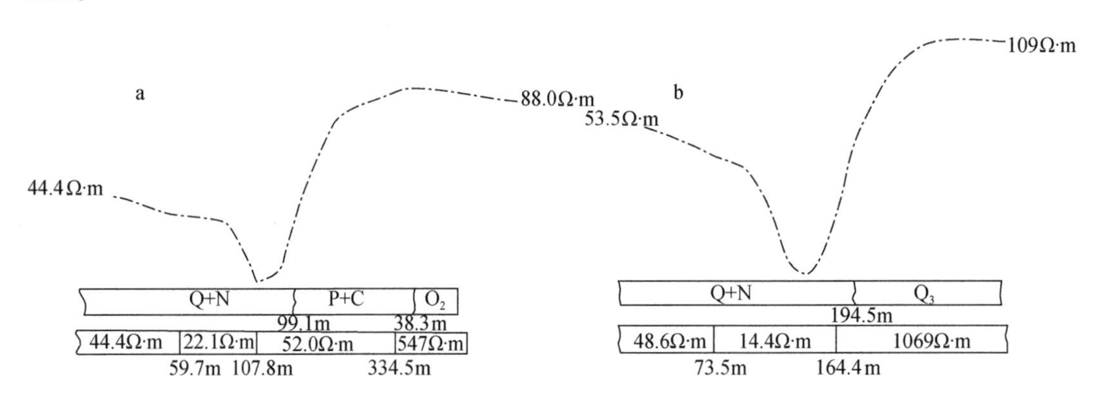

图 4-8　山西太原阳曲测区孔旁测深曲线

图 4-9 是对测区 21 线解释的综合地电剖面图,整个剖面呈现向斜形态,在 30 号与 31 号点间发育一正断层;大于 31 号点的剖面下是新生界直接覆盖在奥陶系灰岩上,小于 30 号点的剖面在新生界与奥陶系灰岩间含有石炭–二叠纪煤系。

3. 陕西汉中盆地油气探测

在探测油气构造方面,图 4-10 为在陕西汉中某地采集的频率测深电场资料转换的视电阻率曲线和对应的地电断面(陈明生和闫述,1995)。由该图可看出,这是 KHA 型 5 层地电断面曲线。由于该区存在地表不均匀性导致的“静态效应”,直接采用视电阻率反演会造成假异常构造,因此通过转换视相位进行广义逆矩阵反演,以消除“静态效应”,使解释结果趋于实际情况。

图 4-11 是对该区频率测深电性资料进行广义逆矩阵反演的一条剖面图,并附上同剖面地震资料。图中频测解释地层界面用点画线表示,地震解释地层界面用虚线表示,对两者解释的地层和构造基本一致,和地震相比,频测解释地层赋存深度偏浅,统计平均误差 4.5%。

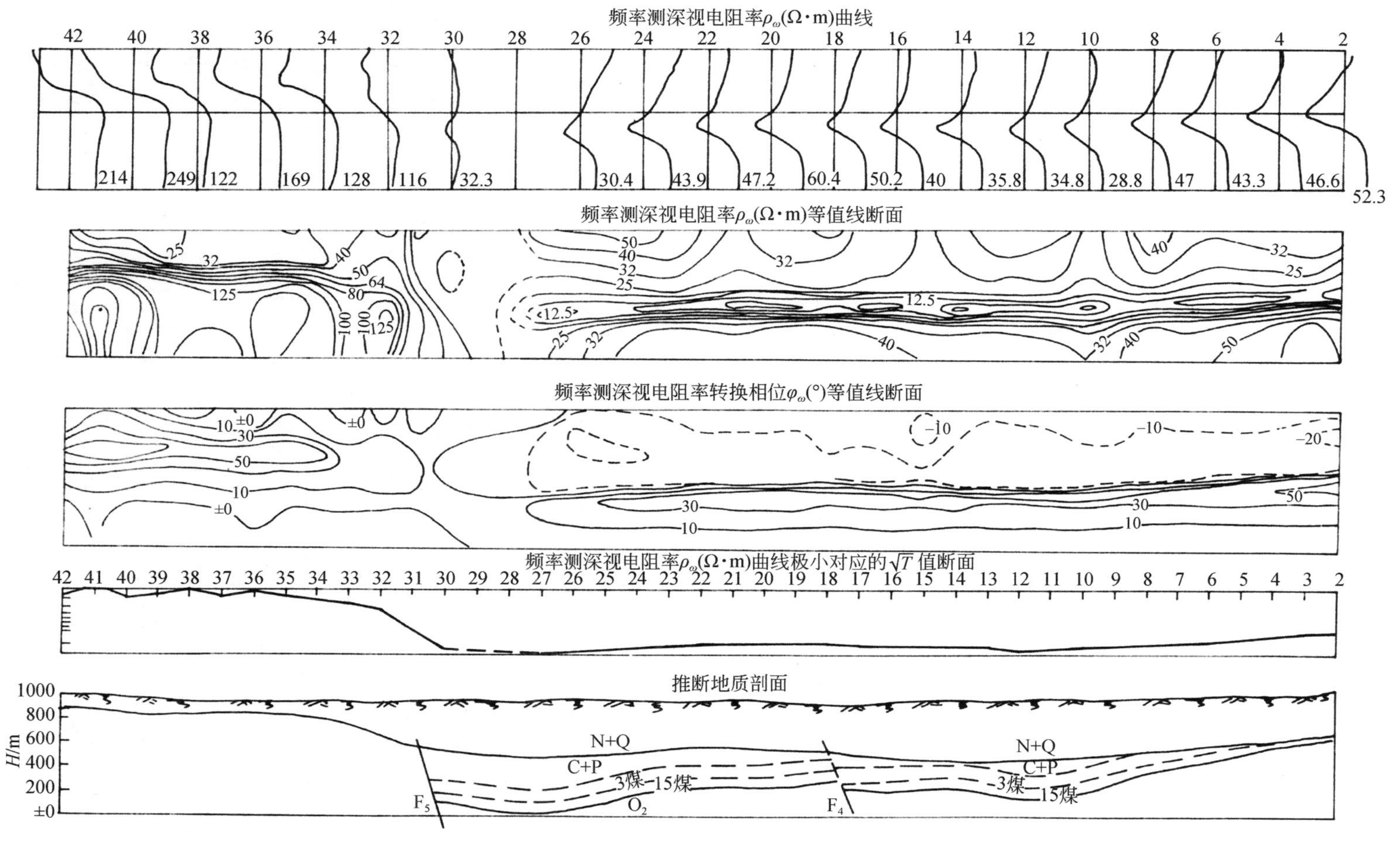

图4-9　阳曲区21线电性地质综合剖面(据赵育秀、薛国强、牛良生提供资料)

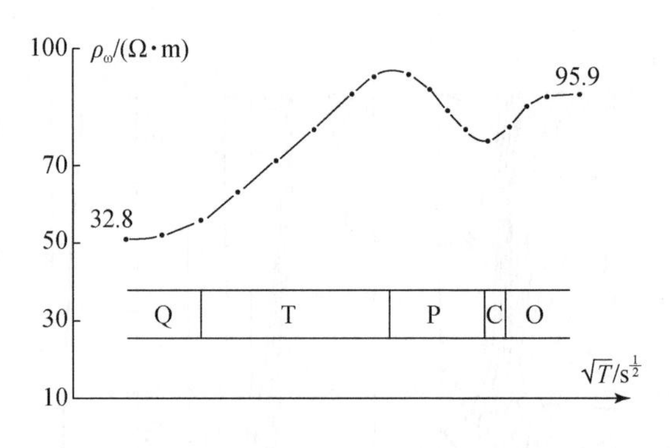

图 4-10　ρ_ω 曲线与对应的地层

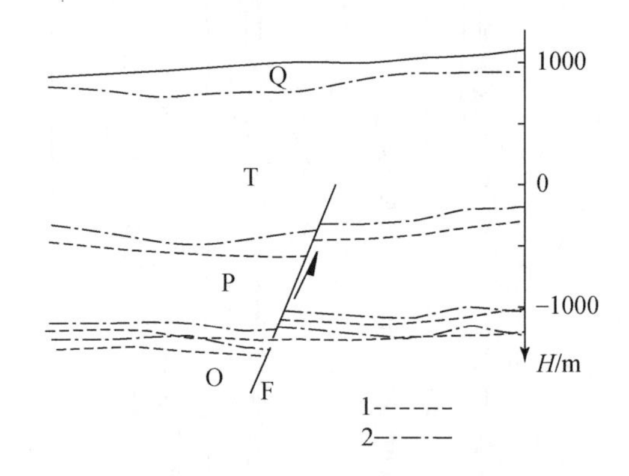

图 4-11　频率测深与地震解释结果对比剖面

1. 地震解释界面;2. 频率测深解释界面

4. 河南嵩县地区油气构造探测

图 4-12 是根据在河南嵩县地区进行油气构造探测时所得 CSAMT 资料绘制的综合剖面图。采用极距 10000m,AB=200m,发射电流 15A。所采集资料经“静态效应”处理,得此定性定量综合解释剖面图。由图看出,地质断面显示的地层和构造与电性变化规律协调一致。

5. 山西榆次地区频率测深探测水文地质构造

1986 年在山西榆次地区用频率测深探测水文地质构造。该区由地表向深部发育有厚 280m 左右的第四系松散层,古近系—新近系厚度不详,三叠系厚达 700m 左右,以长石砂岩为主,夹泥岩;下为古生界。利用频率测深探测 11km 的新地层厚度及其下伏地层。所测曲线基本为 H 型,解释推断地质断面如图 4-13 所示。图 4-13a 为视纵向电导断面图,横坐标为沿测线测点,纵坐标表示视纵向电导 $\sqrt{\dfrac{T}{\rho}}$,可以明显看出地层赋存状态,主要反映高阻基底上覆新生界的厚度变化、断裂构造等地质内容。根据解释推得地质断面图(图 4-13b)。

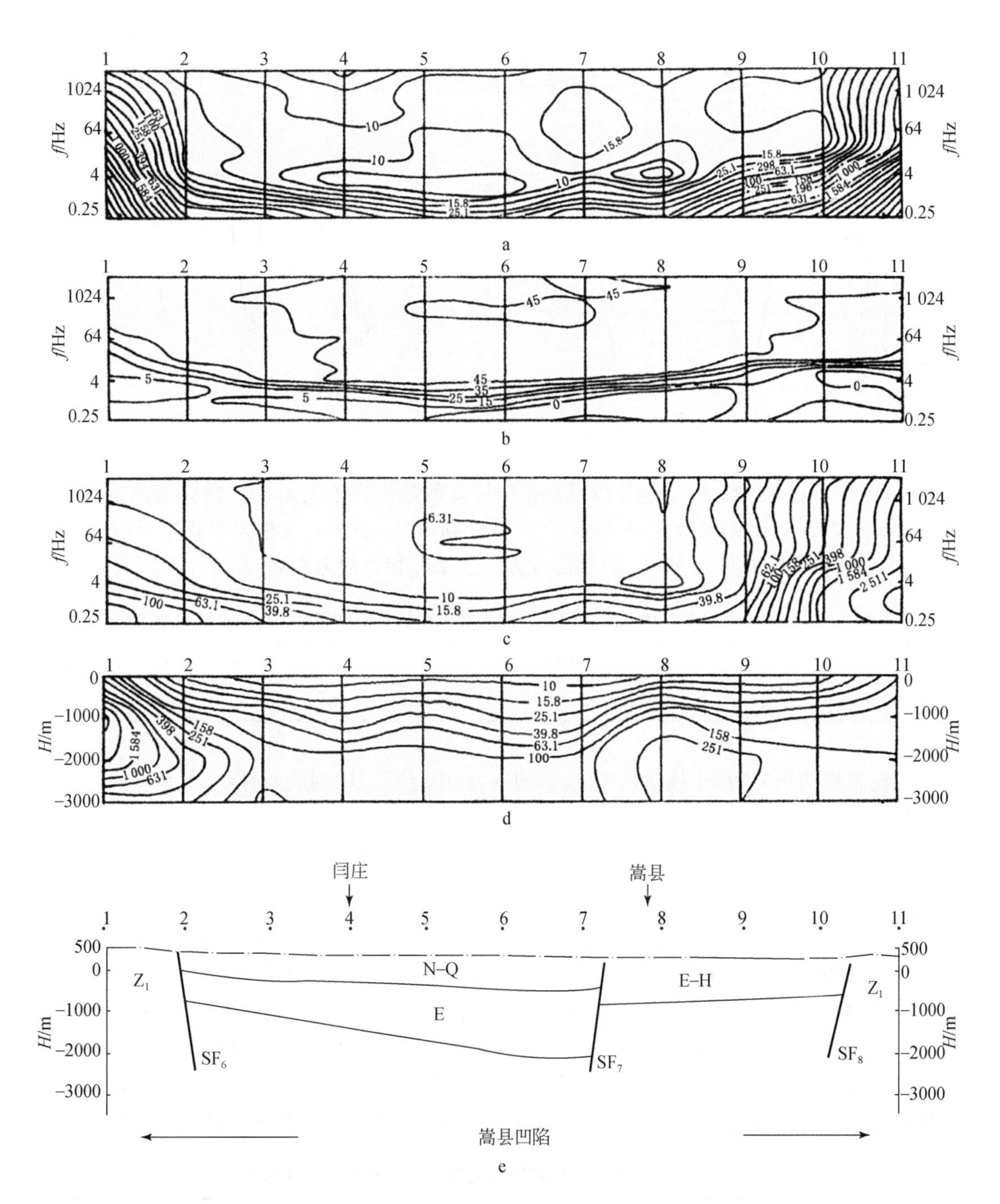

图4-12 河南嵩县地区油气构造探测的CSAMT综合剖面图(图上横坐标为测点号,间距500m)

a. 原始等视电阻率ρ_s(Ω·m)剖面;b. 原始等视相位φ_s(°)剖面;c. 静校正后等视电阻率ρ_s(Ω·m)剖面;

d. 博斯蒂克反演等视电阻率剖面;e. 解释地质剖面

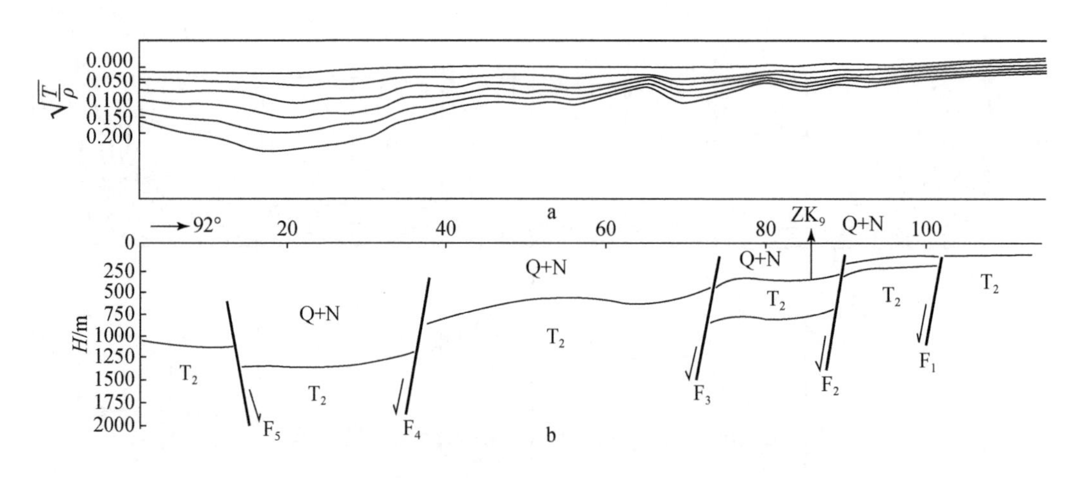

图 4-13　视纵向电导(a)与解释推断地质断面图(b)

其中 86 号点有钻孔 ZK_9,广义逆矩阵反演得出层参数数值列于表 4-10。该孔旁测深曲线按 5 层初始模型反演,结果拟合差为 PN=3.5%。$h_1+h_2+h_3=290\text{m}$,这相当于新生界(Q+N)的厚度;而钻孔揭露的厚度为 284.3m,实际误差为 5.7m,相对误差 2%。

表 4-10　广义逆矩阵反演得出的层参数数值表

分层	$\rho_1/(\Omega\cdot m)$	$\rho_2/(\Omega\cdot m)$	$\rho_3/(\Omega\cdot m)$	$\rho_4/(\Omega\cdot m)$	$\rho_5/(\Omega\cdot m)$	h_1/m	h_2/m	h_3/m	h_4/m	拟合差 PN
数值	50.3	26.7	26.8	55.4	71.2	38.2	84.7	167.1	536.7	3.5%

定量解释构成的断面图显示一个向斜构造,其中有断层切割成阶梯状,对地下水径流起控制作用。

6. 广东中山市工程地基勘探

利用国产浅层频测仪(频率 f 为 174kHz~50Hz)在中山市进行工程地基勘探。该区第四系电阻率低,厚几十米,基底为花岗岩高阻体。探测目的是对新地层进行分层,确定基底起伏。

野外实测的振幅曲线转换为视相位曲线,绘制出等视相位剖面图;利用广义逆矩阵反演解释,其结果表示在综合断面图 4-14 上。其中,综合图的曲线类型(图 a)、等视相位断面图(图 b)和解释地质断面(图 c)对应得较好。曲线按 6 层地电断面反演拟合,拟合差 PN≈3%。6 层电性剖面最后综合成 5 层地质剖面,第四系分 4 层,基底为花岗岩。经打钻验证,分层可靠,特别对花岗岩基底顶界的埋深解释更准确,这可由表 4-11 所列数据说明。

表 4-11　频率测深解释与钻探揭露的花岗岩顶深对比数据

点号	花岗岩顶深/m	
	频率测深解释	钻探揭露
5/5	37.0	36.0
5/6	33.7	32.0
5/7	35.2	36.7

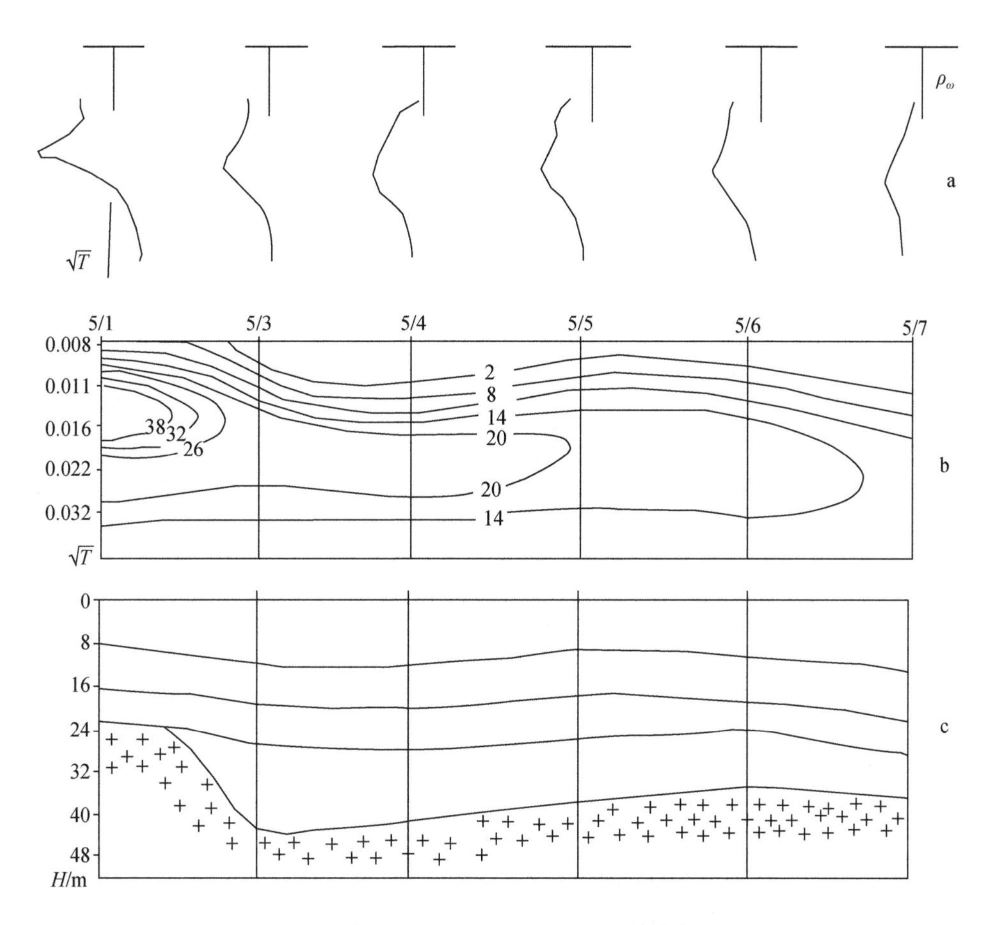

图4-14　中山地区频率测深地基探测综合断面图

a. 曲线类型；b. 等视相位 φ_s(°)断面；c. 地质断面(岩层分层及界线)

4.4.2　磁偶源电磁测深应用实例

磁偶源电磁测深仪器较电偶源电磁测深仪器的功率小，场强衰减快，使探测深度受到限制。但是磁偶源特别是垂直磁偶源激发只含TE型波，对地层、特别是低阻地层分辨能力高，用于水文与工程地质探测更适宜。

1. 孟加拉国某煤田承担煤田与水文地质勘探

图4-15是一条磁偶源瞬变电磁反演成果剖面，这是1999年煤炭科学研究总院西安研究院在孟加拉国某煤田承担煤田与水文地质勘探的部分成果。施工区为大片近水平水稻田，地层由上而下为10m左右的第四系，115～180m古近—新近系；107～425m含煤地层，32～84m的冰碛岩；基底为花岗闪长岩。为解决煤田与水文地质物探任务，采用TEM中心回线法，利用V5仪器，布设方形发射线框，400m×400m，发射电流10A；接收线框1m^2，等效面积100m^2；延迟采样时间30ms。采集的资料经处理后采用广义逆矩阵反演成图，进行剖平面对比解释。

以图 4-15 为例,剖面基本分三层,对应该区的新地层,含煤地层,冰碛岩和基岩。剖面被断层切割成不完整的向斜,西翼倾角较小,轴部平缓,东翼被断层切割。根据剖面反映煤系底部电性密集等值线扭曲形态并结合该区地质特点,确定了几条正断层。这些断层有可能刺穿含水层而构成地下水通道,对煤矿建井与开采造成威胁,应引起有关方面的重视。

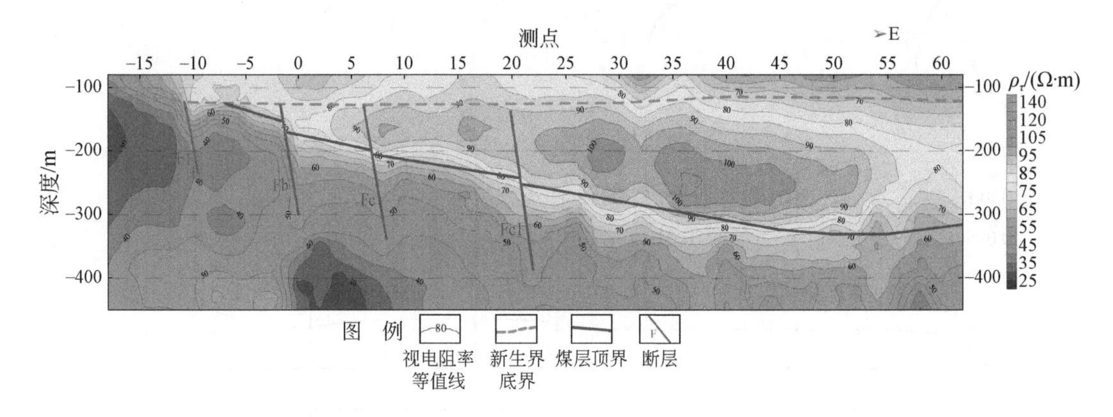

图 4-15　孟加拉国某煤田水文地质补充勘探 26 线 TEM 视电阻率-视深度剖面

2. 河南义安煤矿探测

2007 年,山东中煤物探测量总公司接受河南义安煤矿探测煤系富水情况的任务。测区属于低山丘陵地区,区内地层由老至新依次为奥陶系、石炭系(平均 53m)、二叠系(平均 850m)、上部其他地层三叠系、新近系、第四系厚度薄而不均。地层平缓,倾角一般为 6°~10°,倾向 135°。采用 TEM 施工,发射方框 960m×960m,发射电流周期为 2.5Hz,幅度 15A。图 4-16 为反演的电阻率-深度 $\rho_\tau(H)$ 曲线,曲线类型应为 KHA 型,综合效应不够直观。

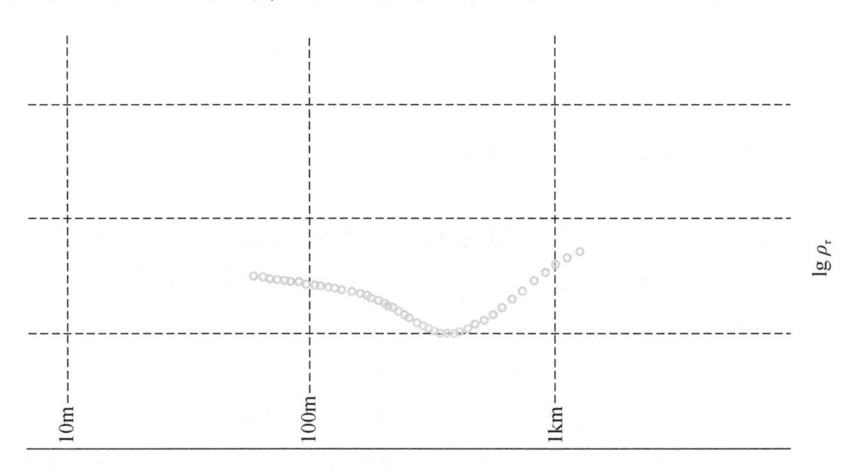

图 4-16　$\rho_\tau(H)$ 曲线

结合地质资料,建立正演模型,对测区每个测点数据进行反演拟合,拟合差在 2% 左右,其解释深度>1000m。图 4-17 是根据某测线反演数据绘制的剖面图,此剖面的电性基本反映煤系和基底灰岩的分布规律,像倾向偏南,深度趋深,正反映测区单斜特征。

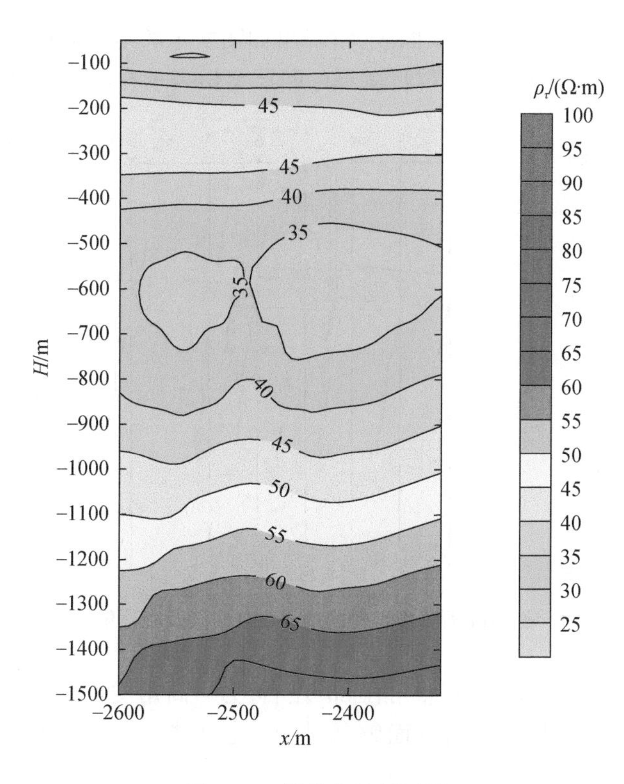

图 4-17　测线电性剖面图

3. 河南焦作某矿的断层探测

图 4-18、图 4-19 是在焦作某矿测制的两条垂直磁偶源频测剖面。测点距 50m，极距 $r=$

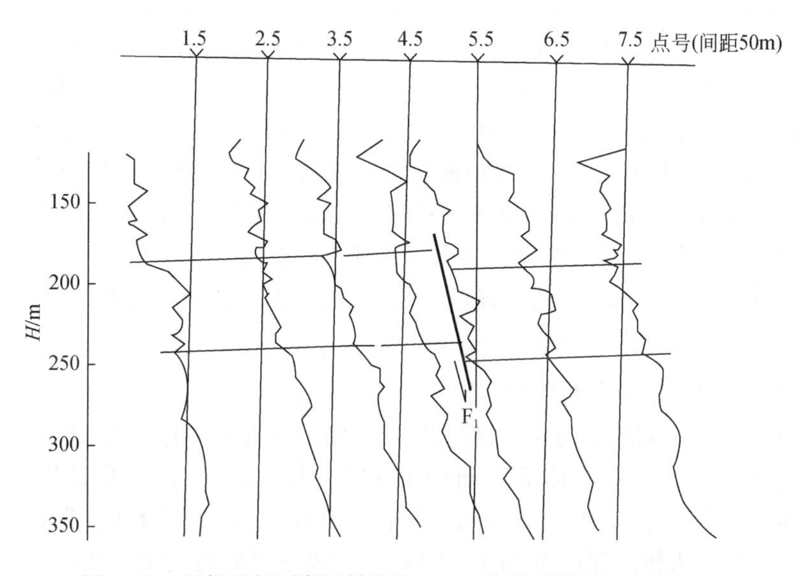

图 4-18　磁偶源频测资料转换的 $\rho_a(H)$ 曲线及断层解释图(一)

375m；根据所得视电阻率 $\rho_a(H)$ 转换曲线，解释出如图所示的地电断面。由于该区的地质情况基本已知，主要是确定断层，所以仅将解释的断层突出表示在图上，其他从略。

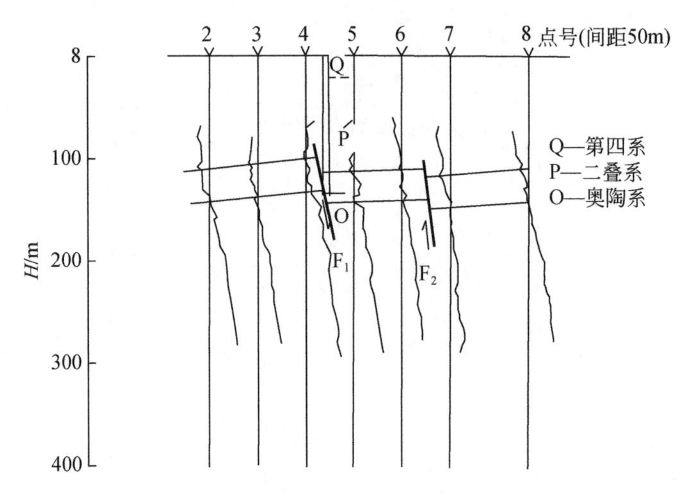

图 4-19　磁偶源频测资料转换的 $\rho_a(H)$ 曲线及断层解释图(二)

图 4-18 的断层断点连线右倾，倾角在 80°左右，为一高角度正断层；图 4-19 的断层断点连线右倾，仍为高角度正断层。两剖面解释结果与已掌握的信息和钻探揭露的地质资料相符。

4. 山东兖州某矿第四系底界深度探测

利用垂直磁偶源频率测深探测第四系底界深度，以便确定 60m 岩柱的界限，防止第四系水涌入矿井，保证矿井安全开采。

测区内第四系为砂泥质沉积，与下伏煤系有明显电性差，具有电法探测的物理前提。已知，第四系底界深度一般在 200m 左右，故选用极距 $r=500$m，使极距与主要探测目标深度比 (r/h) 在 2.4 左右，以保证探测深度和精度。全区实测 12 条测线，106 个测点，控制范围为 0.3km×1.6km。图 4-20 是该区Ⅵ线 300 号点视电阻率 $\rho_a(H)$ 转换曲线和邻近钻孔资料对比示意图。由图看出，视电阻率 $\rho_a(H)$ 转换曲线和钻孔测井曲线(简化)变化大体一致，第四系底界部位对应于转换曲线的 A 点。具体解释时要先分出第四系和煤系的大致分界，然后根据曲线细微特征确定分界点，这样就不会引起误判或产生大的误差。

解释的结果绘制成第四系底界等深度图，示于图 4-21。两个钻孔的揭露证明解释结果精度很高(表 4-12)，这是常规电法所不及的。

5. 磁偶源频率测深探测浅部含油层

磁偶源频率测深探测深度的大小，除和地层的结构与电阻率有关外，还和发收极距与频率有关。就中煤科工集团西安研究院研制的 EM-1 型仪器来说，频率范围为 1.004Hz ~ 62.5kHz，这是固定的，地层的结构与电阻率是自然存在的；这样主要由极距决定探测深度，一般选择极距 r 为最大探测深度 H 的 1 ~ 2 倍，最佳极距有时可达 2.4 倍(与具体的地电断面有关)。极距太小会造成直接感应，极距太大导致信号小而难以观测。图 4-22 显示的转换视电阻率曲线如测井曲线，对地层的分辨率高，这是因为极距选得适中。

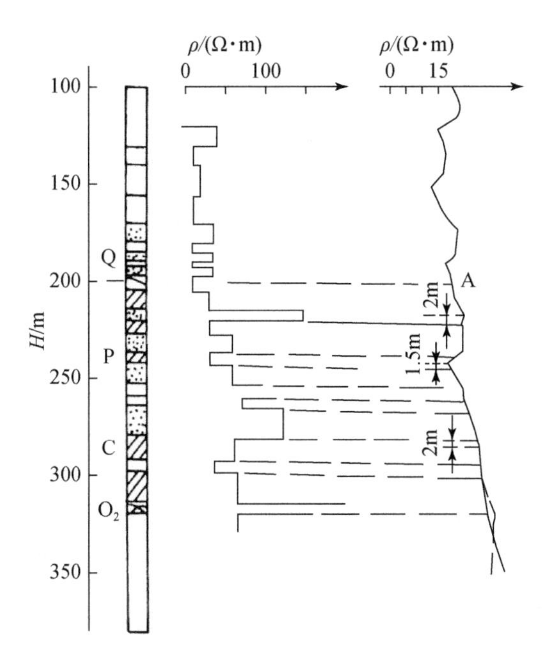

图 4-20 视电阻率 $\rho_a(H)$ 转换曲线与钻孔资料对比图

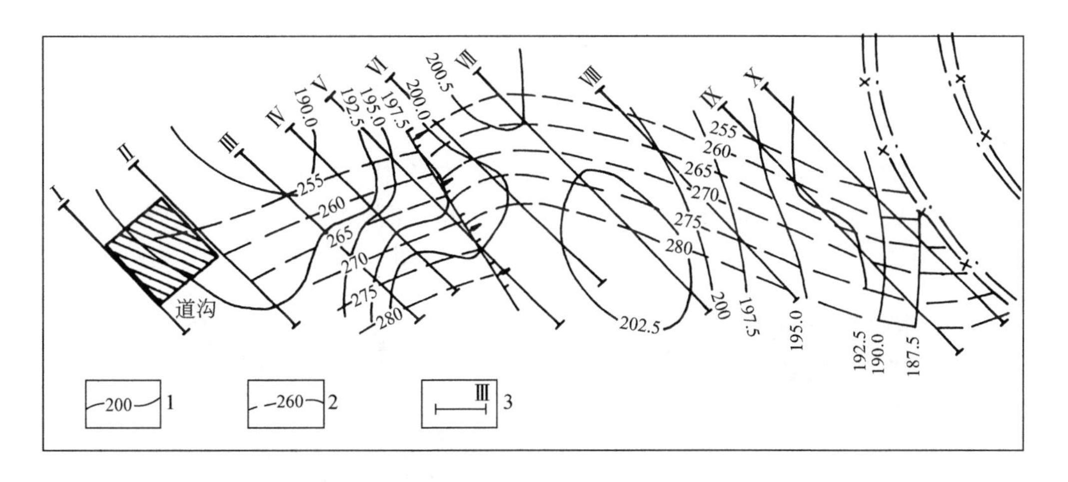

图 4-21 测区第四系底界等深度图

1. 第四系底界等深线(m);2. 煤层底板等高线(m);3. 测线及编号

表 4-12 第四系底界解释与钻孔揭露对比

测点/钻孔	第四系底界深度/m	
	磁偶源解释	钻孔揭露
Ⅶ-350/观 2 孔	203.00	203.50
Ⅶ-600/观 3 孔	194.00	192.48

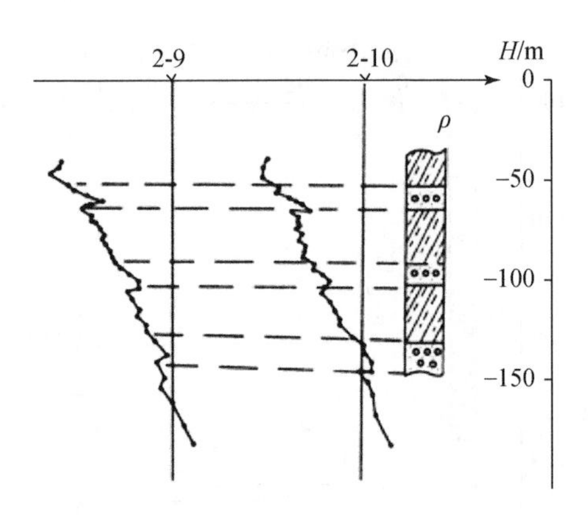

图 4-22　磁偶源转换视电阻率曲线解释含油砂砾层结果图

图 4-22 来源于中煤科工集团西安研究院的生产性试验，该试验区为邻近海岸陆地，探测目的层在 180m 内，主要探测含油砂粒层。根据目的层的赋存深度，选择垂直磁偶源装置的收发极距 $r=400$m，为主要目的层埋深的 2 倍左右。所观测的资料可靠，转换曲线直观、逼真；这在图 4-22 上突出显示出相对高阻含油砂层的厚度与深度，并具横向可比性，试验效果令人非常满意。

4.4.3　小回线瞬变电磁探测老窑、火区、井中地质异常及其效果

1. 在地面探测老窑与火区

1994 年在新疆某煤矿区，利用 TEM 中心回线法，按发射线框 5m×5m（陈明生等，2005）、发射电流 120A、探头等效面积 2500m² 进行施工，任务是探测 200m 深度范围内的老窑和煤层燃烧区。探测效果较好。图 4-23 为两个探测剖面图，图中标出了解释的异常位置。

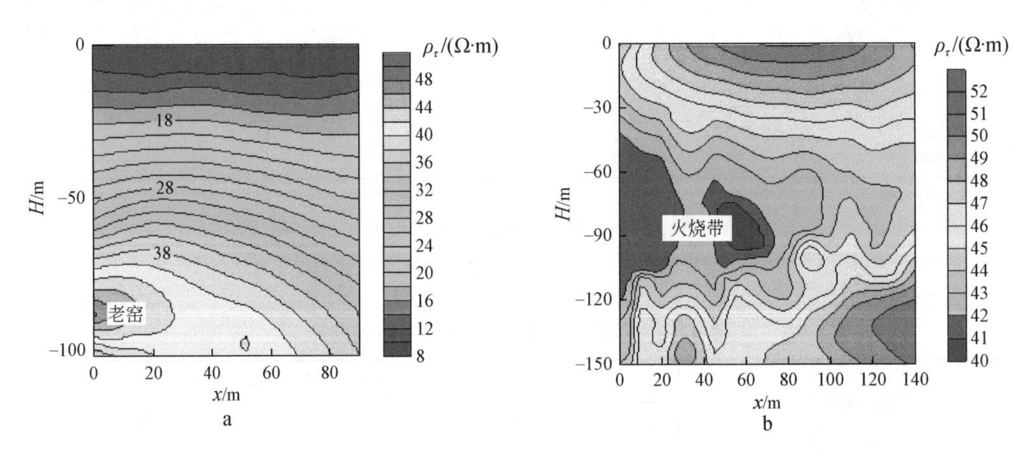

图 4-23　新疆某地老窑与火区 TEM 探测剖面图

a. 老窑；b. 火区

2. 在地面探测岩溶

在云南某公路边坡上探测岩溶，仍然采用发射线框5m×5m、发射电流120A、探头等效面积2500m^{2}的TEM中心回线法。探测效果明显，从剖面图4-24可看出，对断层、岩溶发育带都有清楚的显示(陈明生等，2007)。

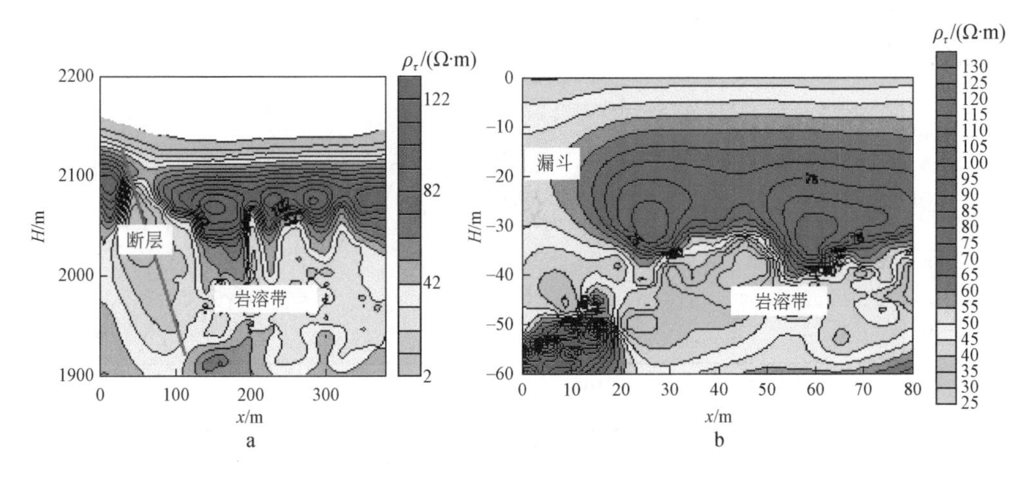

图4-24　云南某地TEM探测岩溶剖面图

a. 含断层岩溶；b. 岩溶及漏斗

3. 水上探测效果

由于采用TEM中心小回线法，在水上施工很方便，只要将装置固定在木制船头上，按点位观测即可。图4-25就是刘四红(2017)在水上与陆地上连续观测的TEM视电阻率剖面图，采用的装置和前面一样，仅发射电流增大到150A。图4-25剖面显示的异常标志在图上，反映的是岩溶部位。

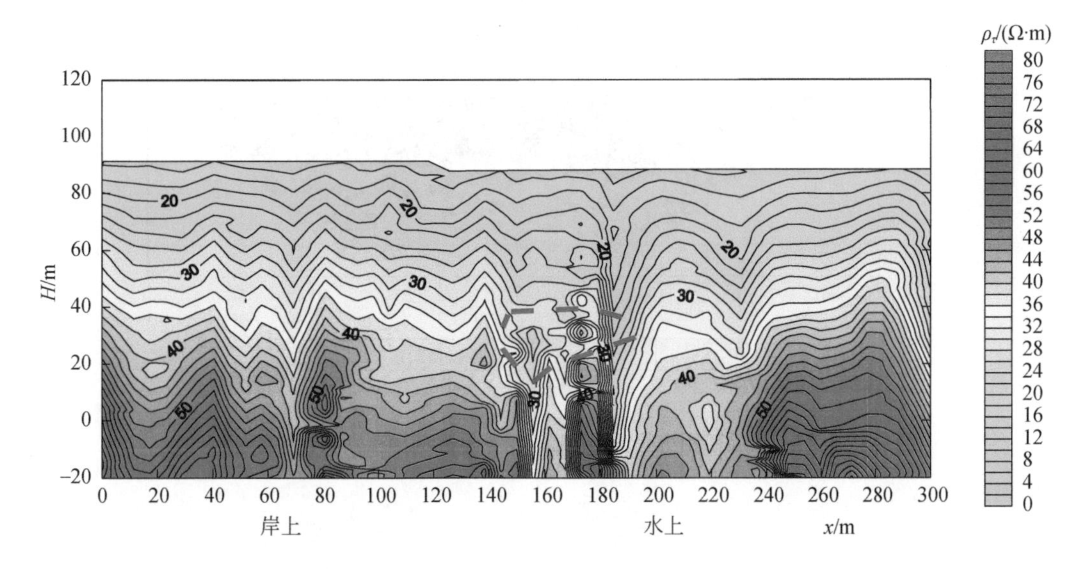

图4-25　湖南某地TEM探测岩溶剖面图(周钦渊提供)

4. 在井下探水效果

在煤矿井下由于受空间狭小的限制,只能采用 TEM 小回线法探测,具体使用发收重叠线框,边长 1.5m,前者 10 圈,后者 25 圈。现以两个实测剖面展示于下(中煤科工集团重庆研究院资料)。

图 4-26 展示的为某煤矿巷道侧帮 TEM 视电阻率图,根据视电阻率等值线色块分布的相对低阻区,划分出含水带,经开采揭露证实。

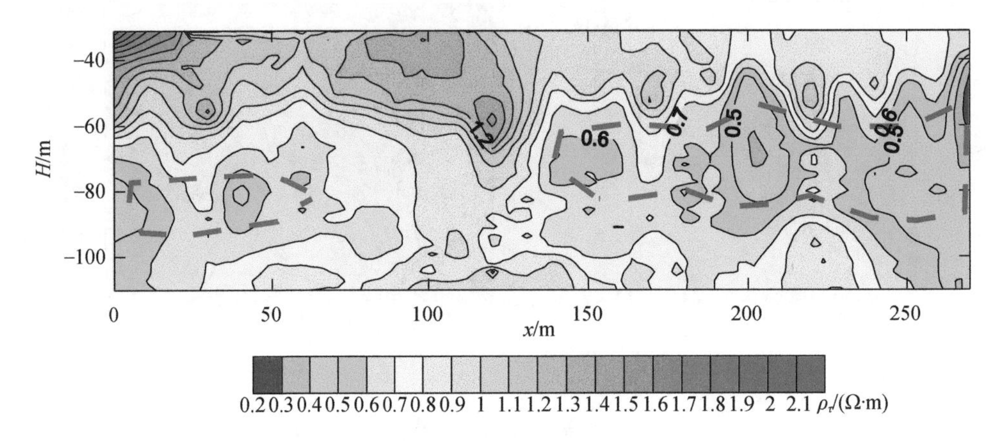

图 4-26　某煤矿巷道侧帮 TEM 视电阻率图(许洋铖提供)

图 4-27 展示的为某煤矿掘进头前方 TEM 视电阻率剖面图,根据视电阻率等值线色块分布的相对低阻部位,划分出含水带,经掘进揭露证实。

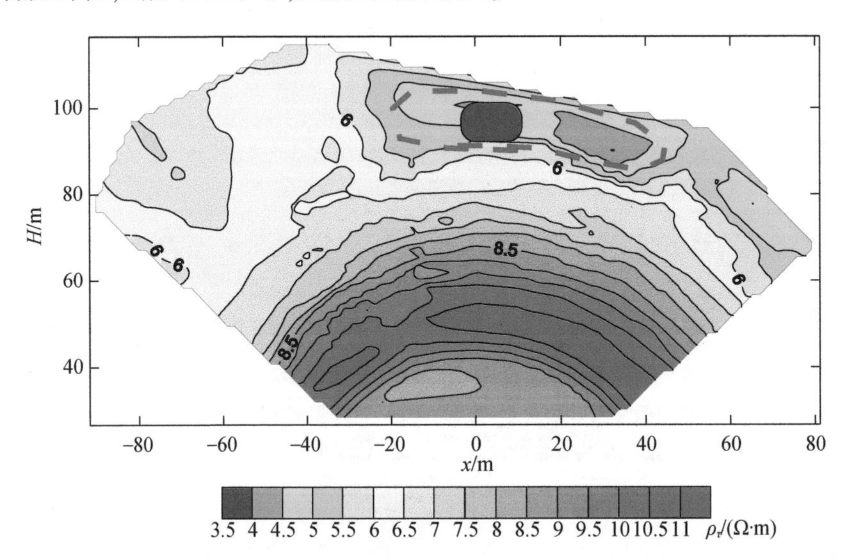

图 4-27　某煤矿掘进头前方 TEM 视电阻率剖面图(许洋铖提供)

第5章　对电磁法有关问题的分析

5.1　关于频率电磁测深的几个问题

5.1.1　从可控源音频大地电磁测深原理看解释中的问题

1. 频率电磁测深原理

1）电磁场的分区

对于人工场，场源和观测点都在地面，存在场区问题（陈明生和闫述，2005）。根据场观测点离源的距离 r 和波常数 k 的乘积的模 $|kr|$ 的大小划分为三个场区，$|kr| \ll 1$ 为近区，$|kr| \gg 1$ 为远区，两者之间的过渡区为中区。

就波的传播途径可分为天波、地面波和地层波。沿地表传播的地面波（用 S_0 表示）和直接在地层中传播的地层波（用 S_1 表示）在某一时刻 t 时，由于波程差，会在地面附近形成一个近于水平的波阵面，造成一个几乎是垂直向下传播的 S_* 波，即近似的水平极化平面波；在这里地层波衰减殆尽，只剩水平极化地面波，这就是远区。在离场源一定范围内，以地层波为主，地面波相对很弱，为近区；由近区向远区过渡的中间地带为中区。S_0 波、S_1 波和 S_* 波在传播过程中均与地下地质体发生作用，并把作用结果反映到地面观测点，以提取可供地质解释的资料。对于空中投到地面的天然电磁场，具有平面波的性质，按远区场处理。

2）频率电磁测深探测深度

对一维似稳平面电磁场（陈乐寿和王光锷，1991），其谐变位相因子取 $e^{-i\omega t}$ 时，有方程

$$\frac{\partial^2 E_x(\omega, z)}{\partial z^2} + i\omega\mu_0\sigma E_x(\omega, z) = 0 \tag{5-1}$$

在地面上的解为

$$E_x(\omega, z) = Ae^{i\alpha z}e^{-\beta z} = E_x(\omega, 0)e^{ikz} \tag{5-2}$$

式中，$\alpha = \beta = \sqrt{\omega\mu_0\sigma/2}$。上式表明，场强随深度呈余弦变化并按指数规律衰减，如图5-1所示。当位相变化 2π 弧度，入射深度应为一个波长 λ，这样便有等式

$$\alpha z = \beta\lambda = 2\pi \tag{5-3}$$

由式(5-3)得

$$\lambda = \frac{2\pi}{\beta} = 2\pi\sqrt{\frac{2}{\omega\mu_0\sigma}} = 2\pi\delta \tag{5-4}$$

容易看出，当深度 $z=\delta$ 时，电场振幅衰减到地表数值的 1/e，将此深度 δ 定义为集肤深度；正好有

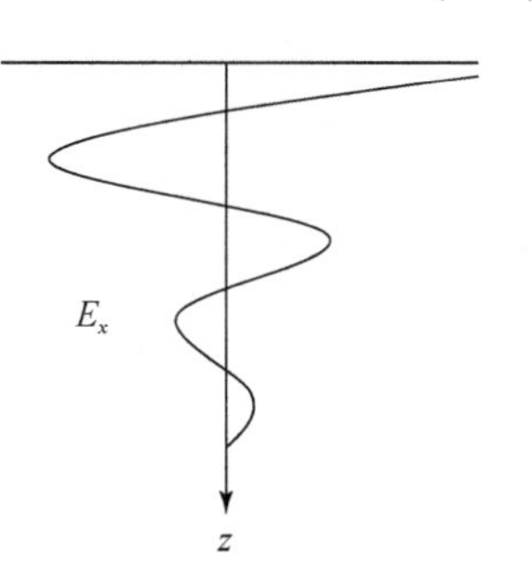

图5-1　场强随深度变化示意图

$$\delta=\frac{1}{\beta}=\frac{\lambda}{2\pi} \tag{5-5}$$

集肤深度等于约化波长，可用于评估频率域电磁测深探测深度。并且，r/δ 值也可表示场区，即 $r/\delta \gg 1$ 为远区，$r/\delta \ll 1$ 为近区，中间过渡带为中区。

2. 频率电磁测深的资料解释

1）视电阻率

对均匀半空间表面平面电磁波，根据正交电磁场的阻抗表示式，有

$$\rho_1=\frac{1}{\omega\mu_0}\left|\frac{E_x}{H_y}\right|^2=\frac{1}{\omega\mu_0}\mid Z_1(0)\mid^2 \tag{5-6}$$

对于一维 m 分层介质地表，式(5-6)可表示为

$$\rho_s=\frac{1}{\omega\mu_0}\mid Z_m(0)\mid^2 \tag{5-7}$$

这便为阻抗视电阻率，常称为卡尼亚视电阻率。式(5-7)比式(5-6)可得

$$\frac{\rho_s}{\rho_1}=\mid R_m\mid^2 \tag{5-8}$$

式中

$$R_m=\mathrm{cth}\left[\mathrm{i}k_1h_1+\mathrm{cth}^{-1}\frac{k_1}{k_2}\mathrm{cth}\left(\mathrm{i}k_2h_2+\cdots+\mathrm{cth}^{-1}\frac{k_{n-1}}{k_n}\right)\right] \tag{5-9}$$

这样，根据式(5-8)就可进行 AMT 的正演（同 MT 法，这里强调 AMT 是为了与 CSAMT 对应）；将野外实测的电磁场资料按阻抗转换为卡尼亚视电阻率，选择一定的反演方法作地质解释。对 CSAMT 资料按 AMT 法解释有场区校正问题。

2）近场校正问题

采用 AMT 法解释 CSAMT 资料的依据是远区场，这时人工电磁场近似于平面波，电磁场各分量的表达式大大简化（曹昌祺，1978；陈明生，2012a），如对 E_x、H_y 的比值视电阻率表达式在远区简化后有

$$\frac{\rho_\omega}{\rho_1}=\frac{1}{\mid G_m\mid^2} \tag{5-10}$$

可以证明，式(5-8)的 R_m 与式(5-10)的 $\frac{1}{G_m}$ 是等价的，所以解释方法通用。但是，由于 CSAMT 存在场区问题，按 AMT 法解释资料只能局限于远区部分，对中近区部分如何处理是要解决的问题。通常都是根据均匀半空间正演模型，找出规律进行场区校正。引进加拿大凤凰公司的 V8 或美国宗基公司的 GDP32 仪器一般都配有含中近区校正的解释软件。最初和常用的中近区校正方法是根据实测资料采用的频率 f、极距 r 和观测的比值 $\left|\frac{E_x}{H_y}\right|$ 把场分为远区场、中区场和近区场（石昆法，1999）。根据均匀半空间电磁场分量的远区视电阻率表达式

$$\rho_\omega \approx \frac{1}{5f}\left|\frac{E_x}{H_y}\right|^2 \tag{5-11}$$

和近区视电阻率表达式

$$\rho_\omega \approx r\left|\frac{E_x}{H_y}\right| \tag{5-12}$$

分别对式(5-11)右边乘一个系数 K_f，对式(5-12)右边乘一个系数 K_n，使真电阻率保持不变。现引用 K_f 和 K_n 与 $fr\left|\frac{E_x}{H_y}\right|$ 的关系曲线如图5-2所示。

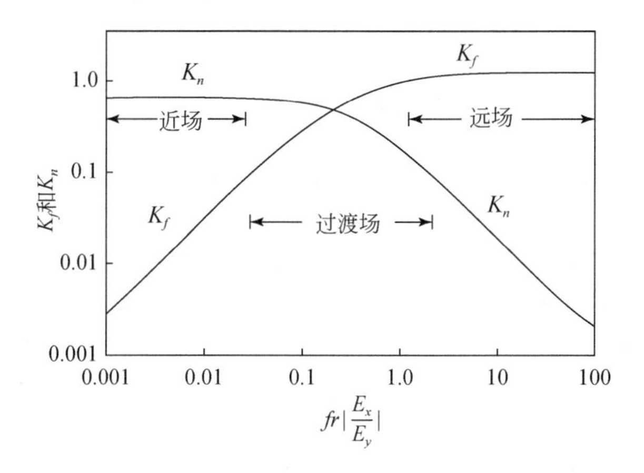

图5-2　K_f 和 K_n 与 $fr\left|\frac{E_x}{H_y}\right|$ 关系曲线(石昆法,1999)

由图5-2看出，K_f 曲线反映在均匀半空间情况下满足远区场时，可按式(5-11)直接求，即 $K_f=1$；进入过渡区(中区)直到近区，K_f 值逐渐降低，必须按式

$$\rho_\omega = \frac{K_f}{5f}\left|\frac{E_x}{H_y}\right|^2 \tag{5-13}$$

计算才能得真电阻率 ρ_1；如此就可实现中区场与近区场校正，使其等价远区场的资料，以便将CSAMT资料按AMT/MT资料解释。

3)对近场校正方法的质疑

上述介绍的CSAMT资料中近场校正方法，是建立在均匀半空间模型的计算式上，按 K_f 曲线对均匀半空间的资料进行解释没有任何问题，但是对分层介质就有局限性。因为在分层介质远区情况下

$$\left|\frac{E_x}{H_y}\right| = \sqrt{\frac{\mu_0\omega}{\sigma_1}}R_m \tag{5-14}$$

当为均匀半空间时，$R_m=1$，其他情况 R_m 值按式(5-9)算；不过，对CSAMT使用的频段，在高频段 $R_m \approx 1$，在低频段仍有 $R_m \approx 1$。这说明利用 K_f 曲线进行中近区校正，对中区会失真。再看 K_n，图5-2曲线是在均匀半空间，装置为赤道偶极($\theta=90°$)的条件下得出的，计算式为

$$\rho_\omega = K_n r\left|\frac{E_x}{H_y}\right| \tag{5-15}$$

对均匀半空间介质，要通过校正得出真电阻率 ρ_1，按式(5-15)计算，K_n 的值不像 K_f 和角度 θ 无关，而是随CSAMT的资料观测角度范围(一般为60°～120°)而变，这样按图5-2采用

$\theta=90°$的近场系数K_n作校正会带来较大误差;对分层介质的资料作近场校正,除受观测角度θ影响,还受地层因子R_m的影响,因为各层场区并不一致。

3. 结论与建议

本节所述内容仅指一维介质情况,不涉及记录点问题。

(1)采用CSAMT法可克服AMT法接收信号弱的困难,并在适合条件下可借用AMT法解释CSAMT法的资料。

(2)利用CSAMT法在均匀半空间计算的K_f和K_n与$fr\left|\frac{E_x}{H_y}\right|$关系曲线,进行中近区资料校正是有局限性的;采用其他方法进行额外计算也会增加误差。

(3)由于第(2)条的问题,不如直接按原始比值视电阻率直接进行反演解释,减少不必要的校正误差。但这已不适合叫CSAMT,因解释方法不按天然场。

(4)通过FEM可获得电磁场多个分量及其相位,可单独或多分量多参数反演解释以达到综合解释目的;因为不同分量对地层的分辨率不同,采集的数据质量不同,还可择优选取,自由度更大。

5.1.2 分析研究频率电磁测深中电磁场波型及意义

1. 频率电磁测深的电磁场分量表达式

1)均匀水平分层大地面上谐变电偶极子的电磁场

为了便于分析与阅读,现将第2章给出的人工源频率域电磁场公式重写出来。对水平电偶源电磁场6个分量的一般表达式(陈明生和闫述,1995)

$$E_x=\frac{\mathrm{i}\omega\mu_0 Il}{4\pi}\int_0^\infty\left(\frac{1}{K_0+K_1G_\kappa}-\frac{1}{\xi_0+\xi_1G_\xi}\right)\lambda J_0(\lambda r)\mathrm{d}\lambda+\frac{\mathrm{i}\omega\mu_0 Il}{4\pi}\cos2\theta\int_0^\infty\left(\frac{1}{K_0+K_1G_k}+\frac{1}{\xi_0+\xi_1G_\xi}\right)\lambda J_2(\lambda r)\mathrm{d}\lambda \tag{5-16}$$

$$E_y=\frac{\mathrm{i}\omega\mu_0 Il}{4\pi}\sin2\theta\int_0^\infty\left(\frac{1}{K_0+K_1G_k}+\frac{1}{\xi_0+\xi_1G_\xi}\right)\lambda J_2(\lambda r)\mathrm{d}\lambda \tag{5-17}$$

$$E_z=-\frac{\mathrm{i}\omega\mu_0 Il}{2\pi}\cos\theta\int_0^\infty\frac{1}{\xi_0+\xi_1G_\xi}\lambda J_1(\lambda r)\mathrm{d}\lambda \tag{5-18}$$

$$H_x=-\frac{Il}{4\pi}\sin2\theta\int_0^\infty\left(\frac{K_0}{K_0+K_1G_k}-\frac{\xi_0}{\xi_0+\xi_1G_\xi}\right)\lambda J_2(\lambda r)\mathrm{d}\lambda \tag{5-19}$$

$$H_y=\frac{Il}{4\pi}\int_0^\infty\left(\frac{K_0}{K_0+K_1G_\kappa}+\frac{\xi_0}{\xi_0+\xi_1G_\xi}\right)\lambda J_0(\lambda r)\mathrm{d}\lambda+\frac{Il}{4\pi}\cos2\theta\int_0^\infty\left(\frac{K_0}{K_0+K_1G_k}-\frac{\xi_0}{\xi_0+\xi_1G_\xi}\right)\lambda J_2(\lambda r)\mathrm{d}\lambda \tag{5-20}$$

$$H_z=\frac{Il}{2\pi}\sin\theta\int_0^\infty\frac{1}{K_0+K_1G_k}\lambda^2J_1(\lambda r)\mathrm{d}\lambda \tag{5-21}$$

式中,$J_0(\lambda r)$、$J_1(\lambda r)$、$J_2(\lambda r)$分别为零阶、1阶和2阶第一类柱贝塞尔函数,λ为积分变量,

其物理意义是 r 方向的波矢量；$K_i=\sqrt{\lambda^2-k_i^2}$，$\xi_i=\dfrac{k_i^2}{K_i}$；$G_k$、$G_\xi$ 为对应地层因子。对于 m 层大地，有从下向上的递推公式

$$G_{k(m)}=1$$

$$G_{k(m-n)}=\frac{K_{(m-n)}+K_{(m-n+1)}G_{k(m-n+1)}-[K_{(m-n)}-K_{(m-n+1)}G_{k(m-n+1)}]\mathrm{e}^{-2K_{(m-n)}h_{(m-n)}}}{K_{(m-n)}+K_{(m-n+1)}G_{k(m-n+1)}+[K_{(m-n)}-K_{(m-n+1)}G_{k(m-n+1)}]\mathrm{e}^{-2K_{(m-n)}h_{(m-n)}}} \tag{5-22}$$

$$n=1,2,\cdots,m-1$$

其中，G_ξ 有相同的表达式，只是以 ξ_i 代替 K_i，而因子 $\mathrm{e}^{-2K_ih_i}$不变。

2）均匀水平分层大地面上谐变垂直磁偶极子的电磁场

垂直磁偶极子源的电磁场分量表达式

$$E_\theta=\frac{\mathrm{i}\omega\mu_0 m}{2\pi}\int_0^\infty\frac{1}{K_0+K_1G_k}\lambda^2J_1(\lambda r)\mathrm{d}\lambda \tag{5-23}$$

$$H_r=-\frac{m}{2\pi}\int_0^\infty\frac{1}{K_0+K_1G_k}\lambda^2J_1(\lambda r)\mathrm{d}\lambda \tag{5-24}$$

$$H_z=\frac{m}{2\pi}\int_0^\infty\frac{1}{K_0+K_1G_k}\lambda^3J_0(\lambda r)\mathrm{d}\lambda \tag{5-25}$$

除磁偶极矩 m 外，式中其他符号同电偶极子场分量公式的表示相同。

2. 电磁场分量的波型

根据电磁场理论（冯恩信，2005），电磁场的波型有横电型（TE 型）、横磁型（TM 型）和横电磁型（TEM 型）。电磁波沿传播方向（如 z 向）$E_z=0$，称 TE 型场；$H_z=0$，称 TM 型场；如果 $H_z=0$、$E_z=0$，称 TEM 型场。现在根据上面提供的电磁场分量公式，对所含的波型（场型）加以分析。曹昌祺（1982）在文章中已指出，在电磁场积分式里核函数中和 K_i 相联系的项代表 TE 型场，与 ξ_i 相联系的项代表 TM 型场。以下进行具体解译（陈明生，2014a），以便于理解并指导实际应用。

对所列电偶源和磁偶源激发的电磁场各分量表达式积分中的核函数的项分两种，即 $\dfrac{K_0}{K_0+K_1G_k}$或$\dfrac{1}{K_0+K_1G_k}$，以及$\dfrac{\xi_0}{\xi_0+\xi_1G_\xi}$或$\dfrac{1}{\xi_0+\xi_1G_\xi}$。对均匀半空间，$G_{k1}=1$，$G_{\xi1}=1$，这样就有

$$\frac{K_0}{K_0+K_1}=\frac{K_0-K_1}{K_0+K_1}+\frac{K_1}{K_0+K_1} \tag{5-26}$$

$$\frac{\xi_0}{\xi_0+\xi_1}=\frac{\xi_0-\xi_1}{\xi_0+\xi_1}+\frac{\xi_1}{\xi_0+\xi_1} \tag{5-27}$$

对二层大地，$G_{k2}=1$，$G_{\xi2}=1$，有

$$G_{k1}=\frac{K_1+K_2G_{K2}-(K_1-K_2G_{k2})\mathrm{e}^{-2k_1h_1}}{K_1+K_2G_{K2}+(K_1-K_2G_{k2})\mathrm{e}^{-2k_1h_1}}=\frac{1-\left(\dfrac{K_1-K_2}{K_1+K_2}\right)\mathrm{e}^{-2k_1h_1}}{1+\left(\dfrac{K_1-K_2}{K_1+K_2}\right)\mathrm{e}^{-2k_1h_1}} \tag{5-28}$$

$$G_{\xi1}=\frac{\xi_1+\xi_2G_{\xi2}-(\xi_1-\xi_2G_{\xi2})\mathrm{e}^{-2k_1h_1}}{\xi_1+\xi_2G_{\xi2}+(\xi_1-\xi_2G_{\xi2})\mathrm{e}^{-2k_1h_1}}=\frac{1-\left(\dfrac{\xi_1-\xi_2}{\xi_1+\xi_2}\right)\mathrm{e}^{-2k_1h_1}}{1+\left(\dfrac{\xi_1-\xi_2}{\xi_1+\xi_2}\right)\mathrm{e}^{-2k_1h_1}} \tag{5-29}$$

对多层大地可类推,只是烦琐些;不过,上面的核函数的表达式足可说明 TE 型场和 TM 型场的标识和区分。从式(5-26)和式(5-28)看出,它们都含有$\frac{K_{(i-1)}-K_i}{K_{(i-1)}+K_i}$,这正是 TE 型场反射系数的表达;而式(5-27)和式(5-29)中都含有$\frac{\xi_{(i-1)}-\xi_i}{\xi_{(i-1)}+\xi_i}$,这是 TM 型场反射系数的表达。这样,我们就容易理解曹昌祺教授提出电磁场公式中与 K 相联系的项代表 TE 型场,与 ξ 相联系的项代表 TM 型场。

根据 TE 型场和 TM 型场的区别,可对电偶源和磁偶源激发的电磁场作场型划分。从式(5-23)~式(5-25)看出,垂直磁偶极源激发的电磁场分量都属 TE 型场;而从式(5-16)~式(5-21)看出,水平电偶极源激发的电磁场分量 E_z 属 TM 型场,H_z 属 TE 型场,其他分量既有 TE 型场,也有 TM 型场,属混合型场。现以两种类型场叠加形式表示水平电偶极源激发的电磁场分量于下

$$E_x=E_x^{\mathrm{TE}}+E_x^{\mathrm{TM}},E_y=E_y^{\mathrm{TE}}+E_y^{\mathrm{TM}},E_z=E_z^{\mathrm{TM}},$$
$$H_x=H_x^{\mathrm{TE}}+H_x^{\mathrm{TM}},H_y=H_y^{\mathrm{TE}}+H_y^{\mathrm{TM}},H_z=H_z^{\mathrm{TE}}$$

式中,字母下标表示场分量的方向,上标表示场分量的波型。

3. 电磁场分量远、近区场公式显示的特征

到了远区水平电偶极源激发的电磁场分量两种场型将会如何变化,现在加以分析。在远区,可合理地作一些近似,即

$$K_i\rightarrow\sqrt{-k_i^2}=-\mathrm{i}k_i,\xi_i\rightarrow\mathrm{i}k_i=-K_i\quad i=1,2,\cdots,\mathrm{m}$$

这样便有

$$G_k=G_\xi=G$$

这就意味着远区的电磁场中 TE 型场与 TM 型场的性质彼此相近。由于真空中忽略位移电流,便可推出

$$\frac{1}{K_0+K_1G_k}\approx\frac{1}{\lambda-\mathrm{i}k_1G}\approx\frac{1}{\mathrm{i}k_1G}$$

据上述远区场的参量及核函数特点,利用贝塞尔函数积分式,可得水平分层地面水平电偶极源激发的远区电磁场分量解析表达式(见 2.6.2 节)。现仅写出 CSAMT 常用的 E_x、H_y 分量的表达式

$$E_x=\frac{Il\rho_1}{4\pi}\frac{1}{G^2}\frac{1}{r^3}(3\cos2\theta-1)\tag{5-30}$$

$$H_y=(1+\mathrm{i})\frac{Il}{8\pi}\sqrt{\frac{2}{\omega\mu_0\sigma_1}}\frac{1}{G}\frac{1}{r^3}(3\cos2\theta-1)\tag{5-31}$$

当处于近区,同样对 E_x、H_y 的表达式加以简化。在近区

$$K_i\approx\lambda,\quad \xi_i\approx\frac{k_i^2}{\lambda}\quad i=1,2,\cdots,m$$

这样,可推出地层因子

$$G_{k(m-n)}\approx1$$

$$G_{\xi(m-n)}=\frac{\sigma_{(m-n)}+\sigma_{(m-n+1)}G_{(m-n+1)}-[\sigma_{(m-n)}-\sigma_{(m-n+1)}G_{(m-n+1)}]\mathrm{e}^{-2k_{(m-n)}h_{(m-n)}}}{\sigma_{(m-n)}+\sigma_{(m-n+1)}G_{(m-n+1)}+[\sigma_{(m-n)}-\sigma_{(m-n+1)}G_{(m-n+1)}]\mathrm{e}^{-2k_{(m-n)}h_{(m-n)}}}$$

根据上述近区场参量特征和含贝塞尔函数的积分公式,可推得水平分层地面水平电偶极源激发的近区电磁场分量 E_x、H_y 的表达式

$$E_x = \frac{\mathrm{i}\omega\mu_0 Il}{8\pi}\frac{1}{r}(\cos2\theta + 1) + \frac{Il}{4\pi\sigma_1}\left[\cos2\theta\int_0^\infty \frac{\lambda^2}{G_\xi}\mathrm{J}_2(\lambda r)\mathrm{d}\lambda - \int_0^\infty \frac{\lambda^2}{G_\xi}\mathrm{J}_0(\lambda r)\mathrm{d}\lambda\right] \quad (5\text{-}32)$$

$$H_y = \frac{Il}{4\pi}\frac{1}{r^2}\cos2\theta \quad (5\text{-}33)$$

由上看出,E_x 的第一项和地层无关;第二项和地层有关,并保留 TM 型场的特征。对 H_y 来说,已和地层无关,也谈不上场型问题。

4. 频率电磁测深的电磁场波型特性及实际意义

上面对水平分层地面水平电偶极和垂直磁偶极源激发的适合全区电磁场分量的场型作了解剖,又以常用的电偶极激发的 E_x、H_y 分量为例,分析了其远区与近区场的特征;加深这方面的理解,对更好地利用频率测深方法具有理论与应用价值。

场型不同,探测能力有别。对于水平分层大地来说,TM 型场,具有 E_z 分量,在地层界面(包括地面)诱发积累电荷,会阻止电磁场的向下渗透,高阻层的屏蔽作用明显。而 TE 型电磁场,相关联的电分量处处与地面及地层分界面平行,没有 E_z 分量,不会在界面上感应电荷,对高阻层有较强的穿透能力,受屏蔽作用小。

对于水平分层地面水平电偶极源激发的电磁场分量,在远区,TM 型场与 TE 型场接近,实际是横电磁场,即 TEM 型场,近似天然场,为似平面极化波,对高阻层穿透能力强。到了近区,TE 型场已不存在,仅可能有 TM 型场,其性质接近直流场,受高阻层屏蔽显著。对两区之间的中区,E_x 分量既有 TE 型场,也有 TM 型场;但是,由近区向远区过渡时,TE 型场会越来越占优势,穿透高阻层能力也随着增强。图 5-3 是一条由 E_x 分量计算的不同极距 r 的曲线(陈明生和闫述,1995),曲线上圆圈中数字是极距与第一层厚度的比值 r/h_1。地电断面为三层 K 型,具体地电参数标在图上,符号的具体含义为

$$\mu_i = \frac{\rho_i}{\rho_1}, \nu_i = \frac{h_i}{h_1} \quad i = 1,2,3$$

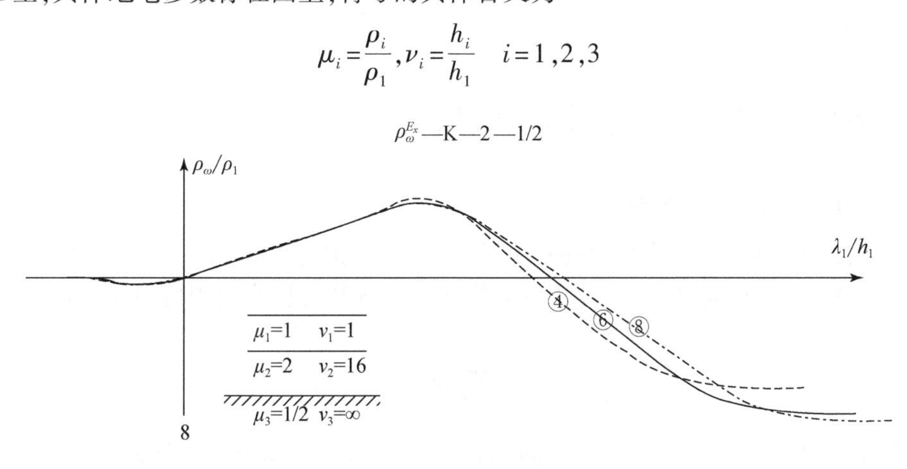

图 5-3　K 型 $\rho_\omega^{E_x}$ 曲线

图 5-3 的纵横坐标都是比值,没有单位;ρ_ω/ρ_1 是单分量 E_x 视电阻率与第一层真电阻率比值,λ_1/h_1 是第一层波长与第一层厚度比值。从图上看出,$r/h_1 = 4$ 的曲线(虚线)极大值最

高，$r/h_1=8$ 的曲线（点画线）极大值最低。这说明极距变大，向远区过渡，TE 型场相对增强，穿透中间高阻层能力提高；极距变小，向近区过渡，TM 型场相对增强，穿透中间高阻层能力降低。

对于 E_z、H_z 分量都是一种波型，前者为 TM 型场，后者为 TE 型场。E_z 分量在地面上下两侧不连续，又难观测，暂不考虑；H_z 分量应引起重视。对于其他两个磁场分量 H_x、H_y，分析表达式得知 TM 型场实际不存在，因为 $\xi_i=0$。由上可知，对水平分层地面水平电偶极源激发的电磁场分量，除了 E_z 分量，E_x、E_y 分量含 TE 型、TM 型场，磁场各分量 H_x、H_y、H_z 都只含有一种波型——TE 型场。

对水平分层地面垂直磁偶极源激发的电磁场分量 E_θ、H_r、H_z 也都只含有一种波型——TE 型场，在应用中很值得重视。

5. 结论与建议

对水平分层地面水平电偶极和垂直磁偶极源激发的电磁场分量的场型等性质分析后，可得如下结论及应用建议。

（1）水平电偶极和垂直磁偶极源激发的电磁场分量一般含有 TE 型、TM 型场，并随场区不同而发生变化。水平电偶极源激发的场分量 E_x、E_y 既含 TE 型场，也含 TM 型场，E_z 分量仅含 TM 型场，H_x、H_y、H_z 诸分量，实际上也只有 TE 型场；而垂直磁偶极源激发的电磁场三分量 E_θ、H_r、H_z 纯为 TE 型场。

（2）TE 型、TM 型场和地层的作用性质有别，TE 型场电场平行层面，穿透高阻层能力强，并受地层各向异性影响小；TM 型场，磁场平行层面，对高阻层敏感，不易穿透高阻层，受地层各向异性影响大。

（3）对水平分层地面水平电偶极和垂直磁偶极源激发的电磁场分量的场型了解后，可利用各分量的优势，针对不同地质问题，选择不同场分量，或采用多分量进行综合探测，以提高频率电磁测深的探测效果。不过，目前来说，近区场不能做频率电磁测深，而中远区场才能做频率电磁测深。

5.1.3　频率电磁测深相位问题分析

1. 频率电磁测深相位表示

频率电磁测深所探测的大地可理解为是一个具有电阻、电容和电感的交流电路，观测的各场强分量 $F(\omega)$ 具有复数性质，通过一定的计算可将其转换为复视电阻率 $\rho_s(\omega)$，其表达式可写为

$$\rho_s(\omega)=K\frac{F^n(\omega)}{I}\quad n=1,2 \tag{5-34}$$

式中，I 为供电电流，K 为和装置等有关的系数。由于 $\rho_s(\omega)$ 为复数，可表示为

$$\rho_s(\omega)=\mathrm{Re}\rho_s(\omega)+\mathrm{iIm}\rho_s(\omega)=|\rho_s(\omega)|\mathrm{e}^{\mathrm{i}\varphi(\omega)} \tag{5-35}$$

式中，Re、Im 分别表示实、虚分量；$|\rho_s(\omega)|$ 为 $\rho_s(\omega)$ 的振幅（模值）；$\varphi(\omega)$ 为 $\rho_s(\omega)$ 的相位，由式（5-34）看出，是相对发射电流的相位差。由于大地是分层介质，电阻率（振幅）和相位都应冠有视字。

将 $\rho_s(\omega)$ 表示在复平面上（图 5-4），视相位（以下简称相位）$\varphi(\omega)$ 表示为

$$\varphi(\omega)=\tan^{-1}\frac{\mathrm{Im}\rho_s(\omega)}{\mathrm{Re}\rho_s(\omega)} \tag{5-36}$$

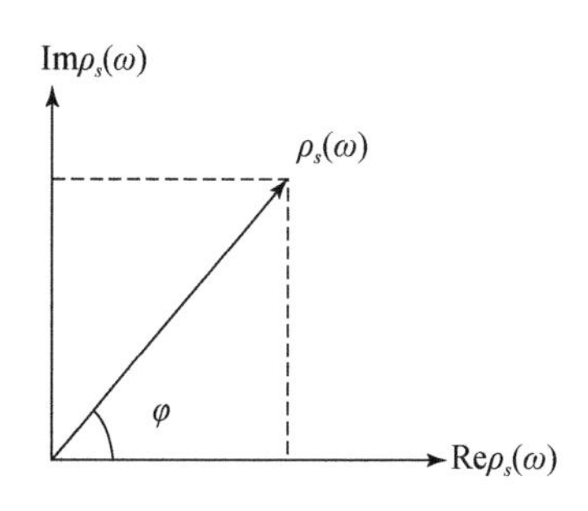

图 5-4 $\rho_s(\omega)$ 的复数表示

应取相位角 $\varphi(\omega)$ 在 $\pm\frac{\pi}{2}$ 间。正演可采用式（5-36）计算相位 $\varphi(\omega)$，对于野外实测一般取 $\rho_s(\omega)$ 幅值作为视电阻率，有时不测相位 $\varphi(\omega)$，或其值不好；这时需要根据幅值与相位的关系式进行计算，以便获得相位参数，这在应用与研究中很有意义。

2. 相位与视电阻率转换关系

为了深入理解相位与视电阻率的关系，先由复变函数（郭敦仁，1965；西安交通大学高等数学教研室，1978）的有关公式推出复数的实部与虚部的转换式，问题就解决了。如果有复变函数

$$f(z)=U+\mathrm{i}V$$

在围线 c 内及其围线上是解析的，a 是域内任意点，则有

$$\int_c \frac{f(z)}{z-a}\mathrm{d}z = 2\pi\mathrm{i}f(a)\times\begin{cases}1 & a\in c\\ 1/2 & a\ \text{在}\ c\ \text{上}\\ 0 & a\notin c\end{cases} \tag{5-37}$$

式（5-37）为柯西积分公式，通过此公式可把一个函数在 c 内及 c 上的某点的值用它在边界上的积分值表示。如果点 $\xi=\varepsilon+\mathrm{i}\eta$ 在 c 上，按式（5-37）有

$$f(\xi)=\frac{1}{\mathrm{i}\pi}\int_c \frac{f(z)}{z-\xi}\mathrm{d}z \tag{5-38}$$

现考虑无限大半径 R 与 x 轴构成半圆，圆内范围相当于该平面的上半部，如图 5-5 所示。如果图 5-5 所示的积分路径蜕化为与 x 轴重合，即积分变量 $z=x+\mathrm{i}y$ 变为 $z=x+\mathrm{i}0$，而 $\xi=\varepsilon+\mathrm{i}\eta$ 相应变为 $\xi=\varepsilon+\mathrm{i}0$，这时式（5-38）转化为

$$f(\varepsilon)=\frac{1}{\mathrm{i}\pi}\int_c \frac{f(x,0)}{x-\varepsilon}\mathrm{d}x \tag{5-39}$$

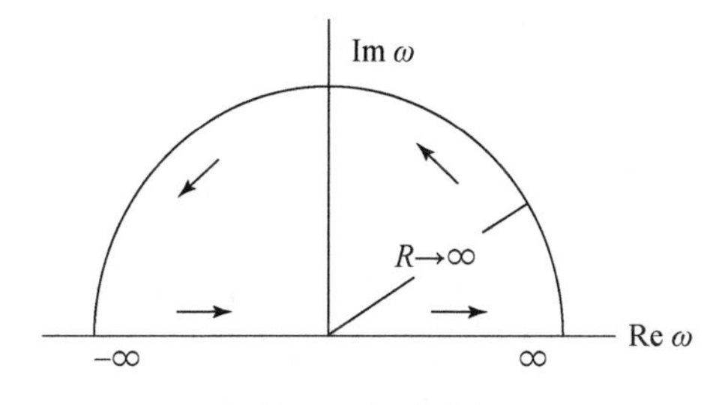

图 5-5 积分路径

因为

$$f(x,0)=U(x,0)+\mathrm{i}V(x,0)$$

$$f(\varepsilon,0)=U(\varepsilon,0)+\mathrm{i}V(\varepsilon,0)$$

可得

$$f(\varepsilon,0)=\frac{1}{\pi}\int_{-\infty}^{\infty}\frac{V(x,0)-\mathrm{i}U(x,o)}{x-\varepsilon}\mathrm{d}x$$

因而有

$$U(\varepsilon,0)=\frac{1}{\pi}\int_{-\infty}^{\infty}\frac{V(x,0)}{x-\varepsilon}\mathrm{d}x \tag{5-40}$$

$$V(\varepsilon,0)=-\frac{1}{\pi}\int_{-\infty}^{\infty}\frac{U(x,0)}{x-\varepsilon}\mathrm{d}x \tag{5-41}$$

当 $x\to\varepsilon$，将含有的奇点放在积分路径外（挖去），这时便有

$$\int_{-\infty}^{\infty}\frac{\mathrm{d}x}{x-\varepsilon}=0$$

这样

$$V(\varepsilon,0)\int_{-\infty}^{\infty}\frac{\mathrm{d}x}{x-\varepsilon}=U(\varepsilon,0)\int_{-\infty}^{\infty}\frac{\mathrm{d}x}{x-\varepsilon}=0$$

因此，式(5-40)和式(5-41)可写成如下形式

$$U(\varepsilon,0)=\frac{1}{\pi}\int_{-\infty}^{\infty}\frac{V(x,0)-V(\varepsilon,0)}{x-\varepsilon}\mathrm{d}x \tag{5-42}$$

$$V(\varepsilon,0)=-\frac{1}{\pi}\int_{-\infty}^{\infty}\frac{U(x,0)-U(\varepsilon,0)}{x-\varepsilon}\mathrm{d}x \tag{5-43}$$

上面的推导过程都是把复变量 $z=x+\mathrm{i}y$ 看成实变量 $z=x+\mathrm{i}0$，这和频率电磁测深取圆频率为实变量 ω 一样，因此所得复变函数的实、虚分量关系适用于频率电磁测深的场强及视电阻率的实、虚分量关系。现在对式(5-35)两边取对数得

$$\ln\rho_s(\omega)=\ln|\rho_s(\omega)|+\mathrm{i}\varphi(\omega) \tag{5-44}$$

按式(5-43)和式(5-44)，频率电磁测深某一频率 ω_k 的相位可由振幅 $|\rho_\omega|$（就是通常指的视电阻率，以下同）来表示，即

$$\varphi(\omega_k)=-\frac{1}{\pi}\int_{-\infty}^{\infty}\frac{\ln|\rho_s(\omega)|-\ln|\rho_s(\omega_k)|}{\omega-\omega_k}\mathrm{d}\omega \tag{5-45}$$

式(5-45)可通过代数运算表示成下式（考夫曼和凯勒，1987）

$$\varphi(\omega_k)=\frac{1}{\pi}\int_{-\infty}^{\infty}\frac{\mathrm{d}L}{\mathrm{d}u}\ln\left|\mathrm{cth}\,\frac{u}{2}\right|\mathrm{d}u \tag{5-46}$$

式中

$$L=\ln|\rho_s(\omega)|,\quad u=\ln(\omega/\omega_k)$$

利用等式

$$\ln\mathrm{cth}\left|\frac{u}{2}\right|=\ln\left|\frac{\omega+\omega_k}{\omega-\omega_k}\right|$$

经简单运算，式(5-46)又可写成如下表达式

$$\varphi(\omega_k)=\frac{1}{\pi}\int_{0}^{\infty}\frac{\mathrm{d}\ln|\rho_s(\omega)|}{\mathrm{d}\omega}\ln\left|\frac{\omega+\omega_k}{\omega-\omega_k}\right|\mathrm{d}\omega \tag{5-47}$$

由上式看出，在对数坐标系中相位响应和振幅响应曲线的斜率（导数）成正比。积分在

整个频率范围进行，某一频率 ω_k 的相位响应是由所有频率振幅响应曲线的斜率确定；但是各频率斜率的贡献不同，这是由权函数 $\ln\text{cth}\left|\frac{u}{2}\right|$（或 $\ln\left|\frac{\omega+\omega_k}{\omega-\omega_k}\right|$）决定的。直观看出，当 $\omega\to\omega_k$，权函数 $\ln\left|\frac{\omega+\omega_k}{\omega-\omega_k}\right|\to\infty$，显然，靠近 ω_k 的振幅曲线斜率较远离该频率的振幅曲线斜率对转换相位 $\varphi(\omega_k)$ 贡献大得多。这样，在利用上述公式求转换相位 $\varphi(\omega_k)$ 时，只要取靠近 ω_k 一定范围的有限频率的振幅曲线斜率，就可保证转换相位 $\varphi(\omega_k)$ 的计算精度。

3. 频率电磁测深的相位曲线特征

式(5-47)是视电阻率转换为相位的公式，并显示在对数坐标系中相位与视电阻率曲线的斜率成正比，而且某频点的相位主要由其邻近频点的视电阻率曲线的斜率决定。相位可由视电阻率求出，似乎不会提供更多信息；但是提供了观察地电性质的另一侧面，使我们分析、解释的参数增加，看问题更全面（陈明生，2013a）。以下通过电偶极子源频率电磁测深 E_x 分量相位与视电阻率曲线对比说明问题。现举一个H型地电断面例子，其地电断面和赤道装置参数为 $\mu_2=\rho_2/\rho_1=1/4$，$\mu_3=\rho_3/\rho_1=32$，$\nu_2=h_2/h_1=2$；$r/H=r/(h_1+h_2)=4$。上面的符号 ρ_n、h_n 分别表示第 n 层地层的电阻率和厚度，根据上述参数计算的相位与视电阻率曲线示于图5-6。由图5-6看出相位曲线的首部、尾部与视电阻率曲线的首部、尾部分别平行，且相位角皆为零；而视电阻率曲线首部等于第一层的真电阻率，尾部为近场的视电阻率。相位曲线第一个极大点对应视电阻率曲线第一个上升段拐点。相位曲线第一个极小点对应视电阻率曲线第一个下降段拐点。相位曲线第二个极大点对应视电阻率曲线第二个上升段拐点。另

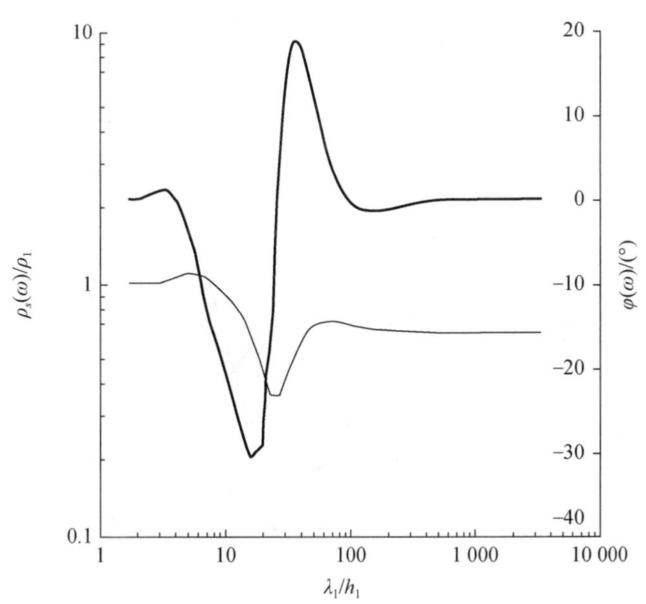

图5-6　H型相位与视电阻率曲线

粗线代表视相位，细线代表视电阻率。

参数：$\mu_2=1/4$，$\mu_3=32$，$\nu_2=2$；$r/H=4$

外,相位曲线与零相位线的交点正好对应视电阻率曲线的极值点。整条相位曲线的变化和视电阻率曲线的变化总是一一对应,并且其变化陡度有所增大,变化对应的频率增高。相位曲线的变化规律都可由式(5-47)得到解释,即应用视电阻率曲线变化趋势和特征点的斜率来判断相位曲线的变化趋势和特征点。与其他类型的地电断面(包括多层地电断面)对应的响应曲线可以此类推。图 5-7、图 5-8 分别表示 A 型、Q 型地电断面的相位曲线和与其对应的视电阻率曲线,它们的变化与对应关系很容易找出。

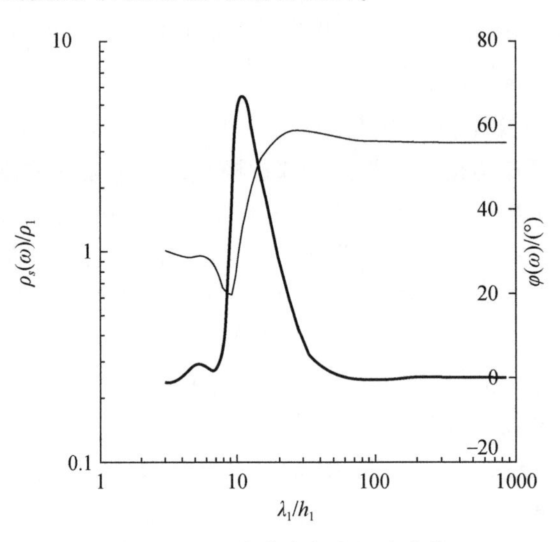

图 5-7　A 型相位与视电阻率曲线

粗线代表视相位,细线代表视电阻率。

参数:$\mu_2=4,\mu_3=32,\nu_2=2;r/H=4$

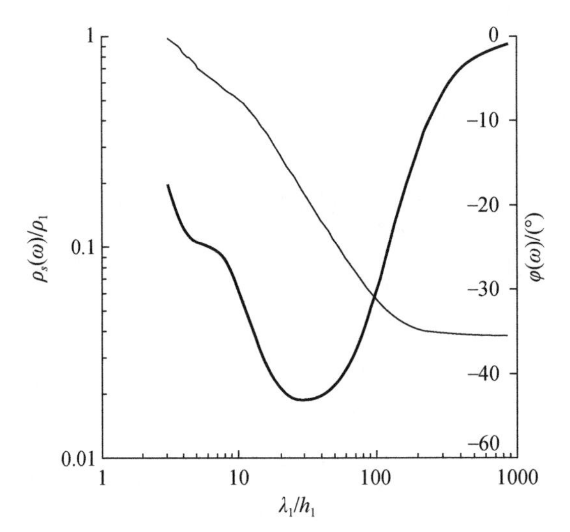

图 5-8　Q 型相位与视电阻率曲线

粗线代表视相位,细线代表视电阻率。

参数:$\mu_2=1/4,\mu_3=1/16,\nu_2=2;r/H=4$

要注意的是,A 型相位曲线以正相位为主,Q 型相位曲线以负相位为主。其原因很容易理解,A 型视电阻率曲线以上升为主(除首尾渐近线),斜率为正;而 Q 型视电阻率曲线总在下降(除首尾渐近线),斜率为负。这两个类型地电断面曲线特征再次说明相位曲线较视电阻率曲线变化明显,且变化特征向高频移动。这样可达到多方面了解地电断面响应特征,以利解释。

为了进一步加深对相位的认识,下面再举一组 K 型地电断面例子(陈明生和闫述,1995),如图 5-9 所示。该例地电参数为 $\mu_2=\rho_2/\rho_1=32$,$\mu_3=\rho_3/\rho_1=2$,$\nu_2=h_2/h_1$,ν_2 是可变的,其数值标在各条曲线上;观测装置仍采用赤道偶极式,收发距 r 是固定的,$r/h_1=6$。可以看出,相位曲线零点正好对应视电阻率曲线的极值点;相位曲线的极值点正好对应视电阻率曲线的拐点;相位曲线尾部渐近线趋向零,这是因为视电阻率曲线尾部渐近线趋向近场的固定值。还可看出,相位曲线较视电阻率曲线变化陡度大,而且相应频率前移(频率增高)。很易理解,其他条件不变,当第二层加厚时,像图上标明的 $\nu_2=h_2/h_1$ 的值由 1/8 增加到 8,其幅度逐次增大;如变化 $\mu_2=\rho_2/\rho_1$ 的值,也会有类似变化。

上述模型曲线分析说明相位曲线虽可由视电阻率曲线转换得到,不含更多信息,但是其分辨地层能力、探测深度都有提高。这是因为曲线特征更明显并向高频移动,反映深度更大。将相位曲线与视电阻率曲线密切结合起来解释可得到更好的地质效果。

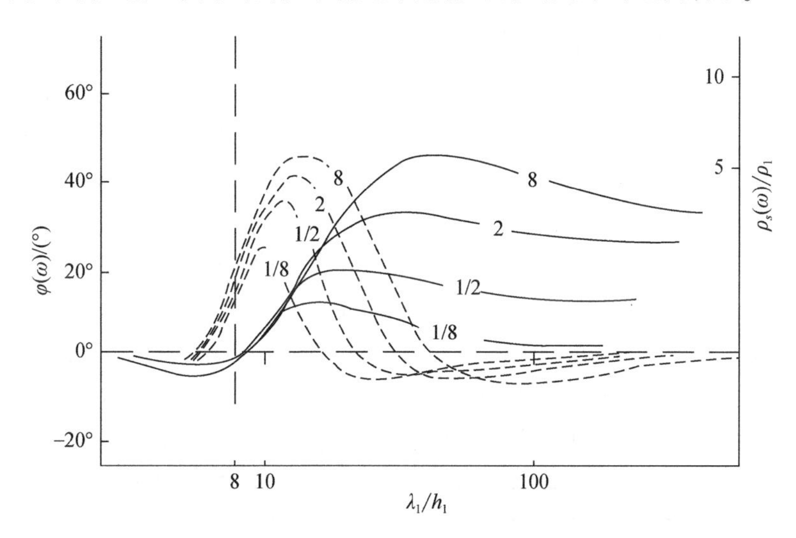

图 5-9 K 型相位与视电阻率曲线(陈明生和闫述,1995)

粗线代表视相位,细线代表视电阻率。

参数:$\mu_2=32$,$\mu_3=2$,ν_2 标在曲线上;$r/h_1=6$

4. 结论与建议

(1)在人工源频率电磁测深中,大地显示阻抗,使电流受到电阻、电感和电容的阻碍作用,所激发的场强是复变量,由此得到振幅视电阻率和对应相位参数。其相位是相对发射电流的相位移(又称绝对相位),既可按复变量的虚、实部计算,也可由振幅视电阻率转换求得。

(2)既然相位可通过振幅视电阻率转换求得,似乎不含有新的信息;但是,相位内涵有振幅视电阻率的变化率,这就赋予了相位的特点。相位曲线较振幅视电阻率曲线变化陡度大,变化趋势及特征点移向高频,这等效于放大了信息,从另一侧面反映地下地电性质。

(3)相位的功效可归纳三点:①由于相位曲线较振幅视电阻率曲线变化陡度大,相应频点前移,这就提高了分辨率和探测深度;②可将振幅视电阻率和对应相位数据结合进行联合反演,减少解释的多解性;③由于相位可由振幅视电阻率的对数变化率转换求得,可消除浅层不均匀体引起的"静态效应",提高解释的地质效果。

5.1.4 场区、记录点、阴影与场源效应

1. 概述

研究场区、记录点、阴影与场源效应等的主要目的如下:①简化复杂的场表达式,以便在极限情况下突显物理意义。②分析可控源音频大地电磁测深利用置于地面上的可控电流源,而不依赖于随机的天然电磁场,因此可以获得较之于音频大地电磁测深法高的信噪比,且具有较高的工作效率,在石油天然气勘探、煤田地质勘探和水文地质勘探等领域中应用广泛。但是,正是由于人工源的引入,产生了与源有关的问题。最早受到关注的是场区的问题(Kaufman and Keller,1983),如对于一维地电模型(即将大地看成均匀半空间或水平均匀分层半空间)研究场在不同场区中的探测能力。③尽量在远区场观测,以便使原有的 AMT 解释方法仍然适用。虽然人们尽可能在远区场测量,使场接近平面波,但为了加大勘探深度,CSAMT 的低频已超出一般的音频范围,故在野外作业中要使全部频点都满足远区的要求是不可能的。因此进行非平面波校正(或过渡场改正)是场区问题的主要研究内容(何继善等,1990;罗延忠和万乐,1995)。除了与非平面波有关的场区问题以外,在二维、三维地电条件下,场源的存在又带来了记录规则问题(汤井田和何继善,1994)、阴影和场源复印效应问题。阴影和场源复印效应最早由 Zonge 等(1980)观察并命名。长期以来,从经验上判定这些效应出现在近区或中区,但一直没有理论上的证明(何继善等,1990;佐佐木裕,1988)。在数值计算兴起之后,对此一般是应用数值模拟的方法(Boschetto and Hohmann,1991;马钦忠和钱家栋,1995;陈小斌和胡文宝,2002),如积分方程法、有限元法、边界元法、有限差分法等进行研究。数值分析的方法可以给出当源和接收点之间存在异常体时,观测数据量的变化,但无法给出产生上述问题的原因。本节通过导出置于均匀大地表面上的水平谐变接地电偶极子在地下产生的电磁场的闭合表达式,将地层波与地面波区分开来,以地层波和地面波之比对场区进行更精确的划分,判断产生阴影和场源复印效应的原因,给出各场量取得最佳记录规则时的条件;通过这样的解析分析,以期对 CSAMT 实测资料提供物理概念上的诠释,为施工设计提供简便快捷的估算方法,也为资料解释提供理论依据。

2. 均匀半空间上接地水平电偶极源产生的地下电磁场的闭式解

在 CSAMT 勘探中,往往研究的是电或磁偶极子在地面上的场,这是因为构造电磁法勘探是在地面上进行观测的,且有限导电大地面上振荡偶极子场的表达式中含有广义 Sommerfeld 积分,当取如图 5-10 所示坐标系时,容易求得地面上闭合形式的解。在推导地面上公式时计算的简化,使得原代表沿不同途径传播的波的各项产生约简和合并。前有论述,

偶极天线产生的电磁波实际上是向四面八方辐射的,波的传播途径可分为天波、地面波和地层波。电磁波在空气中的波长为 c/f (c 为光速,f 为频率),地层中的波长为$[10^7/(f\sigma_1)]^{1/2}$ (σ_1 为大地电导率)。电磁波在地下的波长远小于空气中的波长,这样一来沿地表传播的地面波(用 S_0表示)和直接在地层中传播的地层波(用 S_1表示)在某一时刻 t,由于波程差,就会在地面附近形成一个近于水平的波阵面,造成一个几乎是垂直向下传播的 S_* 波,即近似的水平极化平面波。S_0波、S_1波和 S_* 波在传播过程中均与地下地质体发生作用,并把作用结果反映到地面观测点。雷银照等(雷银照和马信山,1997;雷银照,2000)曾导出了均匀导电半空间中时谐单位电流源的并矢 Green 函数,由此计算导体中的电场。实际上,通过磁矢量位用普通的方法即可以推出直角坐标系地下电磁场的全部六个分量。

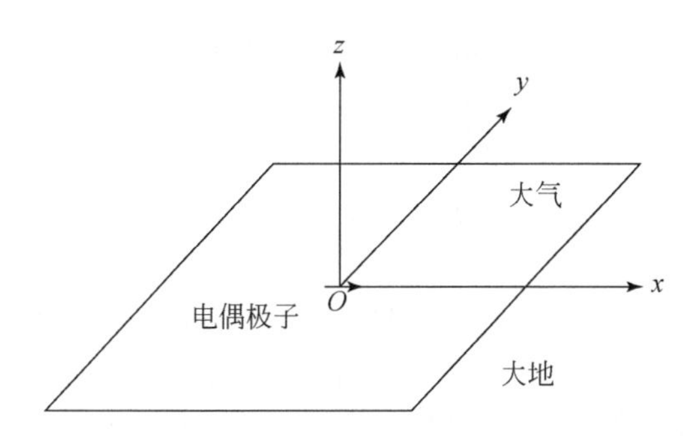

图5-10　电偶极子和直角坐标系

设大地为均匀各向同性导电媒质,电导率记为 σ_1,磁导率取自由空间磁导率 μ_0,位于坐标原点的接地电偶极子中通有谐变电流 $I=I_0\mathrm{e}^{-\mathrm{i}\omega t}$。根据镜像原理可以确定此水平电偶极子的矢量位 A (单位 T·m)具有沿电矩的分量 A_x及垂直于地-空界面的分量 A_z。考虑衔接条件并忽略位移电流后(张秋光,1988),可导出地中矢量位 A_{x1} 和 A_{z1}(下标表示它们分别是 x 和 z 方向的分量,1 表示地下区域)

$$A_{x1}=\frac{\mu_0 Il}{2\pi k_1^2}\left[\frac{\partial^3 N}{\partial z^3}+k_1^2\frac{\partial N}{\partial z}-\frac{\partial^2 P}{\partial z^2}\right] \tag{5-48}$$

$$A_{z1}=\frac{\mu_0 Il}{2\pi k_1^2}\frac{\partial}{\partial x}\left(\frac{\partial P}{\partial z}-\frac{\partial^2 N}{\partial z^2}\right) \tag{5-49}$$

式中

$$P=\frac{\mathrm{e}^{\mathrm{i}k_1 R}}{R} \tag{5-50}$$

$$N=I_0\left[-\frac{\mathrm{i}k_1}{2}(R+z)\right]K_0\left[-\frac{\mathrm{i}k_1}{2}(R-z)\right] \tag{5-51}$$

P 和 N 分别为 Sommerfeld 积分和 Foster 积分,其中 $k_1=\sqrt{\mathrm{i}\omega\mu_0\sigma_1}$ 为大地中的波数,$R=\sqrt{x^2+y^2+z^2}$,I_0、K_0 为第二类贝塞尔函数。

由磁矢量位 $\boldsymbol{A}$ 和电场强度 $\boldsymbol{E}$(单位 V/m)、磁场强度 $\boldsymbol{H}$(单位 A/m)之间的关系(式中∇·、∇、∇×分别表示散度、梯度和旋度运算)

$$\boldsymbol{E}=\mathrm{i}\omega\left[\boldsymbol{A}+\frac{1}{k_1^2}\nabla(\nabla\cdot\boldsymbol{A})\right] \tag{5-52}$$

$$\boldsymbol{H}=\frac{1}{\mu_0}\nabla\times\boldsymbol{A} \tag{5-53}$$

即可得到

$$E_{x1}=-\frac{Il}{2\sigma_1}\left(\frac{\partial^2 P}{\partial z^2}+\frac{\partial^3 N}{\partial y^2\partial z}\right) \tag{5-54}$$

$$E_{y1}=\frac{Il}{2\sigma_1}\frac{\partial^3 N}{\partial x\partial y\partial z} \tag{5-55}$$

$$E_{z1}=\frac{Il}{2\sigma_1}\frac{\partial^2 P}{\partial x\partial z} \tag{5-56}$$

$$H_{x1}=\frac{Il}{2\pi k_1^2}\left(\frac{\partial^3 P}{\partial x\partial y\partial z}-\frac{\partial^4 N}{\partial x\partial y\partial z^2}\right) \tag{5-57}$$

$$H_{y1}=-\frac{Il}{2\pi k_1^2}\left(\frac{\partial^4 N}{\partial y^2\partial z^2}+\frac{\partial^3 P}{\partial z^3}+\frac{\partial^3 P}{\partial x^2\partial z}\right) \tag{5-58}$$

$$H_{z1}=-\frac{Il}{2\pi k_1^2}\left(\frac{\partial^4 N}{\partial y\partial z^3}+k_1^2\frac{\partial^2 N}{\partial y\partial z}-\frac{\partial^3 P}{\partial y\partial z^2}\right) \tag{5-59}$$

欲求式(5-54)～式(5-59)各场分量的值,只要求出 Sommerfeld 和 Foster 积分 P 和 N 的偏导数即可。虽然求导所用的数学方法是普通的,但推导过程十分烦琐。Hill 和 Wait(1973)给出了 E_{x1}、H_{y1} 和 H_{z1} 分量中包含的 P、N 偏导数,本书附录 A 给出了式(5-54)～式(5-59)中 P 和 N 的全部偏导数公式。

由于电场的切向分量以及磁场的切向分量和法向分量在地-空界面上都是连续的,因此,式(5-54)～式(5-55)、式(5-57)～式(5-59)在地面($z=0$)上仍是有效的,但是在形式上与原有的地面公式不同。地下闭式解的物理意义在于,Forter 积分项 N[式(5-51)]代表着地面波成分,而 Sommerfeld 积分项 P[式(5-50)]具有指数衰减关系,代表着在地下直接传播的地层波(Stratton,1941)。

地下闭合表达式显式地给出了地层波和地面波项,构成了研究场区、记录规则、阴影和场源复印效应的基础。

3. 场区的定量划分

经典的电磁理论,根据波源的尺度和波长将波源周围的空间分为三个区域,由近及远,分别称为近区、中区和远区。在 CSAMT 勘探中,根据波数 k_1 和场点到源点距离 r 乘积的绝对值 $|k_1r|$ 划分场区。通常,当 $|k_1r|\gg1$ 时称为远区场,当 $|k_1r|\ll1$ 时称为近区场,介于两者之间为中区场(也称为过渡区)。这种划分方法在 CSAMT 的实际勘探中显得有些粗糙,因为野外施工不仅要求尽量在远区场观测,还要使接收信号有一定的信噪比。在人文噪声日益严重的现实环境中,有时信噪比的问题更为突出。如何既能使观测在远区场中进行,又使发射源和接收点的距离尽可能小,以保证有足够的信号强度,就需要较为精确地确定场区,便于实际操作。

实际上,CSAMT 勘探中所希望的远区场是地面波占主导地位的场区,此时可得到近似垂直入射的水平极化平面波。和远区场相对的是近区场,可以说是地层波占主导地位的场区。根据式(5-54)～式(5-59),可以用地层波和地面波的比值 β 对各场分量的场区进行精

确定义，如对电场 E_{x1} 分量有

$$\beta_{E_{x1}}=\frac{\partial^2 P}{\partial z^2}\Big/\frac{\partial^3 N}{\partial y^2\partial z} \tag{5-60}$$

类似地，对于磁场 H_{y1} 分量有

$$\beta_{H_{y1}}=\left(\frac{\partial^3 P}{\partial z^3}+\frac{\partial^3 P}{\partial x^2\partial z}\right)\Big/\frac{\partial^4 N}{\partial y^2\partial z^2} \tag{5-61}$$

显然，地层波与地面波之比是大地电导率 σ_1、频率 f 和源点到场点距离 r 的函数，将这些参数代入后，即可得出不同场分量地下各点的 β 值。可以认为，当 β 小于允许观测误差［据《可控源声频大地电磁法勘探技术规程》(SY/T 5772—2002)］(如5%)时，地层波的作用可以忽略，此时地面波起主导作用，即已进入远区。由式(5-54)～式(5-59)还可以知道不同场分量趋近远区的速度是不同的，极端的例子是电场 E_{y1} 分量只有地面波成分，E_{z1} 分量只有地层波成分(E_{z1} 的这种性质使其作为井中探测的手段倒是非常合适的)。

进一步考查附录A中的式(A-1)～式(A-6)，当 $z=0$ 时 P 对 z 的奇数阶偏导数等于零，而偶数阶偏导数不等于零。所以在均匀半空间条件下，H_{x1} 和 H_{y1} 在地面各点的场值中不包含地层波的成分，另外，E_{y1} 中无地层波项，也不包含地层波的成分。

对于近区场，可以应用 $1/\beta<5\%$ 来定义。为了和传统电磁理论中的概念有所区别，我们在这里把用地层波和地面波之比量化的远区场、近区场，分别定义为地面波区和地层波区。过渡区是地层波和地面波作用相当的场区，在此区域中可以规定 $\beta=1$，也可以根据特定问题调整 β 值，以适应不同情况。在下面记录规则的讨论中，我们将试用地面波区和地层波区来代替远区或近区的说法。

4. 记录规则

在地球物理勘探中，为推断地下地质构造，需将某观测点测量的场值或换算的参数值，依据一定的规则，标绘在图中的某一点，该点称为此观测点的一个记录点(汤井田和何继善，1994)。在一维地电条件下，由于媒质的横向均匀性，可以不考虑记录点问题。此时只关心地电参数纵向的变化，观测值可以记录在地表的任一点而不影响解释结果。在地质构造复杂化时，记录规则关系到地面测点所观测到的异常与地下地质体位置的对应关系，汤井田和何继善(1994)对此做的描述为：设地质体在地表的投影中心点为 $O(x_0,y_0)$，观测的某种特征点(在一般情况下，此特征点为最大或最小异常点)依某种规则记录在 $Q(x,y)$，它们之间的偏差记为

$$\varepsilon=\|Q-O\|=\sqrt{(x-x_0)^2+(y-y_0)^2} \tag{5-62}$$

若 ε 小于地质体投影边界到投影中心的最小距离时，称该记录是可行的，若记录规则使得 $O(x_0,y_0)$ 和 $Q(x,y)$ 重合，则称此记录规则是最佳的。在频率域电磁测深中存在着两种记录规则，一是将观测点作为记录点；二是将记录点放在发射偶极和测量偶极连线的中点。由此可见同一观测点根据不同的记录规则可以对应不同的记录点。汤井田和何继善指出，记录点的位置 $Q(x,y)$ 是复杂的函数，它既与地下电性分布有关，也与激励源有关，还受到装置及工作频率的影响，这些因素可以表示为

$$Q(x,y)=F(\boldsymbol{S},\boldsymbol{G},\omega,M) \tag{5-63}$$

式中，$\boldsymbol{S}$ 为表征激励源参数的向量；$\boldsymbol{G}$ 为表征地下电性分布的向量；ω 为角频率；M 原代表不

同视电阻率的计算方法(汤井田和何继善,1994),在这里 M 代表不同的场分量。那么,在本书研究的水平谐变电偶极子作为激励源、大地为均匀各向同性导电媒质、频率范围为 $n\times10^{-1}$ ~ $n\times10^{4}$Hz 的 CSAMT 中,各场量记录点位置函数具有什么样的形式呢?这与电磁波的传播路径有关,因为地表测量的电磁场将主要反映电磁波传播途径上媒质的电性。在频率域有源电磁测深中,电磁波的传播途径是从场源到接收点,并处处向下穿透,其影响范围为趋肤厚度;同时把与地质体作用的结果反映到观测点,在观测点测得的数据包括场源到观测点之间有效探测范围内的全部地质信息。在所有这些地质信息中,地层波从场源直接传到接收点,主要携带了场源与接收点之间的信息;地面波从地表几乎垂直地向下传播,主要携带了接收点正下方的信息。由此可见,记录点的问题实际上就是场区问题。当满足地面波区条件时,式(5-63)中的 $Q(x,y)$ 即为接收点,此为最佳记录规则。根据式(5-54)、式(5-55)及式(5-57) ~ 式(5-59),通过地层波和地面波之比在表 5-1 中列出除了 E_{z1} 外,其余 5 个场分量取得最佳记录规则的条件。

表 5-1　谐变水平电偶极源 5 个场分量的最佳记录规则条件

场分量	E_{x1}	E_{y1}	H_{x1}	H_{y1}	H_{z1}
记录点位置	β<5%时,记录点在观测点	恒在观测点	恒在观测点	恒在观测点	β<5%时,记录点在观测点

电场垂直分量在地-空界面上不连续,它在地面上的特征应由空中导出的公式(陈明生和闫述,1995)进行分析,一般情况下地面 CSAMT 勘探中并不使用电场的垂直分量。

记录规则讨论的主要目的是避免阴影和场源复印效应的影响。

5. 阴影和场源复印效应

阴影效应指的是在发射源和观测点之间的异常体对观测值的影响,CSAMT 中的场源复印效应是当地质体位于源的正下方时产生的阴影效应,这与 MT 中的场源效应有所不同(高文,1991)。阴影和场源复印效应和记录规则一样也是与场区有关,由地层波相对地面波所占比例的多少而定。产生阴影效应需要 3 个条件:第一,在异常体赋存处有地层波的作用;第二,在接收点处有地层波的作用;第三,异常体的大小以及与围岩的电阻率差异能足以引起观测数据发生变化(Yan and Fu,2004)。因此,地层波与地面波的比值还可以用来判断产生阴影效应的前两个条件,即前提条件。

通常 CSAMT 观测数据用如下卡尼亚视电阻率表示,见式(2-110)

$$\rho_{xy}=\frac{1}{\omega\mu_0}\left(\frac{|E_{x1}|}{|H_{y1}|}\right)^2$$

考察式(5-60)和式(5-61)以及附录 A 中相应的 P 与 N 的偏导数,可知当 $z=0$ 时,$\beta_{H_{y1}}=0$,只有电场分量的地层波成分对阴影效应有贡献,所以只需考虑 $\beta_{E_{x1}}$。由此也可以看出,E_{x1}/H_{y1}形式的卡尼亚视电阻率并不能抵消阴影效应的影响。

和场区的定量划分一样,仍然可以取 $\beta_{E_{x1}}$ 是否大于 5% 作为判断存在阴影效应的数值标准:在给定大地电导率 σ_1、频率 f 后,分别计算异常体赋存处和接收点的 $\beta_{E_{x1}}$ 值,是否有阴影效应的影响,取决于这两点处 $\beta_{E_{x1}}$ 较小的数值。用这种方法对阴影和场源复印效应做出的评估(Yan and Fu,2004),与积分方程方法(Boschetto and Hohmann,1991)的结果相当一致。本节的地下闭合公式可以判断产生阴影和场源复印效应的两个前提条件,给出产生的原因。但是,探究阴影和场源复印效应会有什么样的影响还有赖于数值方法。积分方程和有限元计算结果(Boschetto and Hohmann,1991;闫述,2003)表明,当阴影或场源复印效应由低阻体引起时,卡尼亚视电阻率曲线低于正常值;高阻体引起的阴影效应则高于正常值,并且低阻体引起的阴影效应强于高阻体。这种由阴影效应所引起的偏离一般发生在低频段,随着频率的增高,卡尼亚视电阻率逐渐趋于正常。

在一维的方法理论中,阴影(或场源复印)效应是需要避免和消除的。避免的方法是尽量在地面波区(远区场)观测,或移动场源的位置(何继善,1990)。但是在实际工作中又不能使收-发距过大,以保证观测值有足够的信噪比;有时受施工场地的制约也无法选择发射源的位置。实际上阴影和场源复印效应是有源电磁勘探中固有的现象,它反映了源和接收点之间或场源下方有异常体存在这样一个事实,是可以利用的,如在CSAMT施工中对覆盖点问题的处理(陈明生和闫述,2005)。按勘探规程(SY/T 5772—2002),CSAMT的观测只能在场源*AB*垂直平分线两侧30°角的扇形范围内进行,当测线较长时就得移动场源。在同一测线上变换场源位置时,应有1~2个点的覆盖测量,不同场源覆盖点的视电阻率和相位曲线应该形态一致,对应频点的数值接近,总体均方相对误差小于10%。图5-11是山西沁水盆地两个CSAMT实测覆盖点的视电阻率曲线,空点表示场源移动前测得的视电阻率曲线,实点为场源移动后测得的视电阻率曲线,两个覆盖点呈现出典型的阴影效应或场源复印效应的影响(Boschetto and Hohmann,1991;闫述,2003)。先看17线59号覆盖点,场源移动后测得的视电阻率曲线低于移动前测得的视电阻率曲线,其均方相对误差为38.5%,表明在发射源和接收点之间,或在源的下方存在低阻异常体。那么到底与哪个发射源有关,关系到对此低阻异常体大致位置的判断。检查17线59号点的前一个覆盖点,发现其均方相对误差没有超过10%,同源的其他曲线也正常,据此推测,引起阴影或场源复印效应的地质体应在17线59号点和移动后的发射源之间。从测区地质情况来看,此低阻异常体应为填充了低阻物质的压扭性小断层。再来分析8线52号覆盖点,由于地形条件的限制,发射源移动后是从测线以北变换到测线以南,测得的视电阻率高于移动前测得的视电阻率,其均方相对误差达到

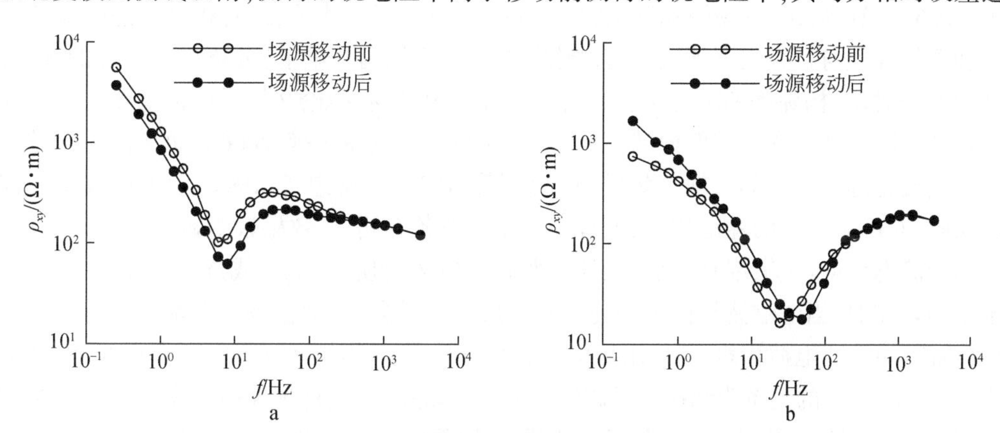

图5-11　山西沁水盆地CSAMT勘探覆盖点卡尼亚视电阻率曲线

a.17线59号测点;b.8测线52号测点

42.6%；而它前一个覆盖点的均方相对误差也没有超过10%，且同源的其他曲线均正常。测区的基底为高阻奥陶系石灰岩，由北而南其埋深变浅，这样看来，测线以南的发射源位置处于变浅的基底上方，因此可进一步推断8线52号覆盖点视电阻率增高应属场源复印效应。这些推断，符合沁水盆地的地质规律，随后的地质工作验证了此解释结果。

6. 结论与讨论

CSAMT中场区的划分、记录规则以及阴影和场源复印效应，都和地层波和地面波各自占的成分多少有关。计算场的地下闭合表达式中地层波与地面波之比，可以定量地对每一场分量划分场区，确定各场分量的记录点位置，评估产生阴影和场源复印效应的前提条件。实际上，场区的划分、记录规则、阴影效应和场源复印效应，是用平面波和一维的方法理论来试图解释二维、三维问题所造成的，在有源电磁探测的三维方法理论建立之后，这些“问题”将会成为推断地质构造的有用信息。山西沁水盆地CSAMT油气勘探中对覆盖点的处理，证明了阴影或场源复印效应是可以利用的，这些效应是有源电磁测深的固有现象，是真实地质情况的反映。

本节的研究是在均匀半空间的背景下进行的，对于复杂地质情况应注意二维、三维的地质构造和地质体将会引起场区的变化，但所给出的物理概念还是适用的。

5.1.5 对频率电磁测深静态效应问题的探讨

最近查阅了部分有关电磁法“静态效应”的资料，联想过去对该问题的认识，又有了点想法，以和同行商榷。这里主要谈静态效应的界定，静态效应产生机理及相关问题。当然这都是根据一维问题展开的，对二维、三维就不成为问题。

1. 静态效应概述

静态效应对电磁法(MT、CSAMT、FEM，实际上TEM也存在)资料的一维解释带来较大困难，引起了国内外电磁法工作者的关注，并进行了卓有成效的研究(罗延钟等，1991；黄兆辉等，2006；陈辉等，2007；杨妮妮和王志宏，2009)，发表了一些论文，对提高静态效应的理论认识和资料处理与解释很有帮助。有的论文在正演模拟的基础上，分析静态效应的规律，进行处理方法对比(杨妮妮和王志宏，2009；陈辉等，2007)；有的论文较全面地阐述了静态效应产生机理、校正方法，并以实例说明各校正方法的效果(黄兆辉等，2006)；更多的论文是论述不同方法校正静态效应的依据与效果(解海军等，1998；罗延忠等，1991)。上面仅举了部分参阅文献，对静态效应的界定相同，处理与校正方法各有侧重，效果较明显。

何谓静态效应，大家都有共识，正如黄兆辉等(2006)所述：地表或近地表存在二维、三维局部不均匀体时，当电磁波长比不均匀体几何尺寸大得多(对似稳场一般都满足)，不均匀体表面(侧面)可形成电荷积累，产生附加电场，致使电场发生与频率f几乎无关的畸变，造成视电阻率ρ_s与频率f的关系曲线在双对数坐标中沿ρ_s轴平移，这种现象称为静态效应，或静态位移。图5-12是罗延忠等(1991)计算的二维模拟图(属TM模式，图中电阻率单位为$\Omega\cdot$m)，借以形象地理解静态效应。在一维解释中，存在静态效应的测区，可使解释的定性、定量断面呈现陡立异常(像图5-12中的拟断面图)，似乎有直立地质体或深断裂存在，误导地质解释，应选择适当方法校正,使解释结果逼近实际地质情况。

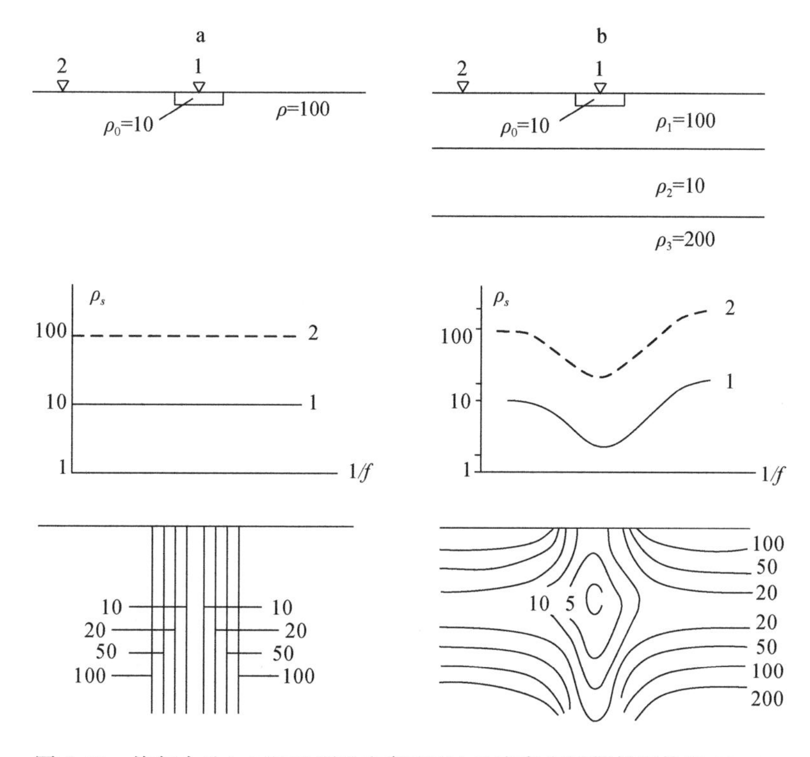

图5-12　均匀大地(a)和H型地电断面(b)地表存在局部低阻体时CSAMT的静态效应示意图(已作近场校正)

图a、b中上部代表地电断面;中部代表ρ_s测深曲线;底部代表ρ_s拟断面图。
1(实线)代表有静态效应;2(虚线)代表没有静态效应

由上所述,可看出静态效应涉及三个问题:静态效应是不均匀体表面积累电荷所致,是其产生的机理;静态效应测点的ρ_s-f双对数曲线沿ρ_s轴平移,断面相应部位呈现陡立异常,是其典型特征;静态效应严重干扰了对电磁法资料的一维解释,必须校正。为此,笔者围绕有关问题谈一些认识,并尽量少与他人重复。

2. 静态效应的产生机理

大家的共识是静态效应的表现特征为ρ_s-f双对数曲线相对正常的一维曲线沿ρ_s轴平移,这意味着视电阻率呈同倍数变化,而基本和频率无关,体现为“静”;正如地震中对同一道而来自不同层的反射波的静校正量是相同的,这与层的深浅顺序无关,谓之“静”校正。

下面试图阐明电磁法中静态效应的产生机理(陈明生,2013b),以得出静态效应现象特征解释。现仍借用图5-12所模拟的地表二维不均匀体产生的静态效应情况为例加以分析。由图看出,二维低阻不均匀体所形成的静态效应,导致ρ_s-f双对数曲线相对围岩的一维曲线沿ρ_s轴向下平移,它们的视电阻率值为一定倍数关系,是“静”的表现。具体来说,相对均匀大地静态偏移曲线的视电阻率值(这里等于低阻体真电阻率10Ω·m)是正常曲线视电阻率值(均匀大地电阻率100Ω·m)的1/10;对H型三层模型计算的偏移曲线视电阻率值仍为正常曲线视电阻率值的1/10。这很有意思，如何解释值得商榷。

首先回顾静态效应产生机理的一般解释：当地面存在电性不均匀体时，电流经过不均匀体表面并在其上形成“积累电荷”，由此产生与外电流场成正比而与频率无关的附加电场，使实测各频率的视电阻率较不存在不均匀体时变化一个常倍数，导致绘在双对数坐标的 ρ_s-f 曲线沿 ρ_s 轴平移。

我们已经知道，由电磁场边界条件推出边界面积累电荷密度 q_s 总体“积累电荷”产生的附加电场可表示为（黄兆辉等，2006）

$$E_{ad} = -\nabla U = -\nabla \int_s \frac{q_s}{4\pi\varepsilon_0 |r|} \mathrm{d}s \tag{5-64}$$

由式（5-64）看出附加电场的确与频率无关，与面电荷密度 q_s 成正比；而面电荷密度 q_s 与外电流场 E_p（这里是不存在不均匀体的正常场）成正比，可知附加电场与正常场成正比。于是，有表达式

$$\frac{E_p+E_{ad}}{E_p}=c（常数）\tag{5-65}$$

这样，就解释了存在不均匀体的视电阻较正常视电阻率扩大或缩小一个常倍数，才使其双对数坐标的 ρ_s-f 曲线沿 ρ_s 轴平移。

现在有一个问题，用上述推理难以得出如图5-12模拟结果所示的相应式（5-65）的 $c=1/10$。因此，笔者认为直接根据边界条件解释（陈明生和闫述，1995；陈明生，2013b）可能更简单、直观。按图5-12所示，在二维断面的侧面法向如有电流通过，依边界条件，法向电流密度 J_n 连续，即

$$J_{n1}=J_{n0} \tag{5-66}$$

而电流密度 J_n 等于电导率与电场强度之积，便有

$$\sigma_1 E_{n1}=E_{n0}\sigma_0 \tag{5-67}$$

或

$$\frac{E_{n0}}{E_{n1}}=\frac{\rho_0}{\rho_1}\quad\left(\rho=\frac{1}{\sigma}\right) \tag{5-68}$$

根据频率测深视电阻率计算公式

$$\rho_\omega=K_E\left|\frac{E}{I}\right| \tag{5-69}$$

式中，K_E 在界面两侧几乎相等，将式（5-68）和式（5-69）结合分析，正好解释了图5-12中相对均匀大地静态偏移曲线的视电阻率值是正常曲线视电阻率值的1/10（10/100）。这说明按CSAMT模拟的结果对单分量频率测深同样适用。

笔者看了一些模拟资料，对TM模式的静态偏移量，无论向上平移（不均匀体相对围岩呈高阻）或向下平移（不均匀体相对围岩呈低阻），基本符合式（5-68）表达的规律。现引用杨妮妮和王志宏（2009）论文中的二维TM模式模拟图的资料作为佐证（图5-13），图上的模型A是三层均匀介质，其参数由表层向下电阻率为50Ω·m、20Ω·m、200Ω·m，厚度为75m、350m、∞；其表层分别在同一局部植入二维不均匀体，其电阻率按模型C为5Ω·m、模型D为20Ω·m、模型E为125Ω·m、模型F为500Ω·m依次改变，模拟结果如图5-13所示。注意看各曲线的高频渐近值，基本和模型体的电阻率相同；当然其中也有误差，笔者主观考虑其中有计算的问题，像不均匀体靠900m处（模型长1000m），边界效应会有影响，而

且高阻影响会更大。

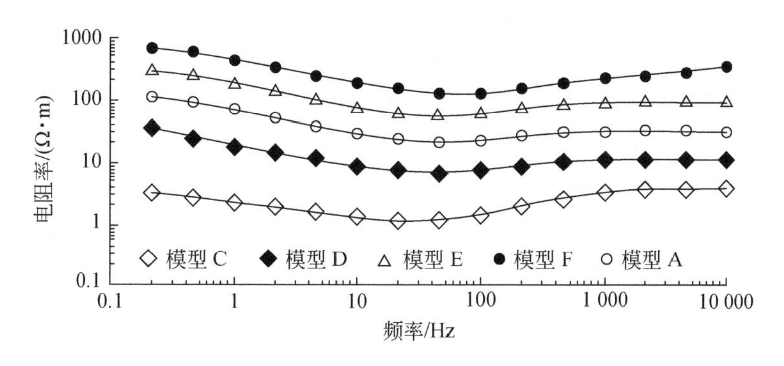

图5-13　不同地电模型计算视电阻率曲线图

据以上分析,用边界条件比用面积累电荷解释静态效应更简捷、明确,具有定量性。

3. 静态效应的校正

既然静态效应的特征是ρ_s-f双对数曲线沿ρ_s轴平移,可采用对症下药的办法予以校正;对较多的校正方法,笔者更倾向采用几种简单的有效方法,如平移法、斜率法、相位法。

(1)平移法:将测线各测点的ρ_s-f曲线复制在同一双对数坐标上,分出正常曲线与异常曲线,找出变化系数,用以校正异常曲线的数据;如测线较长可分段划分几个曲线组,提出组内异常曲线与正常曲线对比系数并加以校正。

(2)斜率法:由于带静态效应曲线与正常曲线在ρ_s-f双对数坐标上沿ρ_s轴平移一个常数,它们的斜率相等,因此可直接取$\frac{\mathrm{d}\ln\rho_s}{\mathrm{d}\ln f}$进行定性定量解释。

(3)相位法:这里指的相位是视相位,为叙述简单就直接称作相位。静态效应的特征是ρ_s-f双对数曲线沿ρ_s轴平移,而相位不变,这既是辨认静态效应的标志,也是利用相位消除静态效应的依据与方法。相位不受静态效应的影响,可直接利用相位解释,也可采用相位与视电阻率联合反演解释。但是,有的仪器不具有测量相位的功能或观测相位的质量不好(特别对应高频的相位),可将视电阻率转换为相位。

在本书前面有关视电阻率与相位的论述中给出了如下的相位与视电阻率的关系式,也就是由视电阻率转换为相位的表达式

$$\varphi(\omega_k)=\frac{1}{\pi}\int_0^{\infty}\frac{\mathrm{d}\ln|\rho_\omega(\omega)|}{\mathrm{d}\omega}\ln\left|\frac{\omega+\omega_k}{\omega-\omega_k}\right|\mathrm{d}\omega \tag{5-70}$$

由上式看出,在双对数坐标中相位响应$\varphi(\omega_k)$和振幅响应($|\rho_\omega(\omega)|$)曲线的斜率(导数)成正比,正说明相位不受静态效应使视电阻率平移的影响。式中积分虽是在整个频率范围进行,实际是靠近ω_k的视电阻率曲线斜率较远离该频率的视电阻率曲线斜率对转换相位贡献大得多。这样,在利用上述公式求转换相位$\varphi(\omega_k)$时,只要取靠近ω_k一定范围的有限频率的视电阻率曲线斜率,就可以保证转换相位$\varphi(\omega_k)$的计算精度。

图5-14表示在山东某煤矿探测第四系的频率测深1测线电场分量视电阻率转换为相位的解释断面,其中图a是实测视电阻率曲线,图b是分别用视电阻率与相位解释第四系层

面对比断面。测区1测线接收点几乎全在沙滩上，视电阻率数值或多或少都偏高。区内其他测线上的测点最高频点的正常视电阻率值都低于20Ω·m，而该测线上的各测点最高频点的视电阻率值都高于25Ω·m。如按照这样的实测视电阻率曲线反演解释，其第四系各层厚度很不稳定，正像图5-14b细线表示的层界面，不符合实际地质情况，这是静态影响结果。如按任何一种低通滤波方法校正静态位移，预计不会有好结果；这是因为空间滤波是将局部的静态效应校正过来，对这种整条测线测点的视电阻率曲线差不多都沿纵轴向上平移是校正不过来的。因此，我们选用转换相位反演，拟合度提高，解释厚度稳定、层界面平缓，符合该区新地层赋存状况。尽管这种地表不均匀性导致的静态效应从这条测线看似乎是一个电性层，但从测区看仍是局部不均匀体对接收点观测结果的影响。

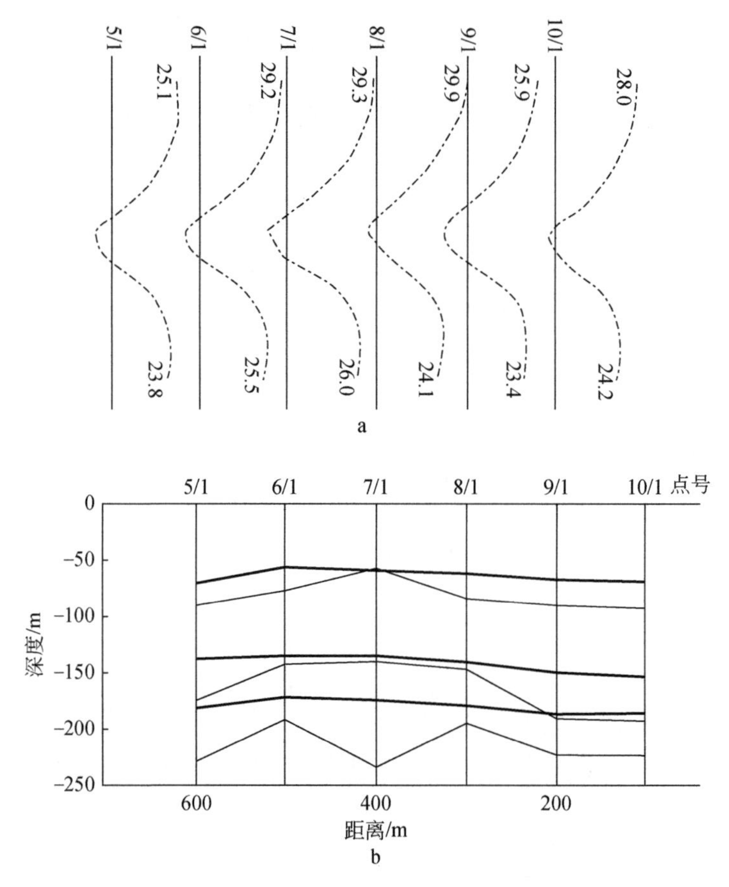

图5-14 实测电场分量视电阻率曲线与转换相位解释层界面对比断面

a.实测视电阻率曲线；b.细线表示视电阻率解释层面，粗线表示相位解释层面

4.问题的补充说明

（1）极化模式影响（陈乐寿和王光锷，1991）。前面谈的是二维不均匀体处于H极化模式（TM模式）的电场受静态效应的影响，对于E极化模式（TE模式）的电场不受静态效应影响，因为后者的横边界不存在。对于三维不均匀体，可分解为两个二维体，两种极化模式的电场都受静态效应影响。

(2)边界效应影响。这里说的边界效应是不均匀体的侧边界因感应存在面电荷,靠边界两侧的电场发生跃变,致使静态偏移幅度更大。

(3)磁导率影响(陈明生和闫述,1995)。一般将地层介质的磁导率看成和空气的磁导率 μ_0 相等,当地表存在高磁导率不均匀体时,按照边界条件,垂直界面的磁场 H 分量也会存在静态效应。

(4)地形影响(陈明生和闫述,1995)。由于地形对视电阻率影响和频率相关,不具“静”的特征;而且随频率降低影响变弱,与静态效应的概念有些不符,笔者不将此归为静态效应的范畴。

当然,实际情况很复杂,不均匀介质对视电阻率影响和频率相关,就归结为地质体的影响。如按一维方法解释,可采用滤波等方法压制,提高资料解释质量。

5. 结论与建议

(1)根据静态效应的概念,通过电磁场的边界条件及其推得的面电荷,用来解释静态偏移的产生机理及一些相关现象既简捷、又明确。

(2)对静态偏移的视电阻率曲线,采用保持视电阻率曲线斜率不变的方法进行静校正,可不受异常点出现频数和位置的限制。

(3)地形对一维视电阻率资料的影响和频率相关,而且随频率降低变弱,与静态效应的概念不相符,另作别类。

5.1.6　频率电磁测深探测深度

1. 天然源频率电磁测深探测深度

对天然源频率电磁测深(MT/AMT)的一维似稳平面电磁场(陈乐寿和王光锷,1991)E_x 分量,谐变位相因子取 $e^{-i\omega t}$ 时,有方程

$$\frac{\partial^2 E_x(\omega,z)}{\partial z^2}+i\omega\mu_0\sigma E_x(\omega,z)=0 \tag{5-71}$$

式中,ω 为圆频率;μ_0 为空气磁导率;σ 为介质电导率;z 为深度坐标。式(5-71)的解为

$$E_x(\omega,z)=Ae^{i\alpha z}e^{-\beta z}=E_x(\omega,0)e^{ikz} \tag{5-72}$$

式中,k 为传播常数;α 为其实部;β 为其虚部,$\alpha=\beta=\sqrt{\omega\mu_0\sigma/2}$ 。

对与 E_x 正交的磁场分量 H_y,有

$$H_y(\omega,z)=\frac{1}{i\omega\mu_0}\frac{\partial E_x(\omega,z)}{\partial z} \tag{5-73}$$

最终得

$$H_y(\omega,z)=E_x(\omega,0)\sqrt{\frac{\sigma}{\omega\mu_0}}e^{i\pi/4}e^{ikz} \tag{5-74}$$

在导电半空间某一深度平面上,一对正交电磁场之比为阻抗 Z,这样有

$$Z_{xy}=\frac{E_x}{H_y}=\sqrt{\omega\mu_0\rho}\,e^{-i\pi/4} \tag{5-75}$$

如果在地表，Z_{xy}称表面阻抗。显然，正交电场和磁场分量的相位差为$-\pi/4$。

上式表明，场强随深度呈余弦变化并按指数规律衰减，如图5-15所示。当位相变化2π弧度，入射深度应为一个波长λ，这样便有等式

$$\alpha z=\beta\lambda=2\pi \tag{5-76}$$

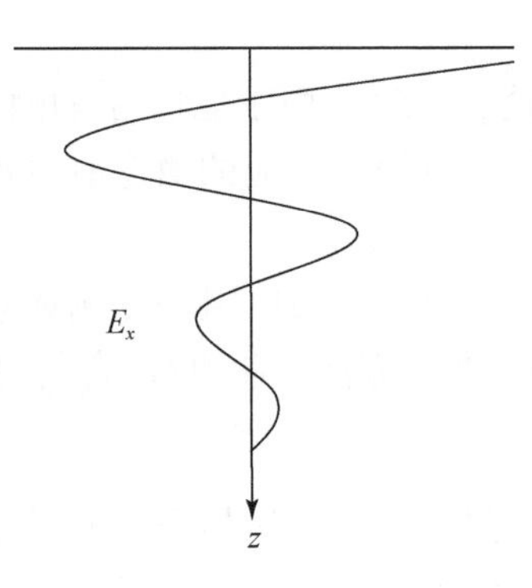

图5-15　场强随深度变化示意图

由式(5-76)得

$$\lambda=\frac{2\pi}{\beta}=2\pi\sqrt{\frac{2}{\omega\mu_0\sigma}}=2\pi\delta \tag{5-77}$$

容易看出，当深度$z=\delta$时，电场振幅衰减到地表数值的1/e，将此深度δ定义为趋肤深度；正好有

$$\delta=\frac{1}{\beta}=\frac{\lambda}{2\pi}=503\sqrt{\frac{\rho}{f}} \tag{5-78}$$

式中，ρ为介质电阻率，与电导率σ互为倒数。

趋肤深度等于约化波长，可用于评估频率域电磁测深探测深度。理论上电磁场可存在整个深度，只是强弱问题(Speies，1989)；实际研究深度受各种因素影响，往往连趋肤深度也达不到，一般取有效穿透深度

$$\delta_{\mathrm{ED}}=\frac{\delta}{\sqrt{2}}=\sqrt{\frac{1}{\omega\mu_0\sigma}}=356\sqrt{\frac{\rho}{f}} \tag{5-79}$$

这便是博斯蒂克反演深度(陈乐寿和王光锷，1991)，以其判定实际探测深度更趋合理。

2. 人工源频率电磁测深探测深度

1)偏移距对探测深度的影响

评估人工源频率电磁测深(FEM/CSAMT)探测深度就不像天然源频率电磁测深那么简单，除了考虑频率和地电参数，还有收-发距(偏移距)的影响(陈明生，2012b)。当频率范围和地电剖面已定，偏移距r对探测深度起主要影响。对于某一施工地区，采用一定探测仪器，偏移距对探测深度影响很难推出一个表达式。因此，将以算例分析说明。现举一简单三层H型地电断面，其各层地电参数分别为

$$\rho_1=100\Omega\cdot\mathrm{m},\rho_2=25\Omega\cdot\mathrm{m},\rho_3=3200\Omega\cdot\mathrm{m};h_1=100\mathrm{m},h_2=200\mathrm{m}$$

在地面采用赤道向(x坐标轴向)电偶极子源发射，测水平电场分量E_x，计算视电阻率ρ_ω

按下式

$$\rho_{\omega}=\frac{\pi r^3}{Il}E_x \tag{5-80}$$

式中，I 为发射电流强度；l 为电偶极子长度。

据上所设，选择 V8 仪器的频率范围 0.125～11059Hz 计算不同偏移距 r 的视电阻率曲线，如图 5-16 所示。图的纵坐标表示视电阻率，横坐标表示频率周期 T 的平方根，记为$\sqrt{T}$；曲线上标的数值 $v=r/(h_1+h_2)$，代表偏移距与基底深度的比值。曲线 $v=1/3$ 相当于在电阻率 $\rho_1=100\Omega\cdot\text{m}$ 的均匀半空间大地上观测的视电阻率曲线。这是因为偏移距仅 100m，刚好探测到第一层下面；首部接近第一层电阻率 100Ω · m 的水平渐近线没有出现（仪器高频范围低），就先因电磁感应上凸而后下降，最后不受频率下降的影响渐近为水平线结束。水平线说明和频率变化无关，是近区的特征；水平线的值低于第一层电阻率一半为 45Ω · m，说明已受到较低阻第二层的影响。

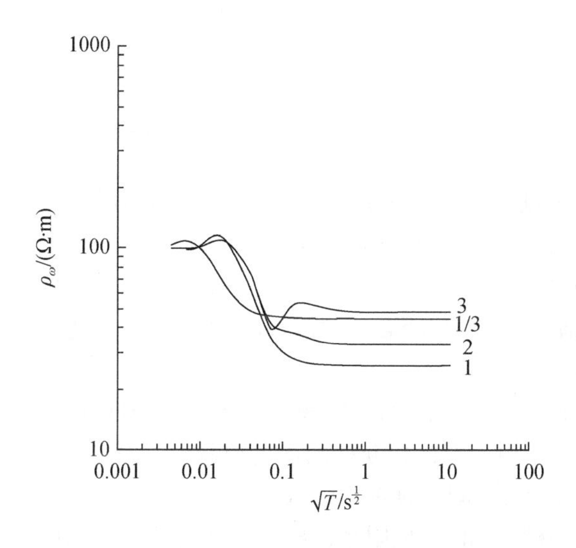

图 5-16　不同偏移距 r 的视电阻率曲线(一)

曲线 1 的首部已出现第一层电阻率 100Ω · m 的水平渐近线，说明是远区。尾部水平渐近线的视电阻率为 26Ω · m，是第二层近区电性反映。中间下降段属过渡区，是第一、第二层的综合反映。

曲线 2 的首部和尾部与曲线 1 趋势类似，仅尾部水平渐近线变高为 33Ω · m，这是受高阻第三层影响的结果。中段曲线处于过渡区，是第二、第三层的综合反映。

曲线 3 已呈现出 H 型三层曲线的性状，曲线首部 100Ω · m 水平线是典型远区的反映，尾部 64Ω · m 水平线反映第三层近区特征。中段基本处于过渡区，是第二、第三层的综合反映。

如果对上面所举三层 H 型地电断面观测偏移距 r 不断增加，即 $v=r/(h_1+h_2)$ 由 3 变到 40，所得响应曲线示于图 5-17，图的标示同图 5-16。由图 5-17 看出，随着 v 值的增大，由 3 到 8 的曲线的幅度逐次变大，对三层介质反映更加清晰。当 v 值急增至 40，H 型曲线完善，并出现第二层向第三层过渡时反映两者界面电磁波干涉的极小值(陈明生和闫述,1995),这也是远区的象征。

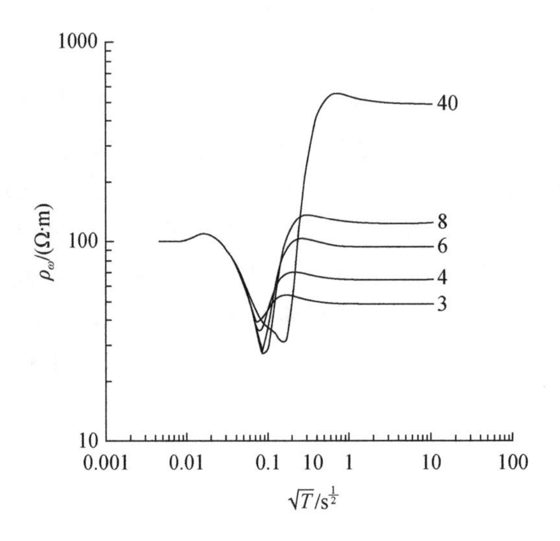

图 5-17　不同偏移距 r 的视电阻率曲线(二)

从对三层 H 型地电断面响应曲线分析看出,地电断面地层参数一定时,在一定频率范围的谐变电流激发下,系数 v 越大,即偏移距 r 越大,对地层的反映越完整;即由小偏移距变到大偏移距,反映深度不断加大,层次越来越全,并更加清晰。这说明人工源频率电磁测深探测深度不仅由频率控制,更受偏移距影响,综合起来看是场区问题(陈明生和闫述,2005)。

2)场区与探测深度的关系

上面指出偏移距 r 对探测深度的作用,这是在频率范围和地层参数一定的情况下评述的,如将后两者一起考虑,引入场区判断探测深度更易于量化。场区可按 r/δ 值划分,即 $r/\delta \gg 1$ 为远区,$r/\delta \ll 1$ 为近区,中间过渡带为中区。

图 5-18 是以 r/δ 为横坐标的视电阻率曲线。$v=0$ 的曲线表示电阻率为 $100\Omega\cdot m$ 的均匀半空间在 $r=900m$ 的响应;$v=3$ 的曲线是上面 H 型三层地电断面在 $r=900m$ 的响应。δ 是按电阻率为 $100\Omega\cdot m$ 计算的,就是说场区是按第一层划分的。图 5-18 显示,对半空间的低频水平线($r/\delta=0.2\sim0.016$,$\rho_\omega=50\Omega\cdot m$)是近区的标志,高频水平线($r/\delta=6\sim40$,$\rho_\omega=100\Omega\cdot m$)是远区的标志,其间为过渡区。对分层介质应分层计算场区才更符合实际,在这里用第一层划分的场区对所举 H 型地电断面远区场会向低频扩展,因为第二层电阻率低;近区场将向高频延伸,因为第三层电阻率高。

根据场区判断探测深度是半定量的,观测点所处场区不同,探测能力不同。当处于近区,降低频率并不能加大探测深度,前面显示的视电阻率曲线的近区水平线就说明是同一深度的响应。理论上可知,对频率测深的近区场等效于直流场,只能作几何测深,其探测深度符合几何测深的规律,在地电层固定时,是由偏移距控制探测深度。

远区场探测能力基本和天然场同,因为这时电磁波近于平面波,可采用式(5-79)评估探测深度,写成下式

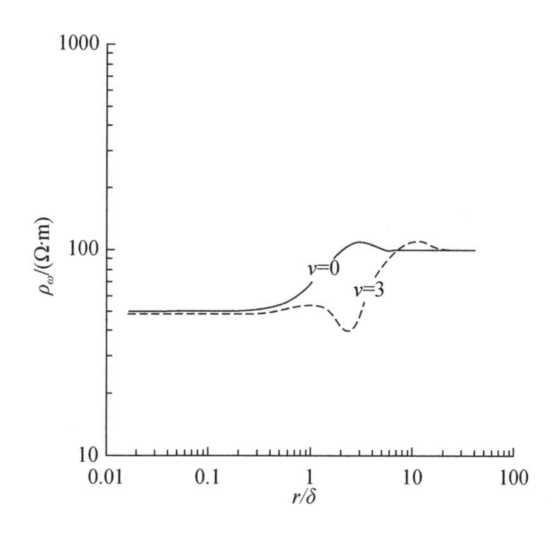

图5-18　以 r/δ 为横坐标的视电阻率曲线

$$\delta_{\mathrm{ED}}=356\sqrt{\frac{\rho}{f}} \tag{5-81}$$

对于过渡区，其探测深度介于远区与近区之间，可对式(5-81)加以修正，将确定的系数356换成不确定的系数 K，写成下式

$$\delta_{\mathrm{ED}}=K\sqrt{\frac{\rho}{f}} \tag{5-82}$$

系数 K 已包含了偏移距 r 的影响，式(5-82)可作为人工源频率测深探测深度的一般评估式。K 系数的确定要结合施工装置、地电结构等已知信息。

3. 探测深度与反演解释

由于实际地电结构多种多样，场区和不同层位的电性有关，对一条可属三个场区的视电阻率曲线只能大致分段划分场区，其深度评估也只能是粗略的，因为电磁波到达某一深度要透过不同地层。最终由观测资料得到探测深度，还是要靠反演解释。最通用的反演方法是最小二乘曲线拟合，即将实测资料与正演的模型数据不断比较，逐次修改模型参数，直至实测数据与修改后的模型数据的拟合差符合要求，这时的模型参数便是待解释的层厚及相应的电阻率，并得出各层的赋存深度。

采用最小二乘曲线拟合反演，在一定观测数据误差范围内，反演所得参数会呈现等值性(陈明生等，1983；朴化荣，1990；李金铭，2005)。由于频率电磁测深存在远、中、近三场区，因此兼有大地电磁测深和直流电测深的等值现象。对中间低阻层，会有纵向电导 S 等值性；对中间高阻层，具有厚度 H 等值性和横向电阻 T 等值性。这意味着在一定厚度(相对薄层)范围内，中间低阻层纵向电导 $S=h/\rho$ 不变，厚度 h 和电阻率 ρ 同步增减，一般发生在H和A型断面；中间高阻层厚度 h 不变，电阻率 ρ 可变，或中间高阻层 $T=\rho h$ 不变，ρ、h 适当增减，一般发生在K和Q型断面。如果中间层的电阻率已知，固定其值进行反演就可避免等值性，提高对厚度及层深的解释精度。

4. 结论与建议

(1)人工源频率电磁测深的电磁场的三个场区中,只有远区和中区(过渡区)才能实现频率测深,即通过变更频率改变探测深度;近区等价直流场,频率的改变并不能改变探测深度,只能通过变更偏移距实现几何测深。

(2)在频率范围和探测对象确定后,通过增加偏移距 r,扩大中、远区,增加对地层的分辨能力,并增加探测深度。

(3)实际偏移距 r 的确定,要根据对最大探测深度 D 的要求,选择 $r/D \geqslant 3$;具体大小,在满足信噪比,保证观测数据质量的情况下,适当加大。

(4)探测深度的评估,可采用式(5-82),对天然场源的频率测深(MT/AMT)和人工源频率测深(FEM/CSAMT)远区场可取 $K=356$,全区场的系数 K 要结合实际加以调整。

5.2　关于瞬变电磁测深的几个问题

5.2.1　瞬变电磁场关断效应及全期视电阻率的普适算法

对一维正演瞬变电磁场,一般由频率域相应场分量公式通过傅里叶逆变换来计算。频率域场分量公式是汉格尔变换式

$$F(\omega,r) = \int_0^{\infty} f(\omega,\lambda)\lambda J_n(r\lambda)\mathrm{d}\lambda \tag{5-83}$$

通过傅里叶逆变换写成下式

$$f(t,r) = F^{-1}[F(\omega,r)] = \frac{1}{2\pi}\int_{-\infty}^{\infty} F(\omega,r)\mathrm{e}^{-\mathrm{i}\omega t}\mathrm{d}\omega = \frac{1}{2\pi}\int_{-\infty}^{\infty}\left[\int_0^{\infty} f(\omega,\lambda)\lambda J_n(r\lambda)\mathrm{d}\lambda\right]\mathrm{e}^{-\mathrm{i}\omega t}\mathrm{d}\omega \tag{5-84}$$

实际上一般由傅里叶逆变换采用余弦变换(滤波法、折线法),由拉普拉斯逆变换采用G-S 变换计算;当然还有其他算法。在计算时,不要忘了频率域公式乘时间域一次激发场的频谱后再进行逆变换。

至于反演方法也多,一般采用拟合法,像高斯-牛顿法、阻尼最小二乘法和广义逆矩阵法。反演是建立在正演基础之上的,首先应保证正演正确。

对于正反演应注意正演的频谱要与采集资料时发射一次场频谱一致,否则会带来不可忽视的误差;一般文献所给的瞬变场公式都是垂直阶跃电流脉冲激发的二次场,但实际上是难实现的,一般都经一短暂时间电流才能关断,其波形近于斜阶跃脉冲。这时可利用已知的垂直阶跃脉冲激发的瞬变场算式按杜阿梅尔(Duhamel)积分(牛之琏,2007)

$$x(t) = \int_0^{t} p(\tau)h(t-\tau)\mathrm{d}\tau \tag{5-85}$$

计算任意激发脉冲的大地响应。式中,$h(t-\tau)$ 为输入作用函数,$p(\tau)$ 为脉冲过渡函数,$x(t)$ 为输出过渡函数。式(5-85)是褶积,褶积即为滤波,也可把 $p(\tau)$ 看成滤波器函数。

当采样时刻选在关断电流的终点，如图5-19所示。有

$$x(t)=\int_{-t_{of}}^{0}p(\tau)h(t-\tau)\mathrm{d}\tau \tag{5-86}$$

当采样时刻选在关断电流起点，有

$$x(t)=\int_{0}^{t_{of}}p(\tau)h(t-\tau)\mathrm{d}\tau \tag{5-87}$$

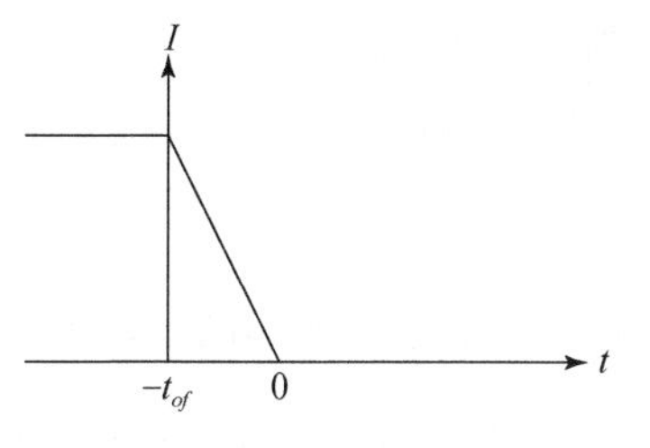

图5-19　负斜阶跃电流脉冲示意图

式中，$x(t)$为具有关断效应的，即校正后的瞬变电磁场响应；$h(t-\tau)$为垂直阶跃脉冲的瞬变电磁场响应；$p(\tau)$为一次激发电流脉冲变化率，即$\frac{\mathrm{d}I}{\mathrm{d}t}$。

有不少学者对TEM的关断效应做了很有特色的计算（白登海，2001；孙天财等，2008；杨云见等，2005，2006），笔者是按时间域推演公式计算关断效应，以适用各种关断波形。

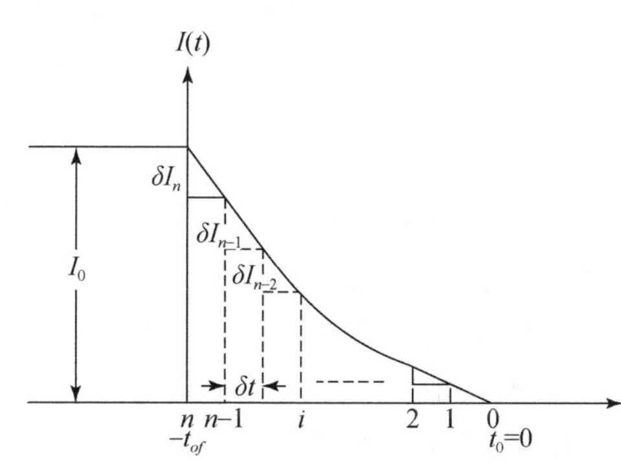

图5-20　离散斜阶跃脉冲电流

1. 时间域方法求解瞬变电磁场的一般公式

图5-20表示瞬变场激发电流I_0从$-t_{of}$开始经t_{of}时间到$t_0=0$关断，$I(t)$波形基本呈指数衰减曲线。现将关断时间t_{of}从$-t_{of}$到$t_0=0$按等间隔δt从n到0分成n等份，利用阶跃函数$u(t)$将$I(t)$近似成n个阶梯状函数。这样一次激发脉冲$I(t)$的近似解析表达式可写成

$$I(t)=\sum_{i=n}^{1}\delta I_i u(t-\mathrm{i}\delta t) \tag{5-88}$$

如果$f(t)$是给定垂直的负斜阶跃函数的大地电磁场响应，则式(5-88)中阶梯状逼近的响应为

$$f(t)=\sum_{i=n}^{1}\delta I_i f(t-\mathrm{i}\delta t)u(t-\mathrm{i}\delta t) \tag{5-89}$$

假设δt绝对值很小，并为负值，上式求和式将过渡为积分

$$f(t)=\int_{-t_{of}}^{0}\frac{\mathrm{d}I(\tau)}{\mathrm{d}\tau}f(t-\tau)\mathrm{d}\tau \tag{5-90}$$

式中，$-t_{of}\leqslant\tau\leqslant0$，$t>0$，这是以关断终点作为二次场的0采样时；如以关断起点作为二次场的0采样时，则有

$$f(t)=\int_{0}^{t_{of}}\frac{\mathrm{d}I(\tau)}{\mathrm{d}\tau}f(t-\tau)\mathrm{d}\tau \tag{5-91}$$

可以看出式(5-90)、式(5-91)分别和式(5-86)、式(5-87)同型。这就将带有关断效应的瞬变电磁场计算统一起来，免得受激发脉冲波形和采样起点的限制，参考式(3-106)。

2. 斜阶跃电流激发的瞬变电磁测深全期（区）视电阻率的迭代计算式

现以线性斜阶跃电流关断终点为采样零时刻的电偶源垂直磁场$h_z(t)$为例。若$h_z(t)$为

负垂直阶跃电流激发的均匀半空间或分层介质理论计算值，$h_z'(t)$ 为相应的线性斜阶跃电流激发的理论计算值；为此，将式(5-90)积分改写为离散算式

$$h'_z(t)=\sum_{i=n}^{1}\frac{\delta I(\mathrm{i}\delta t)}{\delta t}h_z(t-\mathrm{i}\delta t)\delta t \quad (-t_{of}\leqslant \mathrm{i}\delta t\leqslant 0) \tag{5-92}$$

即可求任意激发波形的均匀半空间或分层介质理论计算值；对负斜阶跃电流激发，计算较简单：如关断起始电流 $I_0=1$，根据设定条件有 $\frac{\mathrm{d}I(t)}{\mathrm{d}t}=\frac{\delta I(\mathrm{i}\delta t)}{\delta t}=\frac{I_0}{t_{of}}=\frac{1}{t_{of}}$，由此可将式(5-92)写成

$$h'=\frac{\delta t}{t_{of}}\sum_{i=n}^{1}h_z(t-\mathrm{i}\delta t) \tag{5-93}$$

进而写成

$$\frac{t_{of}}{\delta t}h'-\sum_{i=n}^{1}h_z(t-\mathrm{i}\delta t)=0 \tag{5-94}$$

如 $h_z'(t)$ 为斜波激发的实测感应电动势转换的垂直磁场或分层介质对斜波电流的理论响应值，这时可用均匀半空间理论下垂直阶跃脉冲响应 $h_z(t)$ 逐次迭代法解方程。把式(5-94)左边第一项记为 h_p，第二项记为 h_t，两者偏差记为 d，则

$$d=h_p-h_t \tag{5-95}$$

设定电阻率 ρ 的范围，按照合适步长改变，使计算结果不断逼近实测值，即 d 趋近零，或合适值。这样就可确定出各延迟时 t 对应的电阻率值，也就是全区视电阻率值 ρ_τ，以便定性和半定量解释；也为反演解释提供了易于拟合的初始参数，利用式(5-93)作为反演的正演公式。上面是举线状衰减电流例子，其他波形按实际处理 δI 即可。

3. 斜阶跃电流激发的瞬变电磁测深全期(区)视电阻率的计算结果

以下举实际算例(陈明生和许洋铖，2017)：

1) 均匀半空间

图 5-21 是在电阻率为 100Ω · m 均匀半空间面上，采用赤道偶极装置，电偶极 $AB=100$m，供电电流等于 10A，偏移距 $r=1000$m 的情况下所计算的一组垂直磁场 H_z 曲线，其关断时间 $t_{of}=100\mu s, 200\mu s, 300\mu s$，0 时刻选在关断终点。

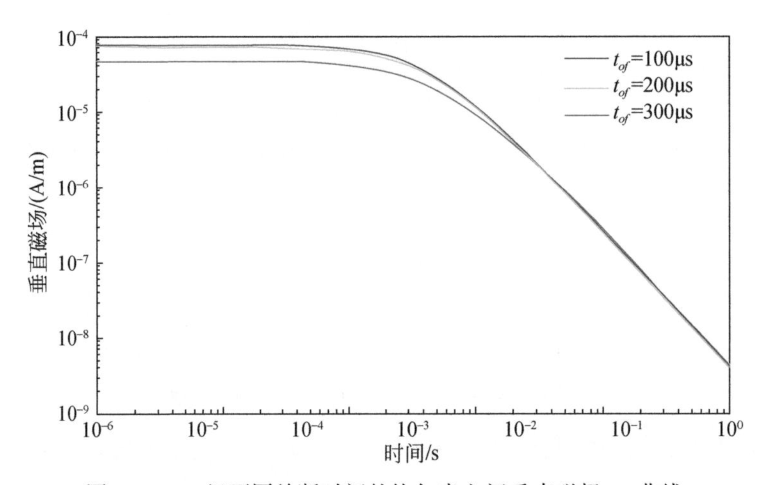

图 5-21　一组不同关断时间的均匀半空间垂直磁场 H_z 曲线

由图看出,关断时间由 100 ~ 300μs,其对应的磁场 H_z 响应曲线逐渐偏移垂直阶跃电流(关断时间 = 0)激发的曲线。偏移情况的特点有二:一是随关断时间增长,向下偏移增大,即二次场降低;二是偏移在早时间段大,随延时增长逐渐变小,到晚时间段趋于一致,也就是不受关断时间影响。其原因是关断时间加长,在物理上激发二次场的等效电流幅度降低,在数学上褶积值变小;这种影响随延时加长而减弱,对晚延时的二次场影响趋于消失。

图 5-22 是对应的全期视电阻率图,不受关断时间影响,且等于真电阻率。

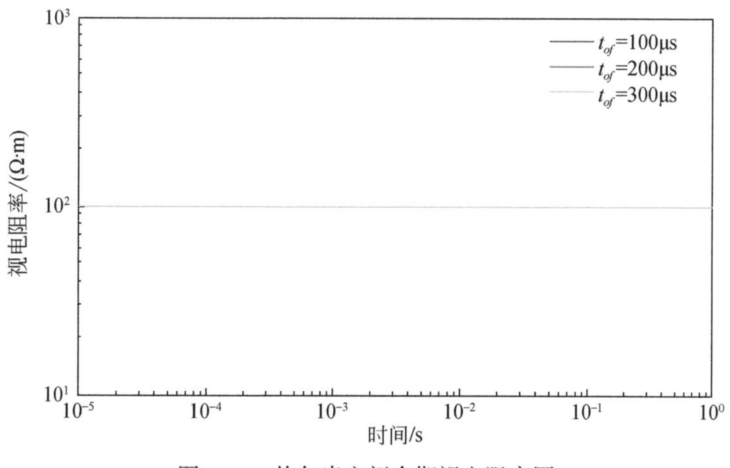

图 5-22　均匀半空间全期视电阻率图

2)分层介质

图 5-23 为一组不同关断时间的 K 型地电断面的垂直磁场曲线,模拟计算采用的装置关断时间和前面半空间大地一样,其 K 型地电断面参数为:ρ_1 = 100Ω · m,h_1 = 100m;ρ_2 = 800Ω · m,h_2 = 600m;ρ_3 = 100Ω · m。由图看出,首部曲线和图 5-21 相同,因为都是对应 ρ_1 = 100Ω · m 的半空间响应。随着时间推移,受中间 ρ_2 = 800Ω · m 高阻层的影响,曲线较图 5-22提前下降,陡度也大;接着受 ρ_3 = 100Ω · m 底层的影响,曲线发生扭曲后和图 5-21 一样自然下降。如进行反演拟合,用此曲线数据足可;可是磁场曲线反映层次不明显,不直观,一般要将观测数据转算为视电阻率,以便定性分层解释。

图 5-24 就是对应图 5-23 的不同关断时间的 K 型地电断面全期视电阻率曲线。由图 5-24看出,整条全期视电阻率曲线为典型 K 型,反映地电断面电性特征由上至下三地层电阻率为低、高、低,可直观进行定性解释。当然对应浅部第一层视电阻率随关断时间增长向高值偏离第一层真电阻率值,这是因为随关断时间延长,按垂直阶跃脉冲(t_{of} = 0)在均匀半空间的响应反映更深范围的介质,由于下层为高阻介质,电阻率抬高是和斜阶跃脉冲的在地层的响应值对应,即 H_z 低,ρ_τ 就高;反之就低。不过,随延迟时间增长,受关断时间影响渐小,各响应曲线趋于一致,到曲线尾支,视电阻率趋于第三层真电阻率 100Ω · m。这是因为基底在延时足够长时,就等效半空间。但对中间各层一般满足不了均匀半空间条件,是各层的综合反映,所以一般称为视电阻率。要解释出真电阻率还要靠计算机反演。

由于目前实测值为感应电动势$\dfrac{\partial b_z(t)}{\partial t}$,为了避免求全期视电阻率遇到的多解性,可按前

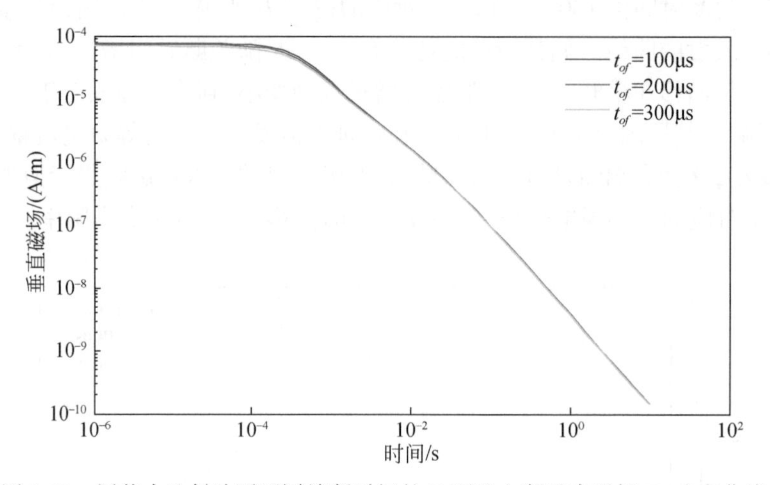

图 5-23　层状大地斜阶跃不同关断时间的 K 型地电断垂直磁场 H_z 响应曲线

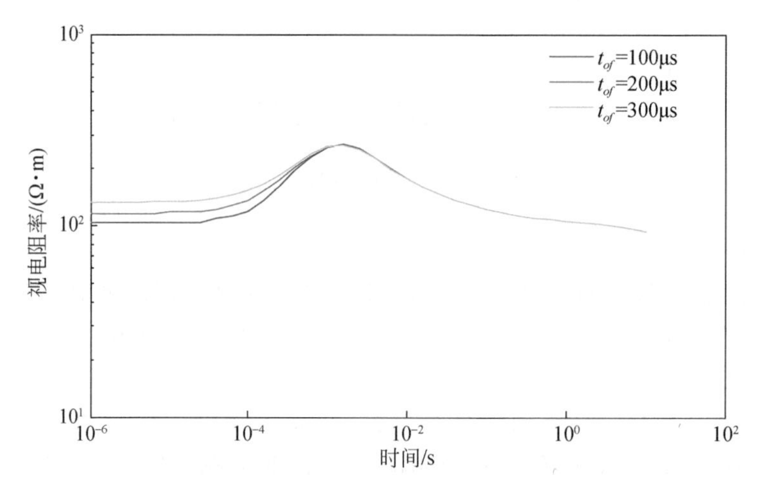

图 5-24　对应图 5-23 的不同关断时间的 K 型地电断面全期视电阻率曲线

面的方法将$\frac{\partial b_z(t)}{\partial t}$转换为 $h_z(t)$。

4. 结论与建议

(1)关断效应的 TEM 场可看成激发电流变化率与垂直阶跃脉冲激发的 TEM 场的卷积，其积分变量为关断时间;这样的表达式具有通用性。

(2)带有关断效应的瞬变电磁场求法，可将激发电流脉冲划分为阶梯函数，叠加这些阶跃函数的响应就可得任意电流脉冲激发的瞬变电磁响应。

(3)求得任意电流脉冲激发的瞬变电磁响应就可采用适当方法计算全期视电阻率，为定性分析和反演解释提供了前提。

5.2.2 从不同角度看瞬变电磁场法的探测深度

1. 烟圈效应反映瞬变电磁场的扩散深度

早在 1979 年 M. N. Nabighian 将瞬变电磁(TEM)场向地下扩散的状态形象地比喻为烟圈,即当地面上发送回线供出的电流突然断开时,由于伴生的磁场突然消失,就在地下感应出涡电流以维持断开前的磁场。涡电流呈同心环状向下、向外扩散,其涡电流密度最大值与地面成近似 30°的锥形运移;而涡电流的等效电流环与地面成 47°的锥形运移。等效电流 i、半径 a、所在深度 d 和运移速度 v_z 的表达式分别为

$$i=\frac{1}{4\pi c_2\left(\sqrt{t/\sigma\mu_0}\right)^2} \tag{5-96}$$

$$a=\sqrt{8c_2}\sqrt{t/\sigma\mu_0} \tag{5-97}$$

$$d=\frac{4}{\sqrt{\pi}}\sqrt{t/\sigma\mu_0} \tag{5-98}$$

$$v_z=\frac{\partial d}{\partial t}=\frac{2}{\sqrt{\pi\sigma\mu_0 t}} \tag{5-99}$$

式中,$c_2=\frac{8}{\pi}-2=0.546479$。

图 5-25 是通过 FDTD 模拟二维线源在地下均匀半空间介质中激发的“烟圈”沿横剖面随时间扩散的态势(闫述等,2002)。图中正无限长线电流源位于原点 0,负源位于−50m 处,视构成不接地回线。当线中电流突然断开,在电阻率为 300Ω · m 的地下半空间感生涡流二次场,图 5-25a 所示断电后 1. 256μs 时二次电场的等值线,单位为 μV/m;图 5-25b 所示断电后 6. 492μs 时二次电场的等值线;图 5-25c 所示断电后 0. 03ms 时二次电场的等值线。由图看出,源所激发的二次涡电流场随时间向下、向外扩散,验证了“烟圈”的移动状况,并说明二次场在地下存在和时间密切相关。

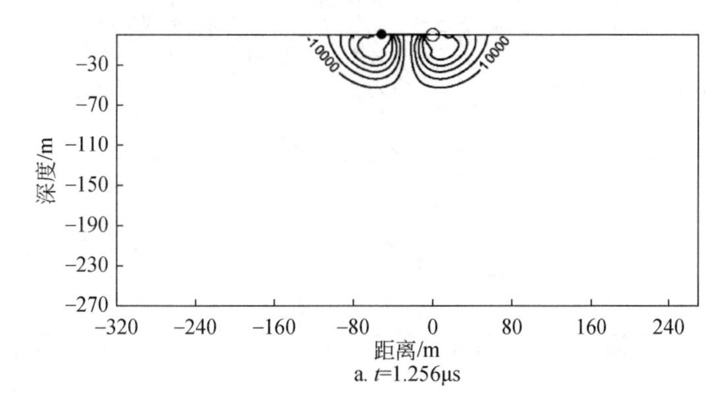

a. t=1.256μs

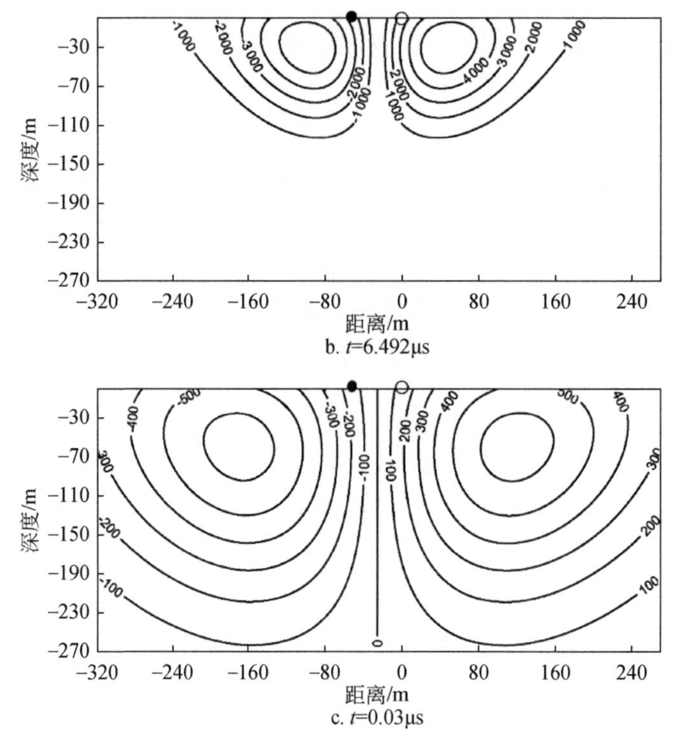

图 5-25　瞬变场的“烟圈”随时间扩散状态

图 5-25 是描述均匀半空间 TEM 场的扩散图像，对均匀分层介质如何，可从简单的二层介质分析。图 5-26 表示均匀二层介质中延时 $t=3\text{ms}$ 时刻的地下电场分布。介质上覆地层厚 200m，电阻率 10Ω · m，第二层电阻率 75Ω · m。可以清楚看出，在分界面处电场等值线发生扭曲，在界面下向外扩展，意味在相对高阻的下层“烟圈”扩散速度快，这可从式(5-99)中分析出。

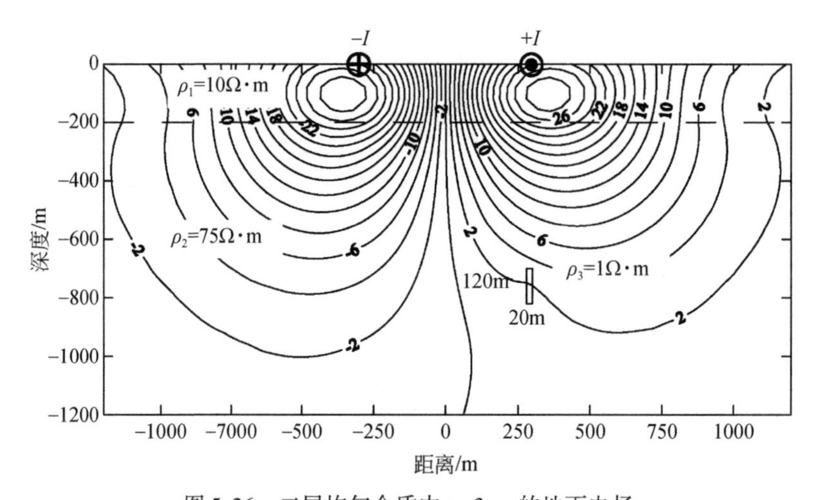

图 5-26　二层均匀介质中 $t=3\text{ms}$ 的地下电场

2. 平面波导出 TEM 场扩散深度公式

在 TEM 中,比较普遍的场源激发方式是阶跃脉冲,由此获得频谱幅度与频率成反比的特性,以满足中深度的探测需要。Spies(1989)在其经典的关于电磁法探测深度的论文中,给出了时间域探测深度公式。该公式从全空间大地模型出发,设定参数 ε、σ、$\mu=\mu_0$ 的大地为非铁磁性的导电媒质(在地球物理勘探所用频率范围内,大地的电参数本身可认为是时不变的)。取直角坐标,设在 xOy 平面上,于 $t=0$ 时刻突然激发起一薄层 x 方向的均匀电流。此电流在 $\pm z$ 方向产生瞬态均匀平面波,此平面波的电场仅有 x 分量,磁场仅有 y 方向。频率域电场分量满足的方程为

$$\left(\frac{\partial^2}{\partial z^2}+k^2\right)E_x(z,\omega)=0 \tag{5-100}$$

式中,$k=\sqrt{\omega^2\mu_0\varepsilon_1-\mathrm{i}\omega\mu_0\sigma_1}$,为波数, 在 $z>0$ 区域上式的解为

$$E_x(z,\mathrm{i}\omega)=-\frac{I\mu_0}{2}\frac{\exp\left[-\mathrm{i}\omega\sqrt{\mu_0(\varepsilon_1+\sigma_1/\mathrm{i}\omega)}z\right]}{\mathrm{i}\omega\sqrt{\mu_0(\varepsilon_1+\sigma_1/\mathrm{i}\omega)}} \tag{5-101}$$

将复频率解式(5-101),经拉普拉斯逆变换后,有瞬态平面波解(Collin and Zucker,1969;彭仲秋,1989)

$$e_x(z,t)=-\frac{I}{2}\sqrt{\frac{\mu_0}{\varepsilon_1}}\exp\left[-(\sigma_1/2\varepsilon_1)t\right]I_0\left[\frac{\sigma}{2\varepsilon_1}\sqrt{t^2-(z/v)^2}\right]u(t-z/v) \tag{5-102}$$

式中,I_0 为零阶修正贝塞尔函数;$v=1/\sqrt{\mu\varepsilon}$。由上式可以分析出 TEM 场在大地中传播的两个特性:第一,在初始阶段波前以速度 v 传播,这是高频区的相速。这时传导电流可以忽略,大地可以看成是非色散的,波前由阶跃脉冲中的高频分量组成。随着时间的推进,大地的色散作用将逐渐显示出来。第二,由指数因子 $\mathrm{e}^{-\frac{\sigma}{2\varepsilon}t}$ 决定,场的幅度随时间的延长,即随传播距离的增加而迅速减小。在式(5-102)的推导中为了全面显示出场的建立过程,没有忽略位移电流。对于实际使用的中深度 TEM 探测仪器(如 V8、DGP32、PROTEM 等)来说,第一道观测时间场已属于似稳状态,那么忽略了位移电流以后,电场分量的公式变为

$$e_x=-\frac{I}{2}\sqrt{\frac{\mu_0}{\pi\sigma_1 t}}\exp\left(-\frac{\mu_0\sigma_1}{4t}z^2\right)u(t) \tag{5-103}$$

图5-27是 z 值分别取 15m、30m 和 100m,大地电阻率 $\rho=50\Omega\cdot\mathrm{m}$、相对磁导率 $\mu_r=1$、相对介电常数 $\varepsilon_r=15$,按照式(5-102)和式(5-103)的计算结果。由图5-27可以看到离源不同距离处以阶跃脉冲为代表的场的建立、传播和衰减过程:在刚离开源时阶跃脉冲的变化(同深不同时)还比较陡峭,在离开源一段距离以后,阶跃脉冲的变化开始变得平缓。距离 z 越大,变化越平缓,高频分量的衰减越严重。随着场的传播,位移电流逐渐减弱,传导电流的作用将占主导地位,忽略位移电流的结果与精确解开始重合,此时波的传播速度与大地电阻率有关。中深度 TEM 探测就是以式(5-103)为出发点进行探测深度等问题的讨论:保持式(5-103)中的 z 不变,令其对时间的导数等于零,便得到某一深度处任意时间电场的最大值,以其作为阶跃脉冲到达的深度,即扩散深度,其表达式为

$$\delta_{\mathrm{TD}}=\sqrt{\frac{2t}{\mu_0\sigma_1}} \tag{5-104}$$

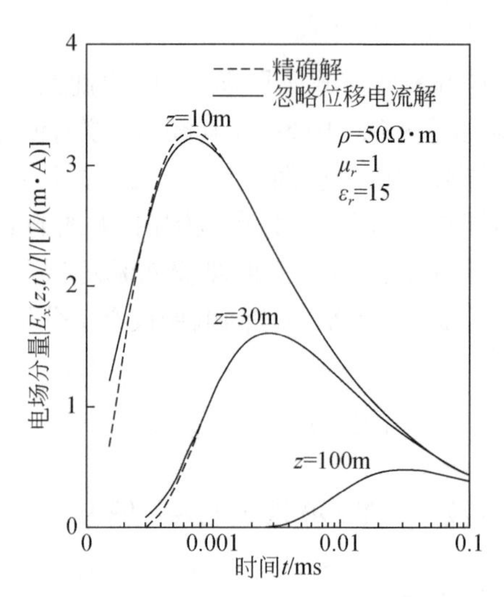

图 5-27　阶跃脉冲在地中不同深度的瞬态响应

扩散速度为

$$v_{\mathrm{TD}}=\frac{\mathrm{d}\delta}{\mathrm{d}t}=\sqrt{\frac{1}{2\mu\sigma t}} \tag{5-105}$$

式(5-104)反映了场在最初建立时刻的性质,对它的分析表明,在任意短的时间里,场可以达到任意小的深度。被异常体反射回来的阶跃脉冲如能及时被接收到,则 TEM 所能探测的最小深度从理论上来说是没有限制的。但实用仪器及其装置的响应时间有限,因此最小探测深度与仪器的最小反映时间有关。不过从其他方面来看,随着时间的推移,当大地的色散作用比较明显以后,携带浅部地质信息的低频分量还会陆续到达观测点,而被仪器检测到。因此用较晚的时段探测埋藏较浅的地质异常体是可能的,这在北京门头沟等地的老窑探测中已有成功的先例(闫述等, 1999)。

3. 时-频分析探测深度

阶跃脉冲可以分解为一系列正弦波之和,一般来说,早期时段对应高频段,晚期时段对应低频段。随着时间的推延,探测深度由浅入深。如果仅仅根据频谱分析,我们只知道阶跃脉冲激励的 TEM 场含有哪些频率成分,但是不知道这些频率在什么时候存在,所以有必要寻找 TEM 场观测时间与对应的频率之间的确切关系。相关学者(姚治龙等,2001; Maxwell, 1996,1998)在利用 TEM 进行大地电磁测深静态校正、TEM 和 MT 的联合反演,以及 TEM 资料解释中,曾通过在频率域的趋肤深度和时间域的扩散深度之间建立对应关系,得到了几种时间和频率的换算公式。本书用 T-F 分析(Qian and Chen,1996;闫述和陈明生,2005)的方法建立一种分布,将时间与频率的关系表示出来。以电阻率分别为 50Ω · m 和 25Ω · m 的均匀大地为例,先根据式(5-102)或式(5-103)计算出与源的距离 $z=400\mathrm{m}$ 的地下 TEM 响应时间分别为 2ms、4ms,然后用 Wigner 分布分别给出它们的 T-F 能量密度谱(图 5-28a、b),图中上部为随时间变化的 TEM 信号,下部是对应的 T-F 密度谱。从图 5-28 并结合图 5-27 可以看出,由于大地对高频分量的衰减,阶跃脉冲在地层中传播一段距离以后,脉冲变得平缓。当传播距离相同时,在低电阻体中(图 5-28b)传播的脉冲比高阻体中(图 5-28a)的平缓。如仍然以电场达到最大值作为脉冲到达的标志，图 5-28a 中脉冲约在 2ms 时到达，其 T-F 平面上对应的最高频率在 80Hz 左右；图 5-28b 中脉冲于 4ms 左右到达，对应的最高频率约 40Hz。根据频率域相速度公式

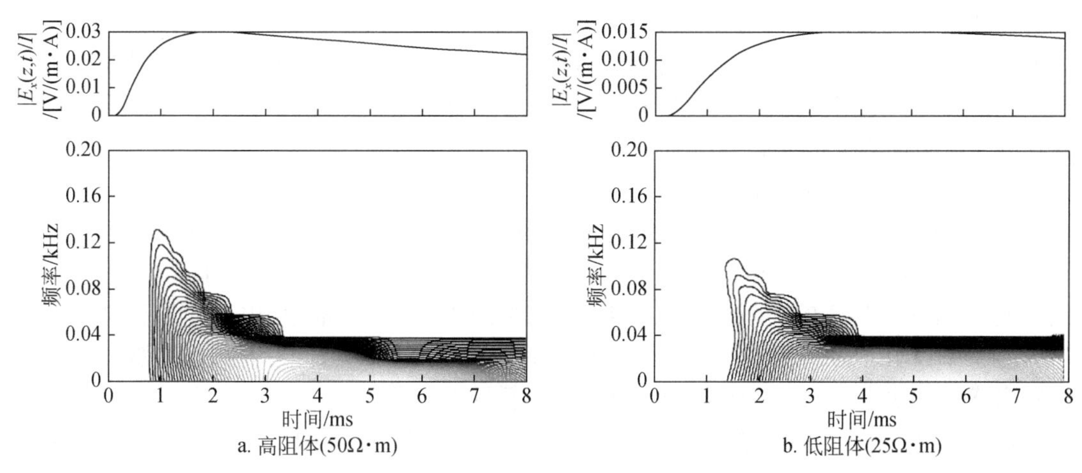

图 5-28　TEM 信号的 T-F 密度谱（z=400m）

$$v_{\mathrm{FD}}=\sqrt{\frac{2\omega}{\mu_0\sigma_1}} \tag{5-106}$$

可以算出两种媒质中阶跃脉冲速度分别大约为 200000m/s 和 100000m/s；它们传播 400m 的距离用时为 2ms 和 4ms，理论上吻合，显示频率与时间的对应关系。其后 T-F 谱中的低频分量，将在较晚的时候陆续到达地中各点。式(5-104)中的时间 t 是场的传播所需要的时间，它和频率域中趋肤深度公式（由平面电磁波衰减到地表场强振幅的 1/e 定义）

$$\delta_{\mathrm{FD}}=\sqrt{\frac{2}{\omega\mu_0\sigma_1}} \tag{5-107}$$

形式上相似，但意义上不同。因为从将时间域和频率域联系起来的傅里叶变换公式

$$F(\omega)=\int_{-\infty}^{\infty}f(t)\,\mathrm{e}^{\mathrm{i}\omega t}\mathrm{d}t \tag{5-108}$$

可见，在从时间域到频率域的转换中，对时间 t 从 $-\infty$ 到 $+\infty$ 积分，频率域中的场既没有开始也没有结束，是稳态场，反映因果关系的时间变量在变换中消失了。因此从理论上讲频率域方法中在任何深度都有 EM 场，即使弱得趋近于零。在理想情况下，任何频率的电磁场存在于地电断面的任何深度，观测到的电磁场信号包含了所有地电断面的信息，因此探测深度是无限的。只有当考虑到系统接收机灵敏度、信噪比等因素时，探测深度才是有限的，可以通过增大发射偶极矩、提高接收机灵敏度和噪声抑制技术，将探测深度提高到“趋肤深度”的 1.5 倍、2 倍或更多。因为频率域中的场可认为是在很久时间之前建立的，场的各频率分量已经有足够的时间到达地下任何深度（不论衰减到了怎样小的程度）。而式(5-104)所表达的是场传播到某一深度所必需的时间（以最大值作为达到的标志），这个深度不会为其他因素而改变，这是时间域场与频率域场在探测深度上的区别。

4. 地面观测数据时间是相应瞬变电磁场扩散深度时间的约 2 倍

瞬变电磁场属交变电磁场,它符合麦克斯韦方程所反映的宏观电磁理论,由此可推出波动方程,以显示电磁场的波动性。似稳瞬变电磁场扩散(或传播)速度,按“烟圈”效应由式(5-99)描述,表示的是等效电流环移动速度;对平面电磁波扩散速度表达式[式(5-105)]计算的速度,是指电场极大值运移速度。但不能用延时 t 相乘得扩散深度,因为大地是色散介质。它们相应扩散深度应分别由式(5-98)、式(5-104)确定。但是,我们可否由扩散深度公式求瞬变电磁场的探测深度,现作如下分析。

1)电磁感应与传播分析

若在地面采用同心线圈激励 TEM 场,由“烟圈”效应可知,在某一时间 t 其等效电流环运移的深度由式(5-98)得出,如果在地面测出相应的信号,通常测得感生电动势,这是其等效电流环,在地面感生的衰减磁场在接收线圈感生的。可合理推想,由地面发射脉冲电流后,在某时间 t 在地下一定深度形成等效电流环;而此电流环又可经一定时间在接收线圈中激励出感生电动势,一来一回至少延迟 $2t$ 时间(暂且不考虑色散)。

再来分析平面波模拟计算结果。图 5-29 是在电阻率等于 50Ω · m 的半空间均匀大地中,植入电阻率为 1Ω · m 的二维板体,其横断面积 120m×20m,顶深 700m;用 FDTD(闫述等,2002)模拟地面二维线源 TEM 场在几个特定时刻的地下电场,以及地表单位面积的点接收线圈中的感生电动势 EMF。为了比较,分别计算了地下有无异常体时地面上的 EMF。由图 5-29a可见,在所给大地电阻率的情况下,场源激发后 t=0. 5ms 时刻,地下电场最深达到了约 400m 的深度[应大于式(5-104)表达的扩散深度]。此时场还未到达地下异常体处,地面上分别代表均匀大地和有异常体时的 EMF 曲线是重合的。在图 5-29b 中,场刚刚抵达异常体处,此时为 t=2ms 时刻(场到达最大深度为 800m),电场等值线的前端 (波前) 发生畸变,这时地面上 EMF 曲线仍然重合;到了 t=4ms 时刻(图 5-29c),被异常体反射的场到达地面,地面上代表有无异常体的实、虚两条 MEF 曲线开始分离。当 t=20ms 时(图 5-29d),地面上代表有无异常体的实、虚两条 EMF 曲线明显分离,也就是根据地面采集的数据可以解释地下存在低阻异常体。由图看出,按电场的峰值应在垂深 800m 左右,按扩散公式[式(5-104)]反算时间约 8ms,地面观测时间确为 20ms,为其 2 倍还多。其原因是下行波高频成分多,速度快;上行波低频成分多,速度慢。无论如何,场的传播和反射都需要时间(目前在 TEM 仪器中还没有设计判断阶跃脉冲前沿形态的电路,而是以接收机灵敏度能测到的场值为准)。

从上述时间域 TEM 场的电磁感应与传播可知,对地面 TEM 探测而言,要探测到地下一定深度的异常体,场的峰值需要用时间 t 到达该异常体然后反射回地面,即需要至少 $2t$ 的时间将地下的地质信息带到地面被接收仪器所观测到。

2)频率测深曲线的假极值现象

通过前面的时频分析可知,TEM 场一定时间的信号对应频率域一定频率的信号。对地面接收的频率测深视电阻率曲线存在假极值现象(陈明生和闫述,1995),即对应大地的不同层次,遇到低阻层曲线先上升出现一个假极大值后再下降;遇到高阻层时先下降出现一个假极小值后再上升。这种现象对二层介质呈现特别明显,电磁波往返第一层的路程正好等于 1/4 个波长的奇数倍,揭示出假极值是电磁波在两个分界面上反射所造成的干涉所致。这就是说频率测深在地面观测的资料是入射波与反射波在地面叠加的结果，得到总场数据；而相关的TEM数据也一定是电磁场在界面反射的结果，是经历双程时得到的。实际上TEM测深是多频测深，而频率测深正演过程中所遇到的下行波与上行波项就说明了入射与反射的问题。

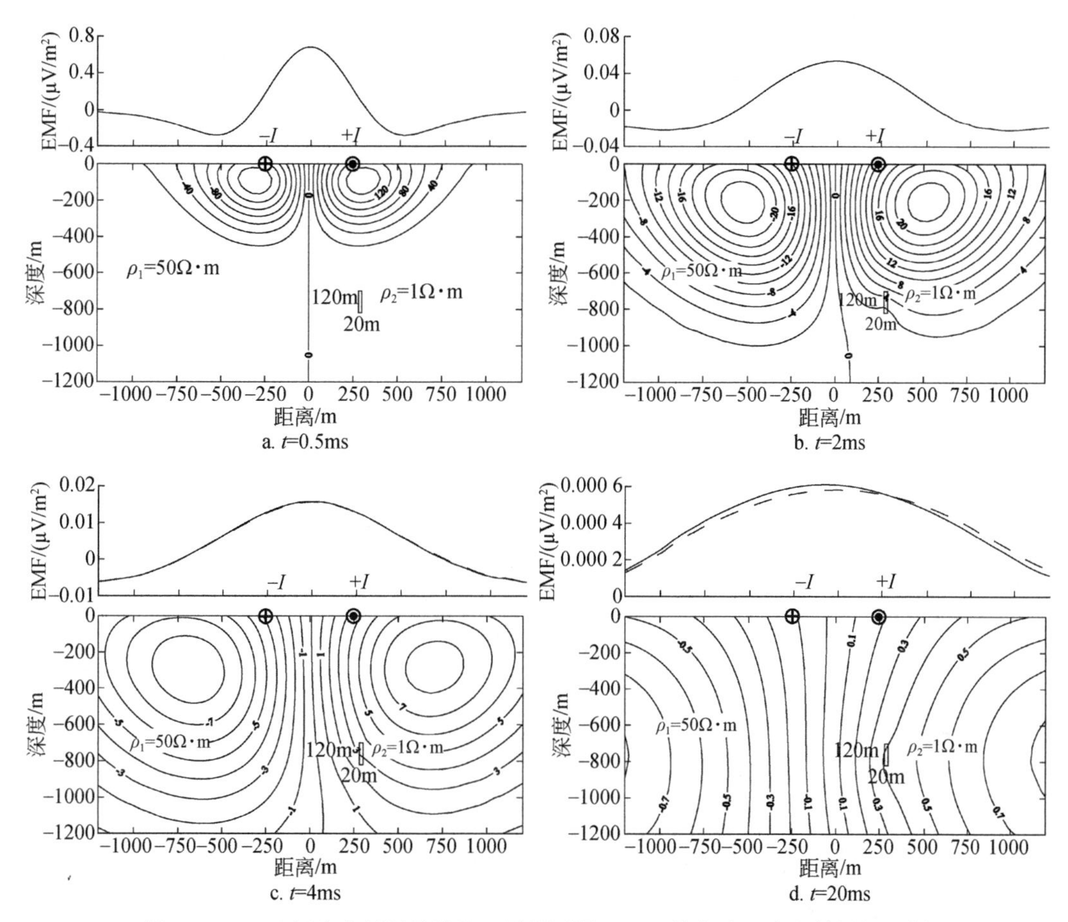

图5-29　TEM场在含低阻异常体（顶部埋深700m）均匀大地中的传播与反射

上图为地表具有单位面积点接收线圈中的垂直感生EMF（实线是有异常体时的情况，虚线是均匀大地的情况；下图为地下电场等值线（单位为μV/m，发射电流I=1A）

3）拟地震转换波

根据陈本池（1998）的研究，利用积分变换（U变换）方法，可将满足扩散方程的TEM场随时间t的衰减曲线变换成满足波动方程的相应的波场随类时间q的波传播曲线（图5-30），其波的传播速度为$1/\sqrt{\mu\sigma}$（和频率或时间无关）。在此基础上，陈本池举出两个算例，对理解TEM场的探测深度很有帮助。

（1）均匀半空间算例：位于电阻率$\rho=1\Omega\cdot\text{m}$（$\sigma=1\text{s/m}$）的地面上，由位置固定的垂直磁偶源脉冲激发，得到地面不同偏移距（极距r）处的归一化E_φ分量，并将其转化为相应波场曲线（图5-31a）及其对应的子波主极值运移慢度曲线（图5-31b）。由图5-31b看出，慢度曲线是直线，数据显示转换波在介质中以恒速度 $1/\sqrt{\mu\sigma}$ 传播。

（2）均匀二层介质算例：设二层大地第一层 $\rho_1=1\Omega\cdot\mathrm{m}$（同上例均匀大地），第二层 $\rho_2=100\Omega\cdot\mathrm{m}$（相对上覆地层近乎绝缘基地）。类似地震勘探中的自发自收记录方式，在地面固定偏移距 $r=0$，不断改变第一层厚度 h_1 计算水平二次电场 E_φ，并将其变换成波曲线（图 5-32a）及其主极值随深度 h_1 的运移曲线（图 5-32b）。计算表明图 5-32b 慢度曲线是直线，而斜率表示的慢度是上例同样电阻率 $\rho_1=1\Omega\cdot\mathrm{m}$ 均匀半空间慢度的 2 倍；也就是说其速度缩小为 1/2。

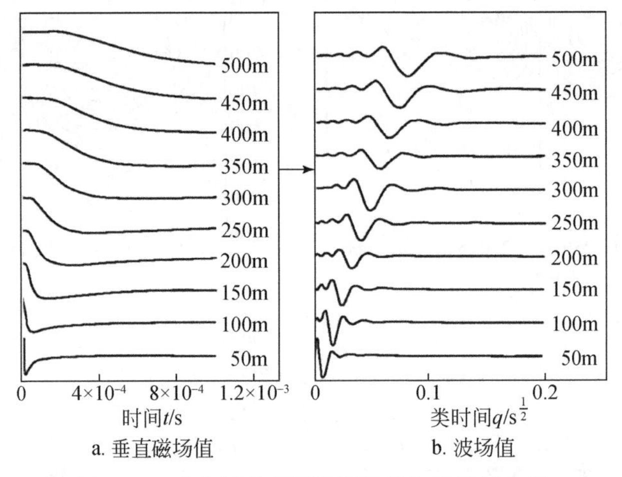

图 5-30　全空间垂直磁场值转换为波场值曲线

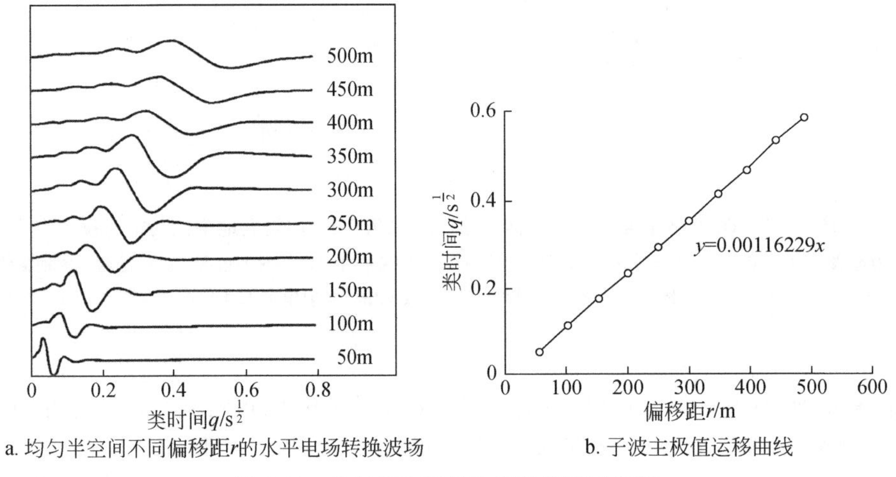

图 5-31　均匀半空间拟地震转换波示意图

上面两个算例中，在均匀半空间的距时曲线（r-q），反映由发射点到接收点转换波在均一层中传播的速度；在二层介质中的距时曲线（h_1-q）反映转换反射波在第一层中传播的速度。同一电阻率岩层中的波速却差 2 倍，原来在二层介质中仅考虑波在第一层传播的单程 h_1，实际反射运行的是双程 $2h_1$；如果按双程 $2h_1$ 计算，两者的速度正好相等，符合实际。

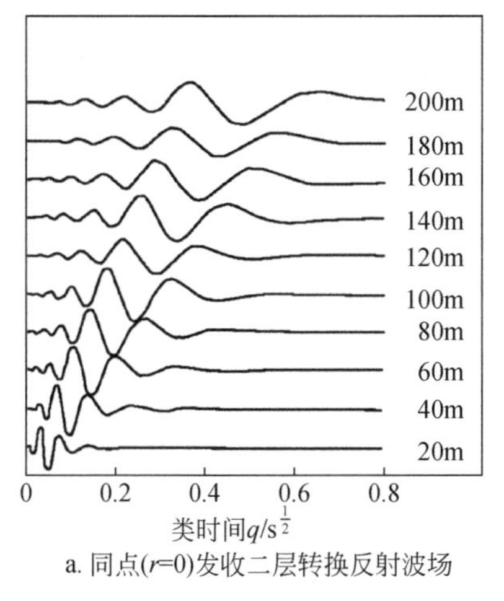

a. 同点(r=0)发收二层转换反射波场

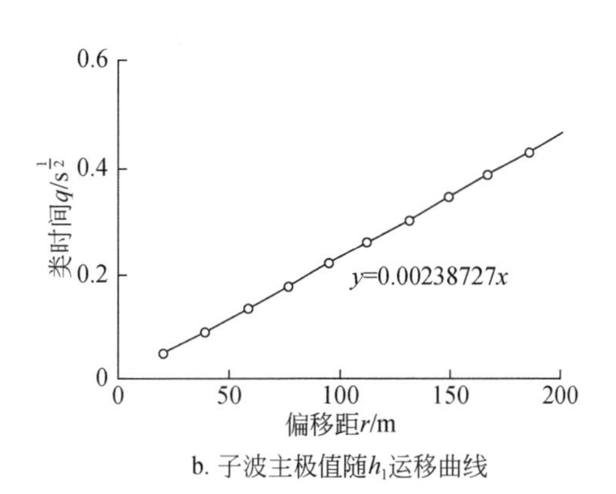

b. 子波主极值随h_1运移曲线

图 5-32　均匀二层介质拟地震转换波示意图

陈本池的研究成果充分佐证了 TEM 的探测深度约是其穿透深度的 1/2 的结论。

5. 结论

(1) TEM“烟圈”效应引出的等效电流环到达深度和平面波场极大值扩散深度，都是一定延时的 TEM 特征场的单向穿透深度。

(2)地面观测获得的 TEM 场资料，是 TEM 场到达某一深度返回来的信号，所需时间是其单向扩撒深度的 2 倍多(考虑色散效应)。

(3)本节只论述 TEM 探测深度的理论，不涉及施工，但或许可以为应用扩展思路。

5.2.3　小回线探测大深度

前面已对 TEM 的探测深度作了阐述，现就小回线磁偶源可以探测大深度问题进行论述。这里说的大深度是较传统意义上，即探测深度和线圈的大小有一定比例，如探测 100m 深，方形线框的边长至少 50m。这种说法并不错，但是需要指明前提条件：保证激发源的磁偶极矩，以便取得一定深度二次场的有效信号。如果从源和收两方面做文章就可突破原有观念，实现小回线圈探测大深度，将 TEM 应用在地形复杂地区和隧道、井巷工程等。

就共中心小回线装置瞬变电磁法可探测更大深度的论据，笔者已在有关会议论述过(陈明生等，2005，2007；陈明生和石显新，2014)。本节力求从理论与实际的结合上进一步加以阐述，以期将此问题探讨得更清楚些。TEM 属于时间域电磁法，它将自然界普遍遵循的因果关系直接地表现了出来，其探测深度应主要取决于二次场衰减时 t。Spies (1989) 早在其经典的关于电磁法探测深度的论文中指出：刚刚探测到深部不均匀体的电磁 (EM) 响应的时间或频率，其影响因素为：①该不均匀体的埋深；②上部断面的平均电阻率；③与源的形式、接收的方式以及两者之间距离的关系相对较小。这是问题的本质。在相关研究(陈明生和石显新，2014)的基础上，笔者在理论和实践上又做了进一步工作。

1. 理论分析

在频率域,对均匀半空间面上平面波正交电磁场分量在任意深度的场强,其表达式为

$$E_x(\omega,z)=E_x(\omega,0)e^{ikz}=Ae^{i\alpha z}e^{-\beta z} \tag{5-109}$$

和

$$H_y(\omega,z)=E_x(\omega,0)\sqrt{\frac{\sigma}{\omega\mu_0}}e^{i\pi/4}e^{ikz} \tag{5-110}$$

式中,$k=\alpha+i\beta$。

对似稳场

$$\delta=1/\beta=\sqrt{\frac{2}{\omega\mu_0\sigma}}$$

为集肤深度。

对瞬变电磁测深的探测深度,可用扩散深度估算,现以不同于前面内容的思路推演于下。

在一维水平半空间情况下,对时间域平面电磁波,采用直角坐标系,在地面沿 x 轴向激发一薄层均匀电流,其面密度为 j_x;当 $t=t_0=0$ 时突然断开,形成负阶跃变化,可表示为

$$J_x(t)=-I_x u(t) \tag{5-111}$$

式中,I_x 为常数,$u(t)$ 为单位阶跃函数。电流的突变导致在 z 方向产生瞬态均匀平面电磁波,且电场仅有 x 向分量,磁场仅有 y 向分量。式(5-111)的傅里叶变换为

$$J_x(\omega)=I_x/i\omega$$

根据地面边界条件,当 $z=0$ 时,有 $H_y^+-H_y^-=I_x/i\omega$ 。如大地完全导电(赵凯华和陈熙谋,1978;彭仲秋,1989),有 $H_y^-=0$;但是,大地的导电性是有限的 ,设有常数 $\eta(1\sim2)$,使

$$\eta H_y^+=I_x/i\omega \tag{5-112}$$

这样

$$A=E_x(\omega,0)=\frac{\omega\mu_0}{k}H_y(\omega,0)=\frac{1}{\eta}\frac{I_x\mu_0}{ik}$$

将其代入式(5-109)得

$$E_x(\omega,z)=\frac{1}{\eta}\frac{I_x\mu_0}{ik}e^{ikz} \tag{5-113}$$

进而写成

$$E_x(\omega,z)=\frac{1}{\eta}\frac{I_x\mu_0}{\sqrt{i\omega\mu_0\sigma}}e^{z\sqrt{i\omega\mu_0\sigma}}=\frac{1}{\eta}\frac{I_x\mu_0}{\sqrt{\mu_0\sigma s}}e^{-\gamma\sqrt{s}} \tag{5-114}$$

式中,$\gamma=-z\sqrt{\mu_0\sigma}$,$s=i\omega$。利用拉普拉斯变换关系式

$$L^{-1}\left[\frac{1}{\sqrt{s}}e^{-\gamma\sqrt{s}}\right]=\frac{1}{\sqrt{\pi t}}e^{-\gamma^2/4t}$$

式(5-113)的逆变换为

$$E_x(t,z)=\frac{1}{\eta}I_x\sqrt{\frac{\mu_0}{\pi\sigma t}}e^{-\frac{\mu_0\sigma}{4t}z^2} \tag{5-115}$$

同样可得

$$H_y(t,z)=\frac{1}{\eta}I_x \operatorname{erfc}\left(\frac{z\sqrt{\mu_0\sigma}}{2\sqrt{t}}\right) \tag{5-116}$$

可以看出,时间域 EM 场,也就是通常指的 TEM 场,随时间和深度变化较复杂。如果保持 z 不变,将式(5-115)对 t 求导,并使其为零,即

$$\begin{aligned}\frac{\mathrm{d}}{\mathrm{d}t}(E_x(t,z)) &= \frac{\mathrm{d}}{\mathrm{d}t}\left(\frac{1}{\eta}I_x\sqrt{\frac{\mu_0}{\pi\sigma t}}\mathrm{e}^{-\frac{\mu_0\sigma}{4t}z^2}\right)\\ &=\frac{1}{\eta}I_x\left(\frac{1}{2}t^{-3/2}-t^{-5/2}\frac{\mu_0\sigma}{4}z^2\right)\sqrt{\frac{\mu_0}{\pi\sigma}}\mathrm{e}^{-\frac{\mu_0\sigma}{4t}z^2}\\ &=0\end{aligned}$$

解上式,便得 TEM 场在任意时间 t 最大强度,其相应深度

$$\delta_{\mathrm{TD}}=\sqrt{\frac{2t}{\mu_0\sigma}}$$

δ_{TD}通常称为 TEM 场的扩散深度,其物理意义是某一时间 TEM 场峰值达到的深度,如图 5-33 所示。扩散深度 δ_{TD}用来估计瞬变探测深度,实际可按下式

$$H=K\left(\frac{2t\rho}{\mu_0}\right)^{1/2}$$

计算。如对 δ_{TD}求导,则 TEM 场扩散速度为

$$v_{\mathrm{DT}}=\frac{\mathrm{d}\delta}{\mathrm{d}t}=\sqrt{\frac{1}{2\mu\sigma t}}$$

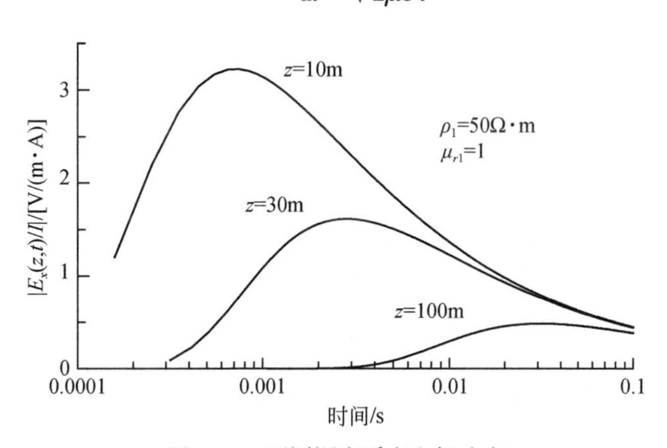

图 5-33　不同深度瞬变电场响应

这应理解为群速度。

从上述推导过程中,我们可知瞬变电磁场向地中传播的过程,就是电磁脉冲逐渐展宽、变弱的过程,遇到界面将发生反射等现象,如同探地雷达一样,只是频率低。探测深度所需时间 t 应为扩散深度时间的双程时,前面已经论述。

根据通电线圈一次场公式

$$B_z = \frac{\mu_0 I_0}{2a} \tag{5-117}$$

这样就可利用小线圈发射足够能量的适定波形的低频脉冲，实现相对大深度探测。

2. 模拟计算

图5-34a、b分别是二维模拟发射线圈大小不同的计算结果。其中，图5-34a中$-I$和$+I$之间距离是600m；而图5-34b中的$-I$和$+I$之间距离是10m。对比可以看出，场在同样的时间内到达的深度与回线大小无关。但大回线的信号强度较大，有利于观测，属于问题的条件，这是可以改变和创造的。为了解决这个问题，小发射回线的TEM装置，需要配备大功率的发射机和较大等效面积的探头，从这两方面保证有足够的二次场衰减信号可供采集，就可实现探测更大的深度。

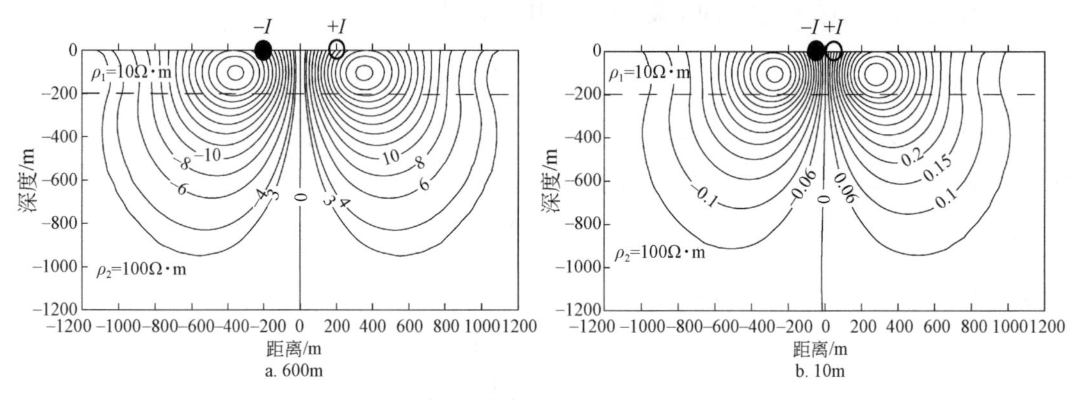

图5-34　不同尺寸发射回线的瞬变电场等值线图

3. 公式推演

现以频率域的电偶极子的$\theta=90°$的垂直磁场的感生电动势转换为大线圈公式（陈明生等，2017）。

$$\begin{aligned}\dot{B}_z(\omega) &= \frac{\mathrm{d}B_z(\omega)}{\mathrm{d}t} = \frac{\mathrm{d}[\mu_0 H_z(\omega)]}{\mathrm{d}t} \\ &= -\mathrm{i}\omega\mu_0 \frac{\mathrm{i}Il}{2\pi\omega\mu_0\sigma_1}\frac{1}{r^4}[\mathrm{e}^{\mathrm{i}k_1 r}(-3+3\mathrm{i}k_1 r+k_1^2 r^2)+3] \\ &= \frac{Il}{2\pi\sigma_1}\frac{1}{r^4}[\mathrm{e}^{\mathrm{i}k_1 r}(-3+3\mathrm{i}k_1 r+k_1^2 r^2)+3]\end{aligned} \tag{5-118}$$

沿半径r的圆周（$2\pi r$）积分得大线圈的频率域感生电动势公式

$$\dot{B}_z(\omega) = \frac{I}{\sigma_1}\frac{1}{r^3}[\mathrm{e}^{\mathrm{i}k_1 r}(-3+3\mathrm{i}k_1 r+k_1^2 r^2)+3] \tag{5-119}$$

将式（5-119）由频率域大回线公式转换为时间域小回线公式，由于r小，可忽略式中$\mathrm{e}^{\mathrm{i}k_1 r}k_1^2 r^2$项得

$$\dot{B}_z(\omega) = \frac{I}{\sigma_1}\frac{1}{r^3}[\mathrm{e}^{\mathrm{i}k_1 r}(-3+3\mathrm{i}k_1 r)+3] \tag{5-120}$$

将式(5-120)转换为时间域(参考 3.2 节)

$$
\begin{aligned}
\dot{b}_z(t) &= L^{-1}\left[\frac{\dot{B}_z(\omega)}{\mathrm{i}\omega}\right] \\
&= \frac{I}{\sigma_1}\frac{1}{r^3}L^{-1}\left[\mathrm{e}^{-\beta S^{1/2}}(-3/S-3\beta S^{1/2}/S)+3/S\right] \\
&= \frac{I}{\sigma_1}\frac{1}{r^3}L^{-1}\left[\mathrm{e}^{-\beta S^{1/2}}(-3/S+3\beta/S^{1/2})+3/S\right] \\
&= \frac{I}{\sigma_1}\frac{1}{r^3}\left[3\mathrm{erf}\left(\frac{u}{\sqrt{2}}\right)-3-3\sqrt{\frac{2}{\pi}}u\mathrm{e}^{-u^2/2}+3\right] \\
&= \frac{I}{\sigma_1}\frac{1}{r^3}\left[3\mathrm{erf}\left(\frac{u}{\sqrt{2}}\right)-3\sqrt{\frac{2}{\pi}}u\mathrm{e}^{-u^2/2}\right] \\
&= \frac{3I}{\sigma_1}\frac{1}{r^3}\left[\mathrm{erf}\left(\frac{u}{\sqrt{2}}\right)-\sqrt{\frac{2}{\pi}}u\mathrm{e}^{-u^2/2}\right]
\end{aligned}
\tag{5-121}
$$

在晚期(近区),由于 $u\ll 1$,将上式中 $\mathrm{erf}\left(\frac{u}{\sqrt{2}}\right)$ 和 $\mathrm{e}^{-u^2/2}$ 分别展开为泰勒级数

$$
\begin{aligned}
\mathrm{erf}\left(\frac{u}{\sqrt{2}}\right) &= \sqrt{\frac{2}{\pi}}\left(u-\frac{u^3}{3!}+\frac{3u^5}{5!}-\cdots\right) \\
\mathrm{e}^{-u^2/2} &= \left(1-\frac{u^2}{2}+\frac{u^4}{8}-\cdots\right) \\
\dot{b}_z(t) &= \frac{3I}{\sigma_1}\frac{1}{r^3}\left[\mathrm{erf}\left(\frac{u}{\sqrt{2}}\right)-\sqrt{\frac{2}{\pi}}u\mathrm{e}^{-u^2/2}\right] \\
&= \frac{3I\rho}{a^3}\left[\sqrt{\frac{2}{\pi}}\left(\frac{u^3}{3}-\frac{u^5}{10}\right)\right] \\
&= \left(\frac{10t}{a^2\mu\sigma}-\frac{3}{2}\right)\frac{Ia^2\mu^{5/2}\sigma^{3/2}}{20\pi^{1/2}t^{5/2}} \\
&\cong \left(\frac{10t}{a^2\mu\sigma}\right)\frac{Ia^2\mu^{5/2}\sigma^{3/2}}{20\pi^{1/2}t^{5/2}} \cong C\cdot\frac{Ia^2\mu^{5/2}\sigma^{3/2}}{20\pi^{1/2}t^{5/2}}
\end{aligned}
\tag{5-122}
$$

式中,$C\approx\frac{10t}{a^2\mu\sigma}$。

以上推演表明,在发射电流、接收线圈相同时,所得小回线晚期感应电动势公式计算强度是大回线公式计算强度的 C 倍($C\approx 10^5\sim 10^7$),这与小回线应用实践基本符合,并解释了小回线源采集资料换算的视电阻率大大偏低的原因。所推小回线源感应电动势公式可指导实践,并使其完善。

4. 探测实例

在进一步对瞬变电磁法探测理论和探测深度研究的基础上,按照增强发射电流和增大接收线圈(或探头)等效面积的思路,并采用修正系数 C,利用中心小回线装置开展了老窑、岩溶、矿井地质、公路隧道地质和其他工程地质探测,都取得较好地质效果。下面举例说明。

1994 年,笔者在北京门头沟进行了 TEM 小回线圈探测老窑试验(参加试验的还有闫述、曾方禄、张景媛等)。该区小煤窑开采年代久远,形成复杂的窑道和采空区,对地面建筑物造成严重威胁,特别是雨季,房屋塌陷时有发生,以致造成生命、财产损失。

工区街巷纵横,地面房屋建筑密布,无法按正规测网布置测线,只能沿大街小巷及建筑物空当布置测点。地面又多为水泥路面,空中、地下电线(缆)纵横,电磁干扰十分严重。

工区内地层褶皱发育强烈,地层有倒转现象,煤层有立槽和普槽之分。因此,在该区采用物探方法进行老窑探测有相当大的难度。针对现场条件,采用高分辨电阻率法和小回线瞬变电磁法,沿街巷由高分辨电阻率法测线构成骨架,在无法布置规则测线的地段按 5m×5m 矩形回线圈发射 100A 电流,接收线圈等效面积为 $2500m^2$ 的中心回线装置进行测量。图 5-35是高分辨电阻率法和小回线瞬变电磁法视电阻率 - 深度剖面对比图。由图可以看出,两种方法对低阻充水老窑和高阻干老窑都有很好的反映,且对应很好,说明小回线圈瞬变电磁法能探测 150m 深(为满足甲方要求),并能有效发现老窑的空间位置。两种方法的最终探测结果经钻孔验证命中率为 80%,探测结果得到甲方认可,很好地指导了该区老窑的治理工作。

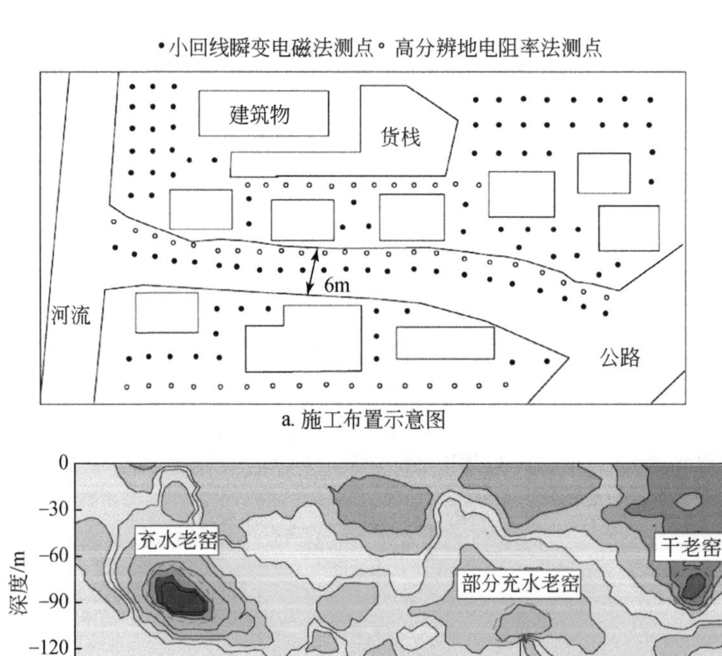

a. 施工布置示意图

b. 高分辨电阻率法视电阻率-深度剖面

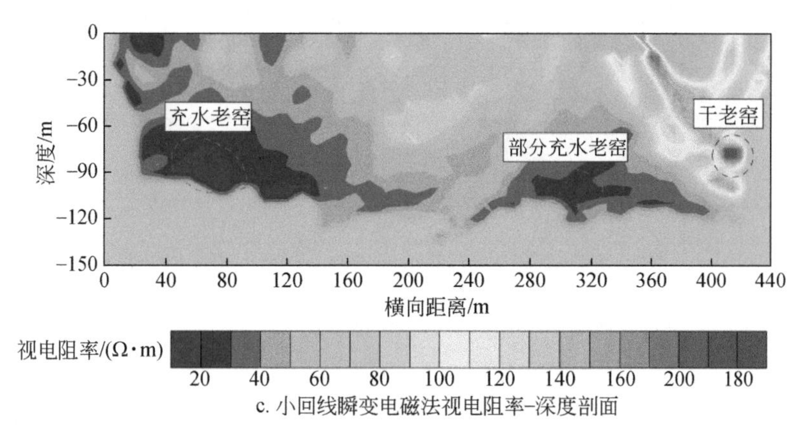

c. 小回线瞬变电磁法视电阻率-深度剖面

图5-35　北京市门头沟区小回线瞬变电磁法与高分辨电阻率法老窑探测剖面对比图(Yan et al.，2009)

在奠定了小回线瞬变电磁法可探测更大深度的基础后，国内有些单位效仿，并研制了相应探测仪器。我们也继续进行该方法的推广应用，先后承担了新疆煤矿火烧区探测，山东、陕西等地矿区水文地质勘探等任务，以及在四川、广西、湖南、云南等进行山区公路隧道、边坡工程地质勘察，探测深度最大达800m，都取得了较好地质效果。现以探测成果图来说明。

4.4.3节已列出几例见证小回线探测效果，这里补充两例略加说明。图5-36是四川某煤矿在建巷道超前探测的TEM视电阻率扇形断面图，在前200m左右的右侧有低阻异常带，推断为含水部位，经超前钻探证实，异常带水量较大。

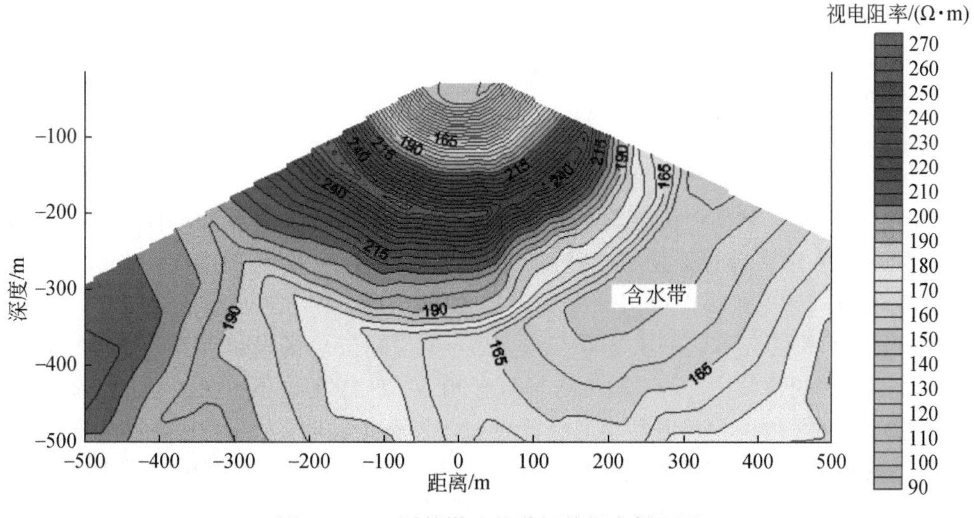

图5-36　四川某煤矿巷道超前探水剖面图

以上各剖面都是探测浅部工程地质问题，实际上小回线瞬变电磁法对深部地质构造探测也很有效。图5-37是采用小回线所获得的重庆巫山公路隧道地质构造的TEM探测视电阻率-深度剖面图，探测深度达800m。工区地形起伏大，坡陡林密，要探测埋深大的公路隧道地质情况，不宜选择合适的便捷物探方法，于是刘四红采用边长5m的中心小回线瞬变电磁法，发射瞬间电流600A。该区地层是二层结构(表面风化层除外)，上层是三叠系砂泥岩，下层是灰岩。结合当地地质资料及现有钻孔资料，根据图中视电阻率变化，在地层界面的阶梯状起伏处，推断了5条断层。

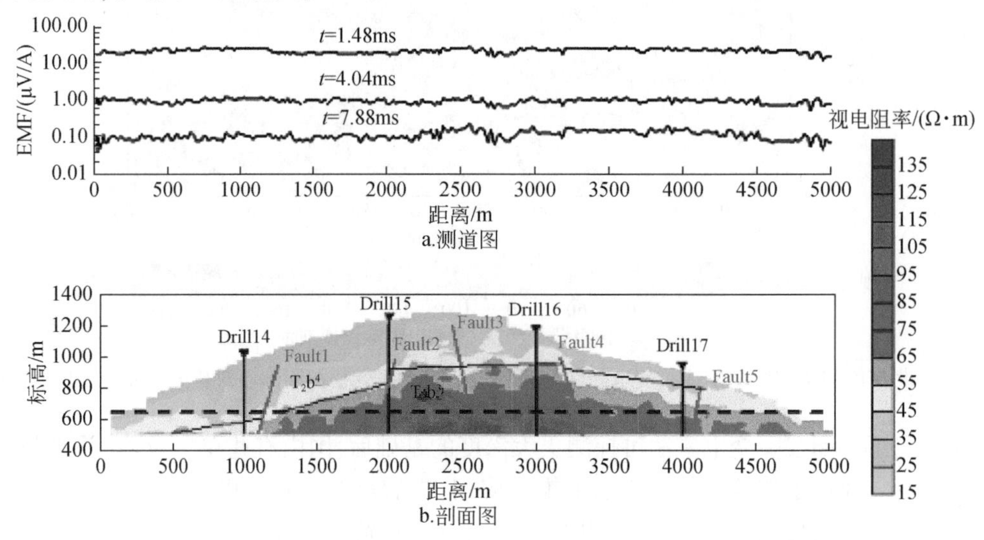

图5-37　重庆巫山隧道地质构造TEM探测视电阻率-深度剖面图

5. 问题讨论

小回线瞬变电磁法装置，不但方便了山地及其他施工布置困难地区的TEM施工，也为隧道、巷道中超前探测较大距离提供了可能。由于供电电流大，发、收线圈扎数多、距离近，线圈自感和之间的互感影响显得突出，这需要从硬件和软件上加以抑制和校正。

5.2.4　地形对TEM资料的影响

1. 实测资料分析

首先明确一次场，它是在没有异常体的均匀各向同性介质中各种场源产生的EM场。当均匀各向同性介质中存在任何异常体时，便出现二次场，一次场和二次场合起来为总场。即水平均匀半空间的EM场也包括一次场和二次场，因此，我们在求水平分层介质的EM场时，对上半空间的总场分解成一次场和二次场，下半空间按总场来求。其实，起伏地形相对水平地形来说也是不均匀体，对一般EM场有影响，对TEM场也不例外。当然，起伏地形对TEM场的影响和装置有关，现以共中心线圈装置为例稍加说明。图5-38是陕西省韩城某煤矿TEM野外施工布设图，发射框为600m×600m，地形起伏大；接收在其中心1/3处，点、线距40m，接收线圈直径1m，等效面积100m^2，并使其保持水平。这样，发射框范围大而趋于水平；接收圈小而水平，所在位置随地形变。

图5-39是从图5-38中选的一条测线的实测资料剖面图，图5-39a～c分别表示图5-38中L10测线的测点地形标高、垂直磁场的感生电动势和视电阻率。由图可看出：

(1)感生电动势随地形的变化，高处低，低处高；视电阻率相反，高处高，低处低，与地形变化一致。

(2)地形变化大，感生电动势及视电阻率变化也大；地形变化小，感生电动势及视电阻率

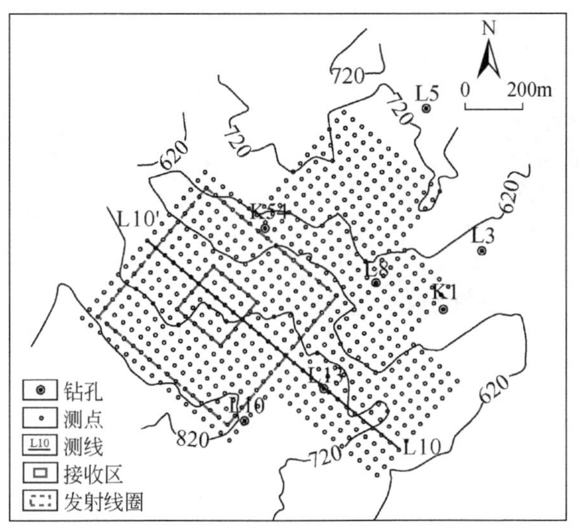

图5-38　陕西省韩城市TEM施工布设图(Yan et al., 2008)

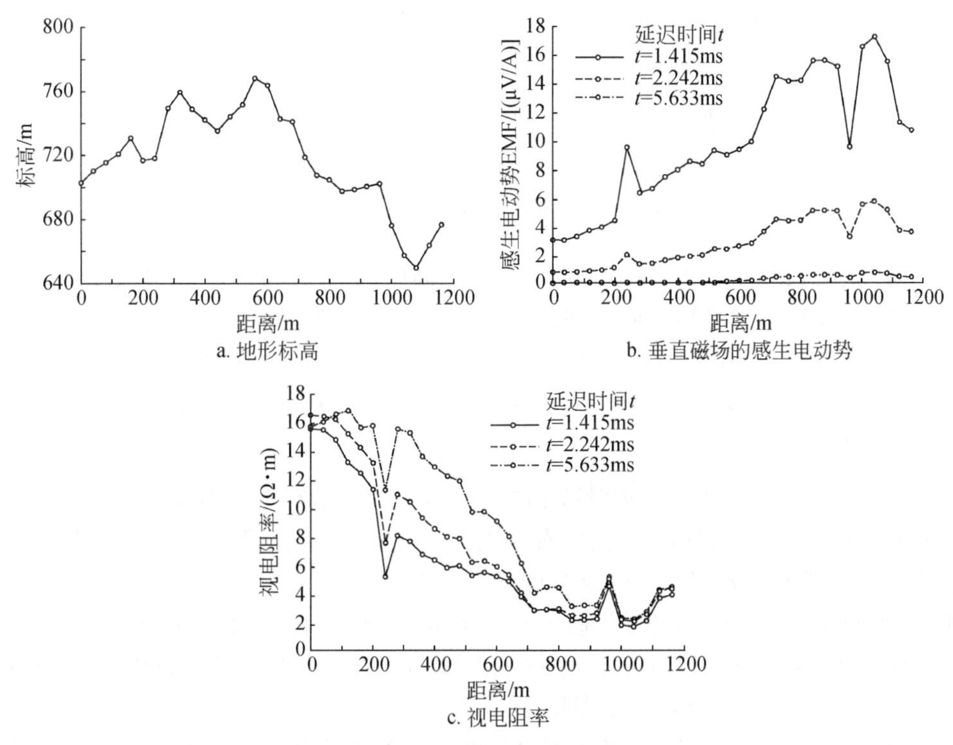

图5-39　L10测线的实测资料(Yan et al., 2008)

变化也小。

(3)感生电动势及视电阻率随地形变化在早时段大,晚时段小。

上述变化规律,可通过二次涡电流随地形起伏而集中或发散得到解释。其处理可选滤波法,图5-40是滤波处理结果,断面图趋于正常。

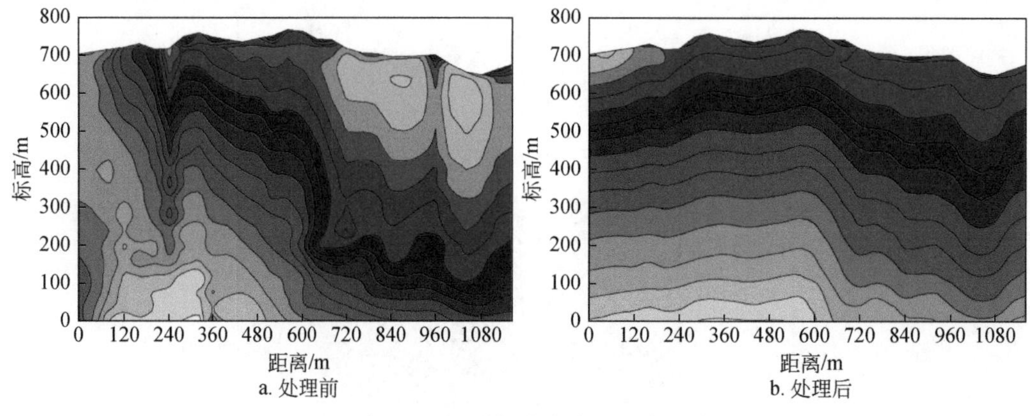

a. 处理前　　b. 处理后

图 5-40　地形影响滤波处理结果

a. L14测线各测点标高　　b. L14测线各测点的视电阻率

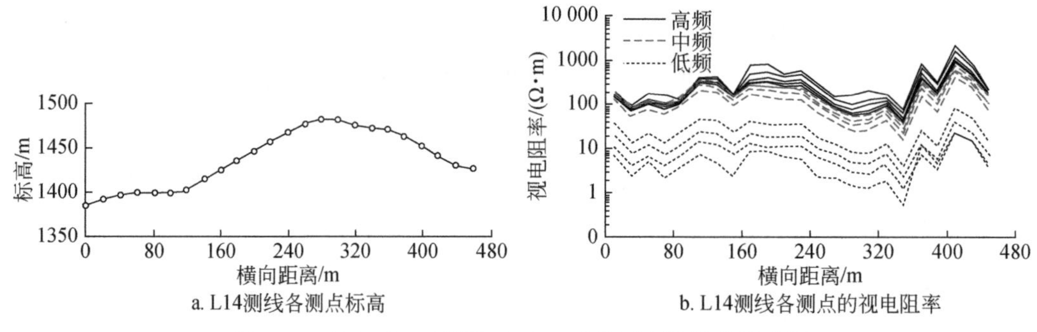

图 5-41　地形对 L14 测线 CSAMT 多频点观测数据影响图

图 5-41 为山西某矿所测 CSAMT(横磁型)剖面图(邱卫忠,2012;陈明生,2017b),反映的地形影响与 TEM(图 5-39)不同;它们的场强趋势和视电祖率都与地形反向,高频更明显,低频变弱,反映的层次不同。这似乎有些矛盾,应从 TEM 响应直接反映相应层的二次涡流分布,CSAMT 由地表电场(流)分布间接反映地下相应层的电阻率分布来认识。

2. 模拟计算验证

闫述等(Yan et al., 2008)根据黄陵 L15 测线的地形作了实测 TEM 装置计算机三维模拟(见 6. 1. 3 节),结果计算值和实测值虽有偏离,但趋势一致,与地形反向。这就从实测资料和理论模拟上说明地形对瞬变场的分布与大小有影响,而且不可忽视。

以上是地形对磁偶源中心回线垂直磁场影响的规律,对电偶源的电磁场也有影响(唐新功等,2004),这还可从 Mördt 和 Müller(2000)用 3-D FDTD 模拟地形对 LOTEM 垂直磁场的影响看出类似规律,现以图 5-42 来说明。

图 5-42b 中 T_x 表示垂直剖面的水平电偶极(2km),水平接受线圈 R_x 布置在有地形的测点 1、2、3 号和相应的水平地面测点 1a、2a、3a 号。图 5-42a 上面的曲线图中的虚线为在梯形地形顶面 2 号点计算的垂直磁场转换的视电阻率曲线,实线是对应平面上 2a 号点的视电阻率曲线。显然,早时段受地形影响视电阻率偏高,随时间延迟地形影响逐渐消失,这和前述中心回线实际观测的结果规律相仿。

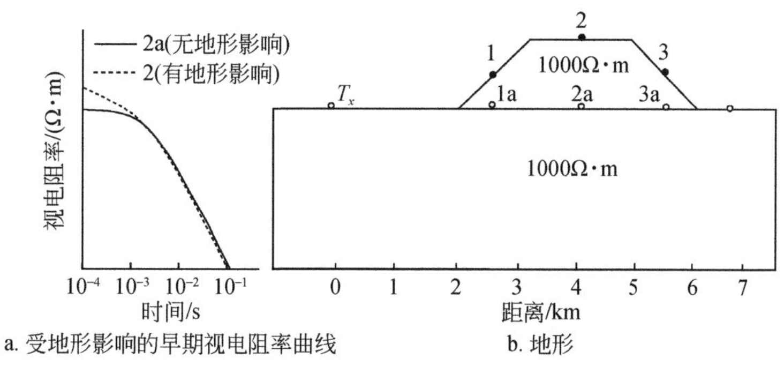

a. 受地形影响的早期视电阻率曲线　b. 地形

图5-42　地形对LOTEM资料影响模拟图

3. 结论

地形对频率域和时间域的电磁法都有影响,对瞬变场的垂直磁场观测的影响规律总结如下:

(1)感生电动势随地形的变化,高处低,低处高;视电阻率相反,高处高,低处低,与地形变化一致。

(2)地形变化大,感生电动势及视电阻率变化也大;地形变化小,感生电动势及视电阻率变化也小;低阻表层影响大。

(3)感生电动势及视电阻率随地形变化在早时段大,晚时段小。

(4)压制地形对观测资料的影响可选滤波等方法处理。

5.2.5　时间域与频率域电磁测深的关系

1. 时间域电磁场与频率域电磁场的转换

时间域电磁测深与频率域电磁测深同属电磁法,它们间的关系密切,可通过傅里叶变换实现正反向转换(四川大学数学系,1979;陈明生,2015)。在这里采用SI(国际)单位和$e^{-i\omega t}$时谐因子,相应的傅里叶变换对为

$$F(\omega)=\int_{-\infty}^{\infty}f(t)e^{i\omega t}dt \tag{5-123}$$

$$f(t)=\frac{1}{2\pi}\int_{-\infty}^{\infty}F(\omega)e^{-i\omega t}d\omega \tag{5-124}$$

式中用大写字母表示频率域中的函数,用小写字母表示时间域中的函数,其他亦然。

多层水平大地表面上频率域电磁场计算公式总可写成汉克尔变换积分式

$$H(r)=\int_{0}^{\infty}h(\lambda)\lambda J_n(r\lambda)d\lambda \tag{5-125}$$

式中,$J_n(n=0,1,2)$为第一类贝塞尔函数,一般转换为零阶和一阶贝塞尔函数。除均匀半空间情况,一般求不出式(5-125)的解析解,只好采用数值计算。现在一般选用数字滤波法计算。先进行变量替换,使

$$x=\ln r\quad y=\ln\frac{1}{\lambda}$$

即 $$e^x = r \quad e^{-y} = \lambda$$

将式(5-125)变成褶积形式

$$\begin{aligned} H(x) &= e^{-x}\int_{-\infty}^{\infty}[e^{-y}h(e^{-y})][e^{x-y}J_n(e^{x-y})]dy \\ &= e^{-x}\int_{-\infty}^{\infty}I(y)F(x-y)dy \end{aligned} \tag{5-126}$$

从数学角度看,式(5-126)为两个函数的褶积;从滤波角度看,积分中第一个函数 $I(y)$ 称为输入函数,第二个函数 $F(x-y)$ 称为滤波器函数,积分出的函数 $H(x)$ 为输出函数。在此问题里输入函数是和地层参数有关的核函数。最终将式(5-126)的积分离散为如下形式的求和,即

$$\int_{-\infty}^{\infty}I(y)F(x-y)dy = \sum_{k=0}^{\infty}C_kI(y_k) \tag{5-127}$$

进行频率域电磁场的计算。式中 C_k 为滤波器系数,$I(y_k)$ 为输入函数。

式(5-125)为频率域电磁场的一般表达式,时间域的相应场强计算一般是对式(5-125)作傅里叶变换,经过双重积分计算,其形式为

$$H(t) = F^{-1}\left[\int_0^{\infty}K(i\omega,\lambda)J_n(\lambda r)d\lambda\right] \tag{5-128}$$

从式(5-128)可看出,先作汉克尔变换,再作傅里叶变换(实际是傅里叶余弦或正弦变换;有时作拉普拉斯变换更方便)。作汉克尔变换时要进行一定的数学处理,以保证积分收敛,这既增加计算量,也降低了计算精度。对式(5-128)作拉普拉斯变换时,即

$$H(t) = \int_0^{\infty}L^{-1}[K(s,\lambda)]J_n(\lambda r)d\lambda \tag{5-129}$$

先作拉普拉斯逆变换,后作汉克尔变换就可避免上述弊端。具体采用 Gaver-Stehfest 拉普拉斯逆变换方法(G-S 方法)(Knight and Baiche,1982),其变换式

$$\bar{f}(t) = L^{-1}[K(s,\lambda)] = \frac{1}{2\pi i}\int_{\alpha-i\infty}^{\alpha+i\infty}K(s,\lambda)e^{st}ds \tag{5-130}$$

相应的离散数字变换式为

$$\bar{f}(t) = [\ln 2/t]\sum_{n=1}^{N}D_nK(n\ln 2/t) \tag{5-131}$$

式中

$$D_n = (-1)^{(n+N/2)}\sum_{k=\frac{n+1}{2}}^{\min(n,N/2)}\frac{k^{N/2}(2k)!}{(N/2-k)!\ k!\ (k-1)!\ (n-k)!\ (2k-n)!} \tag{5-132}$$

$$s = n\ln 2/t$$

上面只是说明频率域场强可按一定方法转变为时间域的相应场强,当然,在计算时还要处理一些具体问题,如频率域场强要乘以相应频谱,变量 s 按 $s=n\ln 2/t$ 变等。

对阶跃脉冲激发的 TEM,其傅里叶变换式

$$F(\omega) = \int_{-\infty}^{\infty}f(t)e^{i\omega t}dt \leftrightarrow f(t) = \frac{1}{2\pi}\int_{-\infty}^{\infty}\frac{F(\omega)}{-i\omega}e^{-i\omega t}d\omega \tag{5-133}$$

由式看出,理论的傅里叶变换区间是($-\infty \to +\infty$);在实际计算时,采用的是有限离散傅里叶变换,要注意尽量避免采样存在的“混频效应”,即“假频效应”和截断存在的“截断效

应”,即“皱波效应”(布莱姆等,1979)。

需要指出的是,频率域电磁方法的场值是复数,时间域为实数;前者有相位,后者无相位。这是因为时间域的波形是谐频的叠加,有幅度,无相位(如果有也是群相位);由时间域变换到频率域,就解析出各个谐频的振幅和相应的相位移。

2. 发射与接收信号

图5-43是频率域(FEM, CSAMT)和时间域(TEM)电磁法发射波形与接收信号的示意图。频率域电磁法发射的电流波形是理想的正负方波(图5-43a),经大地滤波接收的是正弦(或余弦)波(图5-43b);时间域电磁法发射的一般是具有一定占空比(像1/2)的理想正负方波,在发射间歇时目前接收的是随时间衰减的感应电动势;前者接收的是一次场与二次场叠加的总场,后者接收的是一次场激发的二次场。

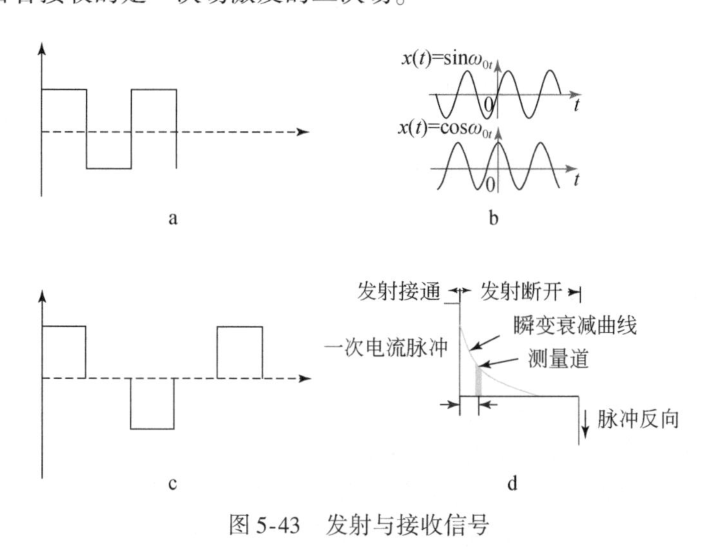

图5-43　发射与接收信号

频率域与时间域电磁法的发射波形与接收信号的不同就决定其间产生下列的差异。

1)抗干扰能力及采集资料的快慢

FEM或CSAMT测总场,信号强,而且是通过同步选频采集信号,抗干扰能力要强;但是反映地下介质的变化是二次场,它是含在总场之中,分辨能力不够直观。TEM测二次场,信号弱,而且滤波受到限制,易受干扰。由野外观测可知,在同一地点采用两种方法施工解决同一地质问题,频测资料往往好于瞬变资料。但是大家还是常常利用TEM测深,这是因为该法反映地质问题直接,而且采集资料快,也就是频率测深如采用30个频点测一条曲线反映一定深度内地质情况,而瞬变测深一次供电激发,就可在相应衰减时内测一条曲线;如果前者用30min测一个点,后者则用3min则足够。

2)装置的异同

在TEM中,一次激发的波形可以不同,但其波形都可分解成各种频率的谐波,用它们激发时,就可分析地层断面在相应频率成分上的响应。不难理解,TEM测深等价于在这些频率上的FEM测深。不过,TEM测深对各种地电断面的频率域响应等于相应地电断面的FEM频率响应乘一次激发场的谱;对正阶跃波,其频谱为$-\frac{1}{\mathrm{i}\omega}$,如图5-44b所示。在FEM中,发射

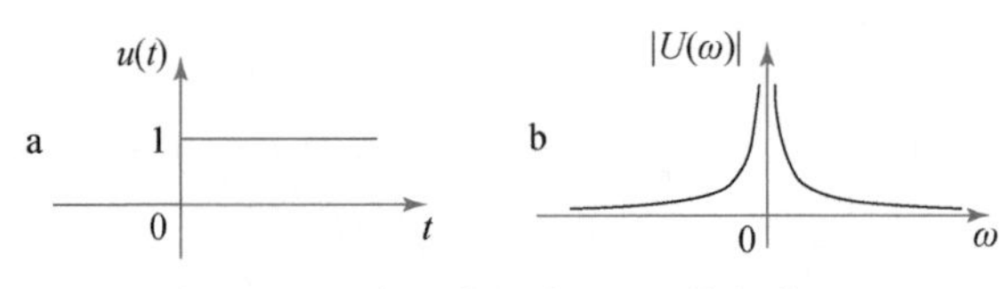

图 5-44　正阶跃激发波(a)及其频谱(b)

的基本是等幅波,而 TEM 发射的是随频率增加的降幅波。

FEM 和 TEM 在野外施工中所采用的装置基本相同,都有电偶源和磁偶源发射,发收分离式也一样;但是磁偶源发射的 FEM 无共心装置,共心装置是 TEM 磁偶源发射的重要的基本装置。这是因为 FEM 测总场,电源不间断供电,为使测量稳定,收发距要远离(受场区限制);而 TEM 是在供电间隔时采集二次场信号,避免加电干扰,可采用同点共心装置,基本是近场观测。

3)信号反映地质结构与构造的机理与敏感度

FEM 是观测总场的电位差 ΔV,TEM 观测二次涡流的感生电动势 ε;前者通过在地面测得的 ΔV,并转算为视电阻率 ρ_ω,按常用分量计算表达式

$$\rho_\omega = K\frac{\Delta V}{I} \tag{5-134}$$

后者将地面观测的 ε 转换为视电阻率 ρ_τ,如对共心磁偶源 TEM 磁场垂直分量的晚期

$$\rho_\tau = \frac{\mu_0}{4\pi t}\left(\frac{2\mu_0 Mq}{5t\varepsilon}\right)^{2/3} \tag{5-135}$$

从上两式可以看出,FEM 的视电阻率 ρ_ω 与 ΔV 成正比,TEM 的视电阻率 ρ_τ 与 ε 成反比。其产生机理可这样解释:ΔV 直接和地表传导电流成正比,而地表传导电流是地下介质电阻率的变化在地表的反映,电磁波传到高阻介质,受屏蔽作用使地表传导电流增加,ΔV 变大 ρ_ω 就升高;电磁波传到低阻介质,受到集流作用使地表传导电流减少,ΔV 变小 ρ_ω 就降低。这正如直流电法那样。ε 直接反映地下介质电阻率,二次涡流在高阻介质形成得小,在低阻介质形成得大,在地表感应的 ε 就小或大,相应的 ρ_τ 就高或低,是地下介质电性的直接、如实反映。

上面所指视电阻率都是在特定场区定义,并通过场强计算得到的,它们可反映地下地电剖面结构。我们由场强公式发现,FEM 的场强至多和地下介质电导率的 1 次方成比例;而 TEM 的场强可达到与地下介质电导率的 3/2 次方成比例,后者较前者对地层更敏感。这说明 FEM 与 TEM 虽然本质上都是频率测深,并可互相转换;但是 TEM 剥离了一次场背景值,直接提取二次场,可更直接反映地质信息。

4)探测深度问题

对建立在平面波基础上的渗透深度,频率测深的集肤深度表示为

$$\delta_{\mathrm{FD}} = \sqrt{\frac{2}{\omega\mu\sigma}} \tag{5-136}$$

瞬变场的扩散深度表示为

$$\delta_{\mathrm{TD}} = \sqrt{\frac{2t}{\mu\sigma}} \tag{5-137}$$

在实际应用中,要结合装置和已知资料确定常数 K,对频率测深和瞬变测深分别采用以下表

达式计算探测深度

$$H_{\mathrm{FD}}=K\sqrt{\frac{\rho}{f}} \tag{5-138}$$

$$H_{\mathrm{TD}}=K\sqrt{\frac{2t\rho}{\mu_0}} \tag{5-139}$$

由上面各式可看出,在装置和地电断面一定的情况下,频率测深探测深度是由频率 f 决定的,瞬变测深探测深度则是由延迟时间 t 决定的。

进一步我们还可分别求出 FEM 场和 TEM 场的传播速度:

$$v_F=\frac{\lambda}{T}=2\sqrt{\frac{\pi\rho f}{\mu_0}} \tag{5-140}$$

$$v_T=\frac{\mathrm{d}\delta_{\mathrm{DT}}}{\mathrm{d}t}=\sqrt{\frac{\rho}{2\mu_0 t}} \tag{5-141}$$

由上式我们可想到,FEM 场虽有传播速度,但是我们观测的是稳态场,和时间无关;TEM 场是瞬态场,只有电磁波到达某一深度,我们才能采集到反映那一深度的资料,这是需要时间的。

3. 场区划分

人工源电磁(EM)测深,都存在场区问题,这是因为电磁波(场)离场源位置不同,其形态也不同,对地质结构和构造探测能力也不同。

人工源 EM 场的场区是由场点离场源距离及波长决定的;地球物理问题的 FEM 取决于频率、极距和电阻率;TEM 取决于二次场延迟时间、极距和电阻率。

我们知道,FEM 的场区是由波数 k 和偏移距 r 确定的:当 $|kr|\gg1$ 为远区, $|kr|\ll1$ 为近区, $|kr|\approx1$ 为中区(过渡区)。也可按偏移距 r 与穿透深度(集肤深度) δ_{FD} 的比值 r/δ_{FD} 来定场区,即 $r/\delta_{\mathrm{FD}}\gg1$ 为远区, $r/\delta_{\mathrm{FD}}\ll1$ 为近区, $r/\delta_{\mathrm{FD}}\approx1$ 为中区,这样看起来更直观。

对 TEM 有类似的场区定义,由瞬变参数 $u=r/\sqrt{2\rho t/\mu_0}$ 的大小决定:当 $u\gg1$ 为早期(远区), $u\ll1$ 为晚期(近区), $u\approx1$ 为中期(中区)。由于 TEM 场扩散深度(穿透深度) $\delta_{\mathrm{TD}}=\sqrt{2\rho t/\mu_0}$,所以也可按 r/δ_{TD} 来定场区,即 $r/\delta_{\mathrm{TD}}\gg1$ 为远区, $r/\delta_{\mathrm{TD}}\ll1$ 为近区, $r/\delta_{\mathrm{TD}}\approx1$ 为中区。

为便于对比,两种方法的场区划分列于表 5-2 中。

表 5-2　场区划分

方法	近区(晚期)	中区(中期)	远区(早期)	备注
FEM	$\lvert kr\rvert\ll1$ $(r/\delta_{\mathrm{FD}}\ll1)$	$\lvert kr\rvert\approx1$ $(r/\delta_{\mathrm{FD}}\approx1)$	$\lvert kr\rvert\gg1$ $(r/\delta_{\mathrm{FD}}\gg1)$	$\delta_{\mathrm{FD}}=\sqrt{2\rho/\omega\mu_0}$
TEM	$u\ll1$ $(r/\delta_{\mathrm{TD}}\ll1)$	$u\approx1$ $(r/\delta_{\mathrm{TD}}\approx1)$	$u\gg1$ $(r/\delta_{\mathrm{TD}}\gg1)$	$\delta_{\mathrm{TD}}=\sqrt{2\rho t/\mu_0}$

为了好记和理解场区,可统一到极距 r 与穿透深度 δ 相比,即看它们的比值 r/δ 大小定场区。

因为

$$|kr|=\frac{2\pi r}{\lambda}=\frac{r}{\delta_{\mathrm{FD}}} \tag{5-142}$$

$$u=\frac{2\pi r}{\tau}=\frac{2\pi r}{2\pi\sqrt{2t/\mu\sigma}}=\frac{r}{\delta_{\mathrm{TD}}} \tag{5-143}$$

由上两式看出,频率域波长 λ 和时间域的 τ 参数是对应的,它们都是长度单位(m)。

由于 FEM 观测的为总场(一次场和二次场的叠加),TEM 观测的为二次场;这就决定前者只适用在中区和远区探测,后者可在全区(全期)探测。

4. 结论

瞬变电磁测深与频率电磁测深可通过傅里叶变换紧密联系,这正如一枚硬币的两面,实质是一样的。TEM 属时间域电磁测深,实际上可看成不同频率的测深,因此,两种方法相同装置的相应场分量对地层的分辨率也类似;TEM 是测二次场,FEM 是测总场。反映地质异常的是二次场,因此 TEM 测深反映地质异常更直接,又由于对地质体反映有滞后现象(陈明生等,2001),特别对低阻异常显得更敏感,这只是说定性的;FEM 测深有个一次场“外壳”罩着,不够直观。理论上,如通过反演,两者应得一样结果。

虽然 TEM 测深与 FEM 测深实质相同;但从不同角度观察对象,还是有不一样的感觉。在实际应用中我们把握两种方法异同,结合研究对象和施工条件灵活运用。就目前常用的仪器设备和施工装置,对中浅层(<800m)可采用 TEM,对中深层(<3000m)可采用 FEM;也可以综合应用,使质量与效率得以充分保证。

第6章　电磁场数值模拟计算

前面五章的内容主要涉及一维问题,这是电磁法的基础,如将其理论、方法和解释搞清、吃透,就掌握了电磁法的核心,应用也会得心应手。一维问题是把大地看成水平均匀分层介质,在此情况下,按麦克斯韦方程和边界条件所推得的有源电磁场一般有解析表达式,且以积分形式出现。此积分难以直接积出,一般采用数值积分得出。但是,地质体常常以三维的形式存在于自然界中,使用三维模型才能精确地解释其结构,对于二维或三维问题,除了个别情况外,一般都求不出电磁场的解析表达式,只能用数值模拟计算方法求得其近似数值解(盛剑霓,1991)。为了解决复杂二维或三维地球物理模型的正演模拟和反演计算,国内外学者开展了多种计算方法的数值模拟,包括有限差分法、有限元法、积分方程法和边界元法等。笔者就本身工作中涉及的有限差分法、有限元法和边界元法略加分析与阐述。

6.1　有限差分法

6.1.1　有限差分法基本概念

在电磁场数值模拟分析的计算方法中,有限差分法(finite difference method,FDM)是应用最早的一种方法,直至今天,它仍以其简单、直观的特点而广泛应用。尤其是有限差分法对连续方程离散化处理的思想,成为后来各种数值方法的发展基础。有限差分法是以差分原理为基础的一种数值方法(倪光正等,2004),它直接从微分方程出发,对电磁场的偏微分方程的定解问题采用有限差分求解。首先将连续的求解区域离散为差分网格节点的集合,根据差分原理,以离散点函数的差商近似代替该点的偏导数,这样就将偏微分方程的定解问题转化为相应的差分方程组(代数方程组)问题。解出各离散点的函数值(电磁场值),即为所求定解问题的离散点值,可用插值法得到整个场域上的近似解。

对电磁场偏微分方程定解问题进行有限差分计算的一般步骤如下:

(1)采用适当的剖分网格将连续的场域离散化为有限个单元。

(2)构造差分格式,即根据差分原理,对场域内偏微分方程以及定解条件进行差分离散处理。

(3)选用合适的代数方程组解法,编制计算程序,对所建立的差分方程组计算出待求离散值。

有限差分法在解规则边界问题时极为方便,但对于非规则边界问题适用性较差,有一定局限性。

6.1.2 二维时间域有限差分法

传统的有限差分法主要适用于求解标量问题,在电磁场领域多用于求解静态问题。为了直接求解矢量电磁场问题,K. S. Yee 在 1966 年设计了新的空间网格,用后来被称为 Yee 氏网格的空间离散方式将依赖于时间变量的麦克斯韦旋度方程转化为差分格式,同时求解电磁场的所有分量,并成功地模拟了电磁脉冲与理想导体作用的时间域响应。虽然这也属于差分方法,但与传统的有限差分法有很大差别。这就是后来被称为时间域有限差分(finite difference time- domain, FDTD)法的一种新的电磁场时间域计算方法(Oristaglio and Hohmann,1984;吕英华,2006)。从现在的观点看,Yee 当时所用的方法还只是时间域有限差分法的雏形,后来经过科学家的不断改进,经历了近二十年的发展才逐渐走向成熟。尤其是 20 世纪 80 年代后期以来,时间域有限差分法进入一个新的发展阶段,由成熟转入被广泛接受及应用,在应用中又不断有新的发展。

1. 扩散方程与 DuFort-Frankel 差分方程

设大地为线性、各向同性、非色散、非磁性的导电媒质,在准静态近似下无源麦克斯韦方程为

$$\nabla\times\boldsymbol{E}(\boldsymbol{r},t)=-\mu\frac{\partial\boldsymbol{H}(r,t)}{\partial t} \tag{6-1}$$

$$\nabla\times\boldsymbol{H}(\boldsymbol{r},t)=\boldsymbol{J}(\boldsymbol{r},t) \tag{6-2}$$

$$\nabla\cdot\boldsymbol{E}(\boldsymbol{r},t)=0 \tag{6-3}$$

$$\nabla\cdot\boldsymbol{H}(\boldsymbol{r},t)=0 \tag{6-4}$$

及

$$\boldsymbol{J}(\boldsymbol{r},t)=\sigma(\boldsymbol{r})\boldsymbol{E}(\boldsymbol{r},t) \tag{6-5}$$

式中,$\boldsymbol{E}(\boldsymbol{r},t)$,$\boldsymbol{H}(\boldsymbol{r},t)$,$\boldsymbol{J}(\boldsymbol{r},t)$,$\mu$,$\sigma(\boldsymbol{r})$分别为电场强度、磁场强度、电流密度、磁导率和电导率,$\boldsymbol{r}$ 为空间矢量,t 为时间。对式(6-1)两边取旋度后利用矢量恒等式$\nabla\times\nabla\times\boldsymbol{A}=\nabla\nabla\cdot\boldsymbol{A}-\nabla^2\boldsymbol{A}$,并考虑式(6-2)、式(6-4)、式(6-5)后,可导出电场的扩散方程

$$\nabla^2\boldsymbol{E}(\boldsymbol{r},t)-\mu\sigma(\boldsymbol{r})\frac{\partial\boldsymbol{E}(\boldsymbol{r},t)}{\partial t}=0 \tag{6-6}$$

图 6-1a 中根据在源附近及近地表处场的空间分布变化剧烈的特点,有限差分的剖分采用了非均匀网格。分别通以正、负电流的两根无限长线电流源沿 y 方向放置,构成了二维不接地回线,在 $t=0$ 时刻断开电流,由负阶跃脉冲激发二次场。电磁波为 TE 模式,这时仅有

$$\boldsymbol{E}(x,z,t)=E_y\hat{y}$$

$$\boldsymbol{H}(x,z,t)=H_x\hat{x}+H_z\hat{z}$$

略去 E_y 的下标,矢量扩散方程(6-6)简化为 y 方向电场的标量扩散方程

$$\frac{\partial^2E}{\partial x^2}+\frac{\partial^2E}{\partial z^2}=\mu\sigma\frac{\partial E}{\partial t} \tag{6-7}$$

在直角坐标系下将求解空间剖分成矩形网格(李荣华和冯果忱,1984),点 $E_{i,j}$ 和其相邻的 $E_{i-1,j}$、$E_{i+1,j}$、$E_{i,j-1}$、$E_{i,j+1}$ 构成五点差分格式,如图 6-1b 所示。

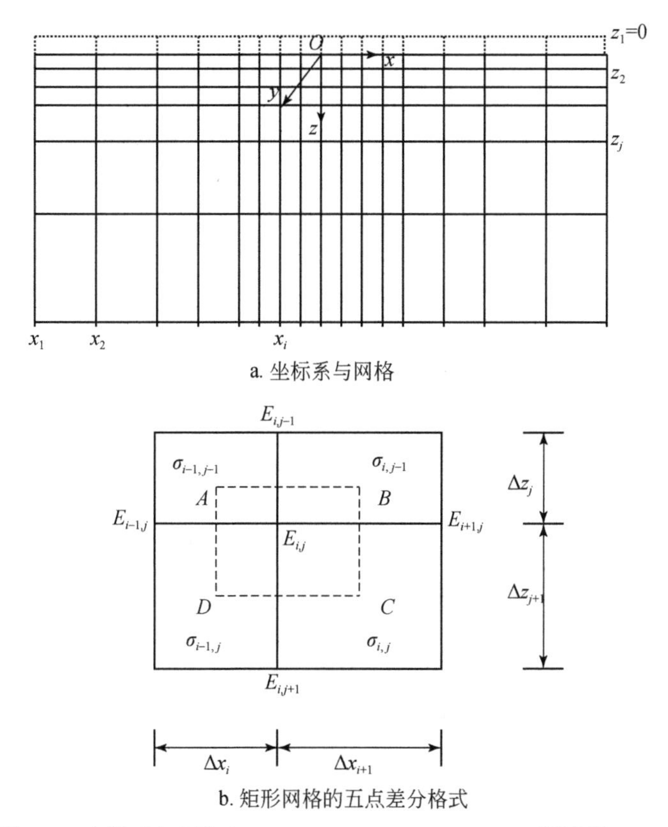

图 6-1　坐标系与网格(Oristaglio and Hohmann,1984；闫述等,2002)

连接图中四个小矩形的中点构成矩形 $ABCD$,在任一时刻 $t=n\Delta t$ 在其上对方程(6-7)的两边面积分有

$$\iint_{ABCD}\left(\frac{\partial^2 E}{\partial x^2}+\frac{\partial^2 E}{\partial z^2}\right)\mathrm{d}x\mathrm{d}z=\iint_{ABCD}\mu\sigma\frac{\partial E}{\partial t}\mathrm{d}x\mathrm{d}z$$

将二维 Green 公式

$$\iint_S\left(\frac{\partial Q}{\partial x}-\frac{\partial P}{\partial y}\right)\mathrm{d}x\mathrm{d}y=\oint_C P(x,y)\mathrm{d}x+Q(x,y)\mathrm{d}y$$

应用于上式左边后有

$$\oint_{ABCD}\left(\frac{\partial E}{\partial x}\mathrm{d}z-\frac{\partial E}{\partial z}\mathrm{d}x\right)=\iint_{ABCD}\mu\sigma\frac{\partial E}{\partial t}\mathrm{d}x\mathrm{d}z$$

对线积分的每一小段取近似

$$\int_{AB}\frac{\partial E}{\partial z}\mathrm{d}x\approx\frac{\Delta x_i+\Delta x_{i+1}}{2}\frac{E_{i,j}-E_{i,j-1}}{\Delta z_j}$$

$$\int_{DC}\frac{\partial E}{\partial z}\mathrm{d}x\approx\frac{\Delta x_i+\Delta x_{i+1}}{2}\frac{E_{i,j+1}-E_{i,j}}{\Delta z_{j+1}}$$

$$\int_{BC} \frac{\partial E}{\partial x} \mathrm{d}z \approx \frac{\Delta z_j + \Delta z_{j+1}}{2} \frac{E_{i+1,j} - E_{i,j}}{\Delta x_{i+1}}$$

$$\int_{AD} \frac{\partial E}{\partial x} \mathrm{d}z \approx \frac{\Delta z_j + \Delta z_{j+1}}{2} \frac{E_{i,j} - E_{i-1,j}}{\Delta x_i}$$

再对面积分取近似

$$\iint_{ABCD} \mu\sigma \frac{\partial E}{\partial t} \mathrm{d}x\mathrm{d}z \approx \frac{\mu}{4}(\sigma_{i-1,j-1}\Delta z_j \Delta x_i + \sigma_{i,j-1}\Delta z_j \Delta x_{i+1} + \sigma_{i,j}\Delta z_{j+1}\Delta x_{i+1} + \sigma_{i-1,j}\Delta z_{j+1}\Delta x_i) \frac{\partial E_{i,j}}{\partial t}$$

经整理后，即可得出方程(6-7)左边空间项的离散方程

$$\begin{aligned} \mu \bar{\sigma}_{i,j} E_{i,j}^n = & \frac{1}{\Delta z_j \Delta z_{j+1}} \left(\frac{2\Delta z_{j+1}}{\Delta z_j + \Delta z_{j+1}} E_{i,j-1}^n + \frac{2\Delta z_j}{\Delta z_j + \Delta z_{j+1}} E_{i,j+1}^n - 2E_{i,j}^n \right) \\ & + \frac{1}{\Delta x_i \Delta x_{i+1}} \left(\frac{2\Delta x_{i+1}}{\Delta x_i + \Delta x_{i+1}} E_{i-1,j}^n + \frac{2\Delta x_i}{\Delta x_i + \Delta x_{i+1}} E_{i+1,j}^n - 2E_{i,j}^n \right) \end{aligned} \tag{6-8}$$

式中，上标 n 表示 $t=n\Delta t$ 时刻，$\bar{\sigma}_{i,j}$ 为 $E_{i,j}^n$ 周围四个网格电导率面积的加权平均值

$$\bar{\sigma}_{i,j} = \frac{\sigma_{i-1,j-1}\Delta z_j \Delta x_i + \sigma_{i-1,j}\Delta z_{j+1}\Delta x_i + \sigma_{i,j-1}\Delta z_j \Delta x_{i+1} + \sigma_{i,j}\Delta z_{j+1}\Delta x_{i+1}}{(\Delta z_j + \Delta z_{j+1})(\Delta x_i + \Delta x_{i+1})}$$

对时间导数的不同离散方式，不但影响计算精度还影响计算的稳定性。DuFort-Frankel 离散方式对时间导数用中心差分

$$\frac{\partial E_{i,j}^n}{\partial t} \approx \frac{E_{i,j}^{n+1} - E_{i,j}^{n-1}}{\Delta t} + O(\Delta t^2)$$

同时对式(6-8)右边的 $E_{i,j}^n$ 用时间线性插值

$$E_{i,j}^n \approx \frac{E_{i,j}^{n+1} + E_{i,j}^{n-1}}{2} + O(\Delta t^2)$$

将以上两式代入式(6-8)便可得到 DuFort-Frankel 差分方程

$$\begin{aligned} E_{i,j}^{n+1} = & \frac{1-4\bar{r}_{i,j}}{1+4\bar{r}_{i,j}} E_{i,j}^{n-1} + \frac{2r_{i,j}^z}{1+4\bar{r}_{i,j}} \left(\frac{\Delta z_j}{\overline{\Delta z_j}} E_{i,j+1}^n + \frac{\Delta z_{j+1}}{\overline{\Delta z_j}} E_{i,j-1}^n \right) \\ & + \frac{2r_{i,j}^x}{1+4\bar{r}_{i,j}} \left(\frac{\Delta x_i}{\overline{\Delta x_i}} E_{i+1,j}^n + \frac{\Delta x_{i+1}}{\overline{\Delta x_i}} E_{i-1,j}^n \right) \end{aligned} \tag{6-9}$$

其中

$$\overline{\Delta z_j} = \frac{\Delta z_{j+1} + \Delta z_j}{2}$$

$$\overline{\Delta x_i} = \frac{\Delta x_{i+1} + \Delta x_i}{2}$$

$$r_{i,j}^z = \frac{\Delta t}{\mu \bar{\sigma}_{i,j} \Delta z_j \Delta z_{j+1}}$$

$$r_{i,j}^x = \frac{\Delta t}{\mu \bar{\sigma}_{i,j} \Delta x_i \Delta x_{i+1}}$$

$$\bar{r}_{i,j}=\frac{r_{i,j}^{x}+r_{i,j}^{z}}{2}$$

差分方程[式(6-9)]的实算步骤为：在 n 为奇数的 $n\Delta t$ 时刻，将 $i+j$ 等于奇数的 $E_{i,j}^{n-1}$ 利用式(6-9)向前推进一步到 $(n+1)\Delta t$ 时刻，计算出 $E_{i,j}^{n+1}$；这个新值将 $i+j$ 为偶数的 $E_{i,j}^{n}$ 向前推进到 $(n+2)\Delta t$ 时刻，依此类推。开始的 $n=0$ 步的值可用均匀半空间的解析式给出，$n=1$ 步仍可由解析解算出，也可用 Euler 法将 $n=0$ 步的结果向前推进一步得到。

早期瞬变场的变化剧烈，到了晚期场的变化逐渐平缓下来。DuFort-Frankel 离散方法是无条件稳定的，其时间步可随着时间的推进逐步变大。初始时间步由网格扩散时间 $\Delta t=\frac{\mu\sigma_{\min}\delta_{\min}^{2}}{4}$ 给出，以后随着迭代次数的增加逐步加大。式中，$\sigma_{\min}$ 为最小电导率，$\delta_{\min}$ 为最小网格边长。

2. 源与边界条件

在图6-1所示的地电模型中，设大地表层是均匀的，这样可用均匀半空间的解析解在 $t=t_0>0$ 时刻将源转化为初始条件加入。线源均匀半空间的解析解(Oristaglio，1982)为

$$\begin{aligned}E(x,z,t)=&\frac{1}{\pi\sigma}\left\{\left(\frac{z^2-x^2}{R^2}+\frac{2z^2}{T}\right)\frac{e^{-R^2/T}}{R^2}-\frac{2ze^{-z^2/T}}{\sqrt{\pi}R^2}\left[\frac{1}{T^{1/2}}-2xF(xT^{-1/2})\left(\frac{1}{T}+\frac{1}{R^2}\right)\right]\right\}\\&+\frac{1}{\pi\sigma}\frac{x^2-z^2}{R^4}\left[1-\mathrm{erf}(zT^{-1/2})\right]\end{aligned}\tag{6-10}$$

式中，$T=\frac{4t}{\mu\sigma}$，$R^2=x^2+z^2$，erf 为误差函数。而另一 Dawson 积分 $F(xT^{-1/2})$ 可用以下的近似式求出

$$F(u)\approx\frac{u+a_3u^3+a_5u^5+a_7u^7}{1+b_2u^2+b_4u^4+b_6u^6+b_8u^8}$$

式中，$a_3=37/84$，$a_5=1/7$，$a_7=13/105$，$b_2=31/28$，$b_4=43/70$，$b_6=17/105$，$b_8=26/105$。

二维回线的电场由正负两个这样的线源的场叠加而成。在实算中，t_0 应足够小以保证均匀半空间假设的成立，但同时 t_0 又应足够大使场具有足够的采样率且保持场的扩散性质。这可用网格扩散时间乘上近地表处均匀介质中适当的网格层数经试算得到。

对2-D TE 模式的场，电场 E 在内边界上总是连续的。对于地下侧边界和底边界当远离源与异常体时，在每一时间步可应用均匀半空间解析式[式(6-10)]给出其边界值，或将边界上场值设定为零值，但这需要更大的计算区域。在地-空边界上，其初始值由式(6-10)给出，在其后的各时刻地-空边界上的电场成为待求量。因此应将计算区域向空中延伸一个网格，以便在以后的时间步中由五点差分格式计算地-空边界上的电场。在准静态近似下空气中电场满足拉普拉斯方程

$$\nabla^2E=0$$

由此有关系

$$E(x,z<0,t)=\frac{1}{2\pi}\int_{-\infty}^{\infty}\mathrm{d}k_x\mathrm{e}^{|k_x|z+\mathrm{i}k_xx}\tilde{E}(k_x,z=0,t)$$

对上式两边进行 x 的傅里叶变换，有

$$\tilde{E}(k_x,z<0,t)=\exp[\,|k_x|\cdot z\,]\cdot\tilde{E}(k_x,z=0,t) \tag{6-11}$$

式中,$\tilde{E}(k_x,z=0,t)$是地-空边界上波数域的电场。在程序计算中的步骤是:

(1)由式(6-10)得 $z=0$ 处的初始电场值,对所用的非均匀网格先用插值方法得到均匀网格上场分布后,将其变换到波数域。

(2)用式(6-11)算出空中边界上波数域的电场值,再用逆傅里叶变换回空间域,再次用插值方法得到非均匀网格上的场分布。

(3)用 DuFort-Frankel 差分方程(6-9)计算 $z=0$ 处下一时刻的电场,如此循环。

在上述计算中用到了快速傅里叶变换和三次样条插值。

3. 瞬变电磁场信号在地下与地面的响应特征

1)从瞬变场在地下的扩散过程看"烟圈"效应

瞬变场与地层电导率和延时之间关系复杂,计算也相当烦琐。为了寻求地质解释,有大量的文献提出了计算视电阻率和深度的方法,这方面的工作是从地面观测值着手的。而计算瞬变电场在地下的扩散过程,是从物理意义上分析瞬变场的响应问题。

地面观测的瞬变电磁场是大地感应涡流产生的,Nabighian(1979)的研究表明这个涡流可近似地用圆形电流环等效。等效电流环形如发射回线喷出的"烟圈",随着时间的推移向下向外扩散,应用式(6-10)可将均匀半空间的"烟圈"扩散过程用电场等值线剖面图表示出来。图 6-2 分别是三个时刻用时域数值方法算出的均匀大地电场等值线图,正源位于 0m、负源位于 50m 处,大地电阻率 $\rho=300\Omega\cdot\text{m}$。图中 H、D 分别表示水平距离和深度,图中电场的单位是 μV/m。

可以看出,瞬变场在下半空间随着时间的延迟向下、向外传播,如同"烟圈"一样场的等值线如图 6-2 所示进行扩散。

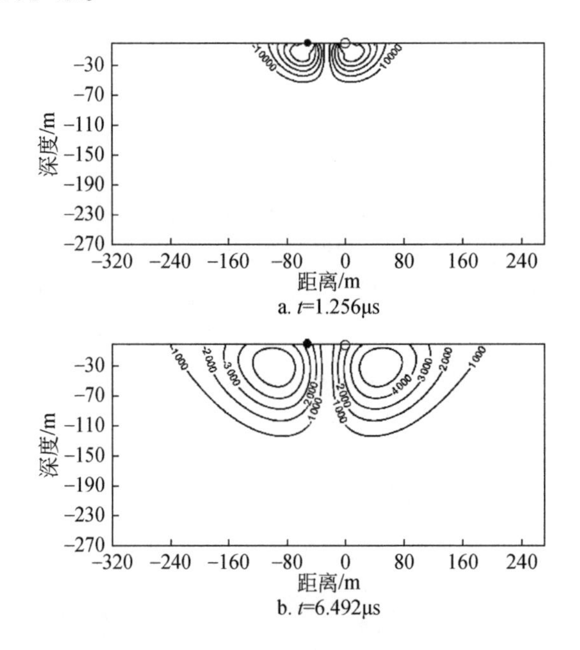

a. t=1.256μs

b. t=6.492μs

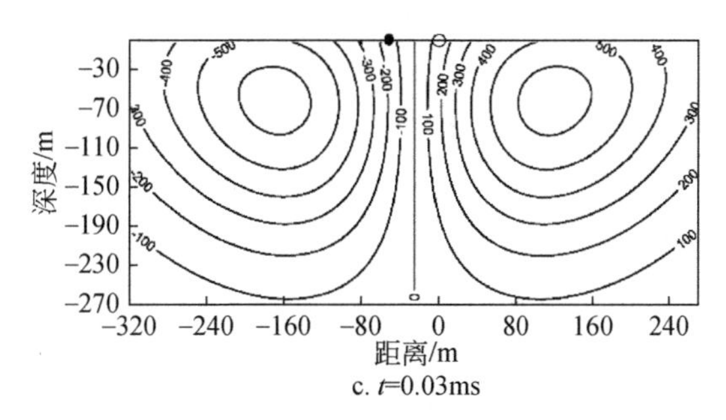

图6-2　均匀大地中不同时刻瞬变电场等值线(闫述等,2002)

“烟圈”效应的公式是从均匀半空间出发推导得到的,当大地为非均匀介质时,应用时间域数值计算方法仍能将“烟圈”的扩散、吸收、形变等过程表示出来。

2)均匀半空间中含二维异常体时地下电场的扩散与分布特征

在上述均匀大地中置一个电阻率5Ω·m,宽20m,高100m,顶部埋深50m,在y方向无限延伸的二维低阻体,图6-3a是这个模型在0.03ms时刻的瞬变电场等值线,图6-3b是将此二维低阻体水平放置后同一时刻的电场等值线。将图6-3a、b与图6-2c比较,可见电场等值

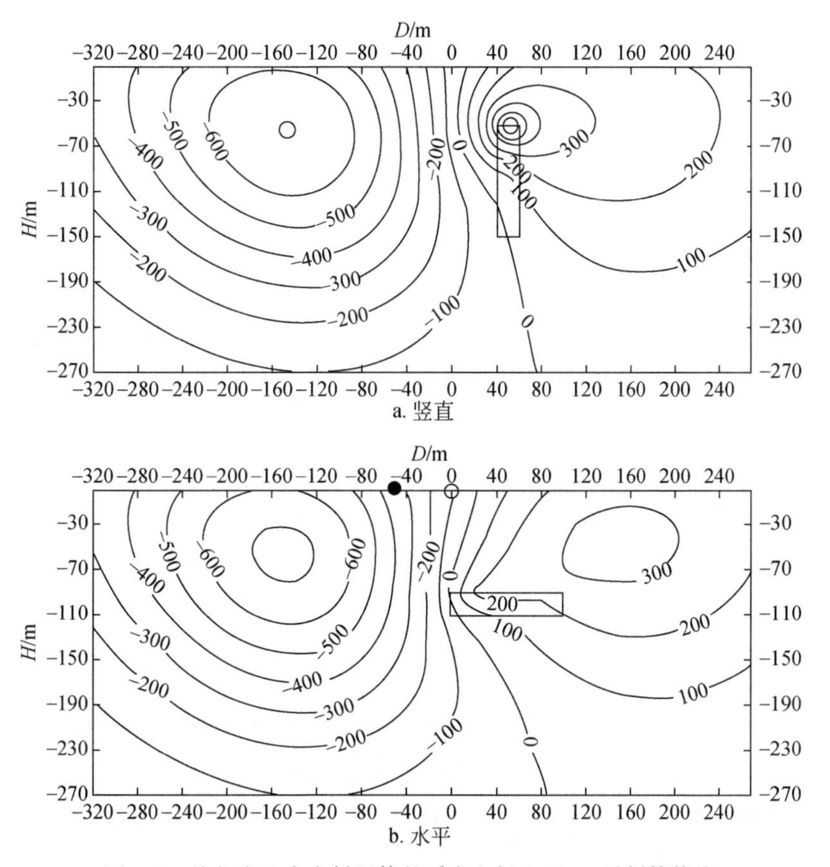

图6-3　均匀大地中含低阻体的瞬变电场0.03ms时刻等值线

线受低阻体影响发生畸变。在低阻体及其附近，电场等值线密集，梯度变大，表明“烟圈”扩散到低阻体时其扩散速度降低下来，如同受到吸引，象征着涡流在低阻体中密度大、衰减慢。因此，瞬变场对导体有良好的分辨能力，这是用瞬变场寻找金属矿、含水地质体的依据。图6-3a、b之间的等值线又有区别，这是异常体方位不同所致。

从图6-3可见，当均匀大地中含异常体时“烟圈”效应仍然保持，其传播逐渐以低阻体为中心向外扩散。

图6-4是图6-3b的水平异常体为高阻体（$\rho=5000\Omega\cdot m$）时的瞬变电场响应。从图6-4a的电场等值线看，高阻异常体引起的畸变几乎无法察觉。但与均匀半空间（图6-2c）的情况相比，等值线形态和数值的大小还是有变化的。反映在图6-4b的地面垂直感生电动势上，就是无高阻体时感应的电动势较大（虚线；图中的竖直虚线代表的是水平高阻体中心的位置），存在高阻体时感生电动势较小（实线）。究其原因，是介质的电阻率越高在其中所激发的涡流越小。总体来说，瞬变场对探测高阻围岩中的低阻体有利，对于相对围岩的高阻体其探测能力就下降了。由于地面观测到的感生电动势在有无高阻体时仍存在差异，基于这个差异，瞬变场法也可应用于高阻体的探测（闫述等，2002），但在资料解释上需要更多的技巧。

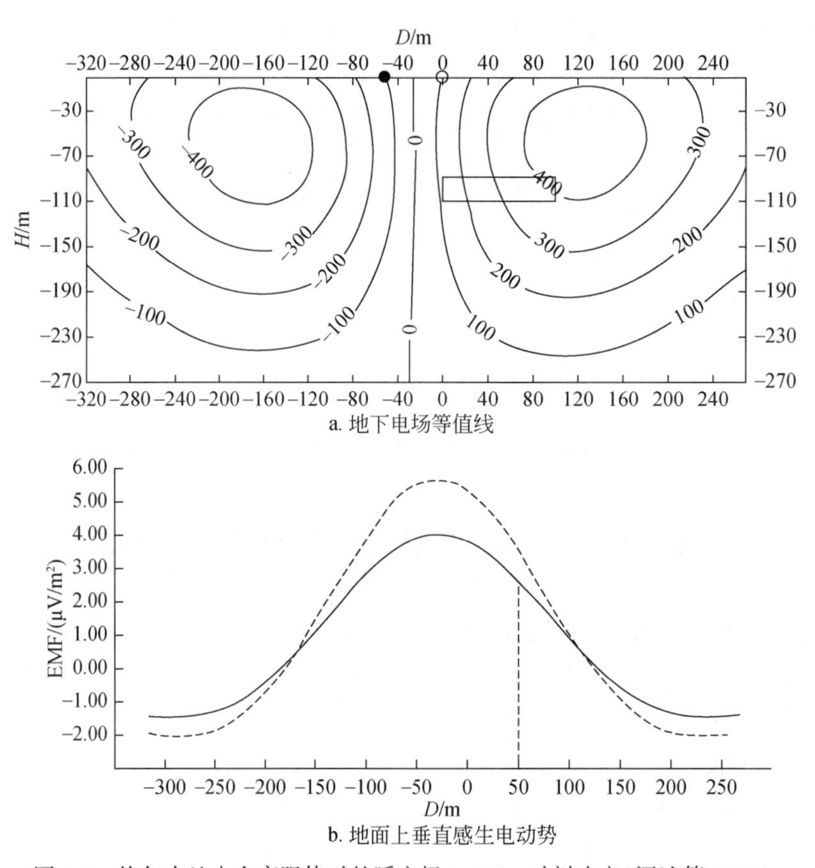

图6-4　均匀大地中含高阻体时的瞬变场0.03ms时刻响应（闫述等，2002）

3）低阻覆盖层对瞬变场探测的影响

众所周知，瞬变电磁测深不受高阻屏蔽层的影响。但是还需要了解低阻层对瞬变场探测具有什么样的作用，这对在低阻覆盖层地区的勘探工作，特别是水上瞬变探测是十分重要的。

现将图6-3的模型加盖一层$\rho=10\Omega\cdot m$，厚40m的低阻层，如图6-5a所示，时间仍取0.03ms。这时场的扩散速度慢了许多，感应涡流基本分布在覆盖层中。两层介质的分界处电场等值线发生凹缩，这是瞬变场在低阻层中扩散慢，在高阻层中扩散快造成的。图6-5b是时间推进到0.1ms时的情况。由于覆盖层的存在，“烟圈”到达异常体的时间推后了。可见在低阻覆盖区或水上施工时，探测同样的深度需要更长的时间。

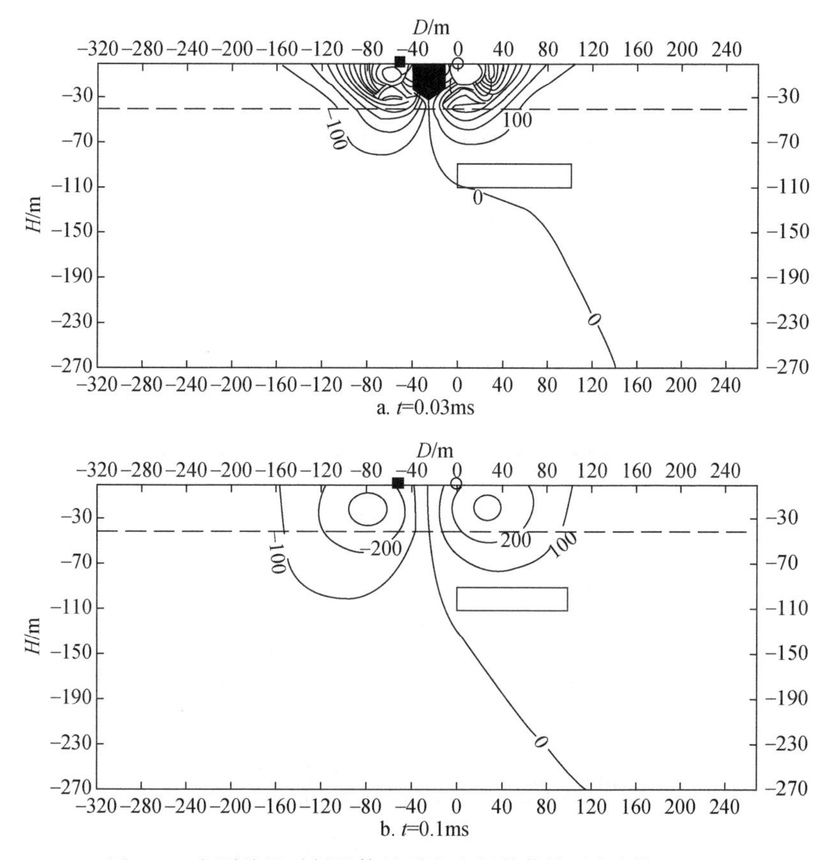

图6-5　有覆盖层时低阻体的瞬变电场等值线（闫述等，2002）

4）地面上的瞬变响应和地下异常体的对应关系与延时现象

上面各图表示的都是瞬变场在地下分布状况，而我们主要在地面测量其感生电动势，然后推测地下地电结构。已知单位面积点接收线圈中垂直感生电动势与电场的关系为

$$\frac{\partial B_z}{\partial t}=-\frac{\partial E}{\partial x} \tag{6-12}$$

图6-6是图6-5所示地电模型分别在0.6ms、2ms、4ms三个时刻地面上垂直感生电动势曲线。图中虚线是无低阻异常体存在时的曲线，实线是有低阻异常体的曲线。在图6-6a中，虚、实曲线刚刚分开，交点对应着地下异常体中心的平面位置。图6-6b中，时间推进到

2ms,图6-6c 中时间又推进到4ms,信号已大大衰减但异常并未减弱,虚实两线的交点仍对应异常体位置,两线差异更为明显。这说明瞬变响应有延时现象,即异常体一旦引起瞬变响应,就会使响应延续较长时间。在实际的工程勘查中我们曾用3 ~ 5ms 以后的时段探测过较浅的异常体,如 20 ~ 150m 深度范围内的老窑采空区,且地质成果经钻孔证实(闫述等,1999)。上述时域数值模拟计算结果(陈明生等,2001)为以往的实践提供了理论上的支持。

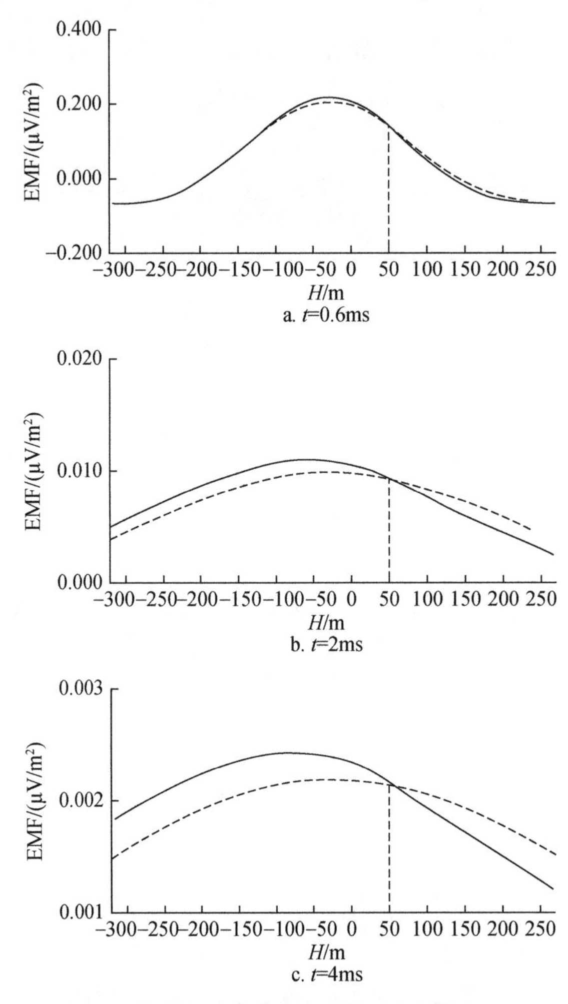

图6-6　地面上垂直感生电动势(闫述等,2002)

虚线为带覆盖层的均匀大地响应曲线;实线为其中含有低阻体的响应曲线

6.1.3　三维时间域有限差分法

1. 控制方程

三维回线源瞬变场响应,仍然可以应用先差分再随时间递推的方式分别计算电场和磁场,或者只计算其一,然后经由电磁场之间的关系得到另一个。时间域有限差分法可同时计算电场和磁场,将相互之间的作用过程,以及电磁波随时间的传播及与物体的相互作用过程更清晰地表现出来。这种方法直接把含时间变量的麦克斯韦旋度方程在 Yee 氏网格空间(Lee,1966)中转换为差分方程(图 6-7a),这个网格体系的特点是,每个网格节点上的电(磁)场分量仅与它相邻的磁(或电)场分量及上一时间步该点的场值有关。电场和磁场各分量在空间的取值点被交叉放置,使得在每个坐标平面上每个电场分量的四周有磁场分量环绕,同时每个磁场分量的四周由电场分量环绕。这样的电磁场空间配置符合电磁场的基本规律——法拉第电磁感应定律和安培环流定律,亦即麦克斯韦方程的基本要求,因而也符合电磁波在空间传播的规律,使得在计算机的存储空间中可以模拟电磁波的传播及其与散射体的相互作用过程。时间域有限差分的优点在三维计算中表现得尤为突出。但是地球物理似稳场的性质,使得麦克斯韦的两个旋度方程中的电场的旋度方程(6-1)进入晚期时段后,其旋度趋于零,由此导致磁场的解不是唯一的。因此还要将麦克斯韦方程中磁场的散度方程(6-3)和式(6-1)结合起来,有

$$-\frac{\partial b_x}{\partial t}=\frac{\partial b_z}{\partial y}-\frac{\partial b_y}{\partial z} \tag{6-13}$$

$$-\frac{\partial b_y}{\partial t}=\frac{\partial b_x}{\partial z}-\frac{\partial b_z}{\partial x} \tag{6-14}$$

$$\frac{\partial b_z}{\partial z}=-\frac{\partial b_x}{\partial x}-\frac{\partial b_y}{\partial y} \tag{6-15}$$

此外,磁场的旋度方程(6-2)中磁场与电场之间没有时间导数项相联系,为使时间域有限差分计算能够进行,加一虚拟位移电流项后

$$\nabla\times\boldsymbol{h}(\boldsymbol{r},t)=\gamma\frac{\partial\boldsymbol{e}(\boldsymbol{r},t)}{\partial t}+\sigma(\boldsymbol{r})\boldsymbol{e}(\boldsymbol{r},t) \tag{6-16}$$

那么离散化将对如下各式

$$\frac{\partial h_z}{\partial y}-\frac{\partial h_y}{\partial z}=\gamma\frac{\partial e_x}{\partial t}+\sigma e_x \tag{6-17}$$

$$\frac{\partial h_x}{\partial z}-\frac{\partial h_z}{\partial x}=\gamma\frac{\partial e_y}{\partial t}+\sigma e_y \tag{6-18}$$

$$\frac{\partial h_y}{\partial x}-\frac{\partial h_x}{\partial y}=\gamma\frac{\partial e_z}{\partial t}+\sigma e_z \tag{6-19}$$

进行。

用和前述二维时间域有限差分法中类似的方法,将式(6-13)~式(6-15)、式(6-17)~式(6-19)进行 DuFort-Frankel 离散,得到带有时间变量的差分方程。上面式中位移电流项的选择应使计算既能进行下去,又要保持原方程的扩散性质,因此对时间步的长度要有所限制,即

$$\Delta t_{\max}=\alpha\left(\frac{\mu_0\sigma t}{6}\right)^{1/2}\Delta_{\min} \tag{6-20}$$

式中,$\Delta_{\min}$为最小网格间隔;α 根据计算精度的要求在 0.1~0.2 的范围内取值。

2. 源和边界条件

在三维时间域有限差分法中,源仍然可以利用均匀半空间的解析式作为初始条件代入,前提是地下异常体要有一定的埋深,以满足均匀半空间的限制。和前面二维模型二维源的情况不同,三维模型三维源模拟中,源的形式有了很大的自由度,可以根据需要选择任何具有均匀半空间解析公式的源。

由图 6-7b 中网格上电场和磁场各分量分布可以看出,对于非磁性大地来说,电场和磁场在内边界上总是连续的。地下边界当然也可以取辐射边界条件,即简单地设电场的切向分量为零,但对于三维计算,所需的计算机内存容量将是巨大的。比较恰当的办法是利用均匀半空间的解析公式,在地下边界上强加第一类边界条件。空中边界仍然可以采用向上延拓的办法来处理。根据图 6-7b 网格上各场量的分布,可由地面上磁感应强度 B_z 计算地-空界面上半个网格处的 B_x 和 B_y(与二维情况类似)。似稳状态下空中磁感应强度满足拉普拉斯方程

$$\nabla^2 \boldsymbol{b}=0 \tag{6-21}$$

于是有

$$\tilde{B}_x(u,v,z<0,t)=-\frac{iu}{\sqrt{u^2+v^2}}\exp(-z\sqrt{u^2+v^2})\tilde{B}_z(u,v,z=0,t) \tag{6-22}$$

$$\tilde{B}_y(u,v,z<0,t)=-\frac{iv}{\sqrt{u^2+v^2}}\exp(-z\sqrt{u^2+v^2})\tilde{B}_z(u,v,z=0,t) \tag{6-23}$$

式中,$\tilde{B}_x$、$\tilde{B}_y$、$\tilde{B}_z$ 为 B_x、B_y、B_z 的傅里叶变换,u、v 分别为与 x、y 对应的波数域的变量。

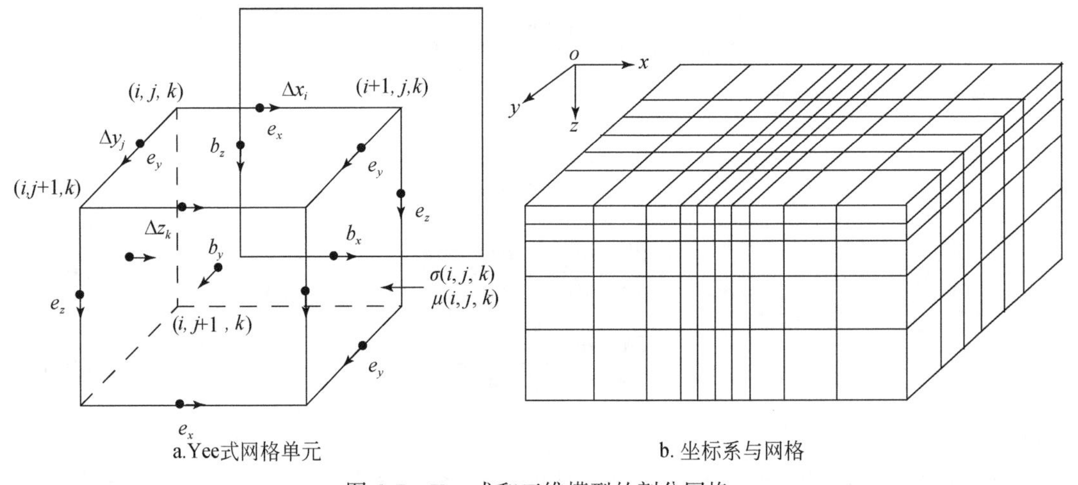

a.Yee式网格单元　　b. 坐标系与网格

图 6-7　Yee 式和三维模型的剖分网格

3. 模拟计算实例

按照上述方法可进行模拟计算。首先计算半空间的情况,以检验数学模型与计算程序。表 6-1 是在地面由 FDTD 模拟均匀半空间($\rho=300\Omega\cdot\text{m}$)结果(转算为感生电动势)与中心回线(边长为 50m 的方框)解析计算结果的对比。

表 6-1　在均匀半空间表面 FDTD 模拟结果与解析计算结果对比表

延时/ms	FDTD/(mV/I)	解析计算/(mV/I)	误差/%
0. 2121	0. 400E-01	0. 407E-01	1. 7
0. 2672	0. 205E-01	0. 211E-01	2. 8
0. 3366	0. 115E-01	0. 112E-01	2. 6
0. 4238	0. 583E-02	0. 603E-02	3. 3
0. 5336	0. 316E-02	0. 327E-02	3. 4
0. 6716	0. 186E-02	0. 179E-02	3. 9

可以看出,三维数值模拟计算与解析解近似程度较好,说明数学模型与计算程序正确,可用于三维模拟。闫述等(Yan et al., 2008)模拟计算了陕西黄陵矿区 L15 线(图 6-8)三维起伏地形对瞬变场响应的影响,三维 FDTD 计算结果与实测资料对比展示在图 6-9 上,可看出计算值和实测值虽有偏离,但趋势一致,与地形反向。

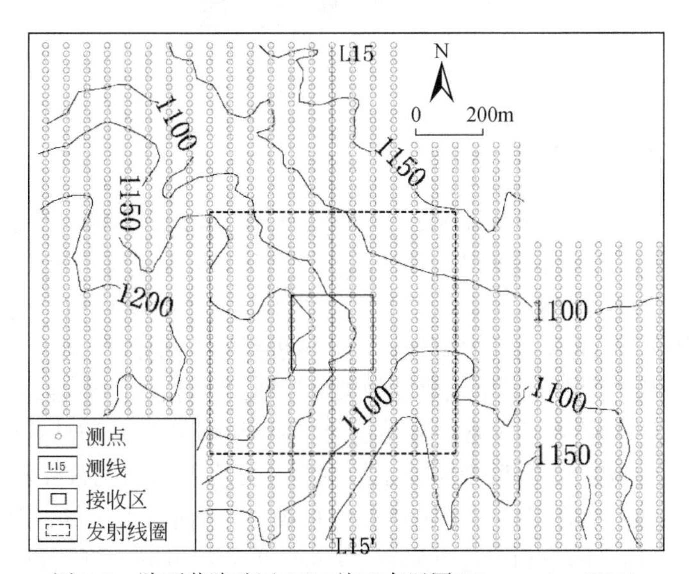

图 6-8　陕西黄陵矿区 TEM 施工布置图(Yan et al., 2008)

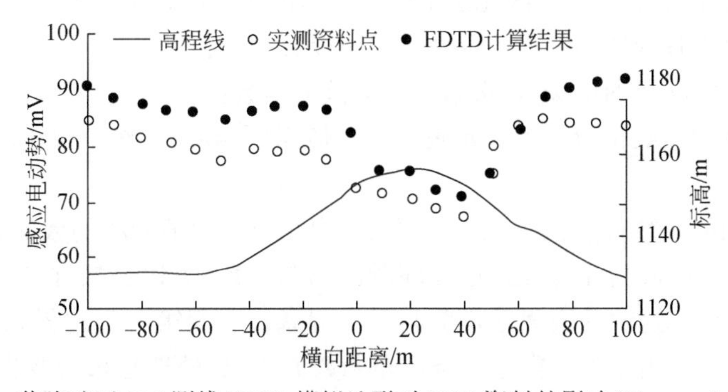

图 6-9　黄陵矿区 L15 测线 FDTD 模拟地形对 TEM 资料的影响(Yan et al., 2008)

6.1.4　小结

上述二维时间域有限差分法和三维时间域有限差分法中源和边界条件的处理方式，对模型是有限制的，即要求大地表层是均匀的，异常体要远离边界。起伏地形和更复杂地电模型计算要考虑另外的源的引入方式，采用吸收边界条件等以适应复杂模型。

除了差分和时间域有限差分以外，有限元法也可以进行直接时间域模拟（Goldman et al.,1986）。有限元法需要微分方程的变分形式，这并不是对所有问题都能办到的。时间域有限差分直接从麦克斯韦方程出发，不需要任何导出方程，避免了使用更多的数学工具，使它成为所有电磁场计算方法中最简单的一种。时间域有限差分也在改进，如亚网格技术等以改进矩形网格的局限性。

6.2　有 限 元 法

6.2.1　有限元法基本概念

有限元法（finite element method，FEM）是以变分原理和剖分插值为基础的一种数值模拟方法（倪光正等，2004；吕英华，2006）。由于其对几何形状复杂模型模拟的灵活性，可以通过采用非结构网格精确地剖分复杂的地电模型，在复杂结构的电磁模拟中受到关注。与有限差分法类似，有限单元法同样需要对整个计算区域进行网格剖分，早期主要被用于求解复杂地电模型或起伏地形情况下的二维电磁场的数值计算，并且由于缺少合适的网格剖分工具，一直到 20 世纪 90 年代后，有限元法才开始逐渐应用到三维电磁正演计算中。

有限元法的基础是变分原理，把所要求解的微分方程边值问题首先转化为相应变分问题，即泛函求极值问题；然后将求解区域划分为有限个互不重叠的单元，构成单元网格的形状有三角形网格、四边形网格和多边形网格，在每个单元内，选择一些合适的节点作为求解函数的插值点，将离散化变分化为多元函数的极值问题，最终归结为一组代数方程组，解出待求边值问题的数值解。采用有限元法解微分方程的边值问题可分如下几步：

（1）列出微分方程问题的相应泛函及其等价变分问题；

（2）剖分一定形状的网格场域，选取相应的差值函数；

（3）把变分问题离散化为一个多元函数的极值问题，导出一组联立的代数方程，即有限元方程；

（4）选择适当的代数解法，解有限元方程，以得出待求边值问题的数值解。

以变分原理为基础的有限元法，边值问题的第二、第三类边界条件被极值解自动满足，不必单独列出，所以称这两种边界条件为自然边界条件。而第一类边界条件称强加边界条件，必须考虑并处理。由于第一类边界条件是函数 F 本身，处理起来较涉及 F 及其法向导数 $\partial F/\partial n$ 要简便得多。场域剖分网格灵活多样，以适应边界的复杂几何形状和介质的物理性质变化。根据有限单元剖分密度和插值函数的选取，对离散点配置比较随意。这样，有限元法便于编写通用计算程序，构成高效计算软件包，在数值计算领域有着强大的生命力和广阔的应用前景，处于众多数值计算方法的主导地位。

6.2.2　二维水平电偶极变频测深阻抗视电阻率的有限元正演计算

1. 二维地电断面线源谐变电磁场方程的建立及有限元解法

对含电流源的谐变电磁场，取谐变因子 $e^{-i\omega t}$，其有理化 MKSA 单位制的波动方程

$$\nabla E+kE=-i\omega\mu J \tag{6-24}$$

$$k=\omega^2\mu\varepsilon+i\omega\mu\sigma \tag{6-25}$$

在图6-10所示的 x、y、z 直角坐标系里，当源电流沿 x 轴流动，并且认为是无限延伸（实际上足够长即可）；而地质体沿 x 轴方向也看成是均匀的，这就是一个二维问题。在这种情况下，可将式(6-24)转变为二维直角坐标分量形式

$$\frac{\partial^2 E_x}{\partial y^2}+\frac{\partial^2 E_x}{\partial z^2}+k^2E_x=-i\omega\mu \boldsymbol{J}_x \tag{6-26}$$

但是，实际上通过平行 x 轴的导线供入地下的电流强度 $\boldsymbol{I}_x$ 是已知的，应以电流密度的分量 $\boldsymbol{J}_x$ 表示，这可用狄拉克 δ-函数来逼近（周熙襄和钟本善，1986），使式(6-26)转写为

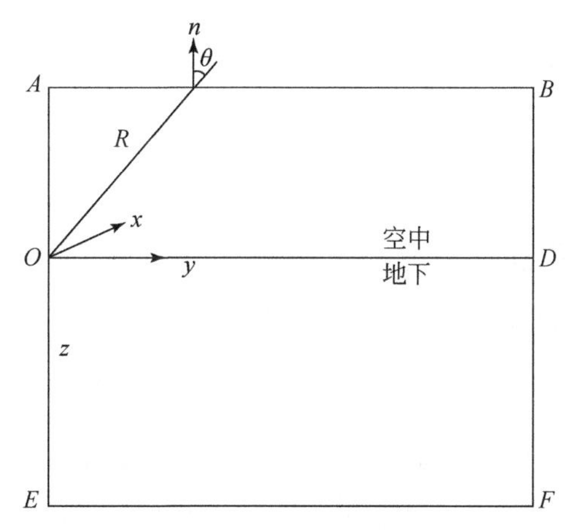

图6-10　坐标系和矩形区域

$$\frac{\partial^2 E_x}{\partial y^2}+\frac{\partial^2 E_x}{\partial z^2}+k^2E_x=-i\omega\mu \boldsymbol{I}_x\delta(y-y_0)\delta(z-z_0) \tag{6-27}$$

在图6-10所示的矩形区域里求解方程(6-27)，必须确定边界条件（陈明生和严又生，1987）。对于二维多频点谐变电磁场的边界条件，很难用单一的简单形式表示。由于是交变电磁场，可将大地看成一个导体，在相当深的地层中，电磁场衰减趋于零。因此，在下边界取第一类边界条件：

$$E_x=0 \tag{6-28}$$

对于地层的侧面边界条件，在离源足够远的地方，也就是远区，可认为是近于均匀的“平面波”下传，这时侧边界取第二类边界条件（陈明生和严又生，1987；胡建德等，1982）：

$$\frac{\partial E_x}{\partial n}=0 \tag{6-29}$$

对空中的边界条件，按电磁场的传播规律，取第一类、第二类边界条件都困难，只好采用反映其规律的第三类边界条件：

$$\frac{\partial E_x}{\partial n}+\alpha E_x=0 \tag{6-30}$$

其中

$$\alpha=-\mathrm{i}k_0\frac{K_1(-\mathrm{i}k_1 r)}{K_0(-\mathrm{i}k_0 r)}\cos\theta \tag{6-31}$$

式中，K_0、K_1 分别为零阶和一阶变形贝塞尔函数；θ 为线源到计算点的矢量径 R 和边界外法线 n 的夹角（陈明生和严又生，1987）。

如果场源离二维地质体足够远，在图 6-10 所示的矩形区域，可设源电流 I_x 通过原点 O 取 x 轴流向。这样，在整个左侧边界上就可认为

$$\frac{\partial E_x}{\partial n}=0$$

地下右侧边界在远区也满足此条件。将方程（6-27）及边界条件归纳在一起，其边值问题为

$$\begin{cases}\dfrac{\partial^2 E_x}{\partial y^2}+\dfrac{\partial^2 E_x}{\partial z^2}+k^2 E_x=-\mathrm{i}\omega\mu I_x\delta(y-y_0)\delta(z-z_0)\\ E_x\big|_{EF}=0\\ \dfrac{\partial E_x}{\partial n}\Big|_{AOE,DF}=0\\ \left(\dfrac{\partial E_x}{\partial n}+\alpha E_x\right)_{ABD}=0\end{cases} \tag{6-32}$$

用有限元法解边值问题［式（6-32）］，等价于求泛函

$$J(E_x)=\iint_{\Omega}\left[\left(\frac{\partial E_x}{\partial y}\right)^2+\left(\frac{\partial E_x}{\partial z}\right)^2-k^2E_x^2-2\mathrm{i}\omega\mu I_x\delta(y)\delta(z)E_x\right]\mathrm{d}y\mathrm{d}z+\int_L \alpha E_x^2\mathrm{d}l \tag{6-33}$$

的条件极小值，这是一个变分问题（南京大学，1979）。有限元法要通过离散化处理，将求解区域分割为互不重叠的基本单元。为了方便，仿效 Rodi（1976）的方法，将区域 Ω 分成 $(m+1)\times(n+1)$ 个矩形单元。在每个单元内取左上角为坐标原点，其第 (i,j) 个单元如图 6-11 所示，而 $i=1,2,3,\cdots,m+1$；$j=1,2,3,\cdots,n+1$。函数 $E_x(y,z)$ 在单元中按以下式子

$$E_x(y,z)=c_0+c_1y+c_2z+c_3yz \tag{6-34}$$

进行二次插值。将四个角点的场值代入，就可确定常数 $c_k(k=0,1,2,3)$；这样式（6-34）就可写成

$$\begin{aligned}E_x=(y_i+y,z_i+z)=&E_{i,j}\left(1-\frac{y}{w_j}-\frac{z}{h_i}+\frac{yz}{w_jh_i}\right)+E_{i,j+1}\left(\frac{y}{w_j}-\frac{yz}{w_jh_i}\right)\\&+E_{i+1,j}\left(\frac{z}{h_i}-\frac{yz}{w_jh_i}\right)+E_{i+1,j+1}\left(\frac{yz}{w_jh_i}\right)\end{aligned} \tag{6-35}$$

对式（6-35）求出 $\dfrac{\partial E_x}{\partial y}$，$\dfrac{\partial E_x}{\partial z}$，连同 E_x 代入类似式（6-33）的单元泛函表达式中，然后逐项进行积

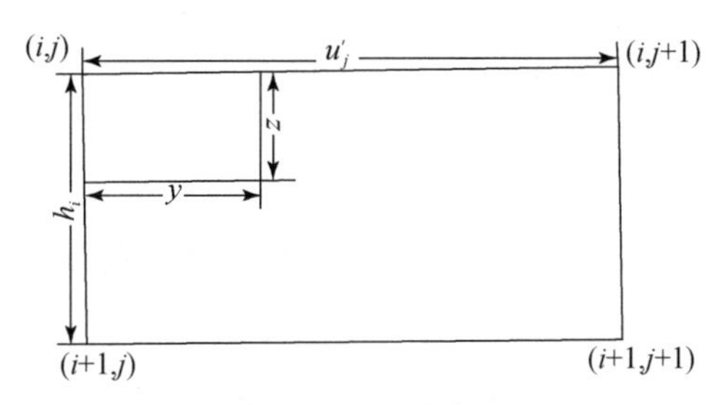

图6-11　矩形单元

分。例如,可将 e 单元泛函中各项的积分写成矩阵形式如下

$$J_1^e = \iint\left[\left(\frac{\partial E_x}{\partial y}\right)^2 + \left(\frac{\partial E_x}{\partial z}\right)^2 - k^2E_x^2\right]\mathrm{d}y\mathrm{d}z = E_x^{e\mathrm{T}}K_eE_x^e \tag{6-36}$$

$$J_2^e = -2\iint[\mathrm{i}\omega\mu I_x\delta(y)\delta(z)E_x]\mathrm{d}y\mathrm{d}z = -2E_x^{e\mathrm{T}}G^e \tag{6-37}$$

$$J_3^e = \int\alpha E_x^2\mathrm{d}l = E_x^{e\mathrm{T}}K'_eE_x^e \tag{6-38}$$

其中 $E_x^e=[E_{ij}^e,E_{i,j+1}^e,E_{i+1,j}^e,E_{i+1,j+1}^e]^{\mathrm{T}}$ 为单元里的列向量,K_e 为单元刚度矩阵,其形式为

$$K_e=\begin{bmatrix} K_1 & K_2 & K_3 & K_4 \\ K_2 & K_1 & K_4 & K_3 \\ K_3 & K_4 & K_1 & K_2 \\ K_4 & K_3 & K_2 & K_1 \end{bmatrix} \tag{6-39}$$

它具有对称正定性,各元素的值取决于网格的大小和物性。G 为与源有关的数值。K'_e为对应第三类边界条件的边界单元的系数矩阵。对空中上边界,K'_e的表达形式为

$$K'_e=\begin{bmatrix} K'_{11} & K'_{12} & 0 & 0 \\ K'_{12} & K'_{13} & 0 & 0 \\ 0 & 0 & 0 & 0 \\ 0 & 0 & 0 & 0 \end{bmatrix} \tag{6-40}$$

对空中右侧边界,K'_e的表达形式为

$$K'_e=\begin{bmatrix} 0 & 0 & 0 & 0 \\ 0 & K'_{11} & 0 & K'_{12} \\ 0 & 0 & 0 & 0 \\ 0 & K'_{12} & 0 & K'_{13} \end{bmatrix} \tag{6-41}$$

将式(6-36)~式(6-38)相加得单元 e 的能量积分 $J_e(E_x)$;又将各单元的 $J_e(E_x)$ 相加,得总能量积分 $J(E_x)$,其式为

$$J(E_x) = \sum J_e(E_x) = E_x^{\mathrm{T}}KE_x - 2E_x^{\mathrm{T}}G \tag{6-42}$$

其中 E_x 为由 $(m+1)\times(n+1)$ 个元素组成的列向量,K 为 $(m+1)(n+1)\times(m+1)(n+1)$ 阶总刚度矩阵,是对称正定的大型稀疏方阵。令 $J(E_x)$ 的变分等于零得线性方程组

$$KE_x=G \tag{6-43}$$

解式(6-43)时,同时要考虑第一类边界条件 $E_x|_{EF}=0$的处理。具体采用方法是对系数矩阵和右端项作一定修改,而不改变方程的个数和未知数个数。对这个问题,这时式(6-43)变为

$$K'E_x=G' \tag{6-44}$$

解线性方程组(6-44),可采用 Crout 分解法,以便大大节省计算机存储单元。

2. 二维地电断面的阻抗视电阻率计算及其效果

阻抗视电阻率是通过地面上两个水平互相正交的电场分量和磁场分量的比值(阻抗)来定义的。如果在地面上采用沿 x 轴的电偶源发射,其阻抗视电阻率计算公式为

$$\rho_\omega=\frac{1}{\mu_0\omega}\left|\frac{E_x}{H_y}\right|^2 \tag{6-45}$$

式中,E_x、H_y 分别为水平正交的电场和磁场分量。

在变频测深中,采用阻抗视电阻率,就无需要求电偶极源的偶极性,这样可通过加长发射导线来增强有效信号强度,提高信噪比。用二维有限元法做电磁模拟计算,将发射电线看成无限延长,其取向与地电断面电性不变的方向(例如 x 轴)一致;这样就可按二维有限元法解出 E_x,再求出 H_y,就可按式(6-45)计算视电阻率。对二维问题,E_x 和 H_y 的关系为

$$H_y=\frac{1}{\mathrm{i}\mu\omega}\frac{\partial E_x}{\partial z} \tag{6-46}$$

由此,可按差分近似计算出地面的磁场分量

$$H_y=\frac{1}{\mathrm{i}\mu\omega}\frac{\Delta E_x}{\Delta z}\Big|_{z=z_0} \tag{6-47}$$

将地面两侧的网格划分得越小,其近似程度就越高。为了验证计算的正确性,笔者首先对均匀半空间做有限元法模拟,所得阻抗视电阻率的变化情况完全符合理论值;进而对均匀分层介质的理论模型作了计算,并和相应的理论曲线作了对比。

图 6-12 是对一个电阻率为高、低、高变化的 H 型一维地电断面所做的阻抗视电阻率计算结果,地电断面参数标在图上。实线为一维正演曲线,虚线为有限元模拟计算结果。由图看出,两者的首支和中支基本重合。随着频率的降低,尾支渐渐偏离理论曲线,最大误差达到 6.9%;这是由于低频波长大,受场区和边界条件影响。如将边界扩大,可改善计算结果;但是单元增加很多,受当时(1985 年)计算机存储量和计算时间限制。利用二维有限元法计算结果和理论曲线对比,表明计算方法和程序正确,就可转入对各种二维地电断面模拟。

先后对槽状地形、地表不均匀体、低阻地质体(板状体、柱状体等)和断层做了模拟计算,现将部分结果展示于图。图 6-13 表示地表不均匀体的视电阻率异常。此地电断面基本是二层结构,第一层相对高阻层覆盖在低阻层上。在极距 $r=900$m 的地方,基岩呈箱状突出到地面,相当于基岩露头,使地面呈现不均匀性。由图上标出的三条不同频率的视电阻率曲线看出:$f=11627.90$Hz 高频时,电磁波集肤深度浅,在箱状体处视电阻率低,接近第二层的真电阻率 0.2Ω · m。随着测点远离箱状体,视电阻率趋近第一层的真电阻率 2.0Ω · m。当频率低到 $f=1.41$Hz 时,电磁波集肤深度变大,基本分布在第二层中,所有测点的视电阻率趋近第二层的真电阻率 0.2Ω · m,视电阻率的值连成一直线(虚线)。频率较高时,位于箱状体边缘附近的测点视电阻率值畸变。

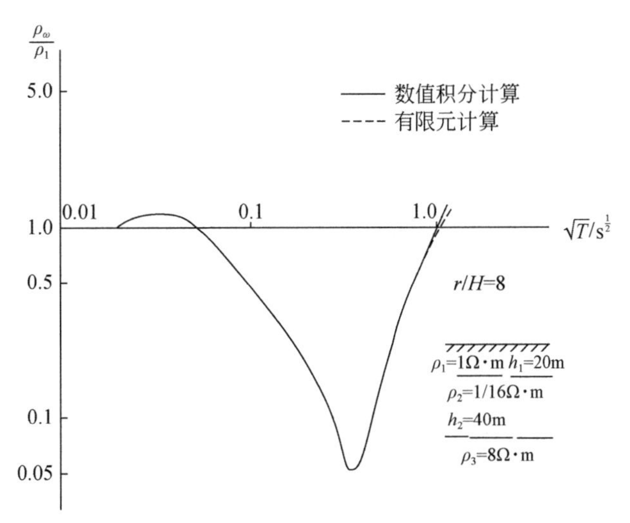

图 6-12　计算的三层 H 型阻抗视电阻率曲线

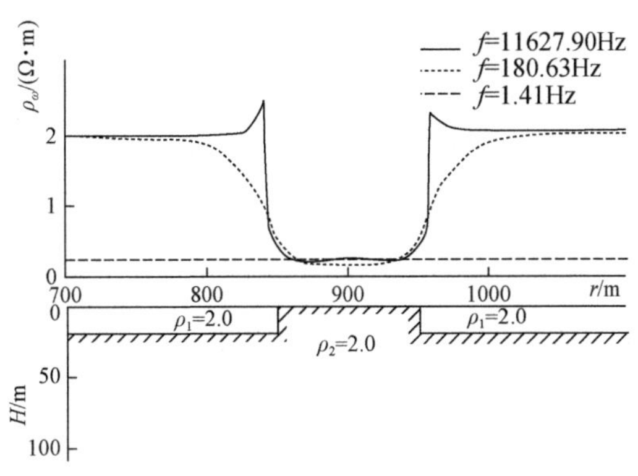

图 6-13　地表不均匀地质体

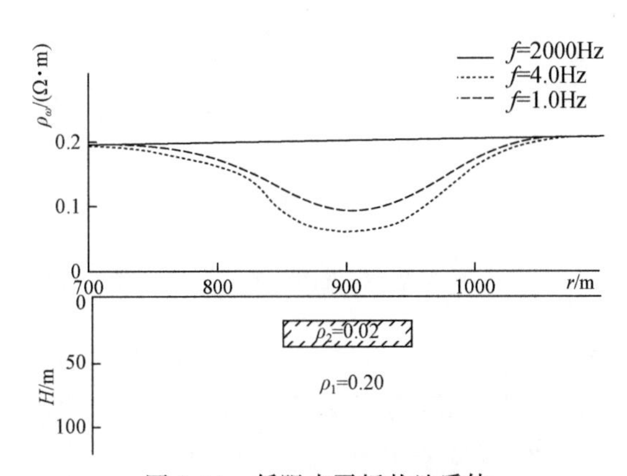

图 6-14　低阻水平板状地质体

对低阻板状体模拟结果表示在图 6-14 上。图上的视电阻率横向变化曲线对应着三个不同频率：高频 $f=2000$Hz 是浅层反映，各测点的视电阻率均趋于围岩的真电阻率 0.2Ω · m。

频率低到$f=14\text{Hz}$时，低阻体反映明显；频率继续降低到$f=1\text{Hz}$时，低阻异常幅度变小，这是因为电磁波穿透更深，低阻影响减弱。

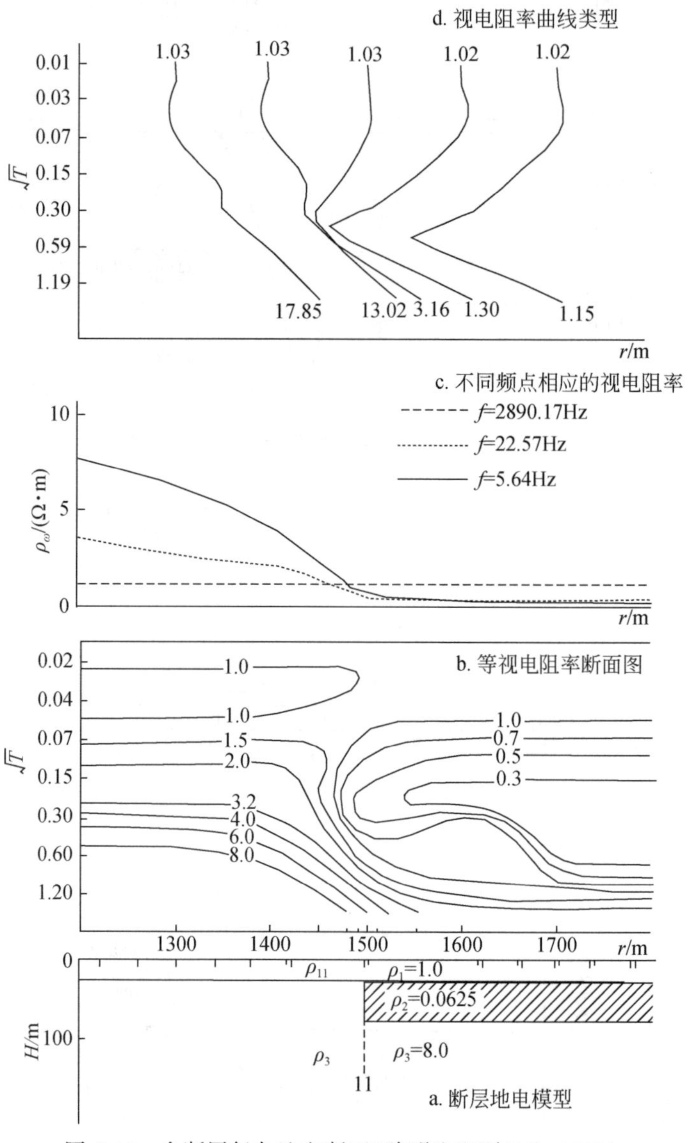

图6-15　含断层复杂地电断面(陈明生和严又生，1987)

图6-15表示一个含断层的复杂地电断面(图6-15a)模拟结果。在覆盖层下面，隐伏着一条垂直断层，左侧是一层(连覆盖层为二层结构)；右侧是二层，下层和左侧同属一个层(连覆盖层为三层结构)。显然，左盘是上升盘，为一正断层。通过有限元计算，得到各测点上随频率变化的曲线(图6-15c)。从中选了三个频点，绘出相应频点视电阻率横向变化曲线(图6-15b)，相当于电剖面。根据测深数据作了视电阻率断面图(图6-15a)。从相应的各图看出，视电阻率的变化与地电断面特征对应很好。例如，等视电阻率剖面图将地层的层次、断层的位置反映得一目了然。断层左侧是二层反映，右侧是三层反映，视电阻率等值线扭曲

最大的位置就是断层所在处，这符合一般常识。

对于更复杂模型也可以模拟，只是划分的单元多，计算时间长。

6.2.3　矢量有限元法水平电偶极三维可控源声频大地电磁模拟

1. 控制方程与广义变分原理

可控源声频大地电磁有限元模拟的求解区域包括了空中与地下两部分，其中设大地为线性、各向同性、均匀的导电半空间。取谐变因子 $e^{-i\omega t}$，则水平电偶极源的电磁场由如下麦克斯韦方程组描述

$$\nabla\times\boldsymbol{E}(\boldsymbol{r})=\mathrm{i}\omega\boldsymbol{B}(\boldsymbol{r}) \tag{6-48}$$

$$\nabla\times\boldsymbol{H}(\boldsymbol{r})=\boldsymbol{J}(\boldsymbol{r})+\boldsymbol{J}'(\boldsymbol{r})-\mathrm{i}\omega\boldsymbol{D}(\boldsymbol{r}) \tag{6-49}$$

$$\nabla\cdot\boldsymbol{D}(\boldsymbol{r})=0 \tag{6-50}$$

$$\nabla\cdot\boldsymbol{B}(\boldsymbol{r})=0 \tag{6-51}$$

和

$$\boldsymbol{D}(\boldsymbol{r})=\varepsilon\boldsymbol{E}(r) \tag{6-52}$$

$$\boldsymbol{B}(\boldsymbol{r})=\mu\boldsymbol{H}(\boldsymbol{r}) \tag{6-53}$$

$$\boldsymbol{J}'(\boldsymbol{r})=\sigma\boldsymbol{E}(\boldsymbol{r}) \tag{6-54}$$

式中，$\boldsymbol{E}(\boldsymbol{r})$，$\boldsymbol{H}(\boldsymbol{r})$，$\boldsymbol{D}(\boldsymbol{r})$ 和 $\boldsymbol{B}(\boldsymbol{r})$ 分别为电场强度、磁场强度、电通量密度和磁通量密度。$\boldsymbol{J}(\boldsymbol{r})$ 和 $\boldsymbol{J}'(\boldsymbol{r})$ 分别为源电流密度矢量和传导电流密度矢量。ε 和 μ 分别为介电常数和磁导率，这里取 $\varepsilon=\varepsilon_0=8.854\times10^{-12}$，$\mu=\mu_0=4\pi\times10^{-7}$；$\sigma=\sigma_1$ 为大地的电导率。

对于边界条件，在地球物理电磁场问题中，电场强度及磁场强度的切向分量总是连续的，即

$$\hat{n}\times(\boldsymbol{E}_2-\boldsymbol{E}_1)=0 \tag{6-55}$$

$$\hat{n}\times(\boldsymbol{H}_2-\boldsymbol{H}_1)=0 \tag{6-56}$$

边界条件[式(6-55)、式(6-56)]应该在有限元法计算中得到满足。

对式(6-48)两边取旋度，并将式(6-53)、式(6-49)、式(6-52)和式(6-54)依次代入，得电场的波动方程

$$\nabla\times\nabla\times\boldsymbol{E}-k^2\boldsymbol{E}=\mathrm{i}\omega\mu_0\boldsymbol{J} \tag{6-57}$$

同样地，对式(6-49)两边取旋度，并将式(6-52)、式(6-54)、式(6-48)和式(6-53)依次代入，得磁场的波动方程

$$\nabla\times\nabla\times\boldsymbol{H}-k^2\boldsymbol{H}=\nabla\times\boldsymbol{J} \tag{6-58}$$

式中，$k^2=\mathrm{i}\omega\mu_0\sigma_1+\omega^2\varepsilon_0\mu_0$。

控制式(6-57)和式(6-58)中的算子

$$£=\nabla\times\nabla\times-k^2 \tag{6-59}$$

这是一个复算子。我们知道，若

$$\langle £\,\boldsymbol{a},\boldsymbol{a}\rangle\begin{cases}>0 & \boldsymbol{a}\neq0\\=0 & \boldsymbol{a}=0\end{cases}$$

则算子是正定的。若

$$<\pounds\ \boldsymbol{a},\boldsymbol{b}>=<\boldsymbol{a},\pounds\ \boldsymbol{b}>$$

则算子是自伴的。显然，在如下的内积定义

$$<\boldsymbol{a},\boldsymbol{b}>=\int_{\Omega}\boldsymbol{a}\cdot\boldsymbol{b}^{*}\mathrm{d}\Omega$$

下，式(6-59)既不是正定的，也不是自伴的。算子不正定意味着微分方程的解可能并不对应着泛函的极小值，尽管许多物理问题的解对应于泛函的极小值。而且对于复泛函，讨论极值问题也是没有意义的。因此可以去掉算子是正定的限制，在复数域中代之以驻点的概念。然而，为使泛函的驻点对应着方程的解，算子的自伴性是必要的。为此重新定义内积

$$<\boldsymbol{a},\boldsymbol{b}>=\int_{\Omega}\boldsymbol{a}\cdot\boldsymbol{b}\mathrm{d}\Omega \tag{6-60}$$

从而引入了广义变分原理(Jin, 1993; Chew, 1990)。于是当£ 为自伴时，对于微分方程

$$\pounds\ \boldsymbol{a}=\boldsymbol{f} \tag{6-61}$$

定义的边值问题，有变分表达式

$$F(\boldsymbol{a})=\frac{1}{2}<\pounds\ \boldsymbol{a},\boldsymbol{a}>-<\pounds\ \boldsymbol{a},\boldsymbol{f}> \tag{6-62}$$

在无限维空间中，当 $\boldsymbol{a}$ 变化时，泛函的驻点

$$\delta F(\boldsymbol{a})=0 \tag{6-63}$$

即方程(6-61)的解。式(6-62)即广义变分原理。

此外，为使算子自伴，还要求边界条件是齐次的。对于非齐次边界条件只要引入新的未知函数

$$\boldsymbol{a}'=\boldsymbol{a}-\boldsymbol{b}$$

后，非自伴问题即可转化成自伴问题。这里 $\boldsymbol{b}$ 为满足给定非齐次边界条件的任意函数。这种对非齐次边界条件的处理方法与通常变分原理中所用方法是相同的。

由广义变分原理[式(6-62)]及矢量第一 Green 定理

$$\int_{V}[(\nabla\times\boldsymbol{a})\cdot(\nabla\times\boldsymbol{b})-\boldsymbol{a}\cdot\nabla\times\nabla\times\boldsymbol{b}]\mathrm{d}V=\oint_{S}(\boldsymbol{a}\times\nabla\times\boldsymbol{b})\cdot\mathrm{d}\boldsymbol{S}$$

可分别得出控制方程[式(6-57)、式(6-58)]的泛函

$$\begin{aligned}F(\boldsymbol{E})=&\frac{1}{2}\int_{V}[(\nabla\times\boldsymbol{E})\cdot(\nabla\times\boldsymbol{E})-k^{2}\boldsymbol{E}\cdot\boldsymbol{E}]\mathrm{d}V\\&-\mathrm{i}\omega\mu_{0}\int_{V}\boldsymbol{E}\cdot\boldsymbol{J}\mathrm{d}V-\frac{1}{2}\oint_{S}\boldsymbol{E}\times\nabla\times\boldsymbol{E}\cdot\mathrm{d}\boldsymbol{S}\end{aligned} \tag{6-64}$$

和

$$\begin{aligned}F(\boldsymbol{H})=&\frac{1}{2}\int_{V}[(\nabla\times\boldsymbol{H})\cdot(\nabla\times\boldsymbol{H})-k^{2}\boldsymbol{H}\cdot\boldsymbol{H}]\mathrm{d}V\\&-\int_{V}\boldsymbol{H}\cdot\nabla\times\boldsymbol{J}\mathrm{d}V-\frac{1}{2}\oint_{S}\boldsymbol{H}\times\nabla\times\boldsymbol{H}\cdot\mathrm{d}\boldsymbol{S}\end{aligned} \tag{6-65}$$

式(6-64)、式(6-65)通常是取复数值的。内积 $\int_{V}\boldsymbol{E}\cdot\boldsymbol{J}\mathrm{d}V$ 和 $\int_{V}\boldsymbol{H}\cdot\nabla\times\boldsymbol{J}\mathrm{d}\boldsymbol{V}$ 具有功率的量纲，但

它们并不与复功率相关联。它们是场和源之间的反应(Harrington,1961)。对这两式强加驻点条件[式(6-63)],即可导出电场和磁场的有限元方程。

2. 源与边界条件

可控源声频大地电磁测深有限元的求解区域如图6-16所示,其中*ABDCEFHG*构成空中部分,*EFGHIJKL*构成地下部分。其余六个平面:*ABJI*、*BDLJ*、*CDLK*、*ACKI*、*ABDC*和*IJLK*组成了外边界。*EFHG*平面是地-空界面,与直角坐标$z=0$平面重合。通有电流I长度为l的水平电偶极子沿x方向放置于坐标原点。

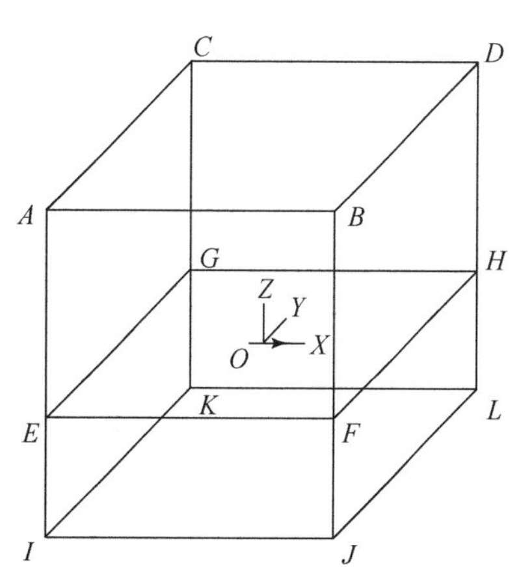

图6-16　求解区域与坐标

对于源,可采取δ函数或伪δ函数的方式加以处理(Mitsuhata,2000)。这实际上是将源点(奇异点)用有限值所替代。由于计算中误差的扩散,源的附近都会有计算误差。在二维情况下离开源几个节点后计算结果才会趋于正常。但在三维情况下这种范围的精度损失对计算机资源的浪费太大,不能被接受。在这里我们采用另一种方法:在源周围的一个小区域内(除奇异点外),用均匀半空间表面上水平电偶极子的场值来表示源(闫述,2000)。这样就将式(6-65)、式(6-66)右边表示源的体积分项转化成第一类边界条件代入。这个区域应选得足够小,以满足均匀半空间的条件;另外,小区域中包含的网格数又应足够多,使场具有足够的采样率以充分展示场的特征。

当由*ABJI*、*BDLJ*、*CDLK*、*ACKI*、*ABDC*和*IJLK*组成的区域边界远离源和异常体时,在外边界上仍可由均匀半空间上水平电偶极子的场值给出第一类边界条件。

均匀大地表面上水平电偶极子场的表达式已有文献给出(Kaufman and Keller,1983;张秋光,1988;Chew,1990),它们含有贝塞尔型积分。为了减少有限元程序中对存储和计算的要求,应该使第一类边界条件具有闭合的形式,避免数值积分。但全区的地下闭式表达式过于冗长,目前还无法得出全区的空中闭合表达式,按照上述源附近的区域应足够小,外边界应足够大的要求,可以极限情况下分别导出空中和地下的近区和远区场闭合公式,作为场源和外边界。张秋光(1988)给出了均匀半空间表面上水平电偶极子在空中和地下的磁矢量位,由此可导出直角坐标系下的电磁场各分量。

$$A_{x0}=\frac{\mu_0 Il}{2\pi}\int_0^{\infty}\frac{\lambda}{u_0+u_1}\mathrm{e}^{-u_0 z}J_0(\lambda\rho)\,\mathrm{d}\lambda \tag{6-66}$$

$$A_{z0}=\frac{\mu_0 Il}{2\pi}\frac{\partial}{\partial x}\int_0^{\infty}\frac{\lambda}{u_0+u_1}\frac{k_1^2-k_0^2}{u_0k_1^2+u_1k_0^2}\mathrm{e}^{-u_0 z}J_0(\lambda\rho)\,\mathrm{d}\lambda \tag{6-67}$$

$$A_{x1}=\frac{\mu_0 Il}{2\pi}\int_0^{\infty}\frac{\lambda}{u_0+u_1}\mathrm{e}^{u_1 z}J_0(\lambda\rho)\,\mathrm{d}\lambda \tag{6-68}$$

$$A_{z1}=\frac{\mu_0 Il}{2\pi}\frac{\partial}{\partial x}\int_0^{\infty}\frac{\lambda}{u_0+u_1}\frac{k_1^2-k_0^2}{u_0k_1^2+u_1k_0^2}\mathrm{e}^{u_1 z}J_0(\lambda\rho)\,\mathrm{d}\lambda \tag{6-69}$$

式中，$k_0=\omega\ (\varepsilon_0\mu_0)^{\frac{1}{2}}$，$k_1=(\mathrm{i}\omega\varepsilon_0\sigma_1)^{\frac{1}{2}}$，分别为空中和大地中的波数；$\lambda$ 为分离常数，$\rho=(x^2+y^2)^{\frac{1}{2}}$。$u_0=(\lambda^2-k_0^2)^{\frac{1}{2}}$，在准静态情况下，$k_0\approx 0$，$u_0\approx\lambda$。$u_1=(\lambda^2-k_1^2)^{\frac{1}{2}}$，对近区场：$u_1\to\lambda$；对远区场：$u_1\to -\mathrm{i}k_1$。

已知矢量位和电磁场之间的关系

$$\boldsymbol{E}=\mathrm{i}\omega\left[\boldsymbol{A}+\frac{1}{k^2}\nabla(\nabla\cdot\boldsymbol{A})\right] \tag{6-70}$$

$$\boldsymbol{H}=\frac{1}{\mu_0}\nabla\times\boldsymbol{A} \tag{6-71}$$

将式(6-66)～式(6-69)分别代入式(6-70)、式(6-71)中，再考虑近场和远场近似后，即可得均匀大地表面上的水平电偶极子的空中、地下的近、远场表达式。

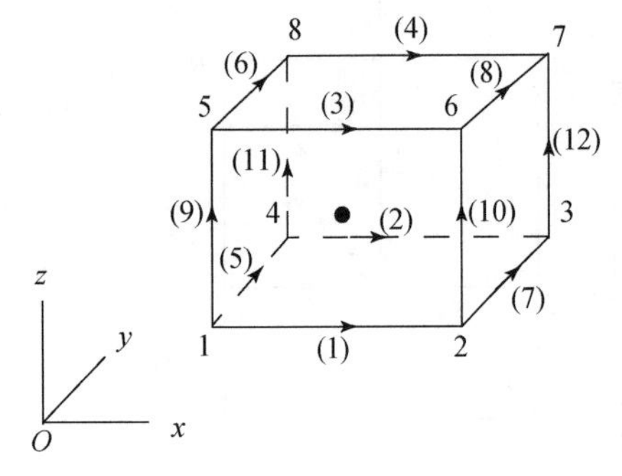

图 6-17　直角坐标和矩形块单元

关于矢量元，与经典的点元有限元不同，矢量元将自由度赋予单元的棱边而不是单元的结点。图 6-17是一矩形块单元，它的每条边被赋予了一个常切向场分量。表 6-2 给出了矩形块单元棱边的定义。

表 6-2　矩形块单元的棱边定义

棱边 i	结点 i_1	结点 i_2
1	1	2
2	4	3
3	5	6
4	8	7
5	1	4
6	5	8
7	2	3
8	6	7
9	1	5
10	2	6
11	4	8
12	3	7

将式(6-64)中泛函的体积分表示成 e_0 个单元体积分的总和

$$\begin{aligned}F(\boldsymbol{E})&=\sum_{e=1}^{e_0}\int_{V_e}\frac{1}{2}\left[(\nabla\times\boldsymbol{E})\cdot(\nabla\times\boldsymbol{E})-k^2\boldsymbol{E}\cdot\boldsymbol{E}\right]\mathrm{d}x\mathrm{d}y\mathrm{d}z\\&=\sum_{e=1}^{e_0}F_e(\boldsymbol{E}^e)\end{aligned} \tag{6-72}$$

式中

$$F_e(\boldsymbol{E}^e)=\int_{V_e}\frac{1}{2}\left[(\nabla\times\boldsymbol{E}^e)\cdot(\nabla\times\boldsymbol{E}^e)-k^2\boldsymbol{E}^e\cdot\boldsymbol{E}^e\right]\mathrm{d}x\mathrm{d}y\mathrm{d}z \tag{6-73}$$

在矢量有限元中,单元 e 中的场分量可用单元各棱边的函数值表示为

$$\tilde{E}_x^e = \sum_{j=1}^{4} N_{xj}^e E_{xj};\tilde{E}_y^e = \sum_{j=1}^{4} N_{yj}^e E_{yj};\tilde{E}_z^e = \sum_{j=1}^{4} N_{zj}^e E_{zj} \tag{6-74}$$

式中,N_{xi}^e、N_{yi}^e、N_{zi}^e 分别为形状函数;E_{xi}、E_{yi}、E_{zi} 分别为单元中各棱边处的电场分量值。对图 6-17中的矩形块单元,它在 x、y 和 z 方向的边长分别记为 l_x^e、l_y^e、l_z^e,其中心位于(x_c^e, y_c^e, z_c^e)。如果单元每边被赋予一个不变的切向分量,那么该单元中的场可展开为

$$\tilde{E}_x^e = N_{x1}^e E_{x1}^e + N_{x2}^e E_{x2}^e + N_{x3}^e E_{x3}^e + N_{x4}^e E_{x4}^e \tag{6-75}$$

$$\tilde{E}_y^e = N_{y1}^e E_{y1}^e + N_{y2}^e E_{y2}^e + N_{y3}^e E_{y3}^e + N_{y4}^e E_{y4}^e \tag{6-76}$$

$$\tilde{E}_z^e = N_{z1}^e E_{z1}^e + N_{z2}^e E_{z2}^e + N_{z3}^e E_{z3}^e + N_{z4}^e E_{z4}^e \tag{6-77}$$

式中,E_{x1}^e 为沿棱边(1,2)的 E_x 分量,E_{x2}^e 为沿棱边(4,3)的 E_x 分量,E_{x3}^e 为沿棱边(5,6)的 E_x 分量,E_{x4}^e 为沿棱边(8,7)的 E_x 分量。E_{y1}^e、E_{y2}^e、E_{y3}^e、E_{y4}^e 和 E_{z1}^e、E_{z2}^e、E_{z3}^e、E_{z4}^e 可类似确定。为简便起见,式(6-75) ~ 式(6-77)可合写成如下矢量的形式

$$\tilde{\boldsymbol{E}}^e = \sum_{i=1}^{12} \vec{N}_i^e E_i^e \tag{6-78}$$

矢量基函数的选取使所有通过单元棱边的切向场的连续性得到保证。由于单元平面上的切向场由组成小平面的棱边上的切向场决定,因此式(6-78)给出的展开式不仅保证了穿越棱边时的切向连续性,而且保证了穿越单元面时的连续性,完全满足了前面场的切向分量连续的边界条件。

3. 有限元方程

将式(6-78)代入单元上的式(6-73),并利用直角坐标下的旋度公式,有

$$F_e(\tilde{\boldsymbol{E}}^e) = \int_{V_e} \frac{1}{2}\left\{\left(\frac{\partial \tilde{E}_z^e}{\partial y} - \frac{\partial \tilde{E}_y^e}{\partial z}\right)^2 + \left(\frac{\partial \tilde{E}_x^e}{\partial z} - \frac{\partial \tilde{E}_z^e}{\partial x}\right)^2 + \left(\frac{\partial \tilde{E}_y^e}{\partial x} - \frac{\partial \tilde{E}_x^e}{\partial y}\right)^2 - k^2\left[(\tilde{E}_x^e)^2 + (\tilde{E}_y^e)^2 + (\tilde{E}_z^e)^2\right]\right\} \mathrm{d}x\mathrm{d}y\mathrm{d}z \tag{6-79}$$

根据广义变分原理,求一阶变分等于零的驻点等价于下列方程组

$$\frac{\partial F}{\partial E_{xi}} = \sum_{e=1}^{e_0} \frac{\partial F_e}{\partial E_{xi}} = 0 \tag{6-80}$$

$$\frac{\partial F}{\partial E_{yi}} = \sum_{e=1}^{e_0} \frac{\partial F_e}{\partial E_{yi}} = 0 \tag{6-81}$$

$$\frac{\partial F}{\partial E_{zi}} = \sum_{e=1}^{e_0} \frac{\partial F_e}{\partial E_{zi}} = 0 \tag{6-82}$$

式中,$i=1,2,\cdots,N_0$,N_0 为总棱边数。

将式(6-79)依次代入式(6-80)、式(6-81)和式(6-82)的$\frac{\partial F_e}{\partial E_{xi}}$、$\frac{\partial F_e}{\partial E_{yi}}$、$\frac{\partial F_e}{\partial E_{xi}}$中,得三阶方阵

$$[K_{ij}]_e=\begin{bmatrix} \int\limits_{V_e}\left(\frac{\partial N_{xi}^e}{\partial y}\frac{\partial N_{xj}^e}{\partial y}+\frac{\partial N_{xi}^e}{\partial z}\frac{\partial N_{xj}^e}{\partial z}-k^2N_{xi}^eN_{xj}^e\right)\mathrm{d}x\mathrm{d}y\mathrm{d}z & -\int\limits_{V_e}\frac{\partial N_{xi}^e}{\partial y}\frac{\partial N_{yj}^e}{\partial x}\mathrm{d}x\mathrm{d}y\mathrm{d}z & -\int\limits_{V_e}\frac{\partial N_{xi}^e}{\partial z}\frac{\partial N_{zj}^e}{\partial x}\mathrm{d}x\mathrm{d}y\mathrm{d}z \\ -\int\limits_{V_e}\frac{\partial N_{yi}^e}{\partial x}\frac{\partial N_{xj}^e}{\partial y}\mathrm{d}x\mathrm{d}y\mathrm{d}z & \int\limits_{V_e}\left(\frac{\partial N_{yi}^e}{\partial x}\frac{\partial N_{yj}^e}{\partial x}+\frac{\partial N_{yi}^e}{\partial z}\frac{\partial N_{yj}^e}{\partial z}-k^2N_{yi}^eN_{yj}^e\right)\mathrm{d}x\mathrm{d}y\mathrm{d}z & -\int\limits_{V_e}\frac{\partial N_{yi}^e}{\partial z}\frac{\partial N_{zj}^e}{\partial y}\mathrm{d}x\mathrm{d}y\mathrm{d}z \\ -\int\limits_{V_e}\frac{\partial N_{zi}^e}{\partial x}\frac{\partial N_{xj}^e}{\partial z}\mathrm{d}x\mathrm{d}y\mathrm{d}z & -\int\limits_{V_e}\frac{\partial N_{zi}^e}{\partial y}\frac{\partial N_{yj}^e}{\partial z}\mathrm{d}x\mathrm{d}y\mathrm{d}z & \int\limits_{V_e}\left(\frac{\partial N_{zi}^e}{\partial x}\frac{\partial N_{zj}^e}{\partial x}+\frac{\partial N_{zi}^e}{\partial y}\frac{\partial N_{zj}^e}{\partial y}-k^2N_{zi}^eN_{zj}^e\right)\mathrm{d}x\mathrm{d}y\mathrm{d}z \end{bmatrix} \tag{6-83}$$

矩阵中的元素由解析方法求出(Jin,1993)。将$i=1,2,3,4$和$j=1,2,3,4$及前面形状函数的具体形式代入本书所用的任一12×12的单元系数矩阵(6-84)。

$$[K]_e=[[K_{ij}]_e]=\begin{bmatrix} \frac{l_x^el_z^e}{6l_y^e}[K_1]+\frac{l_x^el_y^e}{6l_z^e}[K_2]-k^2\frac{l_x^el_y^el_z^e}{36}[K_4] & -\frac{l_z^e}{6}[K_3] \\ -\frac{l_z^e}{6}[K_3]^{\mathrm{T}} & \frac{l_x^el_y^e}{6l_z^e}[K_1]+\frac{l_y^el_z^e}{6l_x^e}[K_2]-k^2\frac{l_x^el_y^el_z^e}{36}[K_4] \\ -\frac{l_y^e}{6}[K_3] & -\frac{l_x^e}{6}[K_3]^{\mathrm{T}} \end{bmatrix}$$

$$
\begin{matrix}
-\dfrac{l_y^e}{6}[K_3]^{\mathrm{T}} \\
-\dfrac{l_x^e}{6}[K_3] \\
\dfrac{l_y^e l_z^e}{6l_x^e}[K_1]+\dfrac{l_x^e l_z^e}{6l_y^e}[K_2]-k^2\dfrac{l_x^e l_y^e l_z^e}{36}[K_4]
\end{matrix}\Bigg]
\tag{6-84}
$$

其中

$$
[K_1]=\begin{bmatrix} 2 & -2 & 1 & -1 \\ -2 & 2 & -1 & 1 \\ 1 & -1 & 2 & -2 \\ -1 & 1 & -2 & 2 \end{bmatrix} \quad
[K_2]=\begin{bmatrix} 2 & 1 & -2 & -1 \\ 1 & 2 & -1 & -2 \\ -2 & -1 & 2 & 1 \\ -1 & -2 & 1 & 2 \end{bmatrix}
$$

$$
[K_3]=\begin{bmatrix} 2 & 1 & -2 & 1 \\ -2 & -1 & 2 & 1 \\ 1 & 2 & -1 & -2 \\ -1 & -2 & 1 & 2 \end{bmatrix} \quad
[K_4]=\begin{bmatrix} 4 & 2 & 2 & 1 \\ 2 & 4 & 1 & 2 \\ 2 & 1 & 4 & 2 \\ 1 & 2 & 2 & 4 \end{bmatrix}
$$

找出局部编码和全局编码之间的对应关系，对于剖分成 e_0 个元素，N_0 条棱边的场域，单元系数矩阵扩展成的总体系数矩阵为

$$
[K]=\sum_{e=1}^{e_0}[K]_e \tag{6-85}
$$

由此，即可得有限元方程

$$
[K][E]=0 \tag{6-86}
$$

矢量单元的有限元公式与通常的点元有限元公式是很相似的，只是全局编码时是给单元的边编码，而不是给单元的顶点编码。

4. 大型稀疏线性方程组的分块求解

三维有限元法的计算量是巨大的，为了兼顾计算精度和计算量，按照 CSAMT 电磁场分布的一般规律，即在源的附近和地–空界面场的变化剧烈，以后逐渐平缓。因此将求解区域剖分成如图 6-18 所示的矩形块。尽管如此，一个 45×45×45 的模型形成的系数矩阵就有元素 267300×267300 个，一维等带宽压缩存储后仍有 41966100×44 个，单精度计算需同等数目的字节。如此大的内存需求一般的计算机是无法提供的，不得不采用分块消元解法。

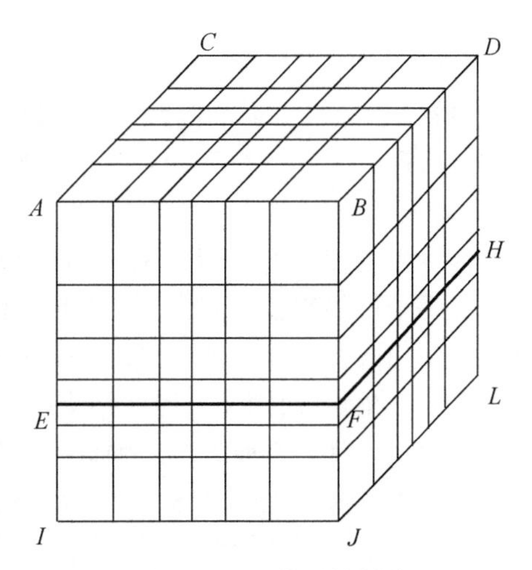

图 6-18　3D 模型的剖分

对于图 6-18 所示的剖分，本书的分块解法与常用的方法略有不同。我们将矢量元的棱边编号从下平面逐渐向上平面增大，任意棱边只与相邻上下两个平面的棱边有关，而与其他平面的棱边无关，

所以 K 阵为块三对角矩阵(Golub and Van Loan,1990),只有在三对角子块中才有不为零的元素。

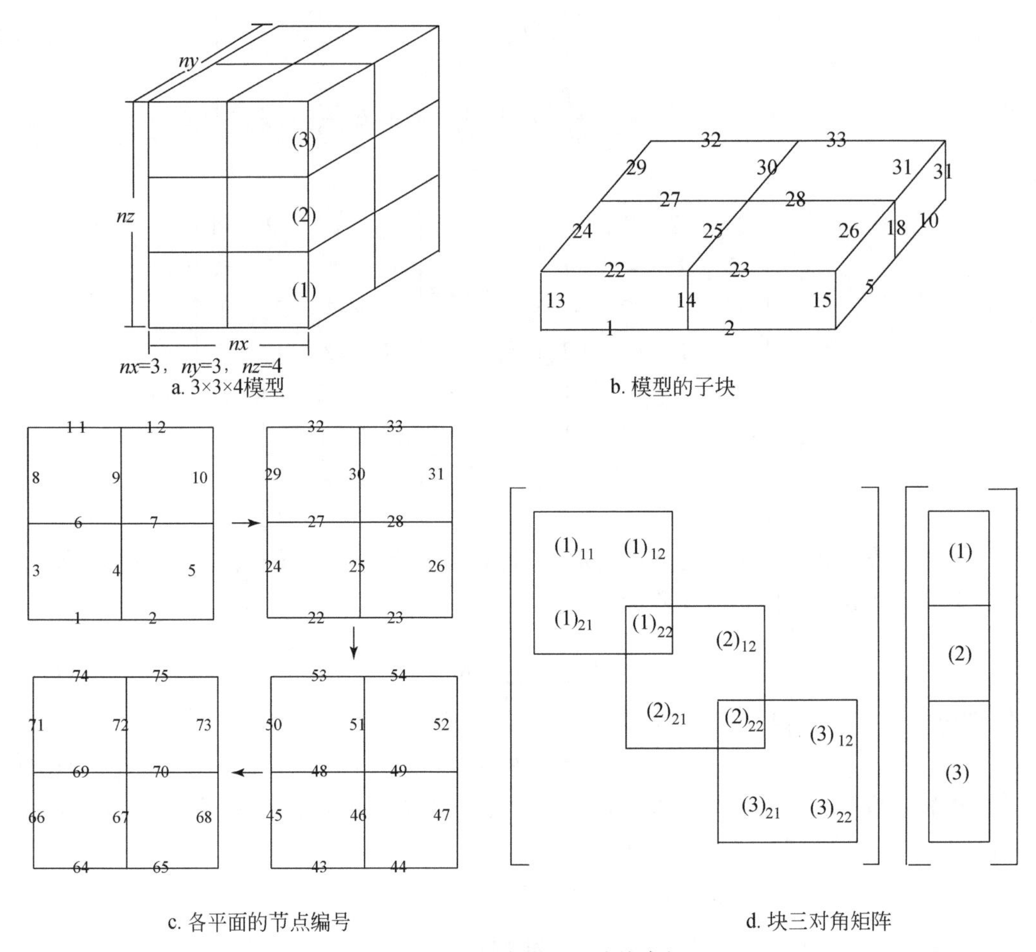

图 6-19　矢量有限元的分块求解

设在 x、y 和 z 方向的剖分节点分别为 nx、ny 和 nz 个,则有 nz 个平面,K 阵中就有 $nz-1$ 个子块(图 6-19),每个子块中的棱边数为 $5\times nx\times ny-2\times(nx+ny)$ 个,则每一个子块为一个 $5\times nx\times ny-2\times(nx+ny)$ 阶方阵。首先取出第 1 个子块和右端项放入内存(右端项占用内存较少可全部放入内存),通过消元 $3\times nx\times ny-(nx+ny)$ 次后存入硬盘。然后,将 1、2 子块重叠部分和第 2 个子块的其余部分调入内存再作消元,重复上述步骤直到 $nz-2$ 次。对于第 $nz-1$ 次,做法与上相同,只是消元的次数为 $5\times nx\times ny-2\times(nx+ny)$ 次,也就是说,必须将第 $nz-1$ 个子块也消成上三角矩阵,消元过程就结束了。对于回代过程,与上三角矩阵的回代过程一样,只是每块回代后都要将原先存入硬盘的部分依次取回。

从以上作法可见,分块解法的内存只需要 $5\times nx\times ny-2\times(nx+ny)$ 个,一维等带宽压缩存储后需内存几个便可实现全部系数矩阵的消元过程。分块消元无法实现列主元,但有限元方法所形成的对称稀疏矩阵使主元一般分布在对角线及附近。

5. 算例

1)计算精度

有限元法计算的精度由地下电磁场的闭式解检验,取大地电阻率 $\sigma_1 = 0.002\text{S/m}$,介电系数 $\varepsilon_1 = \varepsilon_0$,频率 $f = 2000\text{Hz}$。趋肤深度 $h = [2/(\omega\mu_0\sigma_1)]^{1/2} \approx 252\text{m}$,验证在这个深度范围内进行。比较点选在 E_y、E_z、H_x、H_z分量的主测区,E_x和 H_y分量除了主测区还有副测区,故两个测区都有比较点。在这里和以后的计算中取电偶极矩 $Il = 1$,单精度运算。

表6-3～表6-9为验证结果(闫述,2003),如前所述 $|k_1R|$ 的值远大于1为远区场,远小于1为近区场,处于两者之间为中区场,表中给出了 $|k_1R|$ 值以做参考。

表6-3　有限元和闭合地下表达式的计算结果(z=0)

场量	x/m	y/m	$\|k_1R\|$	有限元解	闭式解	相对误差/%
$\|E_x\|$ /(V/m)	0	2000	11.2	1.954167E-008	0.1986952E-07	1.65
	0	200	1.12	1.198255E-005	0.1214161E-04	1.31
	0	20	0.11	9.877859E-003	0.9950497E-02	0.73
	2000	0	11.2	9.780657E-009	0.9972122E-08	1.92
	200	0	1.12	1.809623E-005	0.1843357E-04	1.83
	20	0	0.11	1.974412E-002	0.1989132E-01	0.74
$\|E_y\|$ /(V/m)	2000	2000	15.8	5.193524E-009	0.5275291E-08	1.55
	200	200	1.58	5.213570E-006	0.5275291E-05	1.17
	20	20	0.15	5.246805E-003	0.5275291E-02	0.54
$\|H_x\|$ /(A/m)	2000	2000	15.8	1.839856E-009	0.1877404E-08	2.00
	200	200	1.58	9.475749E-007	0.9648456E-06	1.79
	20	20	0.15	9.847579E-005	0.9947050E-04	1.00
$\|H_y\|$ /(A/m)	0	2000	11.2	6.946829E-009	0.7073444E-08	1.79
	0	200	1.12	2.106547E-006	0.2144723E-05	1.78
	0	20	0.11	1.969979E-004	0.1991890E-03	1.10
	2000	0	11.2	3.470381E-009	0.3540121E-08	1.97
	200	0	1.12	1.774602E-006	0.1808604E-05	1.88
	20	0	0.11	1.964751E-004	0.1987005E-03	1.12
$\|H_z\|$ /(A/m)	0	2000	11.2	9.090151E-010	0.9285139E-09	2.10
	0	200	1.12	1.833791E-006	0.1871024E-05	1.99
	0	20	0.11	1.965123E-004	0.1989192E-03	1.21

表6-4　电场 $|E_x|$(V/m)分量有限元和地下闭合表达式的结果比较

x/m	y/m	z/m	$\|k_1R\|$	有限元解	闭式解	相对误差/%
0	2000	-200	11.29	8.920304E-009	0.9087515E-08	1.84
0	2000	-100	11.25	1.318967E-008	0.1345336E-07	1.96

续表

x/m	y/m	z/m	$\lvert k_1R\rvert$	有限元解	闭式解	相对误差/%
0	2000	−50	11. 24	1. 613573E-008	0. 1635323E-07	1. 33
0	200	−200	1. 589	4. 367670E-006	0. 4450449E-05	1. 86
0	200	−100	1. 256	8. 481565E-006	0. 8628245E-05	1. 70
0	200	−50	1. 158	1. 075386E-005	0. 1091208E-04	1. 45
0	20	−200	1. 129	1. 094098E-005	0. 1116199E-04	1. 98
0	20	−100	0. 573	7. 598822E-005	0. 7744417E-04	1. 88
0	20	−50	0. 302	5. 062342E-004	0. 5125385E-03	1. 23
2000	0	−200	11. 29	4. 471468E-009	0. 4569717E-08	2. 15
2000	0	−100	11. 25	6. 616136E-009	0. 6751159E-08	2. 00
2000	0	−50	11. 24	8. 047259E-009	0. 8204791E-08	1. 92
200	0	−200	1. 589	1. 177664E-006	0. 1200228E-05	1. 88
200	0	−100	1. 256	8. 629423E-006	0. 8737771E-05	1. 24
200	0	−50	1. 158	1. 499771E-005	0. 1516299E-04	1. 09
20	0	−200	1. 129	1. 069886E-005	0. 1087725E-04	1. 64
20	0	−100	0. 573	6. 775530E-005	0. 6882204E-04	1. 55
20	0	−50	0. 302	2. 990940E-004	0. 3018408E-03	0. 91

表 6-5　电场 $\lvert E_y\rvert$ (V/m) 分量有限元和地下闭合表达式的结果比较

x/m	y/m	z/m	$\lvert k_1R\rvert$	有限元解	闭式解	相对误差/%
2000	2000	−200	15. 93	2. 386908E-009	0. 2434875E-08	1. 97
2000	2000	−100	15. 90	3. 535823E-009	0. 3604305E-08	1. 90
2000	2000	−50	15. 89	4. 245731E-009	0. 4327080E-08	1. 88
200	200	−200	1. 946	1. 800646E-006	0. 1827881E-05	1. 49
200	200	−100	1. 685	3. 798890E-006	0. 3845419E-05	1. 21
200	200	−50	1. 614	4. 774952E-006	0. 4822697E-05	0. 99
20	20	−200	1. 135	2. 770881E-007	0. 2811935E-06	1. 46
20	20	−100	0. 584	7. 788045E-006	0. 7871483E-05	1. 06
20	20	−50	0. 322	1. 512916E-004	0. 1526348E-03	0. 88

表 6-6　电场 $\lvert E_z\rvert$ (V/m) 分量有限元和地下闭合表达式的结果比较

x/m	y/m	z/m	$\lvert k_1R\rvert$	有限元解	闭式解	相对误差/%
0	2000	−200	11. 295	4. 962841E-011	0. 5074479E-10	2. 20
0	2000	−100	11. 253	2. 582305E-011	0. 2644991E-10	2. 37
0	2000	−50	11. 243	1. 304021E-011	0. 1336361E-10	2. 42
0	200	−200	1. 589	4. 873208E-006	0. 4962028E-05	1. 79

续表

x/m	y/m	z/m	$\|k_1R\|$	有限元解	闭式解	相对误差/%
0	200	-100	1. 256	8. 178603E-006	0. 8288845E-05	1. 33
0	200	-50	1. 158	6. 150258E-006	0. 6264268E-05	1. 82
0	20	-200	1. 129	2. 794001E-006	0. 2849277E-05	1. 94
0	20	-100	0. 573	4. 252309E-005	0. 4319696E-04	1. 56
0	20	-50	0. 302	5. 213870E-004	0. 5270262E-03	1. 07

表 6-7　磁场 $|H_x|$ (A/m) 分量有限元和地下闭合表达式的结果比较

x/m	y/m	z/m	$\|k_1R\|$	有限元解	闭式解	相对误差/%
2000	2000	-200	15. 93	8. 440865E-010	0. 8614007E-09	2. 01
2000	2000	-100	15. 90	1. 252336E-009	0. 1276852E-08	1. 92
2000	2000	-50	15. 89	1. 513814E-009	0. 1541876E-08	1. 82
200	200	-200	1. 946	2. 004675E-007	0. 2043085E-06	1. 88
200	200	-100	1. 685	4. 771839E-007	0. 4853869E-06	1. 69
200	200	-50	1. 614	6. 967302E-007	0. 7061216E-06	1. 33
20	20	-200	1. 135	1. 366922E-008	0. 1393539E-07	1. 91
20	20	-100	0. 584	2. 055186E-007	0. 2090516E-06	1. 69
20	20	-50	0. 322	2. 369467E-006	0. 2397033E-05	1. 15

表 6-8　磁场 $|H_y|$ (A/m) 分量有限元和地下闭合表达式的结果比较

x/m	y/m	z/m	$\|k_1R\|$	有限元解	闭式解	相对误差/%
0	2000	-200	11. 29	3. 185326E-009	0. 3252324E-08	2. 06
0	2000	-100	11. 25	4. 701412E-009	0. 4796870E-08	1. 99
0	2000	-50	11. 24	5. 741754E-009	0. 5825052E-08	1. 43
0	200	-200	1. 589	1. 082944E-006	0. 1104594E-05	1. 96
0	200	-100	1. 256	1. 706183E-006	0. 1737811E-05	1. 82
0	200	-50	1. 158	1. 946454E-006	0. 1981124E-05	1. 75
0	20	-200	1. 129	2. 658510E-006	0. 2703936E-05	1. 68
0	20	-100	0. 573	1. 109199E-005	0. 1124720E-04	1. 38
0	20	-50	0. 302	3. 920449E-005	0. 3972891E-04	1. 32
2000	0	-200	11. 29	1. 563962E-009	0. 1599307E-08	2. 21
2000	0	-100	11. 25	2. 331550E-009	0. 2381563E-08	2. 10
2000	0	-50	11. 24	2. 847257E-009	0. 2904475E-08	1. 97
200	0	-200	1. 589	6. 713383E-007	0. 6835743E-06	1. 79
200	0	-100	1. 256	3. 113722E-007	0. 3156013E-06	1. 34
200	0	-50	1. 158	5. 244818E-007	0. 5327393E-06	1. 55

续表

x/m	y/m	z/m	$\|k_1R\|$	有限元解	闭式解	相对误差/%
20	0	−200	1. 129	2. 652464E-006	0. 2689853E-05	1. 39
20	0	−100	0. 573	1. 088686E-005	0. 1102467E-04	1. 25
20	0	−50	0. 302	3. 631271E-005	0. 3675004E-04	1. 19

表 6-9　磁场 $|H_z|$ (A/m) 分量有限元和地下闭合表达式的结果比较

x/m	y/m	z/m	$\|k_1R\|$	有限元解	闭式解	相对误差/%
0	2000	−200	11. 295	4. 045283E-010	0. 4138820E-09	2. 26
0	2000	−100	11. 253	6. 117405E-010	0. 6251180E-09	2. 14
0	2000	−50	11. 243	7. 472992E-010	0. 7632512E-09	2. 09
0	200	−200	1. 589	5. 811652E-007	0. 5896562E-08	1. 44
0	200	−100	1. 256	1. 277391E-006	0. 1293037E-05	1. 21
0	200	−50	1. 158	1. 666257E-006	0. 1687349E-05	1. 25
0	20	−200	1. 129	1. 770142E-007	0. 1796187E-06	1. 45
0	20	−100	0. 573	1. 454305E-006	0. 1477352E-05	1. 56
0	20	−50	0. 302	1. 005888E-005	0. 1016459E-04	1. 04

以上检验结果表明,有限元法计算的精度能够满足三维分析的需要。

2）阴影效应和场源复印效应的有限元分析

第 5 章的解析分析指出了地层波的作用是产生阴影效应(和场源复印效应)的原因,阴影效应造成影响需要三个条件:第一,在地下异常体赋存处有地层波的作用;第二,在接收点有地层波的作用;第三,异常体的尺寸及其与围岩的电阻率差异足以引起地层波的改变。解析分析可以判断产生阴影效应的前两个条件,至于阴影效应的定量计算还有赖于数值方法。

现在给图 6-20a、b 所示模型中的异常体赋予电阻率值,用有限元法计算频率分别为 f=0. 1Hz、0. 3Hz、1、3Hz、10Hz、30Hz、100Hz、300Hz、1000Hz 时,接收点 B 处的响应。对于多频点计算,为使计算区域的外边界满足远区场的条件、网格剖分所得单元的最小边长满足小于 1/10 或 1/8 波长的条件,计算区域的大小应由最低频率决定、单元最小边长应由最高频率决定。但这样做将导致高频频点的计算量急剧增加,因此在实际计算中单独确定各频点计算区域的大小和单元最小边长,保持有限元方程组数目基本一致,使各频点所需计算机内存容量和计算时间不至于相差太大。在区域外边界的变化中,还要注意异常体与外边界的距离不可过近,以满足均匀半空间边界条件的设定。图 6-20c 是有限元计算结果,转换为卡尼亚视电阻率。作为参考,图中还给出了无异常体时,即一维(1-D)情况下 B 点的 CSAMT 视电阻率曲线。

由图 6-20 可见,点 B 处的卡尼亚视电阻率曲线,在低频段分离,到了高频段逐渐重合在一起。在低频段,存在低阻异常体时,阴影效应使接收点 B 点的视电阻率曲线比预期的低;存在高阻异常体时,阴影效应的影响使接收点 B 的视电阻率曲线比预期的高,低阻体的阴影效应较强,高阻体的阴影效应较弱。不论低阻体或是高阻体,都有可能造成解释误差。

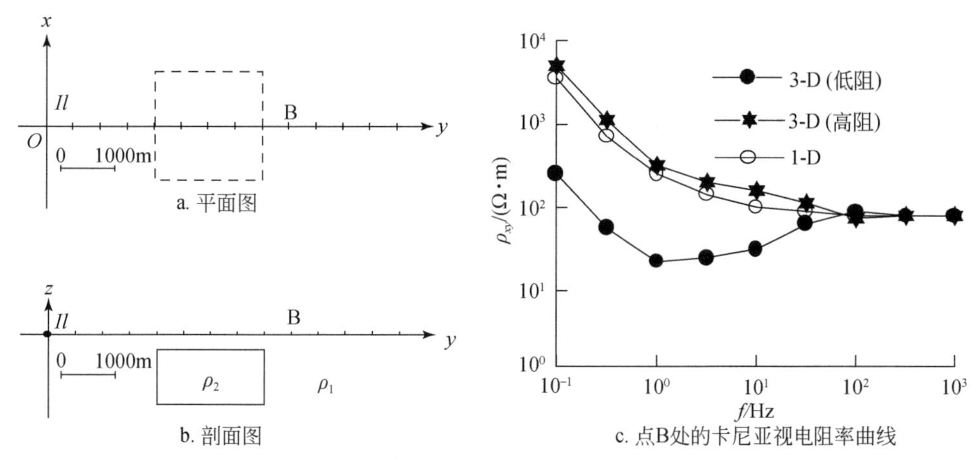

图 6-20　地下异常体的阴影效应(闫述,2003)

$\rho_1 = 100\Omega\cdot m$,$\rho_2 = 1\Omega\cdot m$ 或 $10000\Omega\cdot m$

图6-21是有限元计算的场源复印效应。同样地,在低频段,低阻体的场源复印效应较强且使视电阻率曲线降低,高阻体的场源复印效应较弱且使视电阻率曲线增高。由此可见,阴影效应或场源复印效应使视电阻率值变化的高低与异常体的电阻率高低是一致的。这种阴影(或场源复印)效应造成的视电阻率曲线的改变和异常体本身使其周围的场发生的改变是不一样的,后者只要异常体处在趋肤深度范围内,整个频段都会有场的改变。图6-20和图6-21中,当 $f \geqslant 100\text{Hz}$ 以后阴影或场源复印效应消失,此时趋肤深度 $h = 503\text{m}$,异常体的顶部距地表250m,可见这确实由于进入了远区场,地层波的作用减弱所致。反过来,低于100Hz频段视电阻率曲线的变化,确实是地层波造成的阴影(场源复印)效应影响。

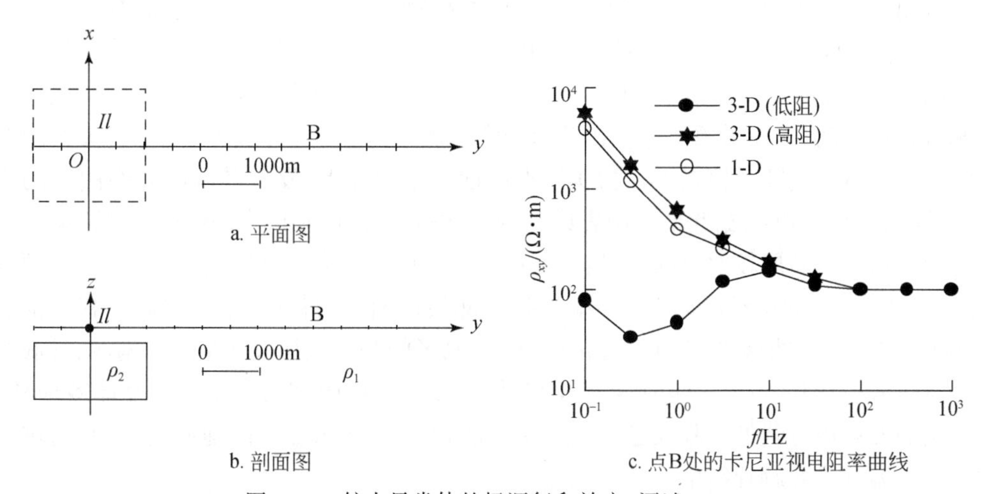

图 6-21　较大异常体的场源复印效应(闫述,2003)

$\rho_1 = 100\Omega\cdot m$,$\rho_2 = 1\Omega\cdot m$ 或 $10000\Omega\cdot m$

阴影(或场源复印)效应的强弱还与异常体尺寸有关,图6-22是有限元模拟的一个较小异常体的场源复印效应,和图6-21比较,场源复印效应的影响减弱了。

阴影和场源复印效应的实际例子是山西沁水盆地 CSAMT 油气构造勘探中的覆盖点问题。众所周知,在 CSAMT 施工中观测是在场源中垂线两侧扇形(夹角 60°)范围内进行的,因此要不断地移动场源。按勘探规范的要求,在同一测线上改变场源位置时应有重复观测点,即覆盖点(图 6-23)。覆盖点上前后两次观测结果的差别由均方相对误差表示

$$W = \sqrt{\frac{1}{2n}\sum_{k=1}^{n}\left(\frac{\rho_{xy}^{k} - \rho_{xy}^{k'}}{\rho_{xy}^{k} + \rho_{xy}^{k'}}\right)^2} \times 100\% \tag{6-87}$$

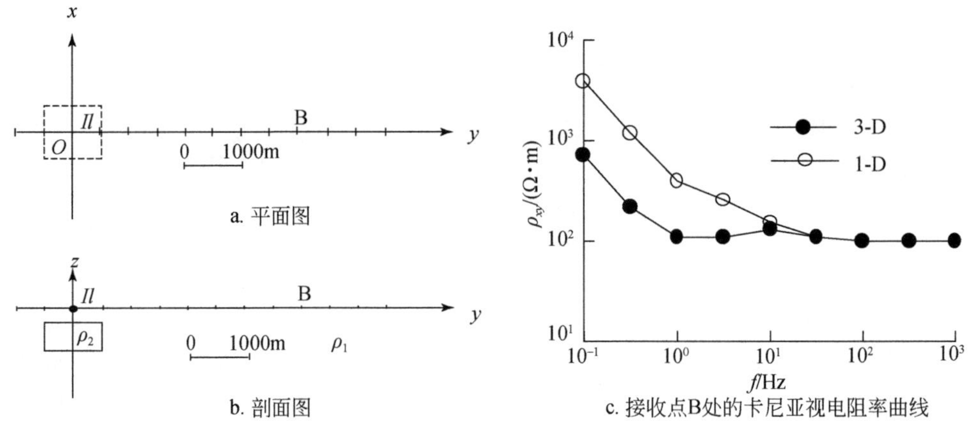

图 6-22　较小异常体的场源复印效应(闫述,2003)

$\rho_1 = 100\Omega \cdot m, \rho_2 = 1\Omega \cdot m$

式中,n 为频点数;ρ_{xy}^{k} 和 $\rho_{xy}^{k'}$ 分别为前后两次各频点的视电阻率值。如均方相对误差大于 10% 则为不合格点。图 6-24 为山西沁水盆地 CSAMT 勘探中的两个覆盖点,其中 17 线 59 号测点均方相对误差为 38.5%,8 线 52 号测点均方相对误差为 42.6%,由前面有限元的数值分析可知,图 6-24 中两覆盖点上测得的视电阻率曲线呈现出了典型的阴影效应或场源复印效应影响。其中 17 线 59 号点,场源移动后测得的视电阻率曲线低于移动前,大致表明在发射源和接收点之间,或发射源下方存在低阻异常。那么到底与哪个发射源有关,关系到对低阻异常大致位置的判断。检查 17 线 59 号点的前一个覆盖点,发现其视电阻率曲线的均方相对误差没有超过 10%,据此推测阴影或场源复印效应发生在 17 线 59 号点和移动后的发射源之间。从测区断层较发育的情况看,此低阻异常应为填充了低阻物质的压扭性小断层。8 线 52 号测点发射源移动后从测线以北变换到测线以南,测得的视电阻率高于移动前。它前一个覆盖点的均方相对误差也没有超过 10%,测区的基底埋深大致是北深南浅,基底为高阻奥陶系石灰岩,因此可进一步判断 8 线 52 号覆盖点视电阻率增高是场源复印效应所致,测线以南的发射源位置处的基底已变浅。这些推断,符合沁水盆地的地质构造规律,进一步的地质工作验证了此解释结果。

在一维的方法理论中,阴影(场源复印)效应是需要避免和消除的。避免的方法是尽量在远区场观测,但在实际工作中为取得高信/噪比的信号就不能使发-收距离过大,施工场地的制约也无法做到完全在远区观测。至于消除阴影(或场源复印)效应的方法是进行各种“校正”,这往往会造成更大的解释误差,所以鲜有成功应用的实例。但是如果进行三维观测

和解释,将自然解决此问题。

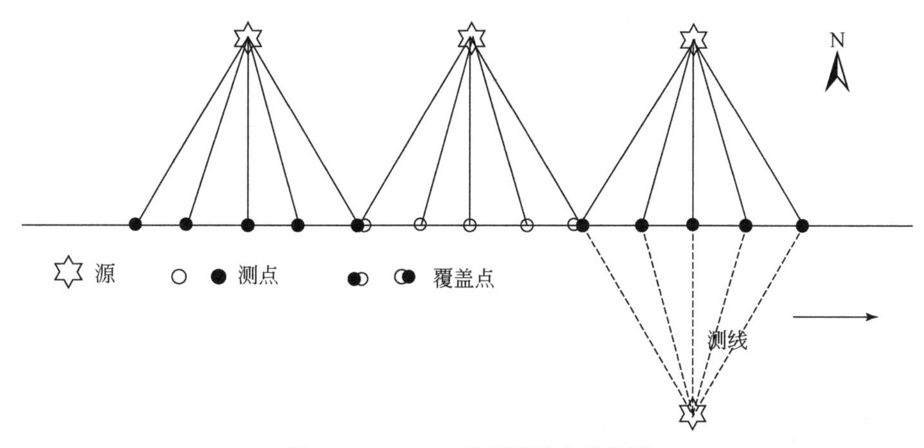

图6-23　CSAMT勘探覆盖点示意图

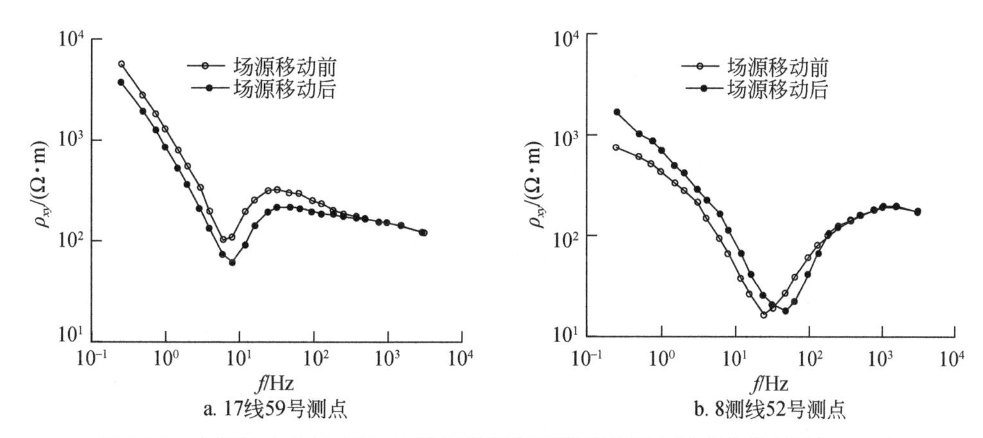

图6-24　山西沁水盆地CSAMT油气勘探实测覆盖点视电阻率曲线(闫述,2003)

6.2.4　小结

二维CSAMT有限元计算为三维计算打开了思路。在变频电磁勘探法计算中,有源的三维CSAMT有限元计算的实现比无源的AMT/MT要困难。广义变分原理和矢量元是实现有耗媒质中电磁场三维有限元计算的基础。为了得到较高的计算精度,采用远区场公式,将区域边界赋予第一类边界条件,得到了稳定的有限元方程组;近区场公式赋予源周围的点,由此将源作为第一类边界条件代入,解决了源的奇异性引起的误差扩散问题。采用非均匀网格剖分,通过适当的层状网格剖分和单元棱边编号,形成块三对角阵,用高斯直接法分块消元、回代求解。计算结果表明主测线上的计算误差在1%～2%,可以满足正演分析的需要。

用有限元法定量分析研究了CSAMT资料处理解释中的阴影效应和场源复印效应。在有效探测深度范围内,发-收之间或源下方存在的异常体如被投影到接收点,一般情况下是使观测的视电阻率曲线低频段分离,其变化趋势与异常体的电阻率高低一致,它所反映的是异常体存在的事实。实际上阴影效应和场源复印效应是有源电磁法勘探固有的性质,通过适当的分析可以获得更多的地质信息。本章重新解释了山西沁水盆地 CSAMT 的 17 线 59 号、8 线 52 号覆盖点,推断在 17 线 59 号点和发射点之间有一压扭性小断层、在 8 线 52 号点的发射点位置为浅基底,经进一步的地质工作,此结论已被证实。

6.3 边界元法

6.3.1 边界元法基本概念

边界元法(boundary element method,BEM)是在有限元法之后发展起来的一种较精确有效的方法。它把边值问题等价地转化为边界积分方程,通过对边界单元插值离散,化为代数方程组求解(Brebbla and Walker, 1980;李忠元,1987)。边界元法通常的求解步骤如下。

(1)边界 S 被离散成一系列边界单元,基于边界积分方程,按节点单元配置,在相应节点上建立离散方程;

(2)采用数值积分法,计算每个单元上的相应积分项;

(3)按给定的边界条件,确立一组线性代数方程组,即边界元方程;

(4)采用适当的代数解法,解出边界上待求场量的离散解。在此基础上可求场域内任意点的场量。

边界元法将边值问题通过包围场域边界面的边界积分方程来表示,将二维问题降维为一维问题,三维问题转化为二维问题;这与基于偏微分方程的区域解法相比,由于降低了问题的维数,边界的离散也比区域的离散方便得多,可用较简单的单元准确地模拟边界形状,最终得到阶数较低的线性代数方程组,其解的精度也高。边界元法只对有限或无限场域的有限边界进行离散化处理并求解,更适于开域问题。由于构成的离散方程组系数矩阵为不对称的满阵,其矩阵元素又要进行积分处理,不易处理多介质共存的问题。

6.3.2 边界元法计算地形对频率电磁测深的影响

地形起伏对频率测深资料有明显的影响,使其偏离水平地形理论曲线,给解释工作带来困难。本节以频率测深野外施工中最常用的水平电偶极子 E_x 分量为例探讨地形的影响及校正(陈明生和闫述,1995)。

地形对电磁波传播的影响是复杂的,因而对频率测深曲线的影响是难以估计的。但有一点可以指出,就是和场区密切相关,这也为大量的野外实际频测工作所证实。即地形对频率测深曲线的首部(远区场)影响大,对其尾部(近区场)影响小。如果频率很低探测的目的层比较深则地形的影响可以忽略。地形的起伏对频率测深曲线的影响与波长密切相关,可从频率测深方法中电磁波的传播途径进行分析。图 6-25 是电磁波传播途径示意图。如前所述,由发射源发出的电磁波有天波、地面波、地层波。接收点收到的仅有地面波(S_0 波)和地层波(S_1 波)。S^* 波是由于某一时刻地面波和地层波的波程差,在地面附近形成的一个垂直向下传播的水平极化波。在野外实际选定极距 r 的情况下，由前述原理部分可知：在近区场主要是 S_1 波起作用，在远区场 S_1 波衰减殆尽只有 S^* 波垂直下射，在中区场 S_1 波和 S^* 波都起作用。当地表有起伏时，S_0 波及相关的 S^* 波受到地形起伏的影响最大，因此地形引起的畸变主要出现在频率测深曲线的首部，即对应高频资料。

与水平地形情况相比，地形起伏时测得的视电阻率曲线包含了地形异常和地质异常。必须去掉地形异常保留有用异常，这就需对频率测深资料进行地形校正。然后再利用水平地形情况下的一维正、反演程序做进一步的资料解释。

进行地形改正的关键是纯地形异常情况下的频率测深正演计算。在二维地形情况下，我们是从含源麦克斯韦方程组出发，按照二维地形条件下的线源非齐次亥姆霍兹方程，确定边界条件，利用边界元法(Brebbla and Walker, 1980；徐世浙，1984)进行纯地形时的正演计算。然后将线源正演曲线转换成点源二维地形的正演曲线，最后再应用比值法达到地形改正的目的。

下面介绍线源二维纯地形异常的边界元法正演计算。

假定地下介质均匀，直角坐标系中 x、y、z 的取向如图6-26所示。过地表 O 点(坐标原点)置入沿 x 轴无限延伸的线电源 J_x，同时选取 x 轴平行地形走向，z 轴垂直向上，这就是一个二维问题。

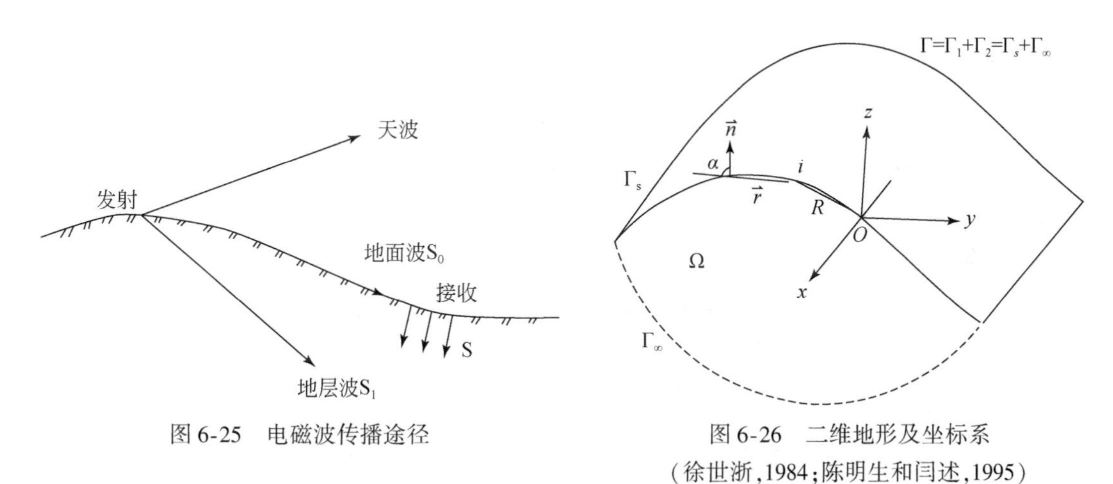

图6-25　电磁波传播途径

图6-26　二维地形及坐标系
(徐世浙，1984；陈明生和闫述，1995)

考虑电场强度的 x 分量，则含源波动方程(非齐次亥姆霍兹方程)可写成

$$\nabla^2 E_x + k^2 E_x = -\mathrm{i}\omega\mu j_x \tag{6-88}$$

$$k^2 = \omega^2\mu\varepsilon + \mathrm{i}\omega\mu\sigma$$

式中，∇^2 为二维拉普拉斯算子，$\nabla^2 = \frac{\partial^2}{\partial y^2} + \frac{\partial^2}{\partial z^2}$。

实际上供入地下的电流 I 是已知的，故可用电流 I 与 δ 函数来逼近电流密度。这时式(6-88)转为

$$\nabla^2 E_x + k^2 E_x = -\mathrm{i}\omega\mu I\delta(o) \tag{6-89}$$

式中，$\delta(o)$ 为以供电点 O 为中心的二维 δ 函数。

1. 边界积分方程及边界条件

设 Ω 是具有边界 Γ 的求解区域(图 6-26),包含有给定边界条件的边界 Γ_1、Γ_2,且 $\Gamma=\Gamma_1+\Gamma_2$。对于式(6-89)所表示的场方程,与边界条件一起合写成

$$\left.\begin{aligned}&\Omega:\nabla^2 E_x+k^2 E_x=-\mathrm{i}\omega\mu I\delta(o)\\&\Gamma_1:E_x=\bar{E}_x\\&\Gamma_2:q=\frac{\partial E_x}{\partial n}=\bar{q}\end{aligned}\right\}$$

由加权余量法,可写出对于非齐次亥姆霍兹方程[式(6-89)]加权余量表达式

$$\begin{aligned}&\int_\Omega(\nabla^2 E_x+k^2 E_x+\mathrm{i}\omega\mu I\delta(O))E_x^*\,\mathrm{d}\Omega\\&=\int_{\Gamma_2}(q-\bar{q})E_x^*\,\mathrm{d}\Gamma-\int_{\Gamma_1}(E_x-\bar{E}_x)q^*\,\mathrm{d}\Gamma\end{aligned}\tag{6-90}$$

式中,E_x^* 为权函数,是亥姆霍兹方程的基本解。它满足齐次微分方程

$$\nabla^2 E_x^*+k^2 E_x^*+\delta_i=0\tag{6-91}$$

对于二维亥姆霍兹方程当取谐变因子 $\mathrm{e}^{-\mathrm{i}\omega t}$时,其基本解为

$$E_x^*=\frac{\mathrm{i}}{4}H_0^{(1)}(kr)\tag{6-92}$$

相应的有

$$q^*=\frac{\partial E_x^*}{\partial n}=-\frac{\mathrm{i}}{4}kH_1^{(1)}(kr)\cos\alpha\tag{6-93}$$

式中,$H_0^{(1)}(kr)$、$H_1^{(1)}(kr)$分别为 0 阶、1 阶第一类虚宗量汉克尔函数;α 为外法线与矢径 r 之间的夹角。

由两次分部积分

$$\begin{aligned}\int_\Omega\nabla^2 E_x\cdot E_x^*\,\mathrm{d}\Omega&=\int_\Gamma q\cdot E_x^*\,\mathrm{d}\Gamma-\int_\Omega\nabla E_x\cdot\nabla E_x^*\,\mathrm{d}\Omega\\&=\int_\Gamma q\cdot E_x^*\,\mathrm{d}\Gamma-\int_\Gamma q^*\cdot E_x\mathrm{d}\Gamma+\int_\Omega\nabla^2 E_x^*\cdot E_x\mathrm{d}\Omega\end{aligned}\tag{6-94}$$

将式(6-94)代入式(6-90)整理后得

$$\begin{aligned}&\int[(\nabla^2 E_x^*+k^2 E_x^*)E_x+\mathrm{i}\omega\mu I\delta(o)E_x^*]\mathrm{d}\Omega\\&=-\int_\Gamma qE_x^*\,\mathrm{d}\Gamma+\int_\Gamma q^*E_x\mathrm{d}\Gamma\end{aligned}\tag{6-95}$$

将式(6-91)代入式(6-95),得

$$\begin{aligned}&\int_\Omega[-\delta_i E_x+\mathrm{i}\omega\mu I\delta(o)E_x^*]\mathrm{d}\Omega\\&=-\int_\Gamma qE_x^*\,\mathrm{d}\Gamma+\int_\Gamma q\cdot E_x\mathrm{d}\Gamma\end{aligned}\tag{6-96}$$

当取线性元,并设供电点处光滑,根据 δ 函数的性质式(6-96)可写成

$$-\frac{\theta_i}{2\pi}E_{x_i}+\frac{\mathrm{i}\omega\mu I}{2}E_x^*=-\int_\Gamma qE_x^*\,\mathrm{d}\Gamma+\int_\Gamma q^*E_x\mathrm{d}\Gamma\tag{6-97}$$

式中,θ_i 为 i 点所在节点对 Ω 域内部所张的平面角。最后将式(6-92)、式(6-93)代入式(6-97)中得出边界积分方程的具体形式

$$2\frac{\theta_i}{2\pi}E_{x_i}+\frac{\omega\mu I}{2}H_0^{(1)}(kR)-\int_\Gamma E_x \mathrm{i}kH_1^{(1)}(kr)\cos\alpha \mathrm{d}\Gamma=\int_\Gamma \frac{\partial E_x}{\partial n}\mathrm{i}H_0^{(1)}(kr)\mathrm{d}\Gamma \tag{6-98}$$

将区域 Ω 的边界剖分成 N 个单元,设每个单元上的电场强度 E_x 及其法向导数是线性变化的,进一步将边界积分方程 (6-98)离散化

$$\begin{aligned}&2\frac{\theta_i}{\pi}E_{x_i}+\frac{\omega\mu I}{2}H_0^{(1)}(kR)-\sum_{j=1}^{N}\int_\Gamma E_{x_j}\mathrm{i}kH_1^{(1)}(kr)\cos\alpha \mathrm{d}\Gamma\\&=\sum_{j=1}^{N}\int_{\Gamma_i}\frac{\partial E_{x_j}}{\partial n}\mathrm{i}H_0^{(1)}(kr)\mathrm{d}\Gamma\end{aligned} \tag{6-99}$$

设

$$\hat{H}_{ij}=-\int_{\Gamma_j}\mathrm{i}kH_1^{(1)}(kr)\cos\alpha \mathrm{d}\Gamma$$

$$G_{ij}=\int_{\Gamma_j}\mathrm{i}H_0^{(1)}(kr)\mathrm{d}\Gamma$$

令

$$H_{ij}=\begin{cases}\hat{H}_{ij} & (i\neq j)\\ \hat{H}_{ij}+2\dfrac{\theta_i}{\pi} & (i=j)\end{cases}$$

$$B_i=\frac{\omega\mu I}{2}H_0^{(1)}(kR)$$

那么式(6-99)可写成

$$B_i+\sum_{j=1}^{N}H_{ij}E_{x_j}=\sum_{j=1}^{N}G_{ij}\frac{\partial E_{x_j}}{\partial n}$$

对于 N 个节点的方程组可写出矩阵的形式

$$B+HE_x=GQ \tag{6-100}$$

如边界条件已知,代入式(6-100)解此线性方程组即可求得边界上的数值解。

从图 6-26 中可以看到,我们所要求解的区域 Ω 的边界分为两部分:一部分是地面与空气的分界面 Γ_s,另一部分是地下无穷远处的边界 Γ_∞。以下分别讨论。

1)无穷远处的边界条件

为讨论问题方便起见将式(6-98)写成边界积分方程的一般形式

$$C_iE_{x_i}+B_i+\int_\Gamma E_xq^*\mathrm{d}\Gamma=\int_\Gamma qE_x^*\mathrm{d}\Gamma \tag{6-101}$$

设上式中边界 Γ 由 Γ_s 和 Γ_∞ 两部分构成,这时式(6-101)变成

$$C_iE_{x_i}+B_i+\int_{\Gamma_s}(E_xq^*-qE_x^*)\mathrm{d}\Gamma=\int_{\Gamma_\infty}(qE_x^*-E_xq^*)\mathrm{d}\Gamma \tag{6-102}$$

设无穷远处的边界 Γ_∞ 可看作半径趋于无穷的半圆,令 r 由点 i 指向无穷远(图 6-26)。当 $r\to\infty$时,有(沃德,1978)

$$E_x^*=\frac{\mathrm{i}}{4}H_0^{(1)}(kr)\to\frac{\mathrm{i}}{4}\sqrt{\frac{2}{\pi kr}}\mathrm{e}^{\mathrm{i}(kr-\frac{\pi}{4})}$$

$$q^* = -\frac{\mathrm{i}}{4}kH_1^{(1)}(kr) \to -\frac{\mathrm{i}}{4}k\sqrt{\frac{2}{\pi kr}}\mathrm{e}^{\mathrm{i}(kr-\frac{\pi}{2}-\frac{\pi}{4})}$$

$$= -\frac{1}{4}k\sqrt{\frac{2}{\pi kr}}\mathrm{e}^{\mathrm{i}(kr-\frac{\pi}{4})}$$

如果对解加上一个在物理上是合理的限制,即让解满足二维空间的 Sommerfeld 辐射条件(李忠元,1987):

当 $r\to\infty$时,
$$\sqrt{r}\left(\frac{\partial E_x}{\partial n}+\mathrm{i}kE_x\right)\to 0 \tag{6-103}$$

这样

$$\int_{\Gamma_\infty}(qE_x^* - E_xq^*)\mathrm{d}\Gamma \to \int_{\Gamma_\infty}\left(q\frac{\mathrm{i}}{4}\sqrt{\frac{2}{\pi kr}}\mathrm{e}^{\mathrm{i}(kr-\frac{\pi}{4})} + E_x\cdot\frac{1}{4}k\sqrt{\frac{2}{\pi kr}}\mathrm{e}^{\mathrm{i}(kr-\frac{\pi}{4})}\right)\mathrm{d}\Gamma$$

$$= \int_{\Gamma_\infty}\frac{1}{4}\sqrt{\frac{2}{\pi kr}}\mathrm{e}^{\mathrm{i}(kr-\frac{\pi}{4})}(q\mathrm{i} + kE_x)r\mathrm{d}\theta$$

$$= \int_{\Gamma_\infty}\left[-\frac{1}{4\mathrm{i}}\sqrt{\frac{2}{\pi k}}\mathrm{e}^{\mathrm{i}(kr-\frac{\pi}{4})}\left(\frac{\partial E_x}{\partial n} + \mathrm{i}kE_x\right)\sqrt{r}\right]\mathrm{d}\theta$$

根据式(6-103)的辐射条件有

$$\lim_{r\to\infty}\int_{\Gamma_\infty}(qE_x^* - E_xq^*)\mathrm{d}\Gamma \equiv 0$$

最后得

$$C_iE_{x_i} + B_i + \int_{\Gamma_s}(E_xq^* - qE_x^*)\mathrm{d}\Gamma \equiv 0 \tag{6-104}$$

这样只考虑边界 Γ_s 上的积分就行了。

2)地面上的边界条件

在地表 Γ_s 上,q 即$\frac{\partial E_x}{\partial n}$是未知的,而 E_x 是待求的,且$\frac{\partial E_x}{\partial n}$与 E_x 不相关。当利用界元法将地表边界 Γ_s 剖分成 N 个单元后,在前面所述的 N 个方程中将有 $2N$ 个未知数。为使方程组有解还需将上半空间考虑进去,见图 6-27。

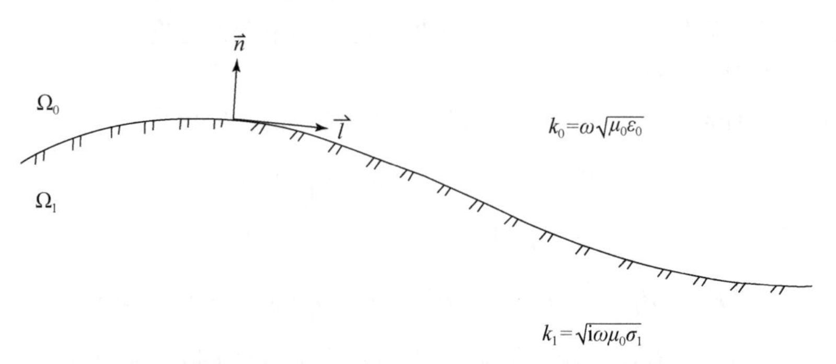

图 6-27　解题涉及的区域(陈明生和闫述,1995)

Ω_0 表示空中区域;Ω_1 表示地下区域

在空气与地面的分界面上，电场强度的切向分量连续：$E_x^0=E_x^1$；磁场强度的切向分量连续：$H_t^0=H_t^1$。对于线源情况由电磁场公式可知 $H_t=\frac{1}{\mathrm{i}\omega\mu}\frac{\partial E_x}{\partial n}$，即$\frac{\partial E_x^{(0)}}{\partial n}=\frac{\mu_0}{\mu_1}\frac{\partial E_x^{(1)}}{\partial n}$。当取 $\mu_1=\mu_0$ 时

$$\left.\begin{aligned}E_x^{(0)}=E_x^{(1)}=E_x\\ \frac{\partial E_x^{(0)}}{\partial n}=\frac{\partial E_x^{(1)}}{\partial n}=\frac{\partial E_x}{\partial n}\end{aligned}\right\} \tag{6-105}$$

按照式(6-98)可在空中和地下分别写出电场强度 E_x 的边界积分方程，只是在区域 Ω_0 中节点 i 所张的平面角不同。考虑到边界条件[式(6-105)]，则在 Ω_1 中

$$\begin{aligned}&2\frac{\theta_i}{\pi}E_{x_i}+\frac{\omega\mu_0 I}{2}H_0^{(1)}(k_1 r)-\int_{\Gamma_s}E_x\mathrm{i}k_1H_1^{(1)}(k_1 r)\cos\alpha\mathrm{d}\Gamma\\&=\int_{\Gamma_s}\frac{\partial E_x}{\partial n}\mathrm{i}H_0^{(1)}(k_1 r)\mathrm{d}\Gamma\quad(k_1\approx\sqrt{\mathrm{i}\omega\mu_0\sigma_1})\end{aligned} \tag{6-106}$$

在 Ω_0 中

$$\begin{aligned}&\left(4-2\frac{\theta_i}{\pi}\right)E_{x_i}+\frac{\omega\mu_0 I}{2}H_0^{(1)}(k_0 r)-\int_{\Gamma_s}E_x\mathrm{i}k_0H_1^{(1)}(k_0 r)\cos\alpha\mathrm{d}\Gamma\\&=\int_{\Gamma_s}\frac{\partial E_x}{\partial n}\mathrm{i}H_0^{(1)}(k_0 r)\mathrm{d}\Gamma\quad(k_0\approx\sqrt{\omega^2\mu_0\varepsilon_0})\end{aligned} \tag{6-107}$$

离散化后得一个 $2N$ 线性方程组

$$\begin{bmatrix}-H^{(1)} & G^{(1)}\\ -H^{(0)} & G^{(0)}\end{bmatrix}\begin{bmatrix}E_x\\ Q\end{bmatrix}=\begin{bmatrix}B^{(1)}\\ B^{(0)}\end{bmatrix} \tag{6-108}$$

式中，上标(1)表示属于区域 Ω_1，上标(0)表示属于区域 Ω_0。

由此可得到地表上电场强度 E_x 及其法向导数$\frac{\partial E_x}{\partial n}$的数值解。

2. *基本解——虚宗量汉克尔函数的计算*

在解二维亥姆霍兹方程的边界元素算法中，要计算第一类 0 阶、1 阶的虚宗量汉克尔函数。汉克尔函数与修正贝塞尔函数之间的关系有公式(数学手册编写组，1979)

$$H_0^{(1)}(\mathrm{i}z)=-\frac{2}{\pi}\mathrm{i}K_0(z) \tag{6-109}$$

$$H_1^{(1)}(\mathrm{i}z)=-\frac{2}{\pi}K_1(z) \tag{6-110}$$

在这里 $z=k_1 r$ 或者 $k_1 R$。$H_v^{(1)}$ 可由 $K_v(v=0,1)$ 计算：

当宗量之模 $z=\sqrt{\omega\mu_0\sigma_1}\,r\leqslant 8$ 时或者 $z=\sqrt{\omega\mu_0\sigma_1}\,R$ 时，K_0、K_1 可查有关数学手册计算(Abramowitz and Stegun，1964)。

当宗量 $z=k_1 r$(或 $z=k_1 R$)之模为 $8<|z|<\infty$时，利用下式(王竹溪和郭敦仁，1979)计算：

$$K_\nu(z)=\sqrt{\frac{\pi}{2z}}\mathrm{e}^{-z}\left[1+\sum_{n=1}^{\infty}\frac{(\nu,n)}{(2z)^n}\right] \tag{6-111}$$

式中，(ν,n)为常用的一种数学符号，它的定义是

$$(\nu,0)=1$$

$$(\nu,n)=(-1)^n\frac{\left(\frac{1}{2}-\nu\right)_n\left(\frac{1}{2}+\nu\right)_n}{n!}=\frac{\Gamma\left(\frac{1}{2}+\nu+n\right)}{n!\ \Gamma\left(\frac{1}{2}+\nu+n\right)}$$

$$=\frac{[4\nu^2-1][4\nu^2-3^2]\cdots[4\nu^2-(2n-1)^2]}{2^{2n}n!}$$

$$(n=1,2,\cdots)$$

由此计算出虚宗量汉克尔函数的精度在$10^{-9}\sim10^{-8}$之间，足以满足边界元计算的要求。

计算中遇到的实变量汉克尔函数利用公式（数学手册编写组，1979）

$$H_0^{(1)}(y)=J_0(y)+\mathrm{i}N_0(y) \tag{6-112}$$

$$H_1^{(1)}(y)=J_1(y)+\mathrm{i}N_1(y) \tag{6-113}$$

计算，这里$y=k_0r$或者k_0R。其中贝塞尔函数$J_0(y)$、$J_1(y)$，诺依曼函数$N_0(y)$、$N_1(y)$采用现有程序（上海计算技术研究所，1982）即可，计算精度仍可达到10^{-8}以上。

3. 奇异积分的求解

当采用线性元素在$j=i$或$j=i-1$时，会遇到奇异积分的求解问题。对于H，因为此时r与法线n垂直，有$h_{i,i-1}^{(1)}=h_{i,i-1}^{(2)}=h_{i,i}^{(1)}=h_{i,i}^{(2)}=0$。所以只需考虑$G$的积分。根据图6-28（李忠元，1987），$g_{i,i}^{(1)}$的积分如下。

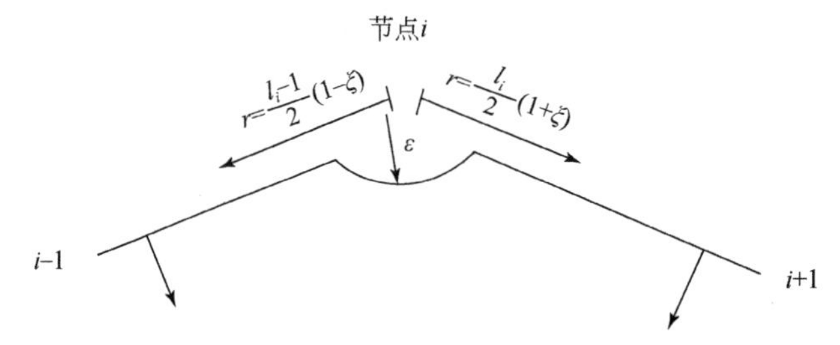

图6-28　元素(i)，$(i-1)$上的积分

$$\begin{aligned}
\mathrm{g}_{i,i}^{(1)}&=\lim_{\varepsilon\to0}\int_{-1+\varepsilon}^{1}\frac{1}{2}(1-\xi)[\mathrm{i}H_0^{(1)}(kr)]\left(\frac{l_i}{2}\right)\mathrm{d}\xi\\
&=-\mathrm{i}\frac{l_i}{4}\lim_{\varepsilon\to0}\int_{-1+\varepsilon}^{1}(\xi-1)H_0^{(1)}\left[k(1+\xi)\frac{l_i}{2}\right]\mathrm{d}\xi\\
&=-\mathrm{i}\frac{l_i}{4}\lim_{\varepsilon\to0}\int_{-1+\varepsilon}^{1}\left\{(1+\xi)H_0^{(1)}\left[k(1+\xi)\frac{l_i}{2}\right]-2H_0^{(1)}\left[k(1+\xi)\frac{l_i}{2}\right]\right\}\mathrm{d}\xi\\
&=-\mathrm{i}\frac{l_i}{4}\lim_{\varepsilon\to0}\int_{\varepsilon}^{2}\left[\xi H_0^{(1)}\left(k\xi\frac{l_i}{2}\right)-2H_0^{(1)}\left(k\xi\frac{l_i}{2}\right)\right]\mathrm{d}\xi\\
&=-\mathrm{i}\frac{l_i}{4}\lim_{\varepsilon\to0}\left\{\left[\frac{2\xi}{kl_i}H_1^{(1)}\left(\frac{kl_i}{2}\xi\right)\right]\Big|_{\varepsilon}^{2}-2\int_{\varepsilon}^{2}H_0^{(1)}\left(\frac{kl_i}{2}\xi\right)\mathrm{d}\xi\right\}
\end{aligned} \tag{6-114}$$

在上式的结果中应用了积分公式

$$\int x^{\nu+1} H_0^{(1)}(x)\,\mathrm{d}x = x^{\nu+1} H_1^{(1)}(x) \tag{6-115}$$

由于当 x 很小时

$$H_1^{(1)}(x) \approx \frac{x}{2} - \mathrm{i}\,\frac{2}{\pi x} \quad (x \to 0) \tag{6-116}$$

所以式(6-114)的第一项变为

$$\left[\frac{2\xi}{kl_i} H_1^{(1)}\left(\frac{kl_i}{2}\xi\right)\right]\Bigg|_{\varepsilon}^{2} = \frac{4}{kl_i} H_1^{(1)}(kl_i) + \mathrm{i}\,\frac{8}{\pi}\left(\frac{1}{kl_i}\right)^2 \tag{6-117}$$

又式(6-114)中的积分

$$-2\int_{\varepsilon}^{2} H_0^{(1)}\left(\frac{kl_i}{2}\xi\right)\mathrm{d}\xi = -\frac{4}{kl_i}\int_{\varepsilon}^{kl_i} H_0^{(1)}(x)\,\mathrm{d}x \tag{6-118}$$

其中

$$\int H_0^{(1)}(x)\,\mathrm{d}x = \int J_0(x)\,\mathrm{d}x + \mathrm{i}\int N_0(x)\,\mathrm{d}x$$

把上式中贝塞尔函数 $J_0(x)$、诺依曼函数 $N_0(x)$ 用级数展开，进行分项积分求 $H_0^{(1)}(x)$ 得积分

$$\lim_{\varepsilon \to 0}\int_{\varepsilon}^{kl_i} J_0(x)\,\mathrm{d}x = kl_i\left[1 + \sum_{s=1}^{\infty} f(s)\right] \tag{6-119}$$

$$\begin{aligned}\lim_{\varepsilon \to 0}\int_{\varepsilon}^{kl_i} N_0(x)\,\mathrm{d}x = {} & \frac{2\gamma kl_i}{\pi}\left[1 + \sum_{s=1}^{\infty} f(s)\right] + \frac{2kl_i}{\pi}\left(\ln\frac{kl_i}{2} - 1\right) \\ & + \frac{2kl_i}{\pi}\left(\sum_{s=1}^{\infty} f(s)\right)\cdot\left(\ln\frac{kl_i}{2} - \frac{1}{2s+1}\right) - \frac{2kl_i}{\pi}\sum_{s=1}^{\infty} f(s)\,h_s\end{aligned} \tag{6-120}$$

其中

$$f(s) = \frac{(-1)^s\,(kl_i)^{2s}}{(s!)^2\cdot 2^{2s}\cdot(2s+1)},\quad h_s = 1 + \frac{1}{2} + \cdots + \frac{1}{s}$$

则

$$\begin{aligned}-2\int_{\varepsilon}^{2} H_0^{(1)}\left(\frac{kl_i}{2}\xi\right)\mathrm{d}\xi = {} & -4\left\{1 + \mathrm{i}\,\frac{2}{\pi}\left(\gamma + \ln\frac{kl_i}{2} - 1\right)\right. \\ & \left. + \sum_{s=1}^{\infty} f(s)\left[1 + \mathrm{i}\,\frac{2}{\pi}\left(\gamma + \ln\frac{kl_i}{2} - \frac{1}{2s+1} - h_s\right)\right]\right\}\end{aligned} \tag{6-121}$$

式中，γ 为欧拉常数。

把式(6-117)、式(6-121)代入式(6-114)，得

$$\begin{aligned}g_{i,i}^{(1)} = {} & -\mathrm{i}l_i\left\{\frac{1}{kl_i} H_1^{(1)}(kl_i) - \mathrm{i}\,\frac{2}{\pi}\left[\ln\frac{kl_i}{2} + \gamma - 1 - \left(\frac{1}{kl_i}\right)^2\right] - 1\right. \\ & \left. - \sum_{s=1}^{\infty} f(s)\left[1 + \mathrm{i}\,\frac{2}{\pi}\left(\ln\frac{kl_i}{2} + \gamma - h_s - \frac{1}{2s+1}\right)\right]\right\}\end{aligned} \tag{6-122}$$

同样可求得 $g_{i,i}^{(2)}$ 为

$$g_{i,i}^{(2)} = \mathrm{i}l_i\left[\frac{1}{kl_i} H_1^{(1)}(kl_i) + \mathrm{i}\,\frac{2}{\pi}\left(\frac{1}{kl_i}\right)^2\right] \tag{6-123}$$

根据图 6-28 还可以推导 $g_{i,i-1}^{(1)}$ 和 $g_{i,i-1}^{(2)}$ 的计算公式。实际上 $g_{i,i-1}^{(1)}$ 与 $g_{i,i}^{(2)}$ 的式子相同，$g_{i,i-1}^{(2)}$ 与 $g_{i,i}^{(1)}$ 的式子相同，只要用 l_{i-1} 代替式中的 l_i 即可。

4. 精度分析

为了验证线源二维边界元计算结果的正确性及精度，现将起伏地形还原成水平地形与线源水平均匀半空间的解析表达式（沃德，1978）

$$E_x = \frac{-\mathrm{i}\omega\mu I}{\pi k_1^2 r}[\mathrm{i}k_1 K_1(-\mathrm{i}k_1 r) - \mathrm{i}k_0 K_1(-\mathrm{i}k_0 r)] \tag{6-124}$$

的结果做比较（式中，$K_1(-\mathrm{i}k_1 r)$ 为一阶虚宗量修正贝塞尔函数）。虽然在水平情况下 r 与 n 垂直，H 中元素为 0，使其中的元素无法检验，但 G 中元素不为 0，B 不为 0。虚宗量汉克尔函数的计算、奇异积分的计算、节点对域内所张的平面角都能得到检验，故而这种验证是有效的。

解析结果与边界元计算的结果列于表 6-10 中。由于频率测深实际上使用的是视电阻率曲线，所以表中列出的结果也是视电阻率值。

从表 6-10 可以看出，误差主要在源的附近，这是因为假设在每个单元上电场强度是按线性变化的。这与源附近的实际情况不尽相符。离开源以后一段距离误差迅速减小。由以上 24 个点统计的平均相对误差为 0.622%，由此可见边界元法不仅使二维问题降为一维问题，大大减少了计算量，使计算速度加快，而且计算的精度也是相当高的。

表 6-10　精度比较（地下半空间 $\rho_1 = 2\Omega \cdot \mathrm{m}$，$f = 181\mathrm{Hz}$）

极距/m	边界元	解析式	相对误差/%	极距/m	边界元	解析式	相对误差/%
120	2.2069	2.1832	1.079	650	1.9990	2.0000	0.05
160	2.2583	2.2402	0.804	700	2.0006	2.0000	0.0299
200	2.1778	2.1330	2.07	750	2.0024	2.0000	0.119
240	2.0873	2.0359	2.49	800	2.0038	2.0000	0.189
280	2.0313	1.9922	1.94	850	2.0038	2.0000	0.189
320	2.0067	1.9852	1.07	900	2.0056	2.0000	0.279
360	1.9986	1.9912	0.37	950	2.0079	2.0000	0.394
400	1.9973	1.9973	0	1000	2.0112	2.0000	0.647
450	1.9977	2.0005	0.14	1050	2.0130	2.0000	0.647
500	1.9988	2.0007	0.195	1100	2.0139	2.0000	0.692
550	1.9968	2.0002	0.17	1150	2.0138	2.0000	0.687
600	1.9977	2.0000	0.115	1200	2.0135	2.0000	0.672

在边界元法这样一类的数值计算方法中，单元如何剖分也会影响计算精度。特别是频率测深，由于是有源、多频点，所以与大地电磁测深等其他电磁方法相比较对剖分的要求更为严格，单元的长度应小于十分之一波长，以保证“线性变化”这个前提及满足奇异积分中级数的求和是有限的这一情况。源的附近和其他电场强度变化剧烈的地方（如地形变化剧烈的地方），单元应剖分得更细一些。在边界的选取上采用了开放边界，所以还要考虑到边界

的影响,当频率较低波长较长时,边界要取得足够大以保证精度。

6.3.3　地形对频率电磁测深资料影响的校正

1. 点源二维纯地形异常的计算

在前面我们叙述了线源二维地形边界元法正演模拟,并验证了边界元算法的正确性与精度,但是,点源才是实际工作中所使用的。现在我们根据频率测深中电磁波传播途径,分析点源与线源之间的关系,把由边界元法计算得出的线源纯地形异常的电场转换成点源纯地形异常电场。

1)点源与线源之间的转换

在水平均匀半空间情况下,线源与点源都有解析表达式。线源的解析表达式已由式(6-124)给出。点源的解析表达式当取赤道偶极装置时为

$$E_x=\frac{Ia}{2\pi\sigma_1 r^3}[\mathrm{e}^{-\mathrm{i}k_1 r}(1-\mathrm{i}k_1 r)-2] \tag{6-125}$$

由式(6-124)、式(6-125)计算的视电阻率曲线示于图6-29。

利用线源计算地形对点源频率测深的影响是基于点源和线源同属于有源情况,场区的划分、电磁波的传播途径是一样的。地形的影响都是远区场最大、中区场次之、近区场最小。在远区场,无论是点源还是线源,在接收点收到的基本上都是垂直入射的平面电磁波(S波),无论地电模型如何,它们的视电阻率趋于一致,而在这个场区地形影响最大。在中区场,点源与线源的视电阻率曲线开始分离,到近区场分离越来越大(图6-29),在这两个场区地形的影响越来越小。同时,线源的地形影响可以看作地形对点源的影响的叠加。由此可以设定:水平情况下点源与线源场强的比值与有地形影响时点源与线源场强的比值基本上是相同的。点源的地形影响可由这个比值关系转换而来。具体表示出来是:E_x^D 表示点源解析式、E_x^X 表示线源解析式,E_x^B 表示用边界元计算的线源纯地形异常,则点源纯地形异常 E_x^{ch} 为

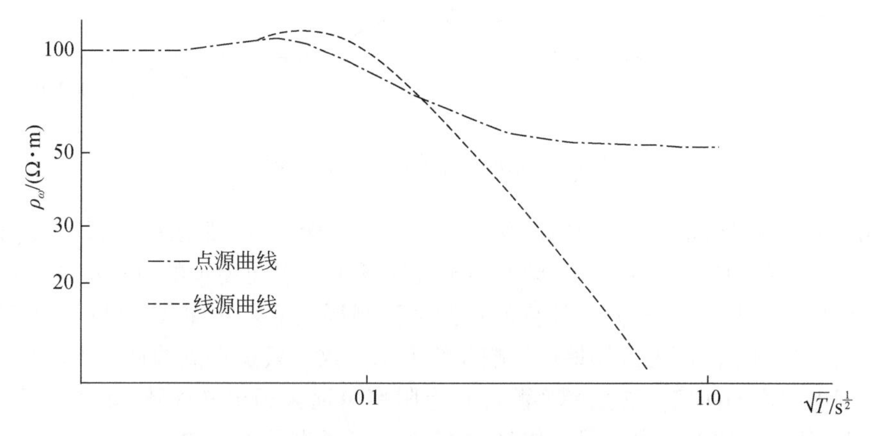

图6-29　水平均匀半空间线源与点源的视电阻率曲线

$r=800\mathrm{m}, \rho_1=100\Omega\cdot\mathrm{m}$

$$E_x^{ch} = \frac{E_x^B}{E_x^X} \cdot E_x^D \tag{6-126}$$

2)典型地形的计算结果

图 6-30 ~ 图 6-33 是利用转换关系[式(6-126)]计算的三个场区四种典型地形的点源地形影响剖面曲线。其中频率 $f = 7355\text{Hz}$ 的是远区场,$f = 81.45\text{Hz}$ 的是中区场,$f = 1.274\text{Hz}$ 的是近区场。这四种典型地形是:①弧形下凹地形;②弧形隆起地形;③地表倾斜地形;④正弦状地形。

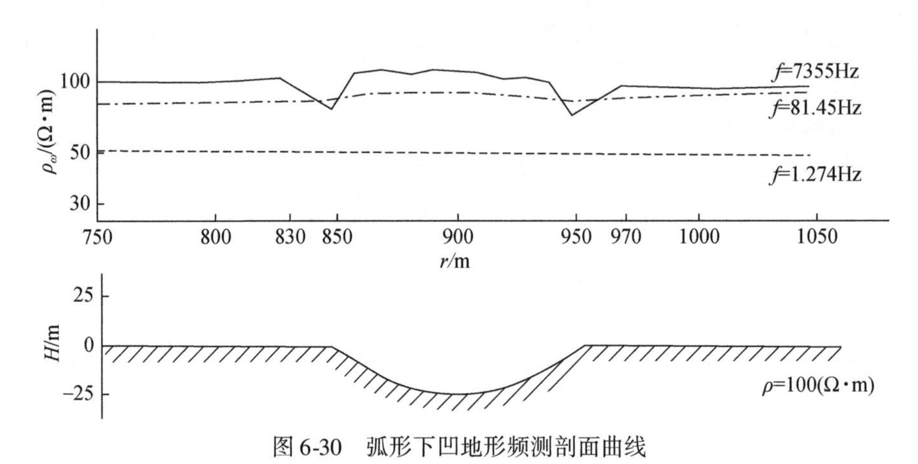

图 6-30　弧形下凹地形频测剖面曲线

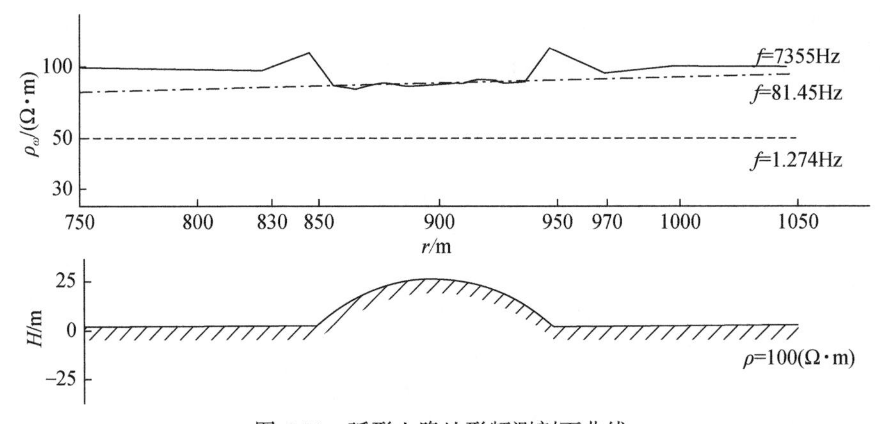

图 6-31　弧形上隆地形频测剖面曲线

式(6-126)在远区场可以正确地反映点源的地形影响情况,那么在近区场式(6-126)的正确性如何呢?我们知道,偶极子源频率测深近区场相当于同装置的直流测深。图 6-34 是弧形下凹地形为模型,用边界元法计算的点源直流测深地形影响曲线。可以看出直流测深地形影响曲线与频率测深近区场地形影响曲线形态一致。只是直流的视电阻率值是频率测深近区场视电阻率的两倍。这是频率测深视电阻率由远区场定义所致,如采用近区场的定义,则它们的值是一样的。由此可见式(6-126)在近区场也是正确的。

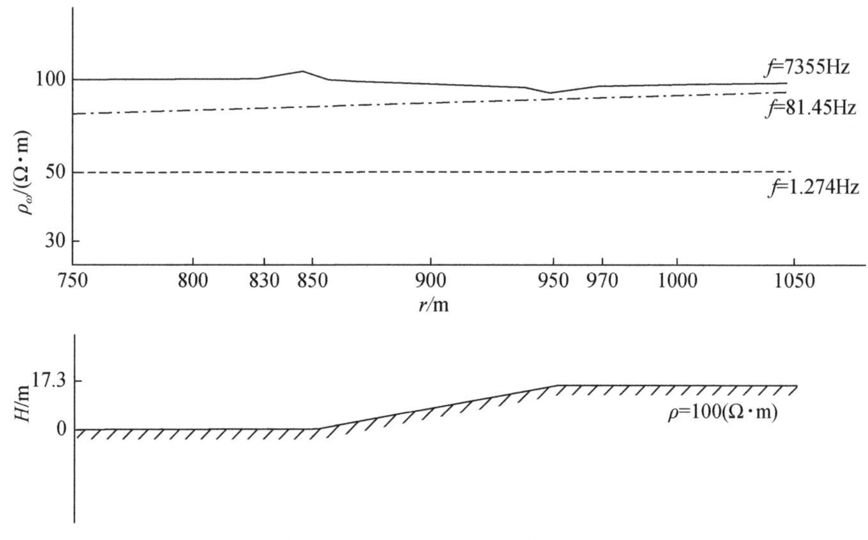

图6-32 倾斜地形频测剖面曲线

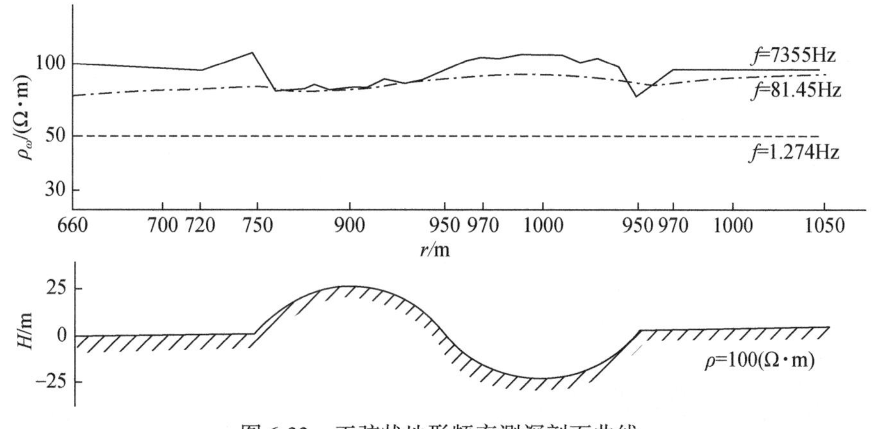

图6-33 正弦状地形频率测深剖面曲线

由远区场和近区场两个极端情况确认了式(6-126)的正确性之后,它在中区场的正确性也就随之确定了。

除了四种典型地形的定频变距地形影响之外,图6-35是接收点位于弧形下凹地形拐角处的一条定距变频测深曲线,与水平情况相比,曲线的首部明显偏低。

2. 地形对频率测深曲线影响规律的分析

(1)地形影响的大小随场区的不同在程度上是不同的。远区场地形影响最大,中区场次之,近区场最小。像图6-30~图6-33那样的地形情况近区场基本上就没有地形的影响了。典型计算结果与理论上的分析是相符的,也与以往频率测深工作中的实际经验是相符的。

(2)频率测深视电阻率曲线的变化与地形的变化是反向的(受极距的影响略有不对称),在地表下凹处视电阻率偏高,在地表隆起处视电阻率偏低。这可用电流连续性定理加以解释。我们知道,视电阻率与电场强度成正比,电场强度又与电流密度成正比($E=\sigma J$),所

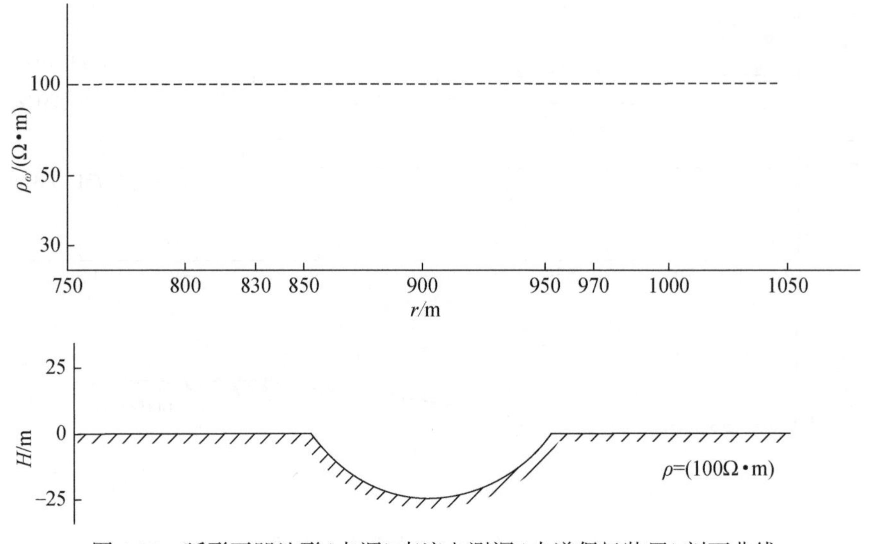

图 6-34　弧形下凹地形(点源)直流电测深(赤道偶极装置)剖面曲线

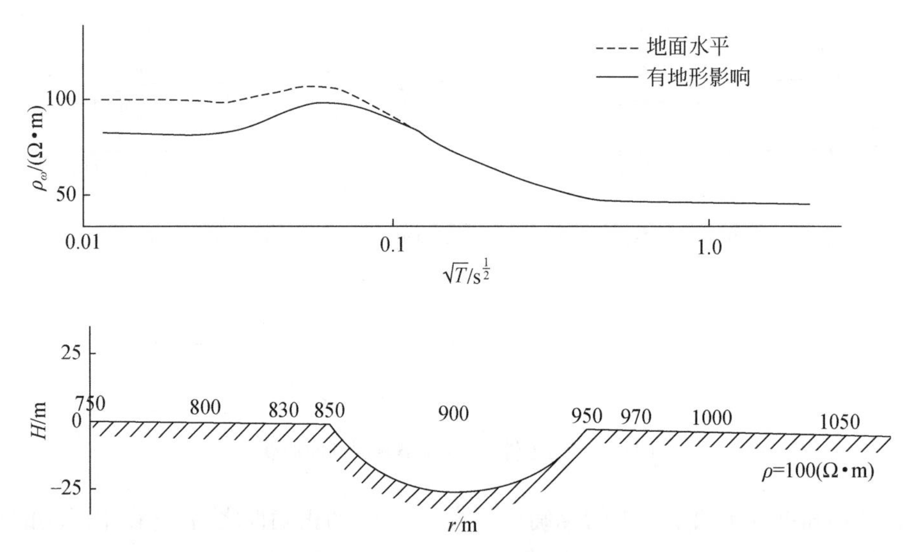

图 6-35　接收点位于(极距 $r=850$m)水平地形和弧形下凹地形拐角处的两条定距变频测深曲线对比图

以视电阻率与电流密度成正比。当地表下凹时,电流流过的截面变小电流密度增大,从而视电阻率增大;同样当地表隆起时,电流密度减小,视电阻率也减小。

(3)当发射极固定时,地形的影响主要是由接收点的地形引起的。在山区等有地形起伏的地区施工时,将接收点尽量置于地形较为平缓的地方也是减小地形影响的一种方法。

"地形影响主要由接收点的地形引起"的这一规律也从某一方面证实了频率测深远区场的记录点在接收点这一推论。关于记录点问题的定量分析前已讨论。

3. 地形影响改正

频率测深地形影响的改正参照直流用比值法改正

$$\rho_\omega^G = \frac{\rho_\omega^{sh}}{\rho_\omega^{ch}} \cdot \rho_\omega^D \tag{6-127}$$

式中，ρ_ω^G 为地形改正后的视电阻率；ρ_ω^{sh} 为实测电阻率；ρ_ω^{ch} 为纯地形异常视电阻率；ρ_ω^D 为点源均匀半空间视电阻率。

式(6-127)可进一步约简成

$$\rho_\omega^G = \frac{\rho_\omega^{sh}}{E_x^{ch}} \cdot E_x^D \tag{6-128}$$

把式(6-126)代入式(6-128)，得

$$\rho_\omega^G = \rho_\omega^{sh} \cdot \left| \frac{E_x^X}{E_x^B} \right| \tag{6-129}$$

在使用式(6-129)时，可取地下第一层的电阻率值计算式中的 E_x^X 和 E_x^B。

下面举1个地形改正实例(陈明生和闫述，1995)。

山西西山某地频率测深探测第四系底界和煤系与奥陶纪灰岩分界面的深度。其中EF测线上的第10、12、14号测点处于地形起伏区域。这三个测点的地形断面图示于图6-36a，这是二维的地电断面。发射极 *AB* 与接收极 *MN* 平行地形走向布置。这三处起伏地形大致属于倾斜地形，接收点处于低处。实测的视电阻率值要高于无地形影响时的值，需做地形改正后方可用水平分层大地的一维正、反演程序做进一步的处理。

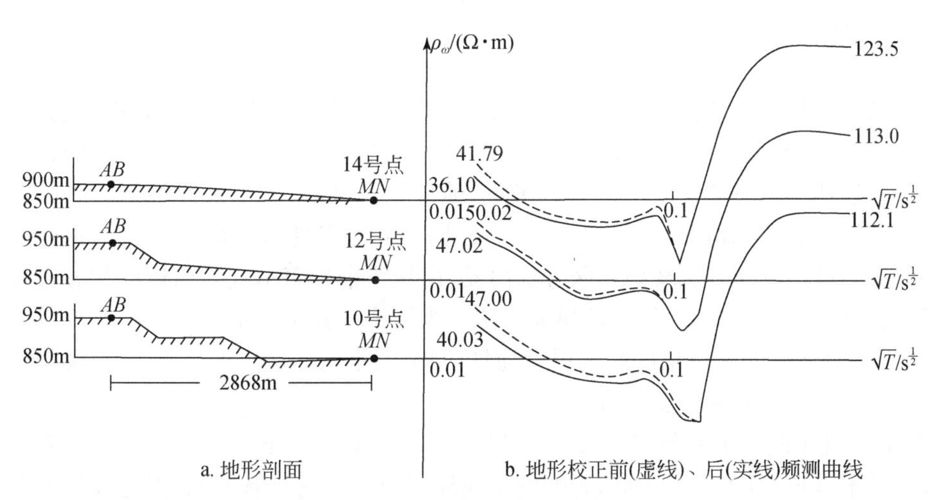

图6-36　地形影响改正实例

取均匀半空间电阻率值为50Ω · m，计算出 E_x^X 和 E_x^B，并和实测视电阻率值同时代入式(6-129)，得出地形影响改正后的视电阻率曲线。图6-36b是地形影响改正前后的曲线对比。虚线是实测曲线，实线是地形影响改正后的曲线。地形影响改正后的曲线首部低于实测曲线，地形的影响得以消除。

为检验地形改正的效果，将地形影响改正前后的频率测深视电阻率曲线都做了反演，结

果列于表6-11中。

表6-11　地形改正前后反演解释结果的对比

测点号	地形改正前后	第四系底界深度/m	煤系与灰岩分界面深度/m	拟合差/%
10号点	实测	101.23	733.93	3.51
	地改	109.85	633.15	2.50
12号点	实测	113.56	692.06	5.23
	地改	88.37	595.17	2.24
14号点	实测	99.69	660.29	4.44
	地改	100.22	617.72	3.92

地形改正之后拟合差略有减小,表明地形改正后的频率测深曲线更真实地反映了地下地层的电性参数,但这不是主要作用。地形改正的效果主要反映在对深度的反演结果上。从表6-11可看到:除了10号点、14号点的第四系底界深度地形改正前后差别不大以外,12号点的第四系底界深度和这三个点的煤系与奥陶纪灰岩分界面深度在地形改正前后都有较大的差别,最多相差了100多米。根据该地的实际地质资料看,地形改正之后的反演解释结果较正确。

此实例也说明虽然地形影响在频率测深曲线的首部表现明显,但是对于反演解释结果的影响却不只局限在浅部地层,而是都有影响,像这里举的实例对深部的影响累计也很大。

6.3.4　小结

频率测深地形影响的校正实质上仍然将二维问题转化为一维问题去处理。它所基于的地电模型是:起伏地形下的水平分层介质。采用比值法用纯地形影响去校正实测数据,实质上也是一种近似的解决办法。对于线源来说,地形是二维的,场也是二维的。由此,我们利用线源与点源同是有源情况,电磁波传播途径是相同的,受地形影响的特点是相似的,从线源二维地形条件下的非齐次亥姆霍兹方程出发,由加权余量表示式导出边界积分方程,确定边界条件,用边界元法求解。然后转换为点源二维纯地形异常。结果表明:

(1)地形对频率测深结果的影响程度随场区而不同。远区场最大,中区场次之,近区场最小。与理论分析和实际经验一致。

(2)地形改正改善了实测曲线的反演解释结果,减小了拟合差,提高了深度解释的精度。

以上关于地形起伏对频率测深影响的正演模拟及其改正是有效的,但是仅仅是起步,最好直接进入三维问题研究,本章的内容是向三维研究的过渡。

参考文献

白登海.2001. 瞬变电磁法中两种关断电流对响应函数的影响及其应对策略. 地震地质,23(2):245-251.

白登海,Maxwell A M,卢健,等. 2003. 时间域瞬变电磁法中心方式全程视电阻率的数值计算. 地球物理学报,46(5):698-704.

布莱姆 E O.1979. 快速傅里叶变换. 上海:上海科学技术出版社.

曹昌祺.1978. 水平分层大地的交流视电阻率. 地球物理学报,21(3):248-261.

曹昌祺.1981. 垂直磁偶极变频测深的低频特性和高阻层的穿透问题. 地球物理学报,24(2):192-206.

曹昌祺.1982. 水平电偶极变频测深的低频特性和对高阻层的穿透问题. 地球物理学报,25(6):516-537.

陈本池.1998. 瞬变电磁场波场变换与偏移成像理论研究. 北京:中国地质大学(北京).

陈辉,王春庆,雷达,等.2007. CSAMT 法静态效应模拟及其校正方法对比. 物探化探计算技术,29(增刊):64-67.

陈乐寿,王光锷.1991. 构造电法勘探. 武汉:中国地质大学出版社.

陈明生.1999a. 电偶源瞬变电磁测深研究(一)——基本原理. 煤田地质与勘探,27 (1):55-59.

陈明生.1999b. 电偶源瞬变电磁测深研究(二)——瞬变电磁场的求解方法. 煤田地质与勘探,27(2):54-57.

陈明生.1999c. 电偶源瞬变电磁测深研究(三)——大地表面瞬变电磁场. 煤田地质与勘探,27 (3):58-61.

陈明生.2000. 电偶源瞬变电磁测深研究(六)——瞬变场资料的反演解释. 煤田地质与勘探,28(1):46-49.

陈明生. 2012a. 关于频率电磁测深几个问题的探讨(一)——从可控源音频大地电磁测深原理看解释中的问题. 煤田地质与勘探,40(5):63-66.

陈明生.2012b. 关于频率电磁测深几个问题的探讨(二)——频率电磁测深探测深度的几个问题分析. 煤田地质与勘探,40(6):67-70.

陈明生.2013a. 关于频率电磁测深几个问题的探讨(三)——频率电磁测深相位问题分析. 煤田地质与勘探,41(5):62-65.

陈明生. 2013b. 关于频率电磁测深几个问题的探讨(四)——对频率电磁测深静态效应问题的再探讨. 煤田地质与勘探,41(6):74-77.

陈明生.2014a. 关于频率电磁测深几个问题的探讨(五)——频率电磁测深中电磁场波型及意义. 煤田地质与勘探,42(1):64-67.

陈明生.2014b. 关于频率电磁测深几个问题的探讨(六)——频率电磁测深的电磁场分布与观测参量. 煤田地质与勘探,42(5):81-86.

陈明生. 2014c. 关于频率电磁测深几个问题的探讨(七)——解析广义逆矩阵反演法. 煤田地质与勘探,42(6):87-93.

陈明生.2015. 关于频率电磁测深几个问题的探讨(八)——频率电磁测深与瞬变电磁测深的关系. 煤田地质与勘探,43(1):81-85.

陈明生.2017a. 对瞬变电磁测深几个问题的思考(一)——瞬变电磁测深中偶极子源及其转换. 煤田地质与勘探,45(2):126-130.

陈明生. 2017b. 对瞬变电磁测深几个问题的思考(五)——地形对 TEM 资料的影响. 煤田地质与勘探,45(6):139-142.

陈明生,严又生.1987. 二维水平电偶极变频测深阻抗视电阻率的有限元正演计算. 地球物理学报,30(2):201-208.

陈明生,闫述. 1995. 论频率测深应用中的几个问题. 北京:地质出版社.

陈明生,田小波. 1999a. 电偶源瞬变电磁测深研究(四)——瞬变电磁测深视电阻率. 煤田地质与勘探, 27 (4):52-55.

陈明生,田小波. 1999b. 电偶源瞬变电磁测深研究(五)——实测感应电压转换成垂直磁场. 煤田地质与勘探,27(5):63-64.

陈明生,闫述. 2005. CSAMT 勘探中场区、记录规则和阴影与场源复印效应的解析研究. 地球物理学报, 48(4):951-958.

陈明生,石显新. 2014. 小回线瞬变电磁法的探测效果. 第六届环境与工程地球物理国际会议论文集.

陈明生,石显新. 2017. 对瞬变电磁测深几个问题的思考(四)——从不同角度看瞬变电磁场法的探测深度. 煤田地质与勘探,45(5):140-146.

陈明生,许洋铖. 2017. 对瞬变电磁测深几个问题的思考(三)——瞬变电磁场关断效应及全区视电阻率的普适算法. 煤田地质与勘探,45(4):131-134.

陈明生,陈乐寿,王天生,等. 1983. 用改进广义逆矩阵方法解释大地电磁测深及电测深资料. 地球物理学报,26(4):390-400.

陈明生,陈琳,周江. 1987. 频率测深资料数字解释. 物探与化探,11(5):374-381.

陈明生,闫述,陶冬琴. 1998. 电偶源频率电磁测深中的 E_x 分量. 煤田地质与勘探, 26(6): 60-66.

陈明生,闫述,石显新,等. 2001. 二维地质体的瞬变电磁场响应特征. 地震地质,32(2):252-256.

陈明生,闫述,石显新. 2005. TEM 法小回线装置探测大深度问题. 第七届中国国际地球电磁学术讨论会论文集.

陈明生,闫述,石显新. 2007. 再论小回线瞬变电磁场法的探测深度. 第八届中国国际地球电磁学术讨论会论文集.

陈明生,石显新,解海军. 2017. 对瞬变电磁测深几个问题的思考(二)——小回线瞬变场法探测分析与实践. 煤田地质与勘探,45(3):125-130.

陈小斌,胡文宝. 2002. 有限元直接迭代法及其在线源频率域电磁响应中的应用. 地球物理学报,45(1): 119-130.

方文藻,李予国,李貅. 1993. 瞬变电磁测深原理. 西安:西北工业大学出版社.

冯恩信. 2005. 电磁场与电磁波. 西安:西安交通大学出版社.

傅君眉,冯恩信. 2000. 高等电磁理论. 西安:西安交通大学出版社.

高文. 1991. 大地电磁感应的场源效应. 地球物理学报,34(2):210-215.

葛德彪. 1987. 电磁逆散射. 西安:西北电讯工程学院出版社.

郭敦仁. 1965. 数学物理方法. 北京:人民出版社.

何继善. 1990. 可控源音频大地电磁法. 长沙:中南工业大学出版社.

华军,蒋延生,汪文秉. 2001. 双重贝塞尔函数积分的数值计算. 煤田地质与勘探,25(3):58-61.

胡建德,王光锷,陈乐寿,等. 1982. 大地电磁场二维正演计算中若干具体问题的讨论. 石油地球物理勘探, 6:47-55.

黄兆辉,底青云,侯胜利. 2006. CSAMT 的静态效应校正及应用. 地球物理学进展,21(4):1290-1295.

考夫曼 A A,凯勒 G G. 1987. 频率域和时间域电磁测深. 王建谋译,杨生校. 北京:地质出版社.

科恩 L. 1998. 时-频分析:理论与应用. 西安:西安交通大学出版社.

雷银照. 2000. 时谐电磁场解析方法. 北京:科学出版社.

雷银照,马信山. 1997. 均匀半空间的并矢格林函数解析式. 地球物理学报,40(2):265-271.

李金铭. 2005. 地电场与电法勘探. 北京:地质出版社.

李建平,李桐林,张辉,等. 2005. 不规则回线源层状介质瞬变电磁场正反演研究及应用. 吉林大学学报(地球科学版),35(6):790-114.

李建平,李桐林,赵雪峰,等.2007. 层状介质任意形状回线源瞬变电磁全区视电阻率的研究. 地球物理学进展,22(6):1777-1780.

李荣华,冯果忱. 1984. 微分方程数值解法. 北京:高等教育出版社.

李貅. 2002. 瞬变电磁测深的理论与应用. 西安:陕西科学技术出版社.

李毓茂.2012. 电磁频率测深方法与电偶源电磁频率测深量板. 徐州:中国矿业大学出版社.

李忠元.1987. 电磁场边界元素法. 北京:北京工业学院出版社.

罗延钟,万乐.1995. 可控源音频大地电磁法//李金铭,罗延钟. 电法勘探新进展. 北京:地质出版社.

罗延钟,何展翔,马瑞伍,等.1991. 可控源音频大地电磁法的静态效应校正. 物探与化探,(3):196-202.

吕英华.2006. 计算电磁的数值方法. 北京:清华大学出版社.

马钦忠,钱家栋.1995. 二维频率测深边界元法正演. 地球物理学报,38(2):252-261.

纳比吉安 M N. 1992. 勘查地球物理电磁法第1卷(理论). 赵经祥,王艳君译. 北京:地质出版社.

南京大学数学系计算数学专业.1979. 偏微分方程数值解法. 北京:科学出版社.

倪光正,杨仕友,钱秀英,等.2004. 工程电磁场数值计算. 北京:机械工业出版社.

牛之琏.2007. 时间域电磁法原理. 长沙:中南大学出版社.

彭仲秋.1989. 瞬变电磁场. 北京:高等教育出版社.

朴化荣.1990. 电磁测深法原理. 北京:地质出版社.

邱卫忠.2012. 回线源TEM山地勘探中的地形影响和校正方法. 煤田地质与勘探,40(5):78-81.

上海计算技术研究所.1982. 电子计算机算法手册. 上海:上海教育出版社.

盛剑霓.1991. 电磁场数值分析. 西安:西安交通大学出版社.

石昆法.1999. 可控源音频大地电磁法理论与应用. 北京:科学出版社.

数学手册编写组.1979. 数学手册. 北京:人民教育出版社.

四川大学数学系.1979. 高等数学第四册(物理专业用). 北京:人民教育出版社.

孙天财,付志红,谢品芳.2008. 斜阶跃场源关断时间对测量结果的影响及校正研究. 工程地球物理学报,5(3):287-293.

汤井田,何继善.1994. 频率电磁测深中的记录规则. 物探与化探,18(3):192-199.

唐新功,胡文宝,严良俊.2004. 地堑地形对长偏移距瞬变电磁测深影响的研究. 工程地球物理学报,1(4):313-317.

万尼安 Л Л. 1979. 电磁测深基础. 北京:煤炭工业出版社.

汪文秉.1991. 瞬态电磁场. 西安:西安交通大学出版社.

王德人. 1979. 非线性方程组解法与最优化法. 北京:人民教育出版社.

王家映. 2002. 地球物理反演理论. 北京:高等教育出版社.

王竹溪,郭敦仁.1979. 特殊函数论. 北京:科学出版社.

沃德 S H. 1978. 地球物理用电磁理论. 北京:地质出版社.

吴广跃,王天生. 1981. 大地电磁测深曲线的病态反演. 石油地球物理勘探,16(4):63-74.

西安交通大学高等数学教研室.1978. 复变函数. 北京:人民出版社.

解海军,陈明生,闫述.1998. 利用小波分析压制静态效应. 煤田地质与勘探,26(4):61-65.

徐世浙.1984. 点源二维地电剖面的边界单元解法. 桂林冶金地质学院学报,4(4):31-45.

徐世浙.1994. 地球物理中的有限单元法. 北京:科学出版社.

阎述. 2000. 电偶源频率测深三维地电模型有限元正演. 煤田地质与勘探,28(3):50-56.

闫述.2003. 基于三维有限元数值模拟的电和电磁探测研究. 西安:西安交通大学.

闫述,陈明生.1996. 频率域电磁测深的静态偏移及校正方法. 石油地球物理勘探,31(2):238-247.

闫述,陈明生. 2005. 瞬变电磁场资料的联合时频分析解释. 地球物理学报,48 (1):203-208.

闫述,傅君眉,李正斌. 1999. 瞬变电磁法探测地下洞体的有效性. 煤田地质与勘探,27(2):64-68.

闫述,陈明生,傅君眉. 2002. 瞬变电磁场的直接时域数值分析. 地球物理学报,45(2):275-284.

闫述,傅俏,王刚,等. 2007. 复杂3D瞬变电磁场FDTD模拟中需要解决的问题. 煤田地质与勘探,35(2):63-66.

杨妮妮,王志宏. 2009. CSAMT测量的静态效应研究. 河南科学,27(4):433-436.

杨云见,王绪本,何展翔. 2005. 考虑关断时间效应的瞬变电磁一维反演. 物探与化探,29(3):246-251.

杨云见,王绪本,何展翔. 2006. 瞬变电磁法中的斜阶跃波效应及常规的几种校正方法分析. 物探化探计算技术,28(2):129-132.

姚治龙,王庆乙,胡玉平,等. 2001. 利用TEM测深校正MT静态偏移的技术问题. 地震地质,23 (2):257-263.

殷长春,刘斌. 1994. 瞬变电磁法三维问题正演及激电效应特征研究. 地球物理学报,37(增1):486-489.

殷长春,朴化荣. 1991. 电磁测深法视电阻率定义问题的研究. 物探与化探,15(4):290-298.

张秋光. 1988. 场论(下册). 北京:地质出版社.

张贤达,保铮. 1998. 非平稳信号分析与处理. 北京:国防工业出版社.

赵凯华,陈熙谋. 1978. 电磁学(下册). 北京:人民教育出版社.

中国煤田地质局. 2000. 中国煤田电法勘探典型成果图集. 北京:煤炭工业出版社.

中华人民共和国国土资源部. 2015. 可控源音频大地电磁法技术规程(DZ/T 0280—2015). 北京:地质出版社.

周熙襄,钟本善. 1986. 电法勘探数值模拟技术. 成都:四川科学技术出版社.

长谷川健. 1985. 水平電氣双极子による层状大地のステップ应答と见掛導電率について. 物理探鉱,38(3):21-31.

佐佐木裕. 1988. 信号源を考慮したCSAMT法データの解析. 物理探査,41(1):27-34.

Abramowitz M,Stegun I A. 1964. Handbook of Mathematical Functions with Formulas, Graphs, and Mathematical Tables. New York:Dover.

Anderson W L. 1979. Computer Program Numerical integration of related Hankel transforms of order 0 and 1 by adaptive digital filtering. Geophysics,44(7):1287.

Boschetto N B, Hohmann G W. 1991. Controlled-source audio frequency magnetotelluric responses of three-dimensional bodies. Geophysics,56(2):255-264.

Brebbla C A,Walker S. 1980. Boundary Element Techniques in Engineering. London:Newnes-Butterworth.

Chew W C. 1990. Waves and Fields in Inhomogenous Media. New York:Van Nostrand Reinhold.

Coggon J H. 1971. Electromagnetic and electrical modeling by the finite element method. Geophysics, 36 (1):132-155.

Collin R E,Zucker F J. 1969. Antenna Theopry. New York:McGraw-Hill.

Gershenson M. 1997. Simple interpretation of time-domain electromagnetic sounding using similarities between wave and diffusion propagation. Geophysics, 62(3):763-774.

Goldman Y,Hubans C,Nicoletis S,et al. 1986. A finite-element solution for the transient electromagnetic response of an arbitrary two-dimensional resistivity distribution. Geophysics,51(11):1450-1461.

Golub G H, Reinsch C. 1970. Singular value decomposition and least squares solutions. Numerische Mathematik, 14:403-420.

Golub G H,Van Loan C F. 1990. Matrix Computations. Baltimore:Johns Hopkins University Press.

Harrington R F. 1961. Time-Harmonic Electromagnetic Fields. New York:McGraw-Hill.

Hill D A, Wait J R. 1973. Subsurface electromagnetic fields of a grounded cable of finite length. Canadian Journal of Physics, 51: 1534-1540.

Jin J M. 1993. The Finite Element Method in Electromagnetics. New York: John Wiley & Sons Inc.

Jupp D L B, Vozoff K. 1975. Stable iterative methods for the inversion of geophysical data. Geophysical Journal International, 42(3): 957-976.

KaufmanA A, Keller G V. 1983. Frequency and Transient Soundings. New York: Elsevier Science Publ. Co. Inc.

Knight J H, Baiche A P. 1982. Transient electromagnetic calculations using the Gaver-Stehfest inverse Laplace transform method. Geophysics, 47 (1): 47-50.

Koefoed O, Ghosh D P, Polman G J. 1972. Computation of type curves for electromagnetic depth sounding with a horizontal transmitting coil by means of a digital linear filter. Geophysical Prospecting, 20(2): 406-420.

Kuznetzov A N. 1982. Distorting effects during electromagnetic sounding of horizontally non-uniform media using an artificial field source. Earth Physics, 18(1): 130-137.

Lanczos C. 1958. Linear Systems in Self-Ad Joint Form. The American Mathematical Monthly, 65(9): 665-679.

Mackie R L, Madden T R. 1993. Conjugate direction relaxation solutions for 3-D magnetotelluric modeling. Geophysics, 58(7): 1052-1057.

Marquardt D W. 1963. An algorithm for least-squares estimation of nonlinear parameters. Journal of the Society for Industrial and Applied Mathematics, 11(2): 431-441.

Maxwell A M. 1996. Joint inversion of TEM and distorted MT soundings: some effective practical considerations. Geophysics, 61 (1): 56-65.

Maxwell A M. 1998. A method of transient electromagnetic data analysis. Geophysics, 63 (2): 405-410.

Mitsuhata Y. 2000. 2-D electromagnetic modeling by finite-element method with a dipole source and topography. Geophysics, 65(2): 465-475.

Mördt A, Müller M. 2000. Understanding LOTEM data from mountainous terrain. Geophysics, 65(4): 1113-1123.

Nabighian M N. 1979. Quasi-static transient response of a conducting half-space: an approximate representation. Geophysics, 44(10): 1700-1705.

Newman G A, Hohmann G W. 1986. Transient electromagnetic response of a three-dimensional body in a layered earth. Geophysics, 51(8): 1608-1627.

Oristaglio M L. 1982. Diffusion of electromagnetic fields into the earth from a line source of current. Geophysics, 47(11): 1585-1592.

Oristaglio M L, Hohmann G W. 1984. Diffusion of electromagnetic fields into a two-dimensional earth: a finite-difference approach. Geophysics, 49(7): 870-894.

Pridmore D F, Hohmann G W, Ward S, et al. 1981. An investigation of finite-element modeling for electrical and electromagnetic data in three dimensions. Geophysics, 46: 1009-1024.

Qian S, Chen D. 1996. Joint Time-Frequency Analysis. New York: Prentice-Hall.

Rodi W L. 1976. A technique for improving the accuracy of finite element solutions for magnetelluric data. Geophysical Journal of the Royal Astronomical Society, 44: 483-506.

SanFilipo W A, Hohmann G W. 1985. Integral equation solution for the transient electromagnetic response of a three-dimensional body in a conductive half-space. Geophysics, 50(5): 789-809.

Spies B R. 1989. Depth of investigation in electromagnetic sounding methods. Geophysics, 54 (7): 872-888.

Stratton J A. 1941. Electromagnetic Theory. New York: McGraw-Hill.

Verma R K, Koefoed O. 1973. A note on the linear filter method of computing electromagnetic sounding curves. Geophysical Prospecting, 21(1): 70-76.

Wang T, Hommann G W. 1993. A finite-difference time-domain solution for three-dimensional electromagnetic modeling. Geophysics,58(6):797-809.

Yan S, Fu J M. 2004. An analytical method to estimate shadow and source overprint effects in CSAMT sounding. Geophysics,69(1):161-163.

Yan S,Shi H B,Shi X X,et al. 2008. A finite-difference time-domain approach for three-dimensional transient electromagnetic response of topographic distortions. 19th IAGA WG 1. 2 Workshop on Electromagnetic Induction in the Earth,Beijing,China,October 23-29.

Yan S, Chen M S, Shi X X. 2009. Transient electromagnetic sounding using a 5 m square loop. Exploration Geogphysics,40:193-196.

Yee K S. 1966. Numerical solution of initial boundary value problems involving Maxwell's equations in isotropic media. IEEE Transactions on Antennas and Propagation, 14(3): 302-307.

Zhang S,Jin J M. 1996. Computation of Special Functions. New York:John Wiley & Sons,Inc.

Zonge K L, Ostrander A G, Emer D F. 1986. Controlled- source audio-frequency magnetotelluric measurements. Magnetotelluric Methods,5:749-763.

附录A　Sommerfeld 和 Foster 积分的偏导数推导

Sommerfeld 积分 P 的二阶偏导数

$$\frac{\partial^2 P}{\partial x \partial z}=\mathrm{e}^{\mathrm{i}k_1R}\frac{xz}{R^3}\left(\frac{3}{R^2}-\frac{3\mathrm{i}k_1}{R}-k_1^2\right) \tag{A-1}$$

$$\frac{\partial^2 P}{\partial z^2}=\mathrm{e}^{\mathrm{i}k_1R}\frac{1}{R}\left(\mathrm{i}k_1R-1-k_1^2z^2-\frac{3\mathrm{i}k_1z^2}{R}+\frac{3z^2}{R^2}\right) \tag{A-2}$$

由式(A-1)、式(A-2)可得 P 的三阶偏导数

$$\frac{\partial^3 P}{\partial x \partial y \partial z}=\mathrm{e}^{\mathrm{i}k_1R}\frac{xyz}{R^4}\left(-\mathrm{i}k_1^3+\frac{6k_1^2}{R}+\frac{15\mathrm{i}k_1}{R^2}-\frac{15}{R^3}\right) \tag{A-3}$$

$$\frac{\partial^3 P}{\partial x^2 \partial z}=\mathrm{e}^{\mathrm{i}k_1R}\frac{z}{R^3}\left[-k_1^2-\frac{3\mathrm{i}k_1}{R}+\frac{3}{R^2}+\frac{x^2}{R}\left(-\mathrm{i}k_1^3+\frac{6k_1^2}{R}+\frac{15\mathrm{i}k_1}{R^2}-\frac{15}{R^3}\right)\right] \tag{A-4}$$

$$\frac{\partial^3 P}{\partial x \partial z^2}=\mathrm{e}^{\mathrm{i}k_1R}\frac{y}{R^3}\left[-k_1^2-\frac{3\mathrm{i}k_1}{R}+\frac{3}{R^2}+\frac{x^2}{R}\left(-\mathrm{i}k_1^3+\frac{6k_1^2}{R}+\frac{15\mathrm{i}k_1}{R^2}-\frac{15}{R^3}\right)\right] \tag{A-5}$$

$$\frac{\partial^3 P}{\partial z^3}=\mathrm{e}^{\mathrm{i}k_1R}\frac{z}{R^3}\left[3\left(-k_1^2-\frac{3\mathrm{i}k_1}{R}+\frac{3}{R^2}\right)+\frac{z^2}{R}\left(-\mathrm{i}k_1^3+\frac{6k_1^2}{R}+\frac{15\mathrm{i}k_1}{R^2}-\frac{15}{R^3}\right)\right] \tag{A-6}$$

Foster 积分 N 的二阶偏导数

$$\frac{\partial^2 N}{\partial y \partial z}=\frac{\mathrm{i}k_1}{2}\frac{y}{R^2}[a_{00}I_0K_0+a_{11}I_1K_1+a_{01}I_0K_1+a_{10}I_1K_0] \tag{A-7}$$

式中

$$a_{00}=\mathrm{i}k_1z,\ a_{11}=-\mathrm{i}k_1z,\ a_{01}=1-\frac{z}{R},\ a_{10}=1+\frac{z}{R}$$

由式(A-7)可得 N 的三阶偏导数

$$\frac{\partial^3 N}{\partial x \partial y \partial z}=\frac{\partial}{\partial x}\frac{\partial^2 N}{\partial y \partial z}=\frac{\mathrm{i}k_1}{2}\frac{xy}{R^2}[b_{00}I_0K_0+b_{11}I_1K_1+b_{01}I_0K_1+b_{10}I_1K_0] \tag{A-8}$$

式中

$$b_{00}=-\frac{3\mathrm{i}k_1z}{R^2},\ b_{11}=\mathrm{i}k_1z\left(\frac{3}{R^2}-\frac{1}{r^2}\right)$$

$$b_{01}=\frac{1}{R}\left(-k_1^2z-\frac{3}{R}+\frac{3z}{R^2}\right),\ b_{10}=\frac{1}{R}\left(k_1^2z-\frac{3}{R}-\frac{3z}{R^2}\right)$$

将式(A-8)中对 x 求偏导置换成对 y 求偏导，可得到

$$\frac{\partial^3 N}{\partial y^2 \partial z}=\frac{\mathrm{i}k_1}{2}\frac{1}{R^2}[c_{00}I_0K_0+c_{11}I_1K_1+c_{01}I_0K_1+c_{10}I_1K_0] \tag{A-9}$$

式中

$$c_{00}=\mathrm{i}k_1z\left(1-\frac{3y^2}{R^2}\right),c_{11}=\mathrm{i}k_1z\left(-1+\frac{3y^2}{R^2}+\frac{2y^2}{r^2}\right)$$

$$c_{01}=1-\frac{z(1+k_1^2y^2)}{R}-\frac{3y^2}{R^2}+\frac{3y^2z}{R^3},c_{10}=1+\frac{z(1+k_1^2y^2)}{R}-\frac{3y^2}{R^2}-\frac{3y^2z}{R^3}$$

N 的四阶偏导数$\frac{\partial^4 N}{\partial x\partial y\partial z^2}$可由式(A-8)导出

$$\frac{\partial^4 N}{\partial x\partial y\partial z^2}=\frac{\partial}{\partial z}\frac{\partial^3 N}{\partial x\partial y\partial z}=\frac{\mathrm{i}k_1}{2}\frac{1}{R^2}[d_{00}I_0K_0+d_{11}I_1K_1+d_{01}I_0K_1+d_{01}I_0K_1] \tag{A-10}$$

式中

$$d_{00}=\mathrm{i}k_1\frac{xyz^2}{R^2}\left(-k_1^2+\frac{15}{R^2}\right)$$

$$d_{11}=\mathrm{i}k_1\left[\frac{6xy(1+k_1^2z^2)}{R^2}-\frac{15xyz^2}{R^4}-\frac{xy}{r^2}\left(1-\frac{2z^2}{R^2}\right)\right]$$

$$d_{01}=-\frac{k_1^2}{2}\frac{xyz}{r^2}\left(1+\frac{z}{R}\right)-k_1^2\frac{xy}{R}-k_1^2\frac{xyz}{R^2}+k_1^2\frac{6xyz^2}{R^3}+\frac{15xyz}{R^4}-\frac{15xyz^2}{R^5}$$

$$d_{10}=-\frac{k_1^2}{2}\frac{xyz}{r^2}\left(1-\frac{1}{R}\right)+k_1^2\frac{xy}{R}-k_1^2\frac{xyz}{R^2}-k_1^2\frac{6xyz^2}{R^3}+\frac{15xyz}{R^4}+\frac{15xyz^2}{R^5}$$

N 的四阶偏导数$\frac{\partial^4 N}{\partial y^2\partial z^2}$可由式(A-7)导出

$$\frac{\partial^4 N}{\partial y^2\partial z^2}=\frac{\partial}{\partial z}\frac{\partial^3 N}{\partial y^2\partial z}=\frac{\mathrm{i}k_1}{2}\frac{1}{R^2}[e_{00}I_0K_0+e_{11}I_1K_1+e_{01}I_0K_1+e_{10}I_1K_0] \tag{A-11}$$

式中

$$e_{00}=\mathrm{i}k_1\frac{z^2}{R^2}\left(-3+k_1^2y^2+\frac{15y^2}{R^2}\right)$$

$$e_{11}=\mathrm{i}k_1\left[-2+\frac{z^2(3+k_1^2y^2)}{R^2}+\frac{6y^2}{R^2}-\frac{15y^2z^2}{R^4}+\frac{2y^2(r^2-2z^2)}{R^2r^2}\right]$$

$$e_{01}=\frac{1}{R}\left[-\frac{z(3+k_1^2y^2)}{R}-k_1^2(z^2+y^2)+\frac{3z^2(1+2k_1^2y^2)}{R^2}-\frac{15y^2z}{R^3}-\frac{15y^2z^2}{R^4}+\frac{k_1^2y^2z(r+z)}{r^2}\right]$$

$$e_{10}=\frac{1}{R}\left[-\frac{z(3+k_1^2y^2)}{R}+k_1^2(z^2+y^2)-\frac{3z^2(1-2k_1^2y^2)}{R^2}+\frac{15y^2z}{R^3}+\frac{15y^2z^2}{R^4}+\frac{k_1^2y^2z(r-z)}{r^2}\right]$$

由式(A-7)还可导出 N 的四阶偏导数$\frac{\partial^4 N}{\partial y\partial z^3}$

$$\frac{\partial^4 N}{\partial y\partial z^3}=\frac{\partial}{\partial z}\frac{\partial}{\partial z}\frac{\partial^2 N}{\partial y\partial z}=\frac{\mathrm{i}k_1}{2}\frac{y}{R^2}[f_{00}I_0K_0+f_{11}I_1K_1+f_{01}I_0K_1+f_{10}I_1K_0] \tag{A-12}$$

式中

$$f_{00}=\frac{\mathrm{i}k_1z}{R^2}\left(-7-k_1^2z+\frac{15z^2}{R^2}\right),f_{11}=\frac{\mathrm{i}k_1z}{R^2}\left(13+k_1^2z^2-\frac{15z^2}{R^2}\right)$$

$$f_{01}=-\frac{3}{R^2}+\frac{3z}{R^3}+\frac{15z^2}{R^4}-\frac{15z^3}{R^5}-2k_1^2-k_1^2\frac{2z}{R}+k_1^2\frac{2yz^2}{R^2}+k_1^2\frac{3z^3}{R^3}$$

$$f_{10}=-\frac{3}{R^2}-\frac{3z}{R^3}+\frac{15z^2}{R^4}+\frac{15z^3}{R^5}+k_1^2\frac{4z}{R}-k_1^2\frac{yz^2}{R^2}-k_1^2\frac{6z^3}{R^3}$$

式中，$r=\sqrt{x^2+y^2}$；I_0、I_1 为零阶和一阶第一类变形贝塞尔函数；K_0和 K_1 为第二类变形贝塞尔函数，其计算程序已由 Zhang 和 Jin（Zhang S，Jin J M. 1996. Computation of Special Functions. New York：John Wiley & Sons，Inc.）给出。

附录 B 广义逆矩阵反演方法在大地电磁测深资料解释中的应用

对大地电磁测深曲线的解释,如同对其他电磁测深曲线的解释一样,起初都是借助于理论量板进行。随着电子计算机的广泛应用,人工解释大地电磁测深曲线的方法逐渐被自动反演所代替。这不但可提高解释大地电磁测深曲线的效率,更重要的是提高了解释精度和可靠性,扩大了应用范围。

从 1960 年开始,国外用电子计算机对大地电磁测深曲线进行自动反演,主要采用曲线拟合,这是一个非线性模型修正问题,一般采用高斯-牛顿法、梯度法和马夸特法(Marquardt,1963;Inman et al.,1973)。高斯-牛顿法如能使反演收敛,则收敛速度是比较快的;梯度法能保证稳定反演,但是,当解逼近极小点时,收敛特别慢。马夸特法具有两者的优点,克服了两者缺点。现在我国已成功地应用马夸特法于大地电磁测深曲线反演中(陈乐寿,1980;吴广跃和王天生,1981)。

1972 年后,利用广义逆矩阵对地球物理资料进行自动反演,在国外愈加受到重视,这是因为广义逆矩阵反演稳定性好,而且能提取辅助信息。为了进一步提高广义逆矩阵反演的稳定性,1975 年 Jupp 和 Vozoff 提出了改进广义逆矩阵反演的理论(Jupp and Vozoff,1975),但是,计算中的具体问题和实例很少涉及。以下在理论与实际结合上实现改进广义逆矩阵反演,将笔者编制的程序用于大地电磁测深资料反演解释。

B.1 问题分析

在大地电磁测深勘探工作中,常常研究水平层状地电断面。设有 k 层,就有 $n=2k-1$ 个参数(相应于各层的电阻率和厚度),分别记为 $\lambda_1,\lambda_2,\cdots,\lambda_n$,用向量表示为 $\boldsymbol{\lambda}=[\lambda_1,\lambda_2,\cdots,\lambda_n]^{\mathrm{T}}$。实际观测数据为 m 个,是对应于 m 个不同频率的视电阻率值 $\rho_{a1},\rho_{a2},\cdots,\rho_{am}$,用向量表示为 $\boldsymbol{\rho}_\alpha=[\rho_{a1},\rho_{a2},\cdots,\rho_{am}]^{\mathrm{T}}$,一般 $m>n$。相应层状模型对应的给定频率的理论视电阻率值是模型参数的函数,表示为 $\boldsymbol{\rho}_c=[\rho_{c1},\rho_{c2},\cdots,\rho_{cm}]^{\mathrm{T}}$。

根据大地电磁测深观测数据,求取相应层状地电断面参数,需要对大地电磁测深曲线反演,现在一般通过最优化方法实现。将给定的初始模型的视电阻率理论计算值与观测值进行比较,并不断地修改模型的层参数,使两者在给定判据和指标下达到拟合,其拟合模型的层参数即为问题的解。层状模型理论值与观测值之间的拟合程度,一般用它们差的平方和

注:附录 B 为陈明生 1981 年硕士学位论文,指导老师为陈乐寿、吴广跃,内容已作修改。

表示,即

$$F(\boldsymbol{\lambda}) = \sum_{i=1}^{m} (\rho_{ai} - \rho_{ci})^2 = \sum_{i=1}^{m} f_i^2 = \| \boldsymbol{f}(\boldsymbol{\lambda}) \|^2 \quad (B\text{-}1)$$

其中

$$\boldsymbol{f}(\boldsymbol{\lambda}) = [f_1(\boldsymbol{\lambda}), f_2(\boldsymbol{\lambda}), \cdots, f_m(\boldsymbol{\lambda})]^{\mathrm{T}}$$

$F(\boldsymbol{\lambda})$通常称为目标函数(或评价函数)。要使理论值与观测值达到拟合,以求模型参数,就是要求使$F(\boldsymbol{\lambda})$达到最小的$\boldsymbol{\lambda}$;这就将地球物理反演问题化为最小二乘问题,亦即求解极值问题,使

$$F(\boldsymbol{\lambda}) = \min \quad (B\text{-}2)$$

但是,在大地电磁测深反演问题中,由于$\rho_{ci}(\boldsymbol{\lambda})$是多元非线性函数,所以$f_i(\boldsymbol{\lambda})$也是多元非线性函数,式(B-2)就表示非线性最小二乘问题,即求解

$$\nabla F(\boldsymbol{\lambda}) = 0 \quad (B\text{-}3)$$

其中

$$\nabla F(\boldsymbol{\lambda}) = \left[\frac{\partial F}{\partial \lambda_1}, \frac{\partial F}{\partial \lambda_2}, \cdots, \frac{\partial F}{\partial \lambda_n}\right]^{\mathrm{T}}$$

这样,非线性最小二乘问题又化为求解非线性方程组(B-3)。方程组(B-3)的解是驻点,不一定是极小点,使问题变得复杂难解,甚至无法实现。实际上通过函数$f_i(\boldsymbol{\lambda})$的线性化和迭代计算方法,最终使式(B-2)得到满足。为此,将$f_i(\boldsymbol{\lambda})$展开为泰勒级数,取其一阶近似,于是$F(\boldsymbol{\lambda})$成为二次函数,这样$\nabla F(\boldsymbol{\lambda})$分量都是线性函数,从而式(B-3)变为线性方程组,就化为线性方程组的求解问题。由于经过了线性近似,一次求解不能满足式(B-3),因此,还必须通过迭代计算,以求出符合指标的解,这可以采用通常的高斯-牛顿最小二乘法。其具体计算方法如下。

设$\boldsymbol{\lambda}_0$为初始值,$f_i(\boldsymbol{\lambda})$的线性近似为

$$f_i(\boldsymbol{\lambda}) = f_i(\boldsymbol{\lambda}_0) + \nabla f_i(\boldsymbol{\lambda}_0)^{\mathrm{T}} \Delta\boldsymbol{\lambda}$$

式中

$$\Delta\boldsymbol{\lambda} = \boldsymbol{\lambda} - \boldsymbol{\lambda}_0$$

$$\nabla f_i(\boldsymbol{\lambda}) = \left[\frac{\partial f_i(\boldsymbol{\lambda})}{\partial \lambda_1}, \frac{\partial f_i(\boldsymbol{\lambda})}{\partial \lambda_2}, \cdots, \frac{\partial f_i(\boldsymbol{\lambda})}{\partial \lambda_n}\right]^{\mathrm{T}}_{\boldsymbol{\lambda}=\boldsymbol{\lambda}_0} \quad i = 1, 2, \cdots, m$$

于是

$$\boldsymbol{f}(\boldsymbol{\lambda}) = \boldsymbol{f}_0 - \boldsymbol{A}_0 \Delta\boldsymbol{\lambda} \quad (B\text{-}4)$$

式中

$$\Delta\boldsymbol{\lambda} = (\Delta\lambda_1, \Delta\lambda_2, \cdots, \Delta\lambda_n)^{\mathrm{T}}$$

$$\boldsymbol{f}_0 = \boldsymbol{f}(\boldsymbol{\lambda}_0) = \boldsymbol{\rho}_a - \boldsymbol{\rho}_c(\boldsymbol{\lambda}_0) = \Delta\boldsymbol{\rho}$$

$$\boldsymbol{A}_0 = [a_{ij}] = -\left[\frac{\partial f_i(\boldsymbol{\lambda})}{\partial \lambda_j}\right]_{\boldsymbol{\lambda}=\boldsymbol{\lambda}_0} = \left[\frac{\partial \rho_{ci}(\boldsymbol{\lambda})}{\partial \lambda_j}\right]_{\boldsymbol{\lambda}=\boldsymbol{\lambda}_0} \quad j = 1, 2, \cdots, n$$

这样,问题就近似化为求超定方程$\Delta\boldsymbol{\rho} - \boldsymbol{A}_0 \Delta\boldsymbol{\lambda} = 0$的最小二乘解,即求$\Delta\boldsymbol{\lambda}$,使

$$\| \Delta\boldsymbol{\rho} - \mathrm{A}_0 \Delta\boldsymbol{\lambda} \|^2 = \min \quad (B\text{-}5)$$

因为

$$\|\Delta\boldsymbol{\rho}-\boldsymbol{A}_0\Delta\boldsymbol{\lambda}\|^2=\|\Delta\boldsymbol{\rho}_0\|^2-2\Delta\boldsymbol{\rho}_0^{\mathrm{T}}\boldsymbol{A}_0\Delta\boldsymbol{\lambda}+\Delta\boldsymbol{\lambda}^{\mathrm{T}}\boldsymbol{A}_0^{\mathrm{T}}\boldsymbol{A}_0\Delta\boldsymbol{\lambda}$$

所以，方程(B-3)就化为

$$\boldsymbol{A}_0^{\mathrm{T}}\boldsymbol{A}_0\Delta\boldsymbol{\lambda}-\boldsymbol{A}_0^{\mathrm{T}}\Delta\boldsymbol{\rho}_0=0 \tag{B-6}$$

方程(B-6)称为法方程，它是线性方程组。

若矩阵 $\boldsymbol{A}_0$ 的秩为 n，$\boldsymbol{A}_0^{\mathrm{T}}\boldsymbol{A}_0$ 为对称正定矩阵，则逆矩阵$(\boldsymbol{A}_0^{\mathrm{T}}\boldsymbol{A}_0)^{-1}$存在，故方程(B-6)有唯一解

$$\Delta\boldsymbol{\lambda}=(\boldsymbol{A}_0^{\mathrm{T}}\boldsymbol{A}_0)^{-1}\boldsymbol{A}_0^{\mathrm{T}}\Delta\boldsymbol{\rho}_0 \tag{B-7}$$

解得 $\Delta\boldsymbol{\lambda}$ 后，令

$$\boldsymbol{\lambda}_1=\boldsymbol{\lambda}_0+\Delta\boldsymbol{\lambda}$$

这就是解的首次近似；如果此解尚不满足精度要求，就以 $\boldsymbol{\lambda}_1$ 代替 $\boldsymbol{\lambda}_0$ 重复前面的步骤，直至符合要求为止。

在上述解法中，每次迭代都需要解一个形如

$$\boldsymbol{A}^{\mathrm{T}}\boldsymbol{A}\Delta\lambda=\boldsymbol{A}^{\mathrm{T}}\Delta\rho \tag{B-8}$$

的法方程，而这种方程的条件往往很坏，即其相应系数矩阵 $\boldsymbol{A}^{\mathrm{T}}\boldsymbol{A}$ 含有小的特征值，使方程组呈病态，导致其解不稳定；甚至 $\boldsymbol{A}^{\mathrm{T}}\boldsymbol{A}$ 含有零特征值而呈奇异，致使无法求解。这样方程就是不适定的，必须采取适当方法恢复其适定性。可以适当加大系数矩阵 $\boldsymbol{A}^{\mathrm{T}}\boldsymbol{A}$ 的主对角线元素，以改善条件，并克服矩阵 $\boldsymbol{A}^{\mathrm{T}}\boldsymbol{A}$ 的奇异性。矩阵 $\boldsymbol{A}^{\mathrm{T}}\boldsymbol{A}$ 的条件好坏可用条件数 $K(\boldsymbol{A}^{\mathrm{T}}\boldsymbol{A})$ 来衡量，其具体表达式为

$$K(\boldsymbol{A}^{\mathrm{T}}\boldsymbol{A})=\frac{\sigma_{\max}^2}{\sigma_{\min}^2} \tag{B-9}$$

式中，$\boldsymbol{\sigma}_{\max}^2$ 和 $\boldsymbol{\sigma}_{\min}^2$ 分别为 $\boldsymbol{A}^{\mathrm{T}}\boldsymbol{A}$ 的最大、最小特征值。显然，$K(\boldsymbol{A}^{\mathrm{T}}\boldsymbol{A})$ 是大于或等于 1 的数，它越大，$\boldsymbol{A}^{\mathrm{T}}\boldsymbol{A}$ 的条件越坏；反之，条件越好。当 $\boldsymbol{A}^{\mathrm{T}}\boldsymbol{A}$ 的主对角元素都加同一个正数，相当于特征值都加同样大的一个正数，$K(\boldsymbol{A}^{\mathrm{T}}\boldsymbol{A})$ 就变小了，其条件也就改善了。加大法方程系数矩阵对角线元素的方法称阻尼最小二乘法，也称马夸特(Marguardt)法，这种方法已成功地应用于大地电磁测深反演中(吴广跃和王天生，1981)。

另外，还可以用数值稳定性较强的算法，直接解超定方程

$$\boldsymbol{A}\Delta\boldsymbol{\lambda}=\Delta\boldsymbol{\rho} \tag{B-10}$$

由于方程(B-10)的系数矩阵 $\boldsymbol{A}$ 的条件数为

$$K(\boldsymbol{A})=\frac{|\sigma_{\max}|}{|\sigma_{\min}|} \tag{B-11}$$

显然，$K(\boldsymbol{A})$ 相对于 $K(\boldsymbol{A}^{\mathrm{T}}\boldsymbol{A})$ 缩小了$\dfrac{|\sigma_{\min}|}{|\sigma_{\max}|}$，所以直接解超定方程(B-10)比解法方程(B-8)要稳定。为了使解稳定，可利用广义逆矩阵直接解超定方程(B-10)(这称为广义逆矩阵反演法)；同时将它与马夸特法结合起来，利用改进的广义逆矩阵，以加强解的稳定性。本研究通过奇异值分解的方法求取广义逆矩阵，并加阻尼反演，既使反演稳定，又能提取更多的信息，实现改进广义逆矩阵反演，提高大地电磁测深反演解释的水平。

B. 2 广义逆矩阵反演的基本理论

通常指的逆矩阵是对非奇异的方阵而言,Penrose(1955)把逆矩阵的概念推广到任意一般矩阵,定义了一般的 $m\times n$ 阶矩阵 $\boldsymbol{A}$ 的唯一广义逆矩阵 $\boldsymbol{G}$,由此可解形如式(B-10)的方程,得

$$\Delta\boldsymbol{\lambda}=\boldsymbol{G}\Delta\boldsymbol{\rho} \tag{B-12}$$

广义逆矩阵满足以下四个条件(南京大学数学系计算数学专业,1978):

$$\left.\begin{aligned}&\boldsymbol{AGA}=\boldsymbol{A}\\&\boldsymbol{GAG}=\boldsymbol{G}\\&(\boldsymbol{AG})^{\mathrm{T}}=\boldsymbol{AG}\\&(\boldsymbol{GA})^{\mathrm{T}}=\boldsymbol{GA}\end{aligned}\right\} \tag{B-13}$$

可以证明,满足上述四个条件的广义逆矩阵所构成的解[式(B-12)]是超定方程(B-10)的最小二乘解,而且,当矩阵的秩小于 n 时是所有最小二乘解中范数 $\|\Delta\boldsymbol{\lambda}\|$ 为最小的解,因而是唯一的。

求广义逆矩阵有各种方法,笔者采用 Lanczos 提出的奇异值分解法(Lanczos,1958),因为它还能提供一些辅助信息。对于任意的 $m\times n$ 阶矩阵 $\boldsymbol{A}$,我们可构成 $(m+n)\times(m+n)$ 阶对称方阵 $\boldsymbol{S}$:

$$\boldsymbol{S}=\begin{bmatrix}0 & \boldsymbol{A}\\ \boldsymbol{A}^{\mathrm{T}} & 0\end{bmatrix}_{(m+n)\times(m+n)} \tag{B-14}$$

根据线性代数知识,应有 $(m+n)$ 个特征值 σ_i 和相应的特征向量 $\boldsymbol{w}_i$,其关系为

$$\boldsymbol{S}\boldsymbol{w}_i=\sigma_i\boldsymbol{w}_i \quad i=1,2,\cdots,m+n \tag{B-15}$$

特征值 σ_i 由方程式

$$\det(\boldsymbol{S}-\sigma\boldsymbol{I})=(\sigma_1-\sigma)(\sigma_2-\sigma)\cdots(\sigma_{m+n}-\sigma)=0$$

确定。显然,特征向量 $\boldsymbol{w}_i$ 有 $(m+n)$ 个分量,将其分成两部分,$\boldsymbol{u}_i$ 和 $\boldsymbol{v}_i$($\boldsymbol{u}_i$ 为 m 维向量,$\boldsymbol{v}_i$ 为 n 维向量),将式(B-15)写成

$$\begin{bmatrix}0 & \boldsymbol{A}\\ \boldsymbol{A}^{\mathrm{T}} & 0\end{bmatrix}_{(m+n)\times(m+n)}\begin{bmatrix}\boldsymbol{u}_i\\ \boldsymbol{v}_i\end{bmatrix}_{(m+n)\times 1}=\sigma_i\begin{bmatrix}\boldsymbol{u}_i\\ \boldsymbol{v}_i\end{bmatrix}_{(m+n)\times 1} \tag{B-16}$$

如果 σ_i 不为零,特征向量对 $[\boldsymbol{u}_i \quad \boldsymbol{v}_i]^{\mathrm{T}}$ 有下列耦合方程

$$\left.\begin{aligned}&\boldsymbol{A}\boldsymbol{v}_i=\sigma_i\boldsymbol{u}_i\\&\boldsymbol{A}^{\mathrm{T}}\boldsymbol{u}_i=\sigma_i\boldsymbol{v}_i\end{aligned}\right\} \tag{B-17}$$

当改变 σ_i 的符号,$[\boldsymbol{u}_i \quad \boldsymbol{v}_i]^{\mathrm{T}}$ 特征向量对也适合上列方程,不妨假设有 r 对不为零的特征值 $\pm\sigma_i$,相应的特征向量对为

$$[\boldsymbol{u}_i \quad \boldsymbol{v}_i]^{\mathrm{T}}—\sigma_i \qquad i=1,2,\cdots,r$$

$$[-\boldsymbol{u}_i \quad \boldsymbol{v}_i]^{\mathrm{T}}—-\sigma_i \qquad i=1,2,\cdots,r$$

对于零特征值 σ_i,u_i 和 v_i 无关,有

$$\left.\begin{aligned}\boldsymbol{A}\boldsymbol{v}_i&=[0];\quad i=r+1,r+2,\cdots,n\\ \boldsymbol{A}^{\mathrm{T}}\boldsymbol{u}_i&=[0];\quad i=r+1,r+2,\cdots,m\end{aligned}\right\}\tag{B-18}$$

这样,在 $\boldsymbol{S}\boldsymbol{w}_i=\sigma_i\boldsymbol{w}_i$ 的$(m+n)$个特征值中有 $2r$ 个是非零的,其余$(m+n-2r)$个是零。只有对应 $2r$ 个非零特征值$\pm\sigma_i(i=1,2,\cdots,r)$的 $\boldsymbol{u}_i$ 向量和 $\boldsymbol{v}_i$ 向量才是互相耦合的。由式(B-17)得

$$\left.\begin{aligned}\boldsymbol{A}^{\mathrm{T}}\boldsymbol{A}\boldsymbol{v}_i&=\sigma_i^2\boldsymbol{v}_i\\ \boldsymbol{A}\boldsymbol{A}^{\mathrm{T}}\boldsymbol{u}_i&=\sigma_i^2\boldsymbol{u}_i\end{aligned}\right\}\tag{B-19}$$

由于 $\boldsymbol{A}^{\mathrm{T}}\boldsymbol{A}$ 和 $\boldsymbol{A}\boldsymbol{A}^{\mathrm{T}}$ 是两个实对称方阵,$\boldsymbol{v}_i$ 和 $\boldsymbol{u}_i$ 构成相应于实特征值的正交特征向量系,标准化后

$$\left.\begin{aligned}\boldsymbol{v}_i^{\mathrm{T}}\boldsymbol{v}_j&=\delta_{ij};i,j=1,2,\cdots,n\\ \boldsymbol{u}_i^{\mathrm{T}}\boldsymbol{u}_j&=\delta_{ij};i,j=1,2,\cdots,m\end{aligned}\right\}\tag{B-20}$$

以特征向量 $\boldsymbol{v}_i=[v_{1i},v_{2i},\cdots,v_{ni}]^{\mathrm{T}}$ 为列向量构成矩阵 $\boldsymbol{V}$

$$\boldsymbol{V}=\begin{bmatrix}v_{11} & \cdots & v_{1n}\\ & \cdots & \\ v_{n1} & \cdots & v_{nn}\end{bmatrix}$$

同样有

$$\boldsymbol{U}=\begin{bmatrix}u_{11} & \cdots & u_{1m}\\ & \cdots & \\ u_{m1} & \cdots & u_{mm}\end{bmatrix}$$

这样,方程(B-20)可写成

$$\left.\begin{aligned}\boldsymbol{U}^{\mathrm{T}}\boldsymbol{U}&=\boldsymbol{U}\boldsymbol{U}^{\mathrm{T}}=\boldsymbol{I}\\ \boldsymbol{V}^{\mathrm{T}}\boldsymbol{V}&=\boldsymbol{V}\boldsymbol{V}^{\mathrm{T}}=\boldsymbol{I}\end{aligned}\right\}\tag{B-21}$$

矩阵 $\boldsymbol{U}$ 可分成 $\boldsymbol{U}_r$ 和 $\boldsymbol{U}_0$,$\boldsymbol{U}_r$ 为对应于非零特征值的 r 个特征向量 $\boldsymbol{u}_i(i=1,2,\cdots,r)$为列构成的矩阵,$\boldsymbol{U}_0$ 为对应于零特征值的$(m-r)$个特征向量 $\boldsymbol{u}_i(i=r+1,r+2,\cdots,m)$为列构成的矩阵;同样,$\boldsymbol{V}$ 可分成 $\boldsymbol{V}_r$ 和 $\boldsymbol{V}_0$。因此具体可表示成

$$\boldsymbol{U}_r=\begin{bmatrix}u_{11} & \cdots & u_{1r}\\ & \cdots & \\ u_{m1} & \cdots & u_{mr}\end{bmatrix}$$

$$\boldsymbol{V}_r=\begin{bmatrix}v_{11} & \cdots & v_{1r}\\ & \cdots & \\ v_{n1} & \cdots & v_{nr}\end{bmatrix}$$

现在可将式(B-17)和式(B-18)写成

$$\left.\begin{aligned}\boldsymbol{A}\boldsymbol{V}_r&=\boldsymbol{U}_r\boldsymbol{\Sigma}_r\\ \boldsymbol{A}^{\mathrm{T}}\boldsymbol{U}_r&=\boldsymbol{V}_r\boldsymbol{\Sigma}_r\end{aligned}\right\}\tag{B-22}$$

$$\left.\begin{aligned}\boldsymbol{A}\boldsymbol{V}_0&=[0]_{m\times(n-r)}\\ \boldsymbol{A}^{\mathrm{T}}\boldsymbol{U}_0&=[0]_{n\times(m-r)}\end{aligned}\right\}\tag{B-23}$$

因此,有

$$\boldsymbol{AV}=\boldsymbol{A}[\boldsymbol{V}_r \quad \boldsymbol{V}_0]=[\boldsymbol{U}_r \quad \boldsymbol{U}_0]\begin{bmatrix}\boldsymbol{\Sigma}_r & 0\\ 0 & 0\end{bmatrix}$$

又由于 $\boldsymbol{VV}^{\mathrm{T}}=\boldsymbol{I}$,所以得

$$\boldsymbol{A}=[\boldsymbol{U}_r \quad \boldsymbol{U}_0]\begin{bmatrix}\boldsymbol{\Sigma}_r & 0\\ 0 & 0\end{bmatrix}\begin{bmatrix}\boldsymbol{V}_r^{\mathrm{T}}\\ \boldsymbol{V}_0^{\mathrm{T}}\end{bmatrix}=\boldsymbol{U}_r\boldsymbol{\Sigma}_r\boldsymbol{V}_r^{\mathrm{T}} \tag{B-24}$$

从欧氏空间的角度来看式(B-24),表明 $\boldsymbol{A}$ 只用 $\boldsymbol{U}_r$ 和 $\boldsymbol{V}_r$ 空间就能构成,$\boldsymbol{U}_0$ 和 $\boldsymbol{V}_0$ 可看成“盲区”,这就是 Lanczos(兰乔斯)分解理论,即:任何一个 $m\times n$ 阶矩阵 $\boldsymbol{A}$ 都可分解为

$$\boldsymbol{A}=\boldsymbol{U}_r\boldsymbol{\Sigma}_r\boldsymbol{V}_r^{\mathrm{T}}$$

式中,r 为矩阵 $\boldsymbol{A}$ 的秩;$\boldsymbol{U}_r$ 为 $m\times r$ 阶矩阵,它的各列是特征向量 $\boldsymbol{u}_i(i=1,2,\cdots,r)$,称为观测数据特征向量,组成一空间;$\boldsymbol{V}_r$ 为 $n\times r$ 阶矩阵,它的各列是特征向量 $\boldsymbol{v}_j(j=1,2,\cdots,r)$,称为参数特征向量,组成另一相应空间。$\boldsymbol{\Sigma}_r$ 为一对角矩阵,其对角元素分别为实对称阵 $\boldsymbol{A}^{\mathrm{T}}\boldsymbol{A}$(或 $\boldsymbol{AA}^{\mathrm{T}}$)的 r 个非零特征值的正平方根(就是前面提的 σ_i),称为奇异值,所以 $m\times n$ 阶矩阵 $\boldsymbol{A}$ 的这种分解又称奇异值分解。

上述矩阵有如下性质:

当 $r=n<m$ 时,$\boldsymbol{U}_r^{\mathrm{T}}\boldsymbol{U}_r=\boldsymbol{V}_r^{\mathrm{T}}\boldsymbol{V}_r=\boldsymbol{V}_r\boldsymbol{V}_r^{\mathrm{T}}=\boldsymbol{I}_n$,$\boldsymbol{V}_r$ 是标准完全正交矩阵,$\boldsymbol{U}_r$ 不是完全正交矩阵。

当 $r=n=m$ 时,$\boldsymbol{U}_r^{\mathrm{T}}\boldsymbol{U}_r=\boldsymbol{U}_r\boldsymbol{U}_r^{\mathrm{T}}=\boldsymbol{V}_r^{\mathrm{T}}\boldsymbol{V}_r=\boldsymbol{V}_r\boldsymbol{V}_r^{\mathrm{T}}=\boldsymbol{I}_n$,$\boldsymbol{U}_r$、$\boldsymbol{V}_r$ 都是标准完全正交矩阵。

$r<\min(m,n)$ 时,$\boldsymbol{U}_r^{\mathrm{T}}\boldsymbol{U}_r=\boldsymbol{V}_r^{\mathrm{T}}\boldsymbol{V}_r=\boldsymbol{I}_r$,$\boldsymbol{U}_r$、$\boldsymbol{V}_r$ 都不是标准完全正交矩阵。

并且还有

$$\boldsymbol{U}_r^{\mathrm{T}}\boldsymbol{U}_0=[0]_{r\times(m-r)},\ \boldsymbol{U}_0^{\mathrm{T}}\boldsymbol{U}_r=[0]_{(m-r)\times r}$$

$$\boldsymbol{V}_r^{\mathrm{T}}\boldsymbol{V}_0=[0]_{r\times(n-r)},\ \boldsymbol{V}_0^{\mathrm{T}}\boldsymbol{V}_r=[0]_{(n-r)\times r}$$

由式(B-24)中的特征系列构成矩阵

$$\boldsymbol{H}_L=\boldsymbol{V}_r\boldsymbol{\Sigma}_r^{-1}\boldsymbol{U}_r^{\mathrm{T}} \tag{B-25}$$

称为 Lanczos 自然逆矩阵。式中,$\boldsymbol{\Sigma}_r^{-1}$ 为对角矩阵,其元素分别为 $\sigma_i^{-1}=\dfrac{1}{\sigma_i}$,$i=1,2,\cdots,r$。Lanczos 自然逆矩阵满足式(B-13)定义的广义逆矩阵的四个性质,即

(1) $\boldsymbol{AH}_L\boldsymbol{A}=\boldsymbol{U}_r\boldsymbol{\Sigma}_r\boldsymbol{V}_r^{\mathrm{T}}\boldsymbol{V}_r\boldsymbol{\Sigma}_{rr}^{-1}\boldsymbol{U}_r^{\mathrm{T}}\boldsymbol{U}_r\boldsymbol{\Sigma}_r\boldsymbol{V}_r^{\mathrm{T}}=\boldsymbol{U}_r\boldsymbol{\Sigma}_r\boldsymbol{V}_r^{\mathrm{T}}=\boldsymbol{A}$;

(2) $\boldsymbol{H}_L\boldsymbol{AH}_L=\boldsymbol{V}_r\boldsymbol{\Sigma}_{rr}^{-1}\boldsymbol{U}_r^{\mathrm{T}}\boldsymbol{U}_r\boldsymbol{\Sigma}_r\boldsymbol{V}_r^{\mathrm{T}}\boldsymbol{V}_r\boldsymbol{\Sigma}_r^{-1}\boldsymbol{U}_r^{\mathrm{T}}=\boldsymbol{V}_r\boldsymbol{\Sigma}_r^{-1}\boldsymbol{U}_r^{\mathrm{T}}=\boldsymbol{H}_L$;

(3) $(\boldsymbol{H}_L\boldsymbol{A})^{\mathrm{T}}=(\boldsymbol{V}_r\boldsymbol{\Sigma}_r^{-1}\boldsymbol{U}_r^{\mathrm{T}}\boldsymbol{U}_r\boldsymbol{\Sigma}_r\boldsymbol{V}_r^{\mathrm{T}})^{\mathrm{T}}=\boldsymbol{V}_r\boldsymbol{\Sigma}_r\boldsymbol{U}_r^{\mathrm{T}}\boldsymbol{U}_r\boldsymbol{\Sigma}_r^{-1}\boldsymbol{V}_r^{\mathrm{T}}=\boldsymbol{H}_L\boldsymbol{A}$;

(4) $(\boldsymbol{AH}_L)^{\mathrm{T}}=(\boldsymbol{U}_r\boldsymbol{\Sigma}_r\boldsymbol{V}_r^{\mathrm{T}}\boldsymbol{V}_r\boldsymbol{\Sigma}_r^{-1}\boldsymbol{U}_r^{\mathrm{T}})^{\mathrm{T}}=\boldsymbol{U}_r\boldsymbol{\Sigma}_r\boldsymbol{V}_r^{\mathrm{T}}\boldsymbol{V}_r\boldsymbol{\Sigma}_r^{-1}\boldsymbol{U}_r^{\mathrm{T}}=\boldsymbol{AH}_L$。

因此,$\boldsymbol{H}_L$ 与 Moore 和 Penrose 定义的广义逆矩阵 $\boldsymbol{G}$ 是等价的,用 $\boldsymbol{H}_L$ 解超定方程(B-10)所得解

$$\Delta\boldsymbol{\lambda}=\boldsymbol{H}_L\Delta\boldsymbol{\rho} \tag{B-26}$$

是范数 $\|\Delta\boldsymbol{\lambda}\|$ 为最小的最小二乘解。还可以根据 $\boldsymbol{U}_0$、$\boldsymbol{V}_0$ 空间是否存在阐明这个问题。

若 $\boldsymbol{A}$ 准确逆存在,记为 $\boldsymbol{H}=\boldsymbol{V\Sigma}^{-1}\boldsymbol{U}^{\mathrm{T}}$;把表达式 $\boldsymbol{A}=\boldsymbol{U}_r\boldsymbol{\Sigma}_r\boldsymbol{V}_r^{\mathrm{T}}$ 的逆矩阵记为 $\boldsymbol{H}_L=\boldsymbol{V}_r\boldsymbol{\Sigma}_r^{-1}\boldsymbol{U}_r^{\mathrm{T}}$,$\boldsymbol{H}_L$ 称为广义逆,以此解超定方程(B-10)得解

$$\Delta\hat{\boldsymbol{\lambda}}=\boldsymbol{H}_L\Delta\boldsymbol{\rho} \tag{B-26'}$$

当 $\boldsymbol{U}_0$、$\boldsymbol{V}_0$ 空间都不存在时，即 $r=n=m$，这时 $\boldsymbol{U}_r$、$\boldsymbol{V}_r$ 是标准完全正交矩阵，因此，$\boldsymbol{H}_L=\boldsymbol{V}_r\boldsymbol{\Sigma}_r^{-1}\boldsymbol{U}_r^{\mathrm{T}}=(\boldsymbol{U}_r\boldsymbol{\Sigma}_r\boldsymbol{V}_r^{\mathrm{T}})^{-1}=\boldsymbol{A}^{-1}=\boldsymbol{H}$，广义逆是准确的，方程(B-10)的解 $\Delta\boldsymbol{\lambda}=\boldsymbol{A}^{-1}\Delta\boldsymbol{\rho}$ 就是普通意义的解。

如果 $\boldsymbol{V}_0$ 空间不存在，但 $\boldsymbol{U}_0$ 空间存在，即 $r=n<m$(超定方程)，那么 $\boldsymbol{A}^{\mathrm{T}}\boldsymbol{A}=\boldsymbol{V}_r\boldsymbol{\Sigma}_r^2\boldsymbol{V}_r^{\mathrm{T}}$ 将有准确逆 $(\boldsymbol{A}^{\mathrm{T}}\boldsymbol{A})^{-1}=(\boldsymbol{V}_r\boldsymbol{\Sigma}_r^2\boldsymbol{V}_r^{\mathrm{T}})^{-1}=\boldsymbol{V}_r\boldsymbol{\Sigma}_r^{-2}\boldsymbol{V}_r^{\mathrm{T}}$，方程(B-10)的解和法方程(B-8)的解一致，即

$$\Delta\hat{\boldsymbol{\lambda}}=(\boldsymbol{A}^{\mathrm{T}}\boldsymbol{A})^{-1}\boldsymbol{A}^{\mathrm{T}}\Delta\boldsymbol{\rho}=\boldsymbol{V}_r\boldsymbol{\Sigma}_r^{-2}\boldsymbol{V}_r^{\mathrm{T}}\boldsymbol{V}_r\boldsymbol{\Sigma}_r\boldsymbol{U}_r^{\mathrm{T}}\Delta\boldsymbol{\rho}=\boldsymbol{V}_r\boldsymbol{\Sigma}_r^{-1}\boldsymbol{U}_r^{\mathrm{T}}\Delta\boldsymbol{\rho}=\boldsymbol{H}_L\Delta\boldsymbol{\rho}$$

这时用广义逆矩阵解方程(B-10)的结果就是最小二乘解。

从几何意义上很容易证明 $\|\Delta\boldsymbol{\rho}-\boldsymbol{A}\Delta\hat{\boldsymbol{\lambda}}\|$ 是最小的。

若

$$\Delta\hat{\boldsymbol{\lambda}}=\boldsymbol{H}_L\Delta\boldsymbol{\rho}$$

便有

$$\Delta\boldsymbol{\rho}-\boldsymbol{A}\Delta\hat{\boldsymbol{\lambda}}=\Delta\boldsymbol{\rho}-\boldsymbol{U}_r\boldsymbol{\Sigma}_r\boldsymbol{V}_r^{\mathrm{T}}\boldsymbol{V}_r\boldsymbol{\Sigma}_r^{-1}\boldsymbol{U}_r^{\mathrm{T}}\Delta\boldsymbol{\rho}=\Delta\boldsymbol{\rho}-\boldsymbol{U}_r\boldsymbol{U}_r^{\mathrm{T}}\Delta\boldsymbol{\rho}$$

因为 $\boldsymbol{U}_r\boldsymbol{U}_r^{\mathrm{T}}=\boldsymbol{I}$，可得

$$\boldsymbol{U}_r^{\mathrm{T}}(\Delta\boldsymbol{\rho}-\boldsymbol{A}\Delta\hat{\boldsymbol{\lambda}})=\boldsymbol{U}_r^{\mathrm{T}}\Delta\boldsymbol{\rho}-\boldsymbol{U}_r^{\mathrm{T}}\boldsymbol{U}_r\boldsymbol{U}_r^{\mathrm{T}}\Delta\boldsymbol{\rho}=0$$

这说明残差$(\Delta\boldsymbol{\rho}-\boldsymbol{A}\Delta\hat{\boldsymbol{\lambda}})$没有沿 $\boldsymbol{U}_r$ 空间的分量。另外，根据式(B-23)，$\boldsymbol{U}_0^{\mathrm{T}}\boldsymbol{A}\Delta\hat{\boldsymbol{\lambda}}=0$，所以 $\boldsymbol{A}\Delta\hat{\boldsymbol{\lambda}}$ 没有沿 $\boldsymbol{U}_0$ 空间的分量，仅限定在 $\boldsymbol{U}_r$ 空间。这可用图 B-1 表示。由于 $\boldsymbol{U}_0$ 与 $\boldsymbol{U}_r$ 正交，所以$(\Delta\boldsymbol{\rho}-\boldsymbol{A}\Delta\hat{\boldsymbol{\lambda}})$垂直于 $\boldsymbol{A}\Delta\hat{\boldsymbol{\lambda}}$，因此，这时 $\Delta\hat{\boldsymbol{\lambda}}$ 使残差的平方 $\|\Delta\boldsymbol{\rho}-\boldsymbol{A}\Delta\hat{\boldsymbol{\lambda}}\|^2$ 为最小。

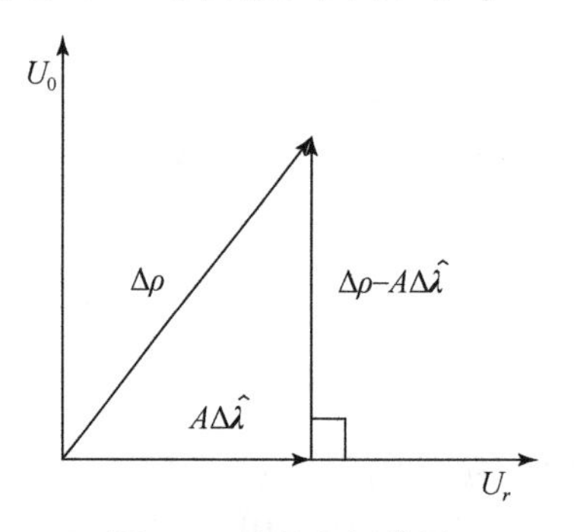

图 B-1　残差空间分量

再看 $\boldsymbol{U}_0$ 不存在而 $\boldsymbol{V}_0$ 存在的情况。这时 $r=m<n$(欠定方程)。由于 $\boldsymbol{U}_r\boldsymbol{U}_r^{\mathrm{T}}=\boldsymbol{I}$，便有

$$\boldsymbol{A}\Delta\hat{\boldsymbol{\lambda}}=\boldsymbol{A}\boldsymbol{H}_L\Delta\boldsymbol{\rho}=\boldsymbol{U}_r\boldsymbol{\Sigma}_r\boldsymbol{V}_r^{\mathrm{T}}\boldsymbol{V}_r\boldsymbol{\Sigma}_r^{-1}\boldsymbol{U}_r^{\mathrm{T}}\Delta\rho=\Delta\boldsymbol{\rho}$$

这时所求的解满足 $\boldsymbol{A}\Delta\hat{\boldsymbol{\lambda}}=\Delta\boldsymbol{\rho}$，而限定在 $\boldsymbol{V}_r$ 空间。考虑到 $\boldsymbol{V}_0$ 空间的存在，方程 $\boldsymbol{A}\Delta\hat{\boldsymbol{\lambda}}=\Delta\boldsymbol{\rho}$ 的通解可表示为

$$\Delta\boldsymbol{\lambda}=\Delta\hat{\boldsymbol{\lambda}}+\sum_{i=r+1}^{n}a_iv_i$$

式中，$\boldsymbol{v}_i$ 为 $\boldsymbol{V}_0$ 空间的特征向量。因为 $\boldsymbol{v}_i^{\mathrm{T}}\boldsymbol{v}_j=\boldsymbol{\delta}_{ij}$，所以

$$\|\Delta\boldsymbol{\lambda}\|^2=\|\Delta\hat{\boldsymbol{\lambda}}\|^2+\sum a_i^2\geqslant\|\Delta\hat{\boldsymbol{\lambda}}\|^2$$

显然,这时解 $\Delta\hat{\boldsymbol{\lambda}}=\boldsymbol{H}_L\Delta\boldsymbol{\rho}$ 是范数最小的解。

最后,要是 $\boldsymbol{U}_0$、$\boldsymbol{V}_0$ 空间都存在,由广义逆矩阵 $\boldsymbol{H}_L=\boldsymbol{V}_r\boldsymbol{\Sigma}_r^{-1}\boldsymbol{U}_r^{\mathrm{T}}$ 所得的解使 $\|\Delta\boldsymbol{\rho}-\boldsymbol{A}\Delta\hat{\boldsymbol{\lambda}}\|^2$ 和 $\|\Delta\hat{\boldsymbol{\lambda}}\|$ 都最小。

综上所述,Lanczos 定义的广义逆矩阵与 Moore 和 Penrose 定义的广义逆矩阵是等价的,它总使方程 $\boldsymbol{A}\Delta\boldsymbol{\lambda}=\Delta\boldsymbol{\rho}$ 有解,而且解是唯一的,并为范数最小的最小二乘解。不仅如此,Lanczos 定义的广义逆矩阵还能提供一些有用的辅助信息。

由式(B-10)和式(B-26′)得

$$\Delta\hat{\boldsymbol{\lambda}}=\boldsymbol{H}_L\boldsymbol{A}\Delta\boldsymbol{\lambda}=\boldsymbol{V}_r\boldsymbol{\Sigma}_r^{-1}\boldsymbol{U}_r^{\mathrm{T}}\boldsymbol{U}_r\boldsymbol{\Sigma}_r\boldsymbol{V}_r^{\mathrm{T}}\Delta\boldsymbol{\lambda}=\boldsymbol{V}\boldsymbol{V}_r^{\mathrm{T}}\Delta\boldsymbol{\lambda}=\boldsymbol{R}\Delta\boldsymbol{\lambda} \tag{B-27}$$

式中,$\boldsymbol{R}=\boldsymbol{H}_L\boldsymbol{A}=\boldsymbol{V}_r\boldsymbol{V}_r^{\mathrm{T}}$。如果不存在 $\boldsymbol{V}_0$,即 $r=n$,则 $\boldsymbol{R}=\boldsymbol{I}$,$\Delta\hat{\boldsymbol{\lambda}}=\Delta\boldsymbol{\lambda}$,这样不管 $\boldsymbol{U}_0$ 是否存在,解是真值。当 $\boldsymbol{V}_0$ 存在时,$\boldsymbol{R}\neq\boldsymbol{I}$,$\Delta\hat{\boldsymbol{\lambda}}$ 每个元素都是 $\Delta\boldsymbol{\lambda}$ 元素的加权和,分辨率下降,将矩阵 $\boldsymbol{R}$ 称为参数分辨矩阵,而且是在最小二乘意义上的最佳分辨矩阵。即对每行而言下式最小:

$$r_k=\sum_{j=1}^{n}\left(\sum_{i=1}^{m}h_{ki}a_{ij}-\delta_{kj}\right)^2=\sum_{j=1}^{n}\left(\sum_{i=1}^{r}v_{ki}v_{ji}-\delta_{kj}\right)^2$$

为证明 Lanczos 广义逆矩阵反演确定的分辨矩阵具有上述性质,可设分辨矩阵的形式为

$$\boldsymbol{R}=\boldsymbol{B}\boldsymbol{V}_r^{\mathrm{T}} \tag{B-28}$$

若 $\boldsymbol{B}$ 的第 k 行是 $\boldsymbol{b}_k^{\mathrm{T}}$,单位矩阵的第 k 行为 $\boldsymbol{\delta}_k^{\mathrm{T}}$。要求矩阵 $\boldsymbol{R}$ 的第 k 行最佳地拟合单位矩阵第 k 行,就是要求关系式

$$\boldsymbol{b}_k^{\mathrm{T}}\boldsymbol{V}_k^{\mathrm{T}}=\boldsymbol{\delta}_k^{\mathrm{T}} \tag{B-29}$$

在最小平方意义上得到满足。将式(B-29)转置得

$$\boldsymbol{V}_k\boldsymbol{b}_k=\boldsymbol{\delta}_k \tag{B-30}$$

由式(B-8)可知,$\boldsymbol{b}_k$ 的最小二乘解为

$$\hat{\boldsymbol{b}}_k=(\boldsymbol{V}_r^{\mathrm{T}}\boldsymbol{V}_r)^{-1}\boldsymbol{V}_r^{\mathrm{T}}\boldsymbol{\delta}_k=\boldsymbol{V}_r^{\mathrm{T}}\boldsymbol{\delta}_k \tag{B-31}$$

将式(B-31)两边转置得

$$\hat{\boldsymbol{b}}_k^{\mathrm{T}}=\boldsymbol{\delta}_k^{\mathrm{T}}\boldsymbol{V}_r \tag{B-31′}$$

将各行依次叠加在一起,便得到

$$\boldsymbol{B}=\boldsymbol{I}\boldsymbol{V}_r=\boldsymbol{V}_r \tag{B-32}$$

这证明分辨矩阵 $\boldsymbol{R}=\boldsymbol{V}_r\boldsymbol{V}_r^{\mathrm{T}}$ 是在最小二乘意义上最佳的拟合单位矩阵。

$\boldsymbol{R}$ 趋近单位矩阵的程度,可用以度量给定资料分辨模型参数的能力,同时可用来判断各参数之间的关系。$\boldsymbol{R}=\boldsymbol{I}$ 时,说明各参数是独立的;$\boldsymbol{R}\neq\boldsymbol{I}$ 时,有些参数就相关。现将"理论"观测数据表示成

$$\Delta\hat{\boldsymbol{\rho}}=\boldsymbol{A}\Delta\hat{\boldsymbol{\lambda}}=\boldsymbol{A}\boldsymbol{H}_L\Delta\boldsymbol{\rho}=\boldsymbol{U}_r\boldsymbol{U}_r^{\mathrm{T}}\Delta\boldsymbol{\rho}=\boldsymbol{F}\Delta\boldsymbol{\rho} \tag{B-33}$$

式中,$\boldsymbol{F}=\boldsymbol{A}\boldsymbol{H}_L=\boldsymbol{U}_r\boldsymbol{U}_r^{\mathrm{T}}$ 称为信息密度矩阵。类似证明分辨矩阵在最小二乘意义上逼近单位矩阵的思路,也可证明 $\boldsymbol{F}$ 是在最小二乘意义上逼近单位矩阵的最佳信息密度矩阵,即对它的各行来说

$$f_k=\sum_{i=1}^{m}\left(\sum_{j=1}^{n}A_{kj}H_{ji}-\delta_{ki}\right)^2$$

为最小。

当 $\boldsymbol{U}_0$ 不存在时，$\boldsymbol{F}=\boldsymbol{I}$，$\Delta\hat{\boldsymbol{\rho}}=\Delta\boldsymbol{\rho}$，数据各自独立，模型完全与观测数据拟合。如果 $\boldsymbol{U}_0$ 存在，对应模型的理论观测值 $\Delta\hat{\boldsymbol{\rho}}$ 是实测值的加权和，这时实测数据间存在相关性，说明有多余信息存在；同时，模型无论如何也不能与观测数据完全拟合。因此，信息密度矩阵趋近单位矩阵的程度可作为度量模型拟合观测数据的指标；还可以根据主对角线元素的大小衡量对应数据的重要性，主对角线元素大者对应的数据是重要的，在野外观测和资料处理时应优先考虑。

利用奇异值分解所构成的广义逆矩阵进行反演所得解的方差如何，现作如下分析。

如果观测数据有误差 $\delta\boldsymbol{\rho}$，可导致解的误差 $\delta\boldsymbol{\lambda}$，显然，它们应有关系式

$$\delta\boldsymbol{\lambda}=\boldsymbol{H}_L\delta\boldsymbol{\rho} \tag{B-34}$$

这样，解的协方差矩阵写为

$$\mathrm{Cov}(\Delta\boldsymbol{\lambda})=E(\delta\boldsymbol{\lambda}\delta\boldsymbol{\lambda}^{\mathrm{T}})=E(\boldsymbol{H}_L\delta\boldsymbol{\rho}\delta\boldsymbol{\rho}\boldsymbol{H}_L^{\mathrm{T}})=\boldsymbol{H}_L\mathrm{Cov}(\delta\boldsymbol{\rho})\boldsymbol{H}_L^{\mathrm{T}} \tag{B-35}$$

如果观测数据 $\Delta\boldsymbol{\rho}$（实际是 $\boldsymbol{\rho}_\alpha$）是统计独立的，且具有相同的方差 σ^2，其观测误差的数学期望为零，就是说

$$E(\delta\boldsymbol{\rho})=0$$

$$\mathrm{Cov}(\delta\boldsymbol{\rho})=\sigma^2 I_{m\times n}$$

则式（B-35）变为

$$\mathrm{Cov}(\Delta\hat{\boldsymbol{\lambda}})=\sigma^2\boldsymbol{H}_L\boldsymbol{H}_L^{\mathrm{T}}$$

即

$$\mathrm{Cov}(\Delta\hat{\lambda}_i,\Delta\hat{\lambda}_j)=\sigma^2\sum_{k=1}^{r}v_{ik}v_{jk}/\sigma_k^2 \tag{B-36}$$

如各参数独立，则协方差为零，而方差为

$$\mathrm{Var}(\Delta\hat{\lambda}_l)=\sigma^2\sum_{k=1}^{r}V_{lk}^2/\sigma_k^2 \tag{B-37}$$

其中 σ^2 可用如下估计量估算

$$\hat{\sigma}^2=\|\Delta\boldsymbol{\rho}-\boldsymbol{A}\Delta\hat{\boldsymbol{\lambda}}\|^2/(m-n) \tag{B-38}$$

在观测误差具有无偏性、独立性和等方差性的情况下，并且认为各参数是独立的（$r=n$），式（B-38）可被证明如下：

$$\begin{aligned}
&E[(\Delta\boldsymbol{\rho}-\boldsymbol{A}\Delta\hat{\boldsymbol{\lambda}})^{\mathrm{T}}(\Delta\boldsymbol{\rho}-\boldsymbol{A}\Delta\hat{\boldsymbol{\lambda}})]=E[\Delta\boldsymbol{\rho}^{\mathrm{T}}(I_m-\boldsymbol{A}(\boldsymbol{A}^{\mathrm{T}}\boldsymbol{A})^{-1}\boldsymbol{A}^{\mathrm{T}})\Delta\boldsymbol{\rho}]\\
&=E[(\Delta\boldsymbol{\rho}-E\Delta\boldsymbol{\rho})^{\mathrm{T}}(I_m-\boldsymbol{A}(\boldsymbol{A}^{\mathrm{T}}\boldsymbol{A})^{\mathrm{T}}\boldsymbol{A}^{\mathrm{T}}(\Delta\boldsymbol{\rho}-E\Delta\boldsymbol{\rho})+(E\Delta\boldsymbol{\rho})^{\mathrm{T}}(I_m-\boldsymbol{A}(\boldsymbol{A}^{\mathrm{T}}\boldsymbol{A})^{-1}\boldsymbol{A}^{\mathrm{T}})E\Delta\boldsymbol{\rho}]\\
&=\sigma^2\mathrm{tr}[\boldsymbol{I}_m-\boldsymbol{A}(\boldsymbol{A}^{\mathrm{T}}\boldsymbol{A})^{-1}\boldsymbol{A}^{\mathrm{T}}]=m\sigma^2-\sigma^2\mathrm{tr}[\boldsymbol{A}(\boldsymbol{A}^{\mathrm{T}}\boldsymbol{A})^{-1}\boldsymbol{A}^{\mathrm{T}}]\\
&=m\sigma^2-\sigma^2\mathrm{tr}[\boldsymbol{U}\Sigma\boldsymbol{V}^{\mathrm{T}}(\boldsymbol{V}\Sigma\boldsymbol{U}^{\mathrm{T}}\boldsymbol{U}\Sigma\boldsymbol{V}^{\mathrm{T}})^{-1}\boldsymbol{V}\Sigma\boldsymbol{U}^{\mathrm{T}}]=m\sigma^2-\sigma^2\mathrm{tr}[\boldsymbol{U}\boldsymbol{U}^{\mathrm{T}}]\\
&=m\sigma^2-n\sigma^2=(m-n)\sigma^2
\end{aligned}$$

即

$$E\left[\frac{(\Delta\boldsymbol{\rho}-\boldsymbol{A}\Delta\hat{\boldsymbol{\lambda}})^{\mathrm{T}}(\Delta\boldsymbol{\rho}-\boldsymbol{A}\Delta\hat{\boldsymbol{\lambda}})}{m-n}\right]=E(\hat{\sigma}^2)=\sigma^2$$

所以

$$\hat{\sigma}^2 = \| \Delta\boldsymbol{\rho} - \boldsymbol{A}\Delta\hat{\boldsymbol{\lambda}} \|^2/(m-n)$$

是 σ^2 的无偏估计。解的方差大小主要由奇异值的大小和观测数据的方差决定,其中奇异值的大小影响尤为显著,它关系到反演的成败。由式(B-37)很明显地看出这点,小奇异值可以使模型参数方差大到不能接受的程度。为了清楚起见,下面做进一步分析。

假定矩阵 $\boldsymbol{A}$ 的奇异值 σ_i 是由大到小排列,令 $\frac{\sigma_i}{\sigma_1}=k_i$,使其构成一对角阵 $\boldsymbol{K}$,其对角元素顺序为 $k_1,k_2,\cdots,k_r$。又取 $\Delta\boldsymbol{p}=\sigma_1\boldsymbol{V}^{\mathrm{T}}\Delta\boldsymbol{\lambda}$ 为变换到旋转后的参数空间坐标系中的参数增量表达式,于是有

$$\Delta\boldsymbol{\rho}=\boldsymbol{A}\Delta\boldsymbol{\lambda}=\boldsymbol{U}\sum\boldsymbol{V}^{\mathrm{T}}\Delta\boldsymbol{\lambda}=\boldsymbol{UK}\sigma_1 V^{\mathrm{T}}\Delta\boldsymbol{\lambda}=\boldsymbol{UK}\Delta\boldsymbol{p} \tag{B-39}$$

模型数据变化的大小可写成

$$\| \Delta\boldsymbol{\rho} \|^2 = \Delta\boldsymbol{\rho}^{\mathrm{T}}\Delta\boldsymbol{\rho} = \Delta\boldsymbol{p}^{\mathrm{T}}\boldsymbol{KU}^{\mathrm{T}}\boldsymbol{UK}\Delta\boldsymbol{p} = \Delta\boldsymbol{p}^{\mathrm{T}}\boldsymbol{K}^2\Delta\boldsymbol{p} = \sum_{i=1}^{r} k_i^2 \| \Delta p_i \|^2 \tag{B-40}$$

式中涉及矩阵 $\boldsymbol{A}$ 的非零奇异值。一般对 k_i 可确定一个临界值,大于其值的 k_i 所对应的参数为主要参数,因为这些参数的变化对模型数据有明显影响;小于其值的 k_i 所对应的参数为不重要参数,因其变化对模型数据影响很小;而与零奇异值对应的参数为无关紧要参数,这些参数的变化不会引起模型数据的变化。也可以倒过来理解,模型数据稍有变化可使不重要参数发生很大变化,所以小奇异值可导致迭代过程不稳定,这正反映了系数矩阵 $\boldsymbol{A}$ 的条件差(条件数较大)以及相应的线性代数方程组具有病态性。为了更进一步理解这个问题,可对式(B-39)中的 $\Delta\boldsymbol{p}$ 作如下变换:

$$\Delta\boldsymbol{p}=\sigma_1\boldsymbol{V}^{\mathrm{T}}\Delta\boldsymbol{\lambda}=\sigma_1\boldsymbol{V}^{\mathrm{T}}\boldsymbol{H}_L\Delta\boldsymbol{\rho}=\sigma_1\boldsymbol{V}^{\mathrm{T}}\boldsymbol{V}\sum{}^{-1}\boldsymbol{U}^{\mathrm{T}}\Delta\boldsymbol{\rho}=\boldsymbol{K}^{-1}\Delta\boldsymbol{y} \tag{B-41}$$

式中,$\Delta\boldsymbol{y}=\boldsymbol{U}^{\mathrm{T}}\Delta\boldsymbol{\rho}$,为旋转变换后的数据向量。式(B-41)也可写成分量形式:

$$\Delta p_i=\frac{\Delta y_i}{k_i} \qquad i=1,2,\cdots,r \tag{B-41$'$}$$

显然,相应于小奇异值的 k_i 会使对应的模型参数改正量很大,以致超过线性近似所允许的范围,使模型参数沿着错误方向变化,导致迭代发散。所以,在迭代过程中必须压制小奇异值的不利作用。

B.3 有关广义逆矩阵反演的几个具体问题

前面就广义逆矩阵反演的基本理论作了系统阐述,下面就笔者在实现广义逆矩阵反演中的一些具体问题加以讨论;只有妥善解决了这些问题才能取得良好的反演效果。

B.3.1 广义逆矩阵的计算方法

广义逆矩阵的计算方法有多种,笔者采用奇异值分解法,以便提取辅助信息,这在前面已作了阐明。但是奇异值分解的方法也不止一种,笔者选用的是 Golub 算法(Golub and Reinsch,1970)。这种算法运算量较小,收敛较快,又很精确。现就算法的基本步骤介绍如下。

(1)用 Householder(豪斯霍尔德)法将矩阵 $\boldsymbol{A}$ 变为上双对角矩阵,选用两个有限的 Householder 正交系列

$$P^{(k)}=I-2\boldsymbol{x}^{(k)}\boldsymbol{x}^{(k)\mathrm{T}} \qquad k=1,2,\cdots,n$$
$$Q^{(k)}=I-2\boldsymbol{y}^{(k)}\boldsymbol{y}^{(k)\mathrm{T}} \qquad k=1,2,\cdots,n-2$$

式中,$\boldsymbol{x}^{(k)\mathrm{T}}\boldsymbol{x}^{(k)}=\boldsymbol{y}^{(k)\mathrm{T}}\boldsymbol{y}=1$
对 $\boldsymbol{A}$ 作正交变换得

$$\boldsymbol{P}^{(n)}\cdots\boldsymbol{P}^{(1)}\boldsymbol{A}\boldsymbol{Q}^{(1)}\cdots\boldsymbol{Q}^{(n-2)}=\left[\begin{array}{ccccc} q_1 & e_2 & & & \\ & q_2 & e_3 & 0 & \\ & & \ddots & \ddots & \\ & 0 & & q_{n-1} & e_n \\ & & & & q_n \\ \hline & & & & \\ & & 0 & & \\ & & & & \end{array}\right]\equiv\boldsymbol{A}^{(0)} \tag{B-42}$$

如令 $\boldsymbol{A}^{(1)}=\boldsymbol{A}$,每一步变换可表示为

$$\left.\begin{array}{l}\boldsymbol{A}^{(k+\frac{1}{2})}=\boldsymbol{P}^{(k)}\boldsymbol{A}^{(k)},k=1,2,\cdots,n \\ \boldsymbol{A}^{(k+1)}=\boldsymbol{A}^{(k+\frac{1}{2})}\boldsymbol{Q}^{(k)},k=1,2,\cdots,n-2\end{array}\right\} \tag{B-43}$$

$\boldsymbol{P}^{(k)}$ 和 $\boldsymbol{Q}^{(k)}$ 的确定要分别使

$$a_{ik}^{(k+\frac{1}{2})}=0,i=k+1,\cdots,m$$
$$a_{kj}^{(k+1)}=0,j=k+2,\cdots,n$$

(2)采用 QR 算法的变种,将上双对角矩阵 $\boldsymbol{A}^{(0)}$ 迭代变换成对角矩阵,从而完成奇异值分解。

将这个变化过程概括表示成

$$\boldsymbol{A}^{(0)}\rightarrow\boldsymbol{A}^{(1)}\rightarrow\boldsymbol{A}^{(2)}\rightarrow\cdots\rightarrow\boldsymbol{\Sigma}_n=\begin{bmatrix}\boldsymbol{\Sigma}_r & 0\\ 0 & 0\end{bmatrix}_{n\times n}$$

式中,$\boldsymbol{A}^{(i)}=\boldsymbol{S}^{(i)\mathrm{T}}\boldsymbol{A}^{(i-1)}\boldsymbol{T}^{(i)}$,$\boldsymbol{S}^{(i)}$ 和 $\boldsymbol{T}^{(i)}$ 都是正交矩阵,$\boldsymbol{S}^{(i)}$ 和 $\boldsymbol{T}^{(i)}$ 的选择要使 $\boldsymbol{A}^{(i)}$ 保持上双对角矩阵形式,以保证矩阵系列

$$\boldsymbol{M}^{(i)}=\boldsymbol{A}^{(i)\mathrm{T}}\boldsymbol{A}^{(i)}=\boldsymbol{T}^{(i)\mathrm{T}}\boldsymbol{M}^{(i-1)}\boldsymbol{T}^{(i)} \tag{B-44}$$

为三对角矩阵的形式。

每一次迭代过程可表示为

$$\boldsymbol{A}^{(i)}=\boldsymbol{S}_n^{(i)\mathrm{T}}\boldsymbol{S}_{n-1}^{(i)\mathrm{T}}\cdots\boldsymbol{S}_2^{(i)\mathrm{T}}\boldsymbol{A}^{(i-1)}\boldsymbol{T}_2^{(i)}\boldsymbol{T}_3^{(i)}\cdots\boldsymbol{T}_n^{(i)} \tag{B-45}$$

其中

$$S_k^{(i)}=\begin{bmatrix}1&0&&&&&&\\0&\ddots&\ddots&&&&&0\\&\ddots&1&0&&&&\\&&0&\cos\theta_k^{(i)}&-\sin\theta_k^{(i)}&&&\\&&&\sin\theta_k^{(i)}&\cos_k^{(i)}&0&&\\&&&&0&1&\ddots&\\&0&&&&\ddots&\ddots&0\\&&&&&&0&1\end{bmatrix}$$

而 $T_k^{(i)}$ 和 $S_k^{(i)}$ 相似，只是用 $\varphi_k^{(i)}$ 代替 $\theta_k^{(i)}$。$\theta_k^{(i)}$ 和 $\varphi_k^{(i)}$ 的选择要满足下列条件：

$T_2^{(i)}$ 的作用是不消除任何元素，产生一新元素 a_{21}；

$S_2^{(i)\mathrm{T}}$ 的作用是消除 a_{21}，产生 a_{13}；

$T_3^{(i)}$ 的作用是消除 a_{13}，产生 a_{32}；

……

最后 $S_n^{(i)\mathrm{T}}$ 的作用是消除 $a_{n,n-1}$，不产生任何新元素。

其过程具体变化如图 B-2 所示。

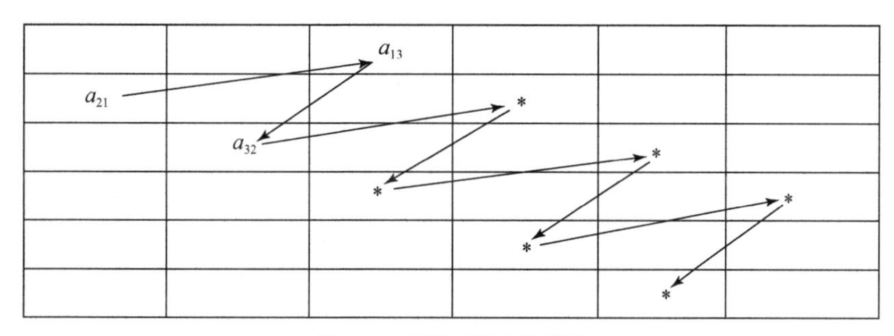

图 B-2 矩阵消元示意图

如果式(B-44)的 $\boldsymbol{M}^{(i)}$ 在迭代过程中收敛于对角矩阵 $\boldsymbol{\Sigma}^2$，式(B-45)的 $\boldsymbol{A}^{(i)}$ 将收敛于对角矩阵 $\boldsymbol{\Sigma}$。为此，选择位移为 $\boldsymbol{S}^{(i)}$ 的 QR 算法：

$$\left.\begin{aligned}\boldsymbol{M}^{(i-1)}-\boldsymbol{S}^{(i)}\boldsymbol{I}=\boldsymbol{T}_s^{(i)}\boldsymbol{R}_s^{(i)}\\ \boldsymbol{R}_s^{(i)}\boldsymbol{T}_s^{(i)}+\boldsymbol{S}^{(i)}\boldsymbol{I}=\boldsymbol{M}_s^{(i)}\end{aligned}\right\}\tag{B-46}$$

式中，$\boldsymbol{T}_s^{(i)\mathrm{T}}\boldsymbol{T}_s^{(i)}=\boldsymbol{I}$，$\boldsymbol{R}_s^{(i)}$ 为上三角矩阵。容易写出：

$$\boldsymbol{M}_s^{(i)}=\boldsymbol{R}_s^{(i)}\boldsymbol{T}_s^{(i)}+\boldsymbol{S}^{(i)}\boldsymbol{I}=\boldsymbol{T}_s^{(i)\mathrm{T}}\boldsymbol{M}^{(i-1)}\boldsymbol{T}_s^{(i)}+\boldsymbol{S}^{(i)}\boldsymbol{I}-\boldsymbol{S}^{(i)}\boldsymbol{I}=\boldsymbol{T}_s^{(i)\mathrm{T}}\boldsymbol{M}^{(i-1)}\boldsymbol{T}_s^{(i)}\tag{B-47}$$

显然式(B-47)等价于式(B-46)，可按式(B-47)迭代计算就可使 $\boldsymbol{M}^{(i-1)}$ 收敛于对角矩阵。通过式(B-44)的迭代方式达到对角化，根据 Francis 定理是可行的。这个定理表明：$\boldsymbol{T}^{(i)\mathrm{T}}\boldsymbol{T}^{(i)}=\boldsymbol{I}$，且 $[\boldsymbol{T}_s^i]_{k,1}=[\boldsymbol{T}^i]_{k,1}$ 时，如果①$\boldsymbol{M}^{(i)}=\boldsymbol{T}_s^{(i)\mathrm{T}}\boldsymbol{M}^{(i-1)}\boldsymbol{T}_s^{(i)}$，②$\boldsymbol{M}^{(i)}$ 是三对角矩阵，③$\boldsymbol{M}^{(i-1)}$ 的次对角元素不零，则

$$\boldsymbol{M}^{(i)}=\boldsymbol{D}\boldsymbol{M}_s^{(i)}\boldsymbol{D}$$

式中，$\boldsymbol{D}$ 为对角矩阵，对角元素为±1。

很明显，根据上面矩阵的形式和特点，$[\boldsymbol{T}_s^{(i)}]_{k,1}$ 与 $[\boldsymbol{M}^{(i-1)}-\boldsymbol{S}^{(i)}\boldsymbol{I}]_{k,1}$ 成比例，而且在式

(B-45)表示的迭代过程中,只要选择 $\varphi_2^{(i)}$ 使$[\boldsymbol{T}_2^{(i)}]_{k,1}$与$[\boldsymbol{M}^{(i-1)}-\boldsymbol{S}^{(i)}\boldsymbol{I}]_{k,1}$成比例,就会有$[\boldsymbol{T}^{(i)}]_{k,1}=[\boldsymbol{T}_s^{(i)}]_{k,1}$。这样式(B-44)表示的迭代过程就完全满足 Francis 定理所要求的条件,$\boldsymbol{M}^{(i)}$最终迭代收敛于对角矩阵$\boldsymbol{\Sigma}^2$,$\boldsymbol{A}^{(i)}$收敛于对角矩阵$\boldsymbol{\Sigma}$,从而完成奇异值分解。

对$\boldsymbol{A}$完成一系列正交变换,实现奇异值分解;反推过去,$\boldsymbol{A}$就有下列表达式

$$\begin{aligned}\boldsymbol{A}&=\boldsymbol{P}^{\mathrm{T}}\boldsymbol{A}^{(0)}\boldsymbol{Q}^{\mathrm{T}}=\boldsymbol{P}^{\mathrm{T}}\boldsymbol{S}^{(1)}\boldsymbol{S}^{(2)}\cdots\boldsymbol{S}^{(i)}\cdots\boldsymbol{S}^{(l)}\boldsymbol{\Sigma}\boldsymbol{T}^{(l)\mathrm{T}}\cdots\boldsymbol{T}^{(i)\mathrm{T}}\cdots\boldsymbol{T}^{(2)\mathrm{T}}\boldsymbol{T}^{(1)\mathrm{T}}\boldsymbol{Q}^{\mathrm{T}}\\&=\boldsymbol{P}^{\mathrm{T}}\boldsymbol{S}\boldsymbol{\Sigma}\boldsymbol{T}^{\mathrm{T}}\boldsymbol{Q}^{\mathrm{T}}=\boldsymbol{U}\Sigma\boldsymbol{V}^{\mathrm{T}}\end{aligned}\tag{B-48}$$

式(B-48)是$m\times n$阶实矩阵$\boldsymbol{A}(m\geqslant n)$的奇异值分解式,其中$\boldsymbol{U}$为$m\times n$阶正交矩阵,即$\boldsymbol{U}^{\mathrm{T}}\boldsymbol{U}=\boldsymbol{I}_n$;$\boldsymbol{V}$为$n\times n$阶正交矩阵,$\boldsymbol{V}^{\mathrm{T}}\boldsymbol{V}=\boldsymbol{V}\boldsymbol{V}^{\mathrm{T}}=\boldsymbol{I}_n$,$\boldsymbol{\Sigma}$为对角矩阵$\boldsymbol{\Sigma}=\mathrm{diag}(\sigma_1,\sigma_2,\cdots,\sigma_n)$,$\sigma_i$中有$r$个不为零,$r$为矩阵$\boldsymbol{A}$的秩。

分解式$\boldsymbol{A}=\boldsymbol{U}\boldsymbol{\Sigma}\boldsymbol{V}^{\mathrm{T}}$可用于求矩阵的广义逆

$$\boldsymbol{A}^{+}=\boldsymbol{V}\boldsymbol{\Sigma}^{-}\boldsymbol{U}^{\mathrm{T}},\boldsymbol{\Sigma}^{-1}=\mathrm{diag}(d_1,d_2,\cdots,d_n)$$

而

$$d_i=\begin{cases}\dfrac{1}{\sigma_i} & \sigma_i\neq 0\\ 0 & \sigma_i=0\end{cases}$$

如果不考虑零特征值和相应的特征向量,这就是本研究实际采用的奇异值分解

$$\boldsymbol{A}=\boldsymbol{U}_r\boldsymbol{\Sigma}_r\boldsymbol{V}_r^{\mathrm{T}}$$

其广义逆矩阵为

$$\boldsymbol{H}_L=\boldsymbol{V}_r\boldsymbol{\Sigma}_r^{-1}\boldsymbol{U}_r^{\mathrm{T}}$$

B. 3. 2　关于广义逆矩阵的改进

利用广义逆矩阵直接解方程$\boldsymbol{A}\Delta\lambda=\Delta\rho$,可使方程在任何情况下都有解,即使矩阵$\boldsymbol{A}$是奇异的也一样,这在前面已有论述。虽然解的稳定性比解法方程好,但是,在系数矩阵具有小奇异值,方程处于病态情况下,仍会使迭代发散,现举例说明。

案例一:理论视电阻率曲线呈 HA 型对应的四层地电断面(图 B-3),其各层的电阻率为:$\rho_1=1.00\Omega\cdot\mathrm{m}$,$\rho_2=0.20\Omega\cdot\mathrm{m}$,$\rho_3=10.00\Omega\cdot\mathrm{m}$,$\rho_4=100.00\Omega\cdot\mathrm{m}$;相应各层厚度为:$h_1=1.00\mathrm{km}$,$h_2=2.00\mathrm{km}$,$h_3=1.00\mathrm{km}$。以后涉及的地电断面参数采用同样单位,不再说明。

如果初始参数与实际参数相差10%,利用广义逆矩阵$\boldsymbol{H}_L=\boldsymbol{V}_r\boldsymbol{\Sigma}_r^{-1}\boldsymbol{U}_r^{\mathrm{T}}$进行反演,迭代一次就发散,具体见表 B-1。表中$F$表示目标函数,PN 为拟合差,$\mu^2$为阻尼系数,后面各表同。

表 B-1　未加阻力 HA 型曲线拟合 1 次结果(发散数据)

序号	F	PN	μ^2	ρ_1	ρ_2	ρ_3	ρ_4	h_1	h_2	h_3	备注
0	2.19	0.184		0.9	0.22	9.0	90.0	0.9	1.8	0.9	
1	118.0	0.577	0	1.0	0.2	> 10000	98.9	1.0	8.7	412.9	

注:$\rho_1\sim\rho_4$单位为$\Omega\cdot\mathrm{m}$;$h_1\sim h_3$单位为 km。

由表 B-1 可见,迭代一次参数ρ_3就大于$10000\Omega\cdot\mathrm{m}$,同时目标函数大大增加(不是下降),拟合度差,说明迭代沿着错误方向进行;其原因是系数矩阵$\boldsymbol{A}$有小奇异值1.72×10^{-5},而条件数

$$K(\boldsymbol{A})=\frac{\sigma_{\max}}{\sigma_{\min}}=\frac{0.106\times10^{2}}{0.172\times10^{-4}}=0.616\times10^{6}$$

太大，造成解不稳定。

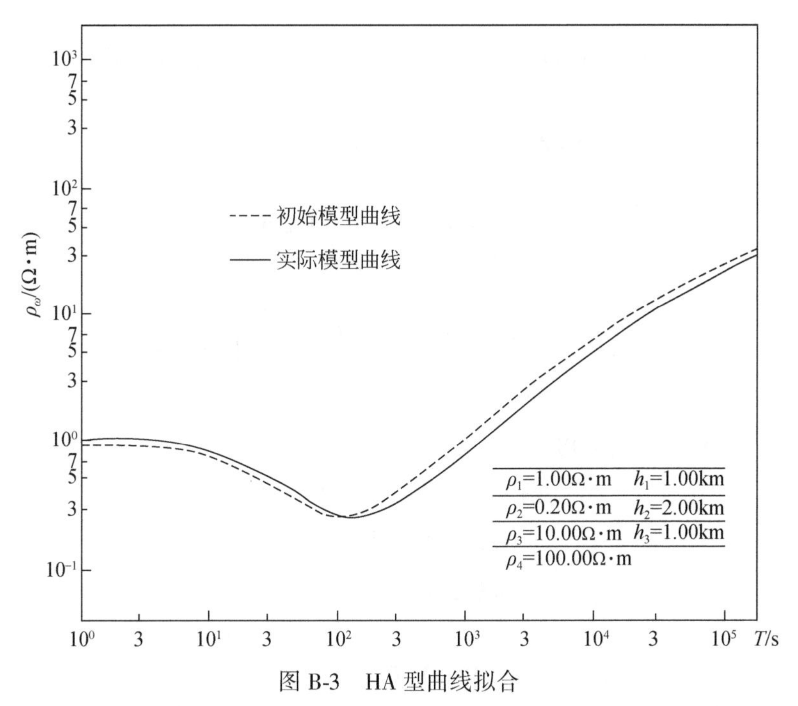

图 B-3 HA 型曲线拟合

这就提出如何克服反演过程中不稳定性的问题。产生不稳定的因素是系数矩阵 $\boldsymbol{A}$ 的条件数太大，即含有小奇异值，应从压制奇异值着手。压制的办法有二：一是将小奇异值除去，避免其影响；二是加阻尼，限制小奇异值的不利影响。第一个办法称奇异值截除法，用来反演案例一中理论数据，其结果见表 B-2（初始参数偏差 10%，截除 < 0.90 的小奇异值）。

表 B-2 采用截断小奇异值法 HA 型曲线拟合 2 次结果（基本收敛与真实参数）

序号	F	PN	μ^2	ρ_1	ρ_2	ρ_3	ρ_4	h_1	h_2	h_3	初参偏差 10%
0	2.19	0.184		0.90	0.22	9.0	90.0	0.9	1.8	0.9	
1	0.0049	0.0078	0	0.99	0.20	8.99	98.22	1.0	2.02	0.9	
2	0.000113	0.00119	0	1.0	0.20	8.99	100.0	0.99	2.02	0.9	
3	0.000112	0.00118	0	1.0	0.20	8.99	100.0	0.99	2.02	0.9	
4	0.000112	0.00118	0	1.0	0.20	8.99	100.0	0.99	2.02	0.9	$\hat{S}_3=\frac{0.9}{8.9}\approx0.1$
真实参数				1.0	0.20	10.0	100.0	1.0	2.0	1.0	$S_3=\frac{1.0}{10.0}=0.1$

注：$\rho_1\sim\rho_4$ 单位为 Ω · m；$h_1\sim h_3$ 单位为 km。

从表 B-2 看出，利用奇异值截除法能保证迭代收敛，并且迭代两次就可结束，这时目标函数已降到很小的值，拟合度很好，PN=0.119×10^{-2}。除 ρ_3、h_3 不甚理想外，其他参数都逼近真值;再继续迭代没有什么改善。这说明奇异值截除法对反演是有效的。

关于加阻尼的方法,可从阻尼最小二乘法,即马夸特法得到启发。现将目标函数选为

$$F(\boldsymbol{\lambda})=\|\Delta\boldsymbol{\rho}-\boldsymbol{A}\Delta\boldsymbol{\lambda}\|^2+\mu^2\|\Delta\boldsymbol{\lambda}\|^2 \tag{B-49}$$

将式(B-49)展开得

$$F(\boldsymbol{\lambda})=\|\Delta\boldsymbol{\rho}\|^2-2\Delta\boldsymbol{\rho}^{\mathrm{T}}\boldsymbol{A}\Delta\boldsymbol{\lambda}+\Delta\boldsymbol{\lambda}^{\mathrm{T}}\boldsymbol{A}^{\mathrm{T}}\boldsymbol{A}\Delta\boldsymbol{\lambda}+\mu^2\Delta\boldsymbol{\lambda}^{\mathrm{T}}\Delta\boldsymbol{\lambda}$$

取梯度,使其为零

$$\nabla F(\boldsymbol{\lambda})=2\boldsymbol{A}^{\mathrm{T}}\boldsymbol{A}\Delta\boldsymbol{\lambda}-2\boldsymbol{A}\Delta\boldsymbol{\rho}+2\mu^2\Delta\boldsymbol{\lambda}=0$$

这样可得

$$\Delta\boldsymbol{\lambda}=(\boldsymbol{A}^{\mathrm{T}}\boldsymbol{A}+\mu^2\boldsymbol{I})^{-1}\boldsymbol{A}^{\mathrm{T}}\Delta\boldsymbol{\rho} \tag{B-50}$$

根据前面所述 $\boldsymbol{A}$ 的奇异值分解问题可将式(B-50)写成

$$\Delta\boldsymbol{\lambda}=[\boldsymbol{V}_r,\boldsymbol{V}_0]\begin{bmatrix}(\boldsymbol{\Sigma}_r^2+\mu^2\boldsymbol{I})^{-1} & 0\\ 0 & \mu^{-2}\boldsymbol{I}\end{bmatrix}\begin{bmatrix}\boldsymbol{V}_r^{\mathrm{T}}\\ ,\\ \boldsymbol{V}_0^{\mathrm{T}}\end{bmatrix}.\ \boldsymbol{V}_r\boldsymbol{\Sigma}_r\boldsymbol{U}_r^{\mathrm{T}}\Delta\boldsymbol{\rho}$$

因为 $\boldsymbol{V}_r^{\mathrm{T}}\boldsymbol{V}_r=\boldsymbol{I},\boldsymbol{V}_0^{\mathrm{T}}\boldsymbol{V}_r=0$,所以

$$\begin{aligned}\Delta\boldsymbol{\lambda}&=\boldsymbol{V}_r(\boldsymbol{\Sigma}_r^2+\mu^2\boldsymbol{I})^{-1}\boldsymbol{\Sigma}_r\boldsymbol{U}_r^{\mathrm{T}}\Delta\boldsymbol{\rho}\\&=\boldsymbol{V}_r\boldsymbol{T}_r\boldsymbol{\Sigma}_r^{-1}\boldsymbol{U}_r^{\mathrm{T}}\Delta\boldsymbol{\rho}\\&=\boldsymbol{B}^{+}\Delta\boldsymbol{\rho}\end{aligned} \tag{B-51}$$

式中

$$\boldsymbol{B}^{+}=\boldsymbol{V}_r\boldsymbol{T}_r\boldsymbol{\Sigma}_r^{-1}\boldsymbol{U}_r^{\mathrm{T}}$$

便是和马夸特法结合的广义逆矩阵。其中 $\boldsymbol{T}_r=(\boldsymbol{\Sigma}_r^2+\mu^2\boldsymbol{I})^{-1}\boldsymbol{\Sigma}_r^2$ 是 $r\times r$ 阶对角矩阵,对角元素为

$$t_i=\frac{\sigma_i^2}{\sigma_i^2+\mu^2}\quad i=1,2,\cdots,r \tag{B-52}$$

式中,μ^2 为一个小正数,称为阻尼系数。按式(B-51)对案例一的模型数据进行反演,其结果列于表 B-3。

表 B-3　HA 型曲线拟合

序号	F	PN	μ^2	ρ_1	ρ_2	ρ_3	ρ_4	h_1	h_2	h_3	初参偏差 10%
0	2.19	0.184		0.90	0.22	9.0	90.0	0.9	1.8	0.9	
1	0.786	0.102	100	0.91	0.21	8.99	90.05	0.91	1.89	0.9	
2	0.0788	0.031	10	0.97	0.20	8.99	94.35	0.95	1.99	0.9	
3	0.00086	0.0033	1.0	1.0	0.20	8.99	99.31	0.99	2.02	0.9	
4	0.000013	0.00041	0.1	1.0	0.20	8.99	99.99	1.0	2.01	0.9	$\hat{S}_3=\frac{0.9}{8.9}\approx0.1$
真实参数				1.0	0.20	10.0	100.0	1.0	2.0	1.0	$S_3=\frac{1.0}{10.0}=0.1$

注:$\rho_1\sim\rho_4$ 单位为 Ω · m;$h_1\sim h_3$ 单位为 km。

由表 B-3 看出,加了阻尼系数 μ^2,保证了目标函数逐步下降,经过四次迭代,数据拟合很

好($PN=0.41\times10^{-3}$)。除第三层的电阻率和厚度几乎没变,其他各层参数都达到或接近真值,说明加阻尼同样可使迭代稳定收敛。

从式(B-50)和式(B-51)的推导过程中可知,当 $\mu^2=0$ 时,就是高斯-牛顿法($\boldsymbol{A}$ 为满秩)或一般广义逆矩阵法($\boldsymbol{A}$ 为降秩)。如果 $\mu^2\to\infty$, $\Delta\boldsymbol{\lambda}=[\mu^2\boldsymbol{I}]^{-1}\boldsymbol{A}^{\mathrm{T}}\Delta\boldsymbol{\rho}$,这就趋于梯度法。

进一步设想,如果将式(B-52)改写为

$$t_i^{(N)}=\frac{\sigma_i^{2N}}{\sigma_i^{2N}+\mu^{2N}}\quad(N\text{ 为正整数})\tag{B-53}$$

同样会起到阻尼作用,这在文献(Jupp and Vozoff, 1975)中称为改进的广义逆矩阵反演方法。当 $N=1$ 时,就是广义逆矩阵和马夸特法的结合。当 $N\to\infty$ 时,就相当于奇异值截除法,因为

$$t_i^{(N)}=\begin{cases}1 & \mu<\sigma_i\\ 1/2 & \mu=\sigma_i\\ 0 & \mu>\sigma_i\end{cases}$$

显然,选定一个 μ 值后,当 $\mu<\sigma_i$ 时,基本不改变相对应的奇异值;当 $\mu=\sigma_i$ 时,对应的奇异值增加到 2 倍,作用减小一半;当 $\mu>\sigma_i$ 时,小奇异值被截除,作用化为乌有。

当 N 选用其他正整数时,只要 μ 选择合适,都可因阻尼因子 $T_r^{(N)}$ 的作用而使迭代稳定、收敛。例如,选择 $N=5$, $\mu^2=100$,仍对案例一的模型数据进行反演,迭代 5 次后得 $\rho_1=1.00\Omega\cdot\mathrm{m}$, $\rho_2=0.20\Omega\cdot\mathrm{m}$, $\rho_3=8.99\Omega\cdot\mathrm{m}$, $\rho_4=100.00\Omega\cdot\mathrm{m}$, $h_1=1.00\mathrm{km}$, $h_2=2.00\mathrm{km}$, $h_3=0.90\mathrm{km}$,这和 $N=1$ 、 $N\to\infty$ 的效果几乎一样。对更复杂的曲线也做了试验,结果 $N>2$ 时,随着 N 值的增加,效果变差。如果采用奇异值截除法,并不像案例一那样和 $N=1$ 差不多一样好,而是相差甚远,有比较多的参数远离真值;而 $N=1$ 时的改进广义逆矩阵反演都得到满意的结果,这可从后面的案例四中看出。究其原因,笔者认为是复杂模型反演时要稳定迭代就必须截除掉(或压制掉)较多的小奇异值,这就相当于使系数矩阵 $\boldsymbol{A}$ 降秩,扩大了 $\boldsymbol{U}_0$ 和 $\boldsymbol{V}_0$ 空间,使信息密度矩阵 $\boldsymbol{F}$ 和分辨矩阵 $\boldsymbol{R}$ 都偏离单位矩阵太多,因此,拟合度和解的分辨性变差。为了使反演程序适应性更强,选择 $N=1$ 的改进广义逆矩阵反演是最优的。

由于广义逆矩阵的改进,信息密度矩阵 $\boldsymbol{F}$,参数分辨矩阵 $\boldsymbol{R}$ 和方差 $\mathrm{Var}(\Delta\lambda)$ 的计算也要相应改变:

$$\left.\begin{aligned}\boldsymbol{F}&=\boldsymbol{AB}^{+}=\boldsymbol{U}_r\boldsymbol{\Sigma}_r\boldsymbol{V}_r^{\mathrm{T}}\boldsymbol{V}_r\boldsymbol{T}_r\boldsymbol{\Sigma}_r^{-1}\boldsymbol{U}_r^{\mathrm{T}}=\boldsymbol{U}_r\boldsymbol{T}_r\boldsymbol{U}_r^{\mathrm{T}}\\ f_{ij}&=\sum_{k=1}^{n}u_{ik}t_ku_{kj}=\sum_{k=1}^{r}u_{ik}u_{kj}\frac{\sigma_k^2}{\sigma_k^2+\mu^2}\end{aligned}\right\}\tag{B-54}$$

$$\left.\begin{aligned}\boldsymbol{R}&=\boldsymbol{B}^{+}\boldsymbol{A}=\boldsymbol{V}_r\boldsymbol{T}_r\boldsymbol{\Sigma}_r^{-1}\boldsymbol{U}_r^{\mathrm{T}}\boldsymbol{U}_r\boldsymbol{\Sigma}_r\boldsymbol{V}_r^{\mathrm{T}}=\boldsymbol{V}_r\boldsymbol{T}_r\boldsymbol{V}_r^{\mathrm{T}}\\ r_{ij}&=\sum_{k=1}^{n}v_{ik}t_kv_{kj}=\sum_{k=1}^{r}v_{ik}v_{kj}\frac{\sigma_k^2}{\sigma_k^2+\mu^2}\end{aligned}\right\}\tag{B-55}$$

$$\mathrm{Var}(\Delta\lambda_l)=\sigma^2\sum_{k=1}^{r}\frac{v_{lk}^2}{\sigma_k^2}\left(\frac{\sigma_k^2}{\sigma_k^2+\mu^2}\right)^2=\sigma^2\sum_{k=1}^{r}v_{lk}^2\frac{\sigma_k^2}{(\sigma_k^2+\mu^2)^2}\tag{B-56}$$

B. 3. 3　选择合理的计算方法

在实际反演时,目标函数采用

$$F(\boldsymbol{\lambda})=\|\boldsymbol{\rho}_a-\boldsymbol{\rho}_c(\boldsymbol{\lambda})\|^2 \tag{B-57}$$

经过线性化后为

$$F(\boldsymbol{\lambda})=\|\Delta\boldsymbol{\rho}_a-\boldsymbol{A}\Delta(\boldsymbol{\lambda})\|^2 \tag{B-57′}$$

而采用和马夸特法结合的广义逆矩阵反演方法时,其目标函数为

$$F(\boldsymbol{\lambda})=\|\Delta\boldsymbol{\rho}_a-\boldsymbol{A}\Delta\boldsymbol{\lambda}\|^2+\mu^2\|\Delta\boldsymbol{\lambda}\|^2 \tag{B-58}$$

这就要求式(B-57′)和式(B-58)的解是等价的,否则,按式(B-58)取极小求解而按式(B-57′)算目标函数就会发生矛盾。现在就来证明它们的一致性。

假设式(B-58)的最小二乘解为 $\Delta\boldsymbol{\lambda}(\mu^2)$,由式(B-50)知 $\Delta\boldsymbol{\lambda}(\mu^2)$满足方程组

$$(\boldsymbol{A}^{\mathrm{T}}\boldsymbol{A}+\mu^2\boldsymbol{I})\Delta\boldsymbol{\lambda}=\boldsymbol{A}^{\mathrm{T}}\Delta\boldsymbol{\rho}$$

则 $\Delta\boldsymbol{\lambda}(\mu^2)$必为目标函数

$$F(\boldsymbol{\lambda})=\|\Delta\boldsymbol{\rho}_a-\boldsymbol{A}\Delta(\boldsymbol{\lambda})\|^2$$

在 n 维空间半径为 $\|\Delta\boldsymbol{\lambda}\|=\|\Delta\boldsymbol{\lambda}(\mu^2)\|$ 的超球面上的最小二乘解。这是因为在 $\|\Delta\boldsymbol{\lambda}\|^2=\|\Delta\boldsymbol{\lambda}(\mu^2)\|^2$ 的条件下,$F(\boldsymbol{\lambda})$的最小二乘解和拉格朗日函数

$$F(\boldsymbol{\lambda},\mu^2)=F(\boldsymbol{\lambda})+\mu^2(\|\Delta\lambda\|^2-\|\Delta\lambda(\mu^2)\|^2) \tag{B-59}$$

的最小二乘解是等价的。由极值的必要条件,应有

$$\frac{\partial F(\boldsymbol{\lambda},\mu^2)}{\partial\boldsymbol{\lambda}}=(\boldsymbol{A}^{\mathrm{T}}\boldsymbol{A}+\mu^2 I)\Delta\boldsymbol{\lambda}-\boldsymbol{A}^{\mathrm{T}}\Delta\boldsymbol{\rho}=0 \tag{B-60}$$

$$\frac{\partial F(\boldsymbol{\lambda},\mu^2)}{\partial(\mu^2)}=\|\Delta\boldsymbol{\lambda}\|^2-\|\Delta\boldsymbol{\lambda}(\mu^2)\|^2=0 \tag{B-61}$$

由式(B-60)可得

$$\Delta\boldsymbol{\lambda}=(\boldsymbol{A}^{\mathrm{T}}\boldsymbol{A}+\mu^2\boldsymbol{I})^{-1}\boldsymbol{A}^{\mathrm{T}}\Delta\boldsymbol{\rho}=\Delta\boldsymbol{\lambda}(\mu^2)$$

显然,此解也满足式(B-61),因而 $\Delta\boldsymbol{\lambda}(\mu^2)$使式(B-57′)取条件极小值。

现在根据式(B-58)推导有关迭代过程的计算公式。目标函数应为

$$F(\boldsymbol{\lambda})=\sum_{i=1}^{m}\left\{[\rho_{ai}-(\rho_{ci})_0]-\sum_{j=1}^{n}\left(\frac{\partial\rho_{ci}}{\partial\lambda_j}\right)_0\Delta\lambda_j\right\}^2+\mu^2\sum_{j=1}^{n}\Delta\lambda_j^2 \tag{B-62}$$

但是,这是按参数取算术坐标进行计算;而电磁测深曲线是双对数坐标上的视电阻率与场变化周期的关系曲线,这很好地反映地电断面的响应规律,因此必须将目标函数的相应参数取对数计算,即

$$F(\ln\boldsymbol{\lambda})=\sum_{i=1}^{m}\left\{[\ln\rho_{ai}-(\ln\rho_{ci})_0]-\sum_{j=1}^{n}\frac{1}{(\rho_{ci})_0}\left(\frac{\partial\rho_{ci}}{\partial\lambda_j}\lambda_j\right)_0\Delta\ln\lambda_j\right\}^2+\mu^2\sum_{j=1}^{n}(\Delta\ln\lambda_j)^2 \tag{B-63}$$

这样,式(B-58)的表达变为

$$F(\ln\boldsymbol{\lambda})=\|\Delta\ln\boldsymbol{\rho}_a-\boldsymbol{A}\Delta\ln\boldsymbol{\lambda}\|^2+\mu^2\ \|\Delta\ln\boldsymbol{\lambda}\|^2$$

其中

$$\boldsymbol{A}=\left[\frac{1}{\rho_{ci}(\boldsymbol{\lambda})}\frac{\partial\rho_{ci}(\boldsymbol{\lambda})}{\partial\lambda_j}\lambda_j\right]_{\lambda=\lambda_0}$$

或者将式(B-63)写成

$$\begin{aligned}F(\ln\boldsymbol{\lambda})=&\sum_{i=1}^{m}\frac{1}{\rho_{ai}^2}\left\{[\rho_{ai}-(\rho_{ci})_0]-\sum_{j=1}^{n}\left(\frac{\partial\rho_{ci}}{\partial\lambda_j}\right)_0\Delta\lambda_j\right\}^2\\&+\mu^2\sum_{j=1}^{n}\left[\frac{\Delta\lambda_j}{(\lambda_j)_0}\right]^2\end{aligned}\tag{B-64}$$

式(B-64)和式(B-63)是等价的,因为后者是由前者推导出来的。但实际上采用式(B-64)为目标函数不如以式(B-63)作为目标函数反演效果好,这在参考资料(吴广跃和王天生,1981)中已经阐明。如果对不含噪声的理论数据拟合反演关系不大;但实际资料都会有误差,这样按式(B-64)表示的目标函数进行反演就不能达到最佳拟合,位置偏下。这不难理解,因为在绝对误差一样的情况下,对于小基数相对误差大,拟合曲线就下移。采用式(B-63)为目标函数就不存在此现象。如果误差的期望值为零,并在对数比例尺中呈正态分布,则曲线拟合适中。这可从案例二的图B-4(和表B-4)看出。

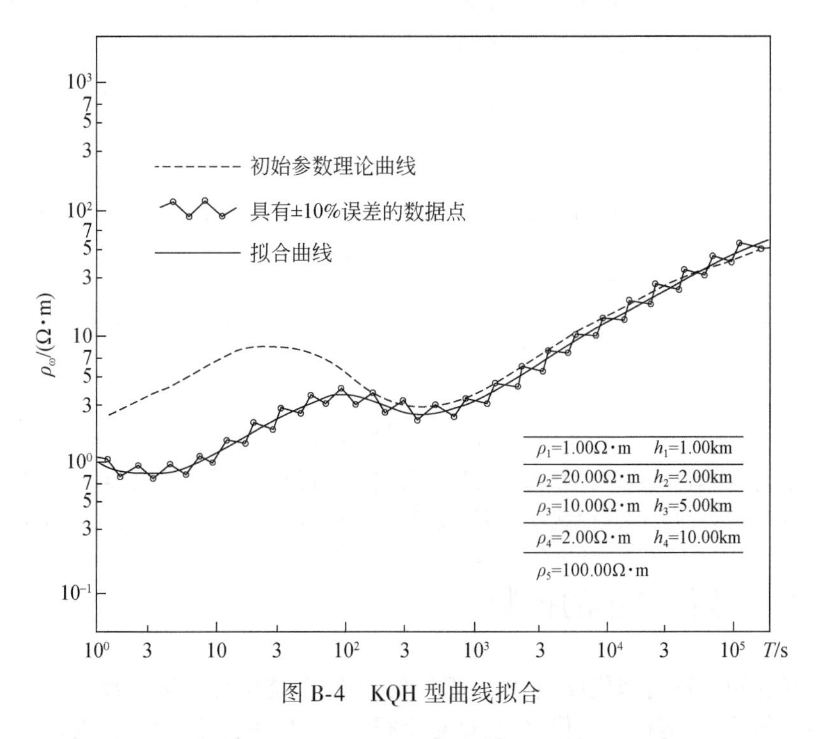

图B-4　KQH型曲线拟合

案例二:一个五层地电断面(图B-4),各层的电阻率和厚度分别为:$\rho_1=1.00\Omega\cdot\mathrm{m}$,$\rho_2=20.00\Omega\cdot\mathrm{m}$,$\rho_3=10.00\Omega\cdot\mathrm{m}$,$\rho_4=2.00\Omega\cdot\mathrm{m}$,$\rho_5=100.00\Omega\cdot\mathrm{m}$;$h_1=1.00\mathrm{km}$,$h_2=2.00\mathrm{km}$,$h_3=5.00\mathrm{km}$,$h_4=10.00\mathrm{km}$。如取初始参数值与真实值偏离100%左右,而数据误差为10%左右,其反演结果列于表B-4,曲线拟合情况见图B-4。

案例二说明对多层曲线,在初始参数偏离大,数据又存在误差的情况下,数据和参数都采用对数进行反演,可达到最佳拟合。

采用对数反演,改进广义逆矩阵反演算法的迭代公式为

$$\left.\begin{aligned}&\Delta\ln\boldsymbol{\lambda}=\boldsymbol{B}^{+}\Delta\ln\boldsymbol{\rho}=\boldsymbol{V}_r\boldsymbol{T}_r\boldsymbol{\Sigma}_r^{-1}\boldsymbol{U}_r^{\mathrm{T}}\Delta\ln\boldsymbol{\rho}\\&\Delta\ln\lambda_j=\sum_{i=1}^{m}\left(\sum_{k=1}^{n}v_{jk}u_{ki}\frac{\sigma_k}{\sigma_k^2+\mu^2}\right)\Delta\ln\rho_i\end{aligned}\right\}\tag{B-65}$$

$$\left.\begin{aligned}&\Delta\boldsymbol{\lambda}=\Lambda^{(k)}\Delta\ln\boldsymbol{\lambda}\quad(\Lambda=\mathrm{diag}(\lambda_1,\lambda_2,\cdots,\lambda_n))\\&\Delta\lambda_j=\lambda_j^{(k)}\Delta\ln\lambda_j\end{aligned}\right\}\tag{B-66}$$

$$\left.\begin{aligned}&\boldsymbol{\lambda}^{(k+1)}=\boldsymbol{\lambda}^{(k)}+\Delta\boldsymbol{\lambda}\\&\lambda_j^{(k+1)}=\lambda_j^{(k)}+\Delta\lambda_j\end{aligned}\right\}\tag{B-67}$$

表 B-4 KQH 型曲线反演结果(数据偏差 10%左右)

序号	F	PN	μ^2	ρ_1	ρ_2	ρ_3	ρ_4	ρ_5	h_1	h_2	h_3	h_4	备注
0	39.9	1.54		2.0	15.0	15.0	1.0	80.0	0.55	4.0	3.0	5.0	初始参数偏差 100%
1	1.87	0.145	10.0	0.88	10.16	14.48	0.99	88.54	0.70	3.67	2.81	5.06	
2	0.85	0.102	1.0	0.98	9.65	14.58	1.08	96.64	0.87	4.37	3.23	5.26	
3	0.74	0.096	0.1	1.0	10.35	14.43	1.85	98.55	0.95	4.86	3.47	5.76	
4	0.73	0.0958	0.01	1.0	11.70	11.56	1.64	98.96	0.98	4.68	2.94	8.08	
5	0.73	0.0958	100	1.0	11.71	11.56	1.63	98.94	0.97	4.68	2.94	8.09	
6	0.729	0.0958	10.0	1.0	11.72	11.56	1.64	98.94	0.97	4.69	2.94	8.10	
7	0.729	0.0957	1.0	1.0	11.79	11.52	1.64	99.0	0.97	4.69	2.94	8.16	
8	0.728	0.0956	0.1	1.0	12.16	11.15	1.72	98.98	0.98	4.60	2.91	8.55	
9	0.726	0.0954	0.01	1.0	12.98	9.52	2.02	99.2	0.98	4.13	2.79	10.16	$h_2+h_3=7.00$
真实参数				1.0	20.0	10.0	2.0	100.0	1.0	2.00	5.0	10.0	$h_2+h_3=7.00$

注:$\rho_1\sim\rho_5$ 单位为 Ω · m;$h_1\sim h_4$ 单位为 km。

不宜采用

$$\Delta\lambda_j=\lambda_j(\mathrm{e}^{\Delta\ln\lambda_j}-1)$$

来计算改正量,这样效果不好。原因是 $\Delta\ln\lambda_j$ 很小,以很小的数作指数会使($\mathrm{e}^{\Delta\ln\lambda_j}-1$)的数值计算不稳定;再就是在反演方程式中,系数矩阵 $\boldsymbol{A}$ 的计算是采用式(B-66)的关系。

B. 3. 4 关于迭代终止的控制

采用广义逆矩阵进行迭代反演,由于阻尼的作用,总能保证目标函数 $F(\boldsymbol{\lambda})$ 逐次下降,以使迭代收敛。但是,如何控制迭代终止,这是个很实际的问题。因为迭代次数少了结果达不到一定的精度要求;迭代次数多了没有必要,会造成浪费。笔者曾选择以下几个控制指标进行试验。

1. 拟合度(差) $\mathrm{PN}=\sqrt{\dfrac{1}{m}\sum_{i=1}^{m}\dfrac{(\rho_{ai}-\rho_{ci})^2}{\rho_{ai}^2}}$

在迭代过程中,由于目标函数是逐次下降的,拟合度也就越来越好;目标函数下降到一定程度就不下降了,拟合度不再改善,表明达到限度,可以停机。但是,PN的数值到底达到多少就可停机,对不同类型的曲线,尤其观测数据的误差大小不同,其控制数值要有所调整。例如,在案例一(HA曲线)中,最后拟合度 $PN=0.41\times10^{-3}$;而在案例二(KQH曲线)中,最后拟合度 $PN=0.95\times10^{-1}$。因为前者数据没误差,后者数据加了一定误差,它们达到最佳拟合时残差就不同。显然,不能选择统一的数值控制停机。

2. 相对参数改正量 $PE=\sqrt{\frac{1}{n}\sum_{j=1}^{n}\frac{\Delta\lambda_j^2}{\lambda_j^2}}$

在迭代过程中,相对参数改正量是波动的,随迭代次第不同而异,要选择一个合适量不容易。

3. 目标函数梯度 $\nabla F(\boldsymbol{\lambda})=\frac{\Delta F(\boldsymbol{\lambda})}{\Delta\boldsymbol{\lambda}}$

从理论上来说,迭代终了目标函数的梯度应趋近于零,但实际上很难达到,我们求不出真正全局极小点的数值,只能求出近似值;这样一来,对不同的曲线,其目标函数在接近极小值时的梯度就会不同,因为相应于目标函数的图形在接近极小点(更确切地说迭代到终了应接近全局极小点-最小点)时的曲率不同。这样按目标的梯度判断停机与否也不好掌握。

4. 利用迭代过程中阻尼系数 μ^2 变得很小后突然增加时作为停机信号

到底如何判断反演拟合达到要求,可终止迭代而停机,上面的方法,尤其是指标PN可供参考;笔者还认为根据迭代过程中阻尼系数的变化应是适宜的。在反演过程中阻尼系数 μ^2 是自动调节的,以保证目标函数逐次降低。随着迭代过程的进行,一般来说阻尼应是自动减小,像表B-3中 μ^2 从 0.1×10^3 一直下降到 0.1×10^0,这样初始参数经过不断改正逐渐逼近真值;如果继续减小阻尼,目标函数不能下降,只好增加阻尼,使得参数改正量甚微,拟合度基本不变,这是达到最佳拟合的象征;因为继续迭代下去,并不能改善结果。从另外的角度来看,迭代过程中阻尼由大变小,意味着由梯度法向高斯-牛顿法过渡,收敛加快,很快使目标函数趋于极小点;由于线性化,最后逼近极小点,也就近似于全局极小点;如果再迭代下去,就要增加阻尼(增得很大)而转向梯度法,在极小点附近,梯度法见效甚微。这样看来,选择阻尼由小变大的突变点作为停机的标志是合理的,而且适应性强。通过对各种类型曲线的反演拟合试验,该方法很奏效。为避免个别情况下迭代开始阶段因阻尼波动而达不到精度要求发生停机,加一个控制语句可解决,就是经过一定的迭代次数使判断才生效。

B.4 实际反演效果及其分析

根据上面有关广义逆矩阵反演的基本理论和实算策略的论述编制了相应的反演程序,其方框图为图B-5。该程序适应性强,可加阻尼;加阻尼时,其阻尼因子 $T_r^{(N)}$ 中的 N 酌情选取,笔者选用 $N=1$ 的阻尼因子来改进广义逆矩阵,以稳定迭代,保证反演收敛。现在就反演效果进行具体分析。首先举一个不加阻尼也能获得不错结果的例子。

案例三：有一四层地电断面（图 B-6），其各层电阻率和厚度为：$\rho_1 = 1.00\Omega \cdot m$，$\rho_2 = 10.00\Omega \cdot m$，$\rho_3 = 2.00\Omega \cdot m$，$\rho_4 = 100.00\Omega \cdot m$；$h_1 = 1.00km$，$h_2 = 2.00km$，$h_3 = 5.00km$。取初始参数与真实参数差 10% 时进行无阻尼反演，其结果列于表 B-5。

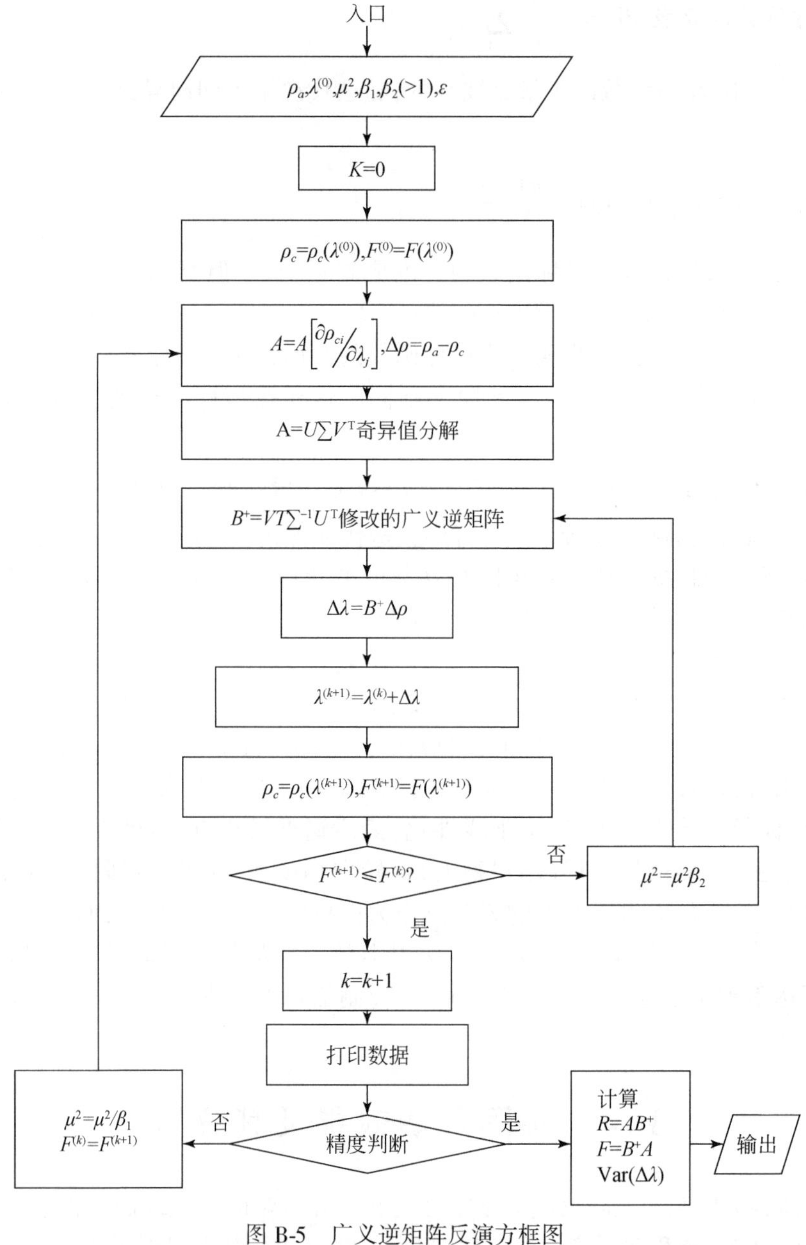

图 B-5　广义逆矩阵反演方框图

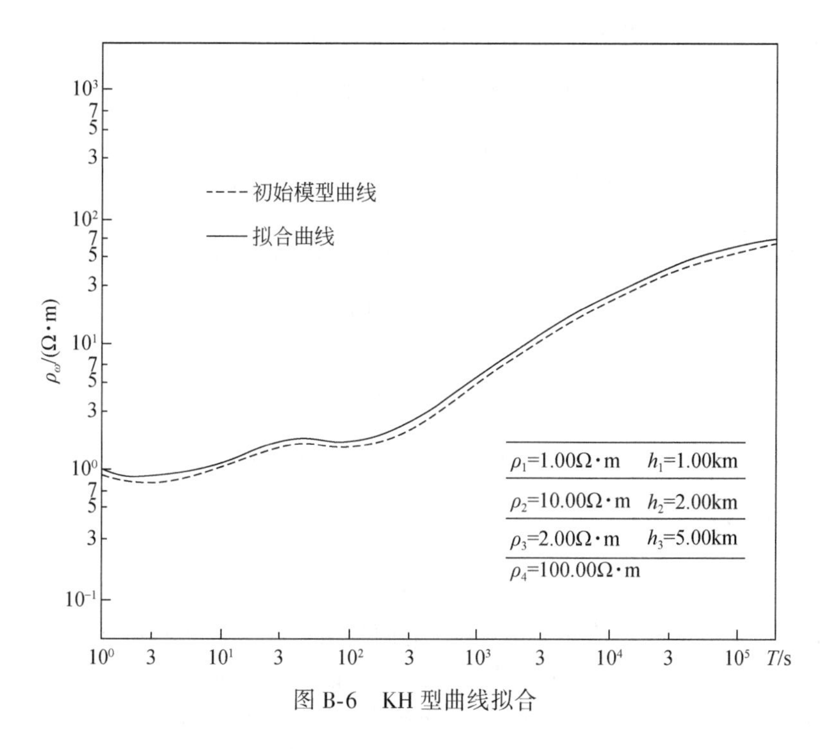

图B-6　KH型曲线拟合

表B-5　未加阻尼反演结果

序号	F	PN	μ^2	ρ_1	ρ_2	ρ_3	ρ_4	h_1	h_2	h_3	
0	0.563	0.08		0.9	9.0	1.8	90.0	0.9	1.8	4.5	偏离真值10%
2	0.39×10^{-5}	0.22×10^{-3}	0	1.0	10.1	2.0	100.0	1.0	2.0	5.0	逼真
真实参数				1.0	10.0	2.0	100.0	1.0	2.0	5.0	

注：$\rho_1\sim\rho_4$ 单位为Ω·m；$h_1\sim h_3$ 单位为km。

从表B-5看出，该模型不加阻尼反演只需迭代二次就收敛于真值，很理想。但是，大多数理论模型，特别是实测数据必须加阻尼才能将反演进行下去，结果也不是都很满意。案例一、案例二中的两个模型在反演中都加了阻尼，达到最佳拟合时，多数参数逼近真值，有的参数就差得远。像案例一中的ρ_3、h_3，案例二中的ρ_2、h_2、h_3与真值偏离较大。但是，仔细观察就发现案例一中的中间纵向电导$\hat{S}_3=\dfrac{h_3}{\rho_3}=\dfrac{0.90}{8.99}\approx0.1$，这和真值的比值一样；而案例二中的中间高阻层$\hat{H}_{2,3}=h_2+h_3=4.13+2.79=6.92$，和真值$2.00+5.00=7.00$差不多。这种现象称为等值性，前者称$S$等值性，后者称$H$等值性。

从理论上讲，电磁法正演问题的解是唯一的，即每一个地电断面对应一条视电阻率曲线；反之，每一条视电阻率曲线对应一个地电断面。但是，由于电磁场在地下分布的特点和观测误差，对于具有不同参数的地电断面，可得到差别不超过观测误差的响应数据，也就是说，在有限的情况下可得到几乎重合的曲线。这种情况主要在具有相对薄层情况下发生。若薄层是低阻的，存在S等值性，若薄层是高阻的，存在H等值性。下面以大地电磁测深为例分析等值性对反演的影响。

根据大地电磁测深正演问题，n 层均匀各向同性介质任一层（设第 m 层）的表面阻抗（讨论表面阻抗和讨论实际采用的视电阻率是一样的，因为 $\rho_a=\frac{1}{\omega\mu}|Z|^2$）为

$$Z_m=Z_{0m}\frac{Z_{0m}(1-e^{2ik_mh_m})+Z_{m+1}(1+e^{2ik_mh_m})}{Z_{0m}(1+e^{2ik_mh_m})+Z_{m+1}(1-e^{2ik_mh_m})} \tag{B-68}$$

式中，$Z_{0m}=\frac{\omega\mu}{k_m}$，为第 m 层的特性阻抗，$k_m=\sqrt{i\omega\mu\sigma_m}$。当 h_m 很小（和该层的埋深或相应周期电磁波在其中的波长相比）时，利用近似公式 $e^x=1+x$，式（B-68）可近似为

$$Z_m=\frac{i\omega\mu h_m+Z_{m+1}}{1+S_mZ_{m+1}} \tag{B-69}$$

式中，$S_m=\frac{h_m}{\rho_m}$，为第 m 层的纵向电导。这就看出，当 $h_m\to0$，而 $\rho_m\to0$（低阻），$S_m=\frac{h_m}{\rho_m}\neq0$，这时式（B-69）可近似写为

$$Z_m=\frac{Z_{m+1}}{1+S_mZ_{m+1}} \tag{B-70}$$

显然，Z_m 只与 Z_{m+1} 和 S_m 有关。可推知，上面各层以及表面阻抗除了其他各层的影响，对低阻薄层来说只受 S_m 的影响，即各层参数不变，低阻薄层的 S_m 不变，其表面阻抗几乎不变，视电阻率也是一样，这就是 S 等值性，常出现在 H 型、A 型断面中。

笔者对 S 等值性的物理意义的理解：良导电地层对地面电磁场的影响取决于其中电流的分布，对相对薄层的电流的密度虽然均匀，在有限范围内其密度可因电阻率的升降而降升；但同时也会因厚度的增大缩小使电流有升降趋势。这样一来，电阻率和厚度对电流的贡献相互抵消，只要纵向电导 $S=\frac{h}{\rho}$ 不变，在一定的厚度与电阻率同步变化区间，等效电流基本不变，对地面电磁场的影响也基本在误差范围内，观测曲线难以分辨。

再看 H 等值性。当 $h_m\to0$，$\rho_m\to\infty$，这是高阻薄层，则 $S_m=\frac{h_m}{\rho_m}\to$二阶无穷小，式（B-69）可近似写成

$$Z_m=i\omega\mu h_m+Z_{m+1} \tag{B-71}$$

这说明阻抗 Z_m 仅取决于厚度，而与电阻率无关。只要 h_m 不变，ρ_m 在一定范围变化并不影响视电阻率曲线形状，这就叫作 H 等值性。H 等值性常见于 K 型、Q 型断面中。可以把高阻层看成对电磁波传播是"透明"的，仅作为上、下行电磁波通道。电阻率的变化对地面电磁场的影响不大，主要受传播距离，即厚度的影响。也就是说，厚度不变，电阻率适当改变，甚至有较大改变，都不改变地面观测的视电阻率曲线形态，表现为 H 等值性。

由于等值性的存在，电磁测深曲线对地电断面分辨能力降低。在等值范围内，对低阻薄层只能给出综合参数纵向电导，无法单值地确定电阻率和厚度，案例一中第三层就是如此。对高阻薄层来说，在等值范围内，只能确定其厚度，无法确定其电阻率，像案例二中 $h_2+h_3=6.92$ 近似真值。这些难以确定的参数又往往是前面论述的相应于小奇异值的非重要参数，或相应于零奇异值的无关紧要参数。这些薄层的存在造成矩阵 $\boldsymbol{A}$ 的相应列向量或很小或相关，致使特征值很小，或等于零。这样 $\boldsymbol{A}$ 的条件很差，迭代反演必须加阻尼才稳定收敛，结果

降低了对参数的分辨率。为直观起见，下面来研究前面已论述的分辨矩阵 $\boldsymbol{R}$ 的特征。

案例三中的 KH 模型条件好，迭代反演无需加阻尼就收敛于各参数的真值；当然，分辨率是很好的，其分辨矩阵是 7×7 阶的单位矩阵 $\boldsymbol{R}=\boldsymbol{I}$。案例一中的 HA 模型条件差，迭代反演必须加阻尼才能收敛，结果分辨能力降低，相应的分辨矩阵不是单位矩阵，第四次迭代时的分辨矩阵 $\boldsymbol{R}$（对称矩阵，各元素取值为小数点后 3 位。以后的表示同）为

$$
\begin{array}{ccccccc}
0.995 & -0.002 & 0.0 & 0.0 & 0.003 & -0.003 & 0.0 \\
 & 0.905 & 0.0 & -0.001 & 0.047 & -0.101 & 0.0 \\
 & & 0.0 & 0.0 & 0.0 & -0.009 & 0.0 \\
 & & & 0.991 & 0.0 & -0.003 & 0.0 \\
 & & & & 0.962 & 0.051 & 0.0 \\
 & & & & & 0.890 & 0.009 \\
 & & & & & & 0.0
\end{array}
$$

可以清楚看出，$\boldsymbol{R}$ 的对角线元素不等于 1；凡是对角线元素接近 1 的，反演的相应参数越接近真值，反之，越近于零的对角线元素相应的参数 ρ_3、h_3 就和真值差别越大（迭代过程中几乎没改正初始值）。

对数据不存在误差的好条件的 KH 型曲线和条件差的 HA 型曲线以及数据有误差的 KQH 型曲线的拟合情况前面已经列举，利用广义逆矩阵反演的有效性已经显示出来。为更深刻理解这点，再举一个更复杂的理论模型反演例子。

案例四：地电断面为六层（图 B-7），各层参数分别为：$\rho_1=5.00\Omega\cdot\text{m}$，$\rho_2=118.00\Omega\cdot\text{m}$，$\rho_3=1.00\Omega\cdot\text{m}$，$\rho_4=10^4\Omega\cdot\text{m}$，$\rho_5=59.60\Omega\cdot\text{m}$，$\rho_6=0.48\Omega\cdot\text{m}$；$h_1=0.13\text{km}$，$h_2=11.60\text{km}$，$h_3=0.30\text{km}$，$h_4=7.00\text{km}$，$h_5=67.40\text{km}$。理论视电阻率曲线为图 B-7 中的实线。现选初始参数分别为：$\rho_1^{(0)}=2.50\Omega\cdot\text{m}$，$\rho_2^{(0)}=200.00\Omega\cdot\text{m}$，$\rho_3^{(0)}=0.50\Omega\cdot\text{m}$，$\rho_4^{(0)}=500.00\Omega\cdot\text{m}$，$\rho_5^{(0)}=120.00\Omega\cdot\text{m}$；$\rho_6^{(0)}=0.25\Omega\cdot\text{m}$；$h_1^{(0)}=0.30\text{km}$，$h_2^{(0)}=20.00\text{km}$，$h_3^{(0)}=0.15\text{km}$，$h_4^{(0)}=14.00\text{km}$，$h_5^{(0)}=61.00\text{km}$。正演的视电阻率曲线为图 B-7 中的虚线。经过 7 次迭代反演结果的视电阻率曲线与真实理论视电阻率曲线重合在一起，其拟合度 $\text{PN}=0.696\times10^{-3}$，在图 B-7 上分不出理论和反演曲线。经过 7 次迭代反演所得参数为：$\rho_1^{(7)}=4.52\Omega\cdot\text{m}$，$\rho_2^{(7)}=117.67\Omega\cdot\text{m}$，$\rho_3^{(7)}=0.49\Omega\cdot\text{m}$，$\rho_4^{(7)}=476.33\Omega\cdot\text{m}$，$\rho_5^{(7)}=59.60\Omega\cdot\text{m}$；$\rho_6^{(7)}=0.48\Omega\cdot\text{m}$；$h_1^{(7)}=0.12\text{km}$，$h_2^{(7)}=11.67\text{km}$，$h_3^{(7)}=0.14\text{km}$，$h_4^{(7)}=7.57\text{km}$，$h_5^{(7)}=66.93\text{km}$。

从反演所得参数看，除了 ρ_3、ρ_4 和 h_3 外，其他参数都接近真值。ρ_3、h_3 与真实值相差 1 倍，ρ_4 相差更多。这样相应的地电断面就不一致了，但视电阻率曲线几乎无差别，这正是等值性原理在大地电磁测深反演解释中的反映。实际模型第三层电阻率为 $1\Omega\cdot\text{m}$，厚度为 0.3km，相对于埋深 11.73km，应属于低阻薄层，具有 S 等值性。实际模型的 $S_3=\dfrac{h_3}{\rho_3}=\dfrac{0.30}{1.00}=0.30$，反演结果 $\hat{S}_3=\dfrac{h_3^{(7)}}{\rho_3^{(7)}}=\dfrac{0.14}{0.47}\approx0.29$，基本保持 S_3 的值不变。模型的第四层虽然厚达 7.00km，但和埋深 11.98km，尤其是其层中心深 15.48km 相比还是较薄，而电阻率高达 $10000.00\Omega\cdot\text{m}$，应具 H 等值性。因此，反演结果 $h_4=7.59\text{km}$，接近真值 7.00km，而 ρ_4 可靠性就差。

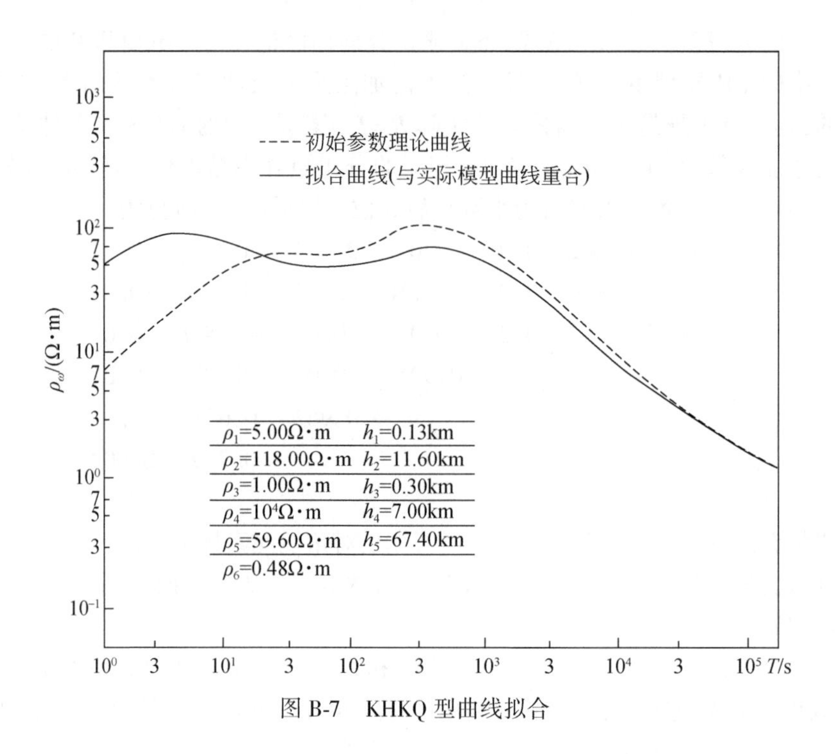

图 B-7　KHKQ 型曲线拟合

可根据广义逆矩阵提供的分辨矩阵 ***R*** 来判断反演所得参数的可分辨性,该模型最后一次迭代所得分辨矩阵 ***R*** 的元素值列于下

ρ_1	0.996	0	0	0	0	0	−0.004	0	0	0	0
ρ_2		1.000	0	0	0	0	0	0	0	0	0
ρ_3			0.504	0.009	0	0	0	0.002	−0.499	−0.003	−0.001
ρ_4				0.013	0.002	0	0	0	−0.014	0.089	−0.009
ρ_5					1.000	0	0	0	0	0	0
ρ_6						1.000	0	0	0	0	0
h_1							0.995	0	0	0	0
h_2								1.000	0.002	0	0
h_3									0.497	−0.001	0
h_4										0.989	0.002
h_5											1.000
	ρ_1	ρ_2	ρ_3	ρ_4	ρ_5	ρ_6	h_1	h_2	h_3	h_4	h_5

各参数的方差依次为:0.227×10^{-3},0.585×10^{-6},0.519×10^{-4},0.273×10^{-3},0.348×10^{-5},0.602×10^{-7};0.268×10^{-3},0.396×10^{-6},0.470×10^{-4},0.158×10^{-3},0.217×10^{-5}。

可以看出,参数的方差都很小,合乎要求;分辨矩阵不是单位矩阵,有些参数分辨性差。具体来说,对角线元素越接近 1,相应参数分辨性好,反演结果接近真值;否则,参数分辨性差,反演结果偏离真值大,对比表 B-6 的数据就一目了然。由表 B-6 看出,正如前面说的,ρ_3、h_3 和 ρ_4对应的分辨矩阵的对角元素偏离 1 多,所以分辨性差,参数的单值不能准确确定,而只能确定其综合参数。

表 B-6　KHKQ 模型反演结果

	ρ_1	ρ_2	ρ_3	ρ_4	ρ_5	ρ_6	h_1	h_2	h_3	h_4	h_5
模型实参	5.00	118.00	1.00	10000	59.60	0.48	0.13	11.60	0.30	7.00	67.40
反演结果	4.52	117.67	0.49	476.33	59.60	0.48	0.12	11.67	0.14	7.57	66.93
R 对角线元素	0.996	1.000	0.504	0.013	1.000	1.000	0.995	1.000	0.479	0.989	1.000

注：$\rho_1 \sim \rho_6$ 单位为 Ω·m；$h_1 \sim h_5$ 单位为 km。

从六层模型 KHKQ 理论曲线(图 B-7)来看，很可能误认为五层模型的 KHK 型曲线来进行反演。例如，抽掉第四层，其他各层的初始参数不变，反演(按五层)结果会造成相对高阻的第四层和第五层并为一层，总厚度不变。如果在六层模型反演时，在第三层、第四层间多加一层初参(按七层)反演结果基本不改变第三层的纵向电导，也就是第三层和多加的层相加的纵向电导和按六层反演的第三层电导相等。

反演试验说明，初始模型的层数和实际的层数不一致时，反演都在符合等值原理的规律下收敛。为了使反演结果不漏掉层，在假设初始模型时，根据已知资料和曲线特点，可合理地多设层。所谓“合理”多设层，就是对实际曲线的某段是 H 型还是 HA 型难定时，可设成 HA 型；对实际曲线的某段是 K 型还是 KQ 型把握不准时，就索性看成 KQ 型。当然，最好先充分分析资料，设准层数和初始参数，这样反演既快又好。

上面对各种理论模型的大地电磁测深曲线的拟合反演情况进行了分析，可看出广义逆矩阵反演效果好；现在对一条实测曲线进行反演，进一步说明反演方法的实际效果。

案例五：图 B-8 用“○”表示的是一条实测大地电磁测深曲线，每个频点的数据是对所有记录段进行处理所得对应该频率的各视电阻率值(图上“●”表示)的对数平均(记录段很多时相当于数学期望)。从这条平均曲线来看，数据点是跳动的，说明观测误差较大。曲线变化的总趋势应属 HKHKH 型七层曲线。

通过对理论量板或其他办法(利用有关已知资料和曲线特征)选取合适的初始参数，经过 7 次迭代反演结果列于表 B-7；最优拟合曲线为图 B-8 中的实线，拟合差 PN=6.51%。从表 B-7 看出，经过 7 次迭代结束时，阻尼系数 $\mu^2=0.01$ 还不很小，表明观测数据存在较大误差时相应超定方程的系数矩阵条件差。阻尼大就降低了参数分辨矩阵的分辨能力，因为它较大地偏离单位矩阵，这从式(B-55)容易推想出。通过实际计算，第 7 次迭代所得参数分辨矩阵对角线元素依次为 0.229，1.000，0.114，0.505，0.222，0.611，0.222，0.913，0.775，0.268，0.340，0.948，0.556。可见，相应于 ρ_2、h_1、h_5 的第 2、第 8、第 12 元素等于或接近 1，其他对角元素都不同程度地偏离 1，说明多数参数可分辨性差。但是，由表 B-7 所列的方差并不大，一般在百分之几。所以在评价反演结果时要综合考虑拟合差、方差与参数分辨矩阵等。最终结果还是要以已知资料来佐证。

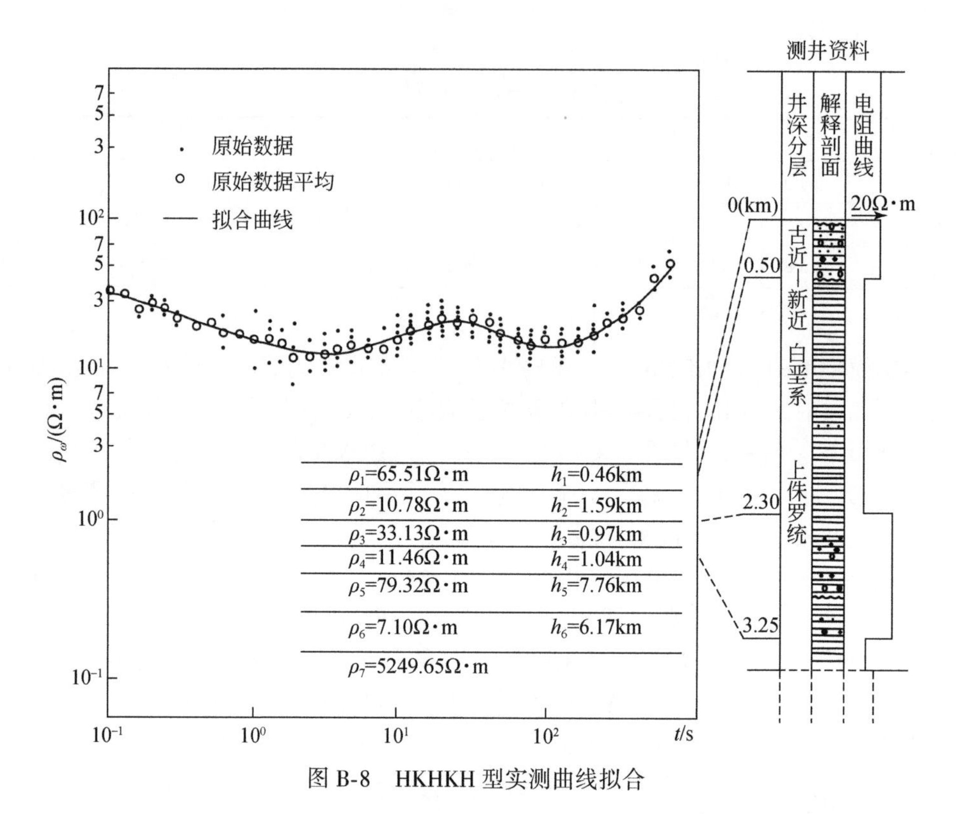

图 B-8　HKHKH 型实测曲线拟合

表 B-7　HKHKH 型实测曲线拟合数据

迭代次数	各层电阻率和厚度													阻尼	拟差	
	ρ_1	ρ_2	ρ_3	ρ_4	ρ_5	ρ_6	ρ_7	h_1	h_2	h_3	h_4	h_5	h_6	μ^2	PN	
0	40.0	15.0	45.0	10.0	65.0	7.4	1000.0	0.70	1.50	2.00	1.50	6.50	5.00	10	23%	初参
7	65.5	10.8	33.1	11.5	79.3	7.1	5249.6	0.46	1.59	0.97	1.04	7.76	6.17	0.01	6.5%	结果
参数方差	0.045	0.004	0.02	0.04	0.04	0.03	0.11	0.007	0.04	0.06	0.02	0.006	0.03			

注：$\rho_1 \sim \rho_7$ 单位为 Ω · m；$h_1 \sim h_6$ 单位为 km。

为了全面衡量反演结果优劣，可以拟合所得最优光滑曲线为准，再用原来初始参数进行迭代反演，直至合乎停机准则为止，就会得到近于理论模型反演结果。经过 6 次迭代结束，拟合很好，拟合差仅为 0.027%。所得各数据列于表 B-8。

可以看出，曲线拟合差小，参数方差微小，参数分辨矩阵接近单位阵，这个结果只作为评价反演效果的辅助信息，反演的实际结果还是采用表 B-7 列出的。

现就再拟合信息对反演结果具体加以分析。参数分辨矩阵的第 1、2、5、6、7、8、9、12、13 对角元素近于 1，显示对应的层参数分辨性好，可靠；而第 3、10、4、11 对角元素偏离 1 较大，对应第 3、4 层参数具连带相关性，数值不确切。

表 B-8 HKHKH 型曲线再次拟合数据

迭代次数	各层电阻率和厚度													阻尼	拟差	备注
	ρ_1	ρ_2	ρ_3	ρ_4	ρ_5	ρ_6	ρ_7	h_1	h_2	h_3	h_4	h_5	h_6	μ^2	PN	
0	40.0	15.0	45.0	10.0	65.0	7.4	1000.0	0.70	1.50	2.00	1.50	6.50	5.00	10	23%	初参
6	66.3	10.8	45.0	11.0	78.1	7.1	5163.9	0.45	1.64	0.81	1.04	7.83	6.14	0.1×10^{-4}	0.3×10^{-3}	结果
参数分辨矩阵对角元素	0.994	1.000	0.451	0.756	0.989	0.999	1.000	0.999	0.986	0.695	0.465	0.996	0.998			
参数方差	0.15×10^{-5}	0.17×10^{-7}	0.67×10^{-6}	0.47×10^{-6}	0.29×10^{-5}	0.63×10^{-6}	0.27×10^{-6}	0.19×10^{-6}	0.28×10^{-6}	0.82×10^{-6}	0.71×10^{-6}	0.30×10^{-6}	0.90×10^{-6}			

这条曲线是在内蒙古地区观测的井旁 MT 测深,钻井深度为 3.50 km。根据接地电阻率梯度测井曲线,从上到下可分三大层,它们的厚度分别为 h_1 = 0.5km,h_2 = 1.8km,h_3 = 1.15km;其电阻率的相对值呈高-低-高变化(见图 B-8 岩层柱状图)。反演浅部的相应三层厚度分别为 h_1 = 0.46km,h_2 = 1.59km,h_3 = 0.91km。从这个不完整资料对比来看,前三层的厚度相对误差分别为 8%,11%,15%。前两层误差相对小,对应的分辨矩阵对角线元素近于 1,第三层厚度误差大,对应的分辨矩阵对角线元素也小,反演效果可以接受;如果观测资料质量再提高,反演效果必然更好。

B.5 结　　论

通过广义逆矩阵在大地电磁测深反演的理论分析和实际运算,可得如下结论:

(1)用广义逆矩阵的方法直接解超定方程,可得到范数最小的最小二乘解。但是,在大地电磁测深(也包括其他电磁法)反演中还不能保证其收敛,必须采取办法控制方程系数矩阵小奇异值的作用,或截断小奇异值,或加阻尼限制其影响。

(2)在利用广义逆矩阵进行反演时,计算比较灵活,条件好不加阻尼就可快速完成迭代,并使参数收敛于近似真值。对条件差的简单曲线(层数少)可采用截断法,这样收敛会更快。对条件差的复杂曲线(大于四层)采用加阻尼的办法使迭代收敛;这样做的结果比截断效果好。

(3)采用广义逆矩阵反演,利用所加阻尼因子能保证目标函数逐次下降,从而保证迭代收敛。还可利用迭代过程中阻尼下降的规律性作为判断停机的准则。当阻尼系数缩小到很小,表明目标函数已逼近极小,可停机;同时分辨矩阵具有较高分辨率。

(4)采用奇异值分解法求广义逆矩阵反演可提供一些辅助信息,这可帮助评价解释结果、指导资料处理和野外施工。例如,可借助参数分辨矩阵鉴别反演所得参数的可分辨性,并可判断等值性薄层的存在。即使在实测曲线误差大时,由分辨矩阵和方差也可评价解释地电断面各参数的可靠性,以便实际利用。

(5)利用广义逆矩阵对大地电磁测深曲线或其他方法在双对数坐标中表示的实测曲线进行反演时,必须注意在目标函数中对数据和参数都要取对数才能获得好结果。同时,还应选择稳定的迭代计算方法。

(6)广义逆矩阵反演相对其他最小二乘反演有很多优点:直接解超定方程比解法方程稳定,而且避免了因乘方对信息的改造,还可提供辅助信息,鉴别反演数据的质量(根据信息密度矩阵),判断反演所得参数的可靠性(根据参数分辨矩阵);选择不同的阻尼就可逼近高斯-牛顿法、阻尼最小二乘法、梯度法等,计算灵活,适应性强。

当然,利用广义逆矩阵方法反演大地电磁测深资料只是笔者硕士学位论文的研究内容,实际可应用于各种电磁法,以及其他物探方法,甚至别的科技领域。该方法还有潜力和进一步研究的必要,如所提供的辅助信息的内涵及其扩展的理论与实际意义。

参考文献

陈乐寿. 1980. 大地电磁测深. 武汉地质学院北京研究生部讲义.

南京大学数学系计算数学专业. 1978. 线性代数. 北京:科学出版社.

吴广跃,王天生. 1981. 大地电磁测深曲线的病态反演. 石油地球物理勘探,16(4):63-74.

Golub G H, Reinsch C. 1970. Singular value decomposition and least squares solutions. Numer Math, 14:403-420.

Inman J R, Ryu J, Ward S H. 1973. Resistivity inversion. Geophysics, 38:1088-1108.

Jupp D L B, Vozoff K. 1975. Stable iterative methods for the inversion of geophysical data. Geophysical Journal of the Royal Astronomical Society, 42:957-976.

Lanczos C. 1958. Linear systems in self-adjoint form. The American Mathematical Monthly, 65:665-679.

Marquardt D W. 1963. An algorithm for least-squares estimation of nolinear parameters. Journal of the Society for Industrial & Applied Mathematics, 11:431-441.

Penrose R. 1955. A generalized inverse for matrices. Mathematical Proceedings of the Cambridge Philosophical Society, 51(3):406-413.